C语言
王者归来

洪锦魁 著

清华大学出版社
北京

内 容 简 介

本书详细讲解了 C 语言的相关知识,从基本概念开始,逐步讲解程序流程控制、循环、字符串、指针、函数、结构、文件输入与输出,以及完整的大型项目设计。同时本书还进一步讲解了数据结构的基础知识,如串行、堆栈、队列与二叉树,奠定读者未来学习算法的基础。本书最后一章则是介绍 C++ 与 C 语言的差异,由此可以帮助读者学习面向对象的程序开发方法。

本书语言生动,图片及程序案例丰富,同时附有习题,便于读者巩固重点知识。

本书适合所有对 C 语言感兴趣的读者阅读,也可以作为院校和培训机构相关专业的教材。

图书在版编目(CIP)数据

C 语言王者归来 / 洪锦魁著 . —北京:清华大学出版社,2023.8
ISBN 978-7-302-63149-1

Ⅰ . ① C… Ⅱ . ①洪… Ⅲ . ① C 语言－程序设计 Ⅳ . ① TP312

中国国家版本馆 CIP 数据核字 (2023) 第 047761 号

责任编辑:杜 杨
封面设计:杨玉兰
版式设计:方加青
责任校对:徐俊伟
责任印制:刘海龙

出版发行:清华大学出版社
   网   址:http://www.tup.com.cn,http://www.wqbook.com
   地   址:北京清华大学学研大厦 A 座   邮 编:100084
   社 总 机:010-83470000   邮 购:010-62786544
   投稿与读者服务:010-62776969,c-service@tup.tsinghua.edu.cn
   质 量 反 馈:010-62772015,zhiliang@tup.tsinghua.edu.cn
印 装 者:三河市东方印刷有限公司
经 销:全国新华书店
开 本:170mm×240mm **印 张:**29.75 **字 数:**843 千字
版 次:2023 年 9 月第 1 版 **印 次:**2023 年 9 月第 1 次印刷
定 价:129.00 元

产品编号:099821-01

前 言

1991 年，笔者还在美国读计算机博士时，出版了一本在 UNIX 环境撰写的 C 语言图书，随后基于 PC 环境编写了 Turbo C、Borland C、Visual C、C++、电玩游戏设计中的 C 语言等相关图书。本书则是将过去笔者撰写 C 语言的经验与目前科技发展趋势结合，进行重新诠释。

这是一本完整讲解 C 语言的教材，从最基本的 C 语言概念讲起，逐步讲解程序流程控制、循环、字符串、指针、函数、结构、文件输入与输出，以及完整的大型项目设计。同时本书还进一步讲解了数据结构的基础知识，如串行、堆栈、队列与二叉树，奠定读者未来学习算法的基础。本书最后一章则是介绍 C++ 与 C 语言的差异，由此可以帮助读者学习面向对象的程序开发方法。

为了让读者可以彻底了解 C 语言，本书使用大量图例讲解语法运作过程与内存间的关系，特别在读者不易理解的指针、串行、堆栈、二叉树章节，更是全程记录每个环节内存的变化。整本书用460 多个活泼、生动、实用的程序实例辅助解说。每章附带的是非题、选择题、填充题等习题可以加深读者对重点知识的理解，程序实操题则可以加强读者的程序设计技能，实现举一反三。所有习题答案可在前言最后扫码下载。本书也讲解了丰富的函数，读者可以了解系统资源，加快未来的工作效率。通过本书内容，读者可以彻底理解下列 C 语言的相关知识。

❑ C 语言的输入与输出。

❑ C 语言解数学方程式。

❑ 程序流程控制与循环设计。

❑ 基础数学与统计知识。

❑ 排序的内涵。

❑ 递归函数设计。

❑ 斐波那契 (Fibonacci) 数列的产生。

❑ C 语言的前端处理器。

❑ 计算机内存地址及指针。

❑ 将 struct 应用到平面坐标系统、时间系统。

❑ 将 enum 应用在结账系统、薪资计算系统。

❑ 字符串加密。

❑ 文件管理。

❑ C 语言低阶应用 —— 处理位运算。

❑ 建立项目执行大型程序设计。

❑ 基础数据结构。

❑ C++ 与 C 语言的差异。

笔者编写过许多计算机图书，本书沿袭笔者图书的特色，程序实例丰富，相信读者只要遵循本书内容，必定可以在短时间内精通 C 语言，奠定学习进阶计算机知识的基础。本书虽力求完美，但错误难免，尚祈读者不吝指正。

洪锦魁

本书附录　　　　　　　程序实例　　　　　　　习题答案

目录

第 1 章

C 语言基本概念

C 语言是 1972 年美国计算机科学家 Dennis Ritchie (1941 年 9 月 9 日 — 2011 年 10 月 12 日) 和 Ken Thompson (1943 年 2 月 4 日 —) 一起基于 UNIX 操作系统发展出来的, 由于 C 语言具备了汇编语言低阶功能, 同时又具有高阶功能的亲和性, 逐渐成为计算机语言的主流。本章将对 C 语言的基本概念做简单的介绍。

Dennis Richie   Ken Thompson

图片取材自

https://zh.wikipedia.org/wiki/%E4%B8%B9%E5%B0%BC%E6%96%AF%C2%B7%E9%87%8C%E5%A5%87
https://zh.wikipedia.org/wiki/%E8%82%AF%C2%B7%E6%B1%A4%E6%99%AE%E9%80%8A

1-1 C 语言的价值

打开求职网站, 相信各位一定经常看到:

招聘软件工程师

条件: 大专以上学历。

二年系统设计经验。

精通 C 语言。

由于 UNIX 已成为迷你或中型计算机的主要操作系统, 自然地, C 语言也成为这些计算机的主要程序语言。另外, IBM 的大型计算机原本没有 C 语言的编译程序, 由于时代的趋势也不得不加装这一功能强大的编译程序。在个人计算机 Visual C++ 或 Dev C++ 软件内的 C 语言, 也成了学生及小型软件开发公司的主要程序语言。

事实上在信息科学的教育体系下, 系统架构程序设计、图像处理软件、数据结构、I / O（Input/ Output）控制及数值分析等均是鼓励学生使用 C 语言完成。简单说, 如果读者想在信息科学领域有所成就, 精通 C 语言是基本要求。

1-2 C 语言的特色

程序语言一般分为高级语言和低级语言。

高级语言 (如 Basic、FORTRAN、COBOL 及 Pascal) 的优点是易学易懂, 容易侦错, 与人类表达的语法较为相关。缺点是无法有效率地执行硬件外围的控制, 同时执行效率也较差。

低级语言 (如汇编语言) 则是执行效率好, 对硬件的控制能力强, 不过较难懂, 同时编写、阅读、侦错及事后维护均较困难。

每一个程序语言的发展均有其时代背景及特色，以下是早期常见的程序语言。

Basic：早期初学者必须学习的程序语言，浅显易懂，此程序语言在目前的 Windows 操作系统下，已演变为 Visual Basic，也是信息科学专业学生必修的程序语言。

FORTRAN：工程背景学生必学的程序语言，内含许多科学运算的函数库可供工程计算，特别是数值分析时使用。

COBOL：具备商业用途的程序语言。

Pascal：结构化语言，曾经流行一段时间，早期数据结构及算法学科以此语言为模板，作为学习的依据。

汇编语言 (Assembly)：低级计算机语言，一般是电子信息类专业学生的必修课程，主要应用在硬件接口的输入 / 输出 (I/O) 控制，学会这个语言，对于了解 CPU 运作、内存地址及各种计算机外设的控制原理非常有帮助。不过，这也是较难学习的一种计算机语言。

Python：当下最热门同时应用最广的程序语言，不论是软硬件设计、网站前后端设计、系统设计等都可应用。如果读者有志于在计算器科学领域发展，这是必备的程序语言，可以参考笔者所著的以下书籍。

C 语言其实介于高级语言和低级语言之间，它有类似于 Pascal 结构化语言的特色，因此，早期计算机科学的数据结构及算法多以 C 语言作为学习模板 (注意：目前也有许多学校或单位使用 Python 语言当作数据结构及算法的程序语言)。此外，C 语言也有低阶计算机语言的特色，可方便执行硬件控制，及利用指针使用内存地址存取变量数据。同时 C 语言也可与汇编语言执行链接，因此尽管 Python 语言兴起，C 语言目前仍是计算机相关专业学生必须学习的程序语言。

C 语言另一个很大的特色是具有高度的可移植性 (portability)。可移植性是指在某一工作平台上用 C 语言撰写的程序，例如在 UNIX 系统设计的 C 语言程序，转至 Windows 操作系统时，可直接编译执行或只要修改很小的部分即可编译及执行。也可以将程序的可移植性想成硬件兼容性 (compatibility)，例如，某一品牌的屏幕适配卡可在任何不同主板上安装，则表示它的兼容性很好；若此屏幕适配卡只适合用某一品牌的主板，则代表它的兼容性不好。

1-3　C 语言开发过程

C 语言从设计到最后的执行，一般是依据下列步骤进行：

（1）规划程序。

（2）利用编辑程序撰写原始程序。

（3）编译和链接程序，此时系统将产生可执行模块。

（4）执行此程序。

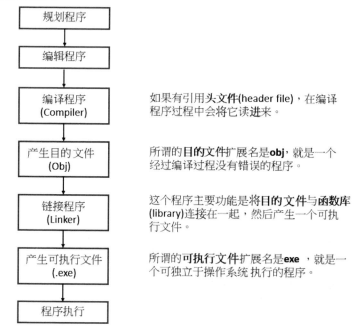

规划程序

编辑程序

编译程序
(Compiler) —— 如果有引用头文件(header file)，在编译
程序过程中会将它读进来。

产生目的文件
(Obj) —— 所谓的**目的文件**扩展名是**obj**，就是一个
经过编译过程没有错误的程序。

链接程序
(Linker) —— 这个程序主要功能是将**目的文件**与**函数库**
(library)连接在一起，然后产生一个可执
行文件。

产生可执行文件
(.exe) —— 所谓的**可执行文件**扩展名是**exe**，就是一
个可独立于操作系统执行的程序。

程序执行

设计 C 语言时，一定会使用一些函数，例如 printf( )，这是输出函数，可协助在屏幕输出数据，这些函数一般是定义在头文件内，此例是在 stdio.h（标准输入 / 输出头文件）。因此，为了顺利编译程序，C 语言程序前端常会看到下列指令。

```
#include <stdio.h>
```

因此，编译程序在编译此程序时，会将 stdio.h 头文件的内容读入目的文件内。有些 C 语言编译程序比较严谨，例如 Dev C++，如果程序内使用某些函数，在程序前端没有使用 #include，则编译时会有错误信息产生。有些 C 语言编译程序，例如早期的 Borland C++ (Turbo C)，即使没有使用 #include <stdio.h>，也可以编译，它在编译时会先自动读取头文件 stdio.h，再进行编译，因此也可以正常产生目的文件。或是忘了使用 #include <stdio.h> 指令时，程序编译时只出现警告信息，并自动读入该头文件，程序仍正常产生目的文件，例如 Visual C++。

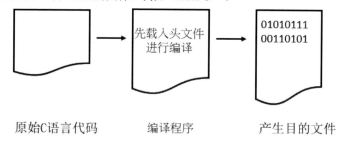

先载入头文件
进行编译

01010111
00110101

原始C语言代码　　　　编译程序　　　　产生目的文件

链接程序的目的是将目的文件与程序内所使用的函数链接在一起，然后产生一个可执行文件(.exe)，这个可执行文件不需要借助 Dec C++ 或 Visual C++ 窗口环境，可以独立在操作系统的环境下工作。

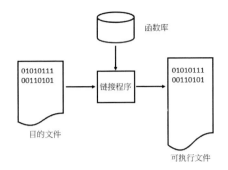

如果设计的是一个大型项目，其中包含数个小程序，则 C 语言开发过程应如下所示：
（1）规划此大型项目。
（2）利用编辑程序撰写各个小程序。
（3）编译和链接各个小程序，此时系统将产生可执行模块。
（4）执行此程序。

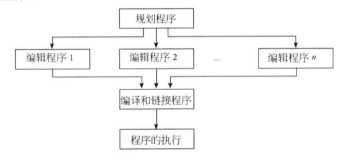

1-4　规划程序

对初学计算机的人而言，常会面对一个程序而感到头疼。一般而言，要克服困难只有一个方法，那就是多做练习。

回顾早年的计算机界，1989 年举世关注的头条新闻就是计算机病毒 (computer virus)，当时说到计算机病毒，康奈尔大学 (Cornell University) 的 24 岁研究生罗伯特·莫里斯 (Robert T. Morris) 是这个领域中最有名气的人。他曾利用一个计算机病毒程序，造成全美数以千计的计算机受到感染，有趣的是，他的父亲是美国国家安全局计算机安全中心的首席主席。

有人称他为计算机天才，也有人称他是计算机巫师。但在他追求计算机知识的过程中，也经历过一段刻苦的时光。在他父亲的亲自调教下，他中学时期就破获了别人计算机账户 (account) 的密码 (password)，访问他人的计算机账户。在读哈佛大学时，因太沉迷于计算机而多读了一年的大学。由此也能看出，唯有多做练习才可实现技术长进。当然，在规划程序过程中，也有简单的基本原则可依循。那就是拿到程序作业，首先检查输入数据有哪些？输出的要求是什么？条条大路通罗马，你应该在这许多条路中自行找出最可行的道路，在寻找的过程中，你可以将工作分成几个区段，再一个一个组合起来。

一般在做程序规划时可采用程序设计流程图，下列是绘制所用的流程图符号。

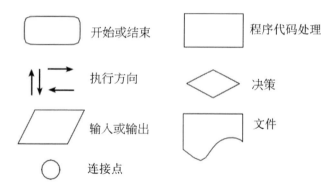

流程图最大的好处是，可将脑海中的程序流程，在纸上先执行一次，特别对于初学者的逻辑训练很有帮助。例如，判断是否可正常开车的流程图如下。

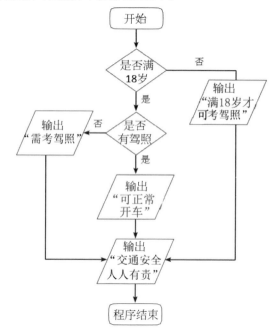

上述流程图有两个决策点，第一个决策点"检查是否满 18 岁"，如果否，则执行输出"满 18 岁才可考驾照"。如果满 18 岁则执行第二个决策点"是否有驾照"，如果有输出"可正常开车"，否则输出"需考驾照"。经由"是"和"否"的决策，最后均执行输出"交通安全人人有责"，然后程序执行结束。事实上，一般生活事件都可以用流程图表达，因此学会流程图是非常有用的。

1-5 程序除错

设计程序时难免有错误发生，一般程序错误有两种。

（1）语法错误 (syntax error)：表示您编辑程序的语法有错，只要依照所使用的编译程序指出的错误，加以订正即可。

（2）语义错误 (semantic error)：这类型的错误比较复杂，因为语法皆正确，程序也可以有执行结果，可是执行结果不是预期的结果。碰上这类状况，可能是架构程序的逻辑错误、输入数据错误或公式错误，此时只好从头到尾检查程序代码，将程序逻辑重新构思、检查输入数据或执行公式检查。

通常将程序除错称为 debug，de 是除去的意思，bug 是指小虫，这是有典故的。1944 年 IBM 和哈佛大学联合开发了 Mark I 计算机，此计算机重 5 吨，约 2.5 米高，15.5 米长，内部线路总长约 800 千米，没有中断地使用了 15 年。下图是此计算机照片。

图片取材自 http://www.computersciencelab.com

当时一位女性程序设计师 Grace Hopper 发现一只死蛾 (moth) 的双翅卡在继电器 (relay)，导致数据读取失败。下图是当时 Grace Hopper 记录此事件的数据。

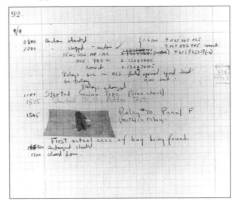

计算机历史的第一个 bug（本图版权属 IEEE）

当时 Grace Hopper 写下了两句话：

Relay #70 Panel F (moth) in relay. First actual case of bug being found.

大意是编号 70 的继电器出问题 (因为蛾)，这是真实计算机上所发现的第一只虫。自此计算机界认定用 debug 描述"找出及删除程序错误"，这应归功于 Grace Hopper。

1-6　程序的名称

C 语言程序的文件名，一般由两部分组成，一部分是主要文件名，另一部分是扩展名 (或称

延伸文件名)。其中主要文件名可自行决定，扩展名则一定是 c。例如，有一个程序主要文件名是
ch1_1，则这个程序全名如下：

```
ch1_1.c
```

注 主要文件名和扩展名之间用小数点分隔。

一般程序设计，大多是选用能够表示计算机功能的名字来做文件名。例如，设计一个时钟程序
可以使用下列文件名：

```
clock.c
```

若是设计一个排序程序，则使用下列文件名：

```
sort.c
```

ch 是 chapter (章节) 的缩写，为了本书所有程序的一致性，本书所有程序皆以 ch 开头。

1-7　C 语言程序结构分析

假设有一实例如下所示：

程序实例 ch1_1.c：简单的 C 语言实例。

```
1   /*    ch1_1.c                        */
2   /*    第一次体验 C                    */
3   #include <stdio.h>
4   #include <stdlib.h>
5   main()
6   {
7       int i;              换行输出
8
9       i = 1;
10      printf("C 程序设计\n");
11      printf("程序练习 %d \n",i);
12      printf("C 是精彩的 \n");
13      system("pause");
14  }
```

执行结果

```
C:\Cbook\ch1\ch1_1.exe
C 程序设计
程序练习 1
C 是精彩的
请按任意键继续. . .
```

注 上述第 10 行 printf( ) 函数内有 "\n" 字符，这是换行输出，更多概念会在 2-3-2 节解说。

在 C 语言中，有的程序设计师喜欢在主程序 main( ) 的左边加上 int，如程序实例 ch1_2.c 所示：

```
1   /*    ch1_2.c                        */
2   /*    第二次体验 C                    */
3   #include <stdio.h>
4   #include <stdlib.h>
5   int main()
6   {
7       int i;
8
9       i = 2;
10      printf("C 程序设计\n");
11      printf("程序练习 %d \n",i);
12      printf("C 是精彩的 \n");
13      system("pause");
14  }
```

这相当于将主程序声明成 int 形态，这对于整个程序执行是没有影响的。有的程序设计师除了以
上步骤外，又在 int main( ) 的小括号内加上 void，如程序实例 ch1_3.c 所示：

```
1   /*   ch1_3.c                        */
2   /*   第三次体验 C                     */
3   #include <stdio.h>
4   #include <stdlib.h>
5   int main(void)
6   {
7       int i;
8
9       i = 3;
10      printf("C 程序设计\n");
11      printf("程序练习 %d \n",i);
12      printf("C 是精彩的 \n");
13      system("pause");
14      return 0;
15  }
```

同样的，上述程序实例第 5 行 int main(void) 的撰写方式不影响程序执行结果。

1-8　C 语言程序实例 ch1_3.c 的解说

本节将介绍 C 语言基本结构，在了解 C 语言的基本结构后，接着说明各种 C 语言的语法，如此读者可循序渐进地了解 C 语言。

1-8-1　程序的行号

前面程序实例中，程序的左边有程序的行号，其实 C 语言程序是没有行号的，在此之所以有行号，主要是供读者阅读方便，所以在输入程序时，无须输入程序行号。

1-8-2　程序的批注

程序实例中，第 1 行与第 2 行是批注，如下所示：

```
1   /*   ch1_3.c                        */
2   /*   第三次体验 C                     */
```

凡是介于"/*"和"*/"之间的文字，编译程序均会略过，而不予编译。程序设计时，最好养成批注的习惯，以便阅读。

1-8-3　引用头文件

以上程序第 3 行及第 4 行的"#include"指令，是将函数库引用在编译程序内，未来程序链接后，即可产生正常的可执行文件。以上程序第 10 行 ～ 第 12 行的 printf( ) 函数属于"stdio.h"头文件，所以第 3 行"#include stdio.h"将促使可正常使用 printf( ) 函数调用。第 4 行的"#include stdlib.h"，stdlib.h 是标准函数库头文件，将促使可正常使用 system( ) 函数调用，下面章节会介绍更多 C 语言的函数库，只要此函数是在 stdlib.h 内定义，就不需使用 #include 引用该函数的头文件。第 13 行的 system("pause") 函数可以冻结窗口，同时促使窗口出现"请按任意键继续 …"，此时程序会先暂停，当用户按下键盘上的任意键时，程序将继续往下执行。如果没有 system("pause")，屏幕会一闪就结束，我们会看不到执行结果。

stdio.h 和 stdlib.h 为什么又称为头文件 (header file) 呢？因为它们通常都是在程序开始处被引用，如果你的程序文件如下：

```
/*    ch1_3.c                              */
/*    第三次体验 C                         */
#include <stdio.h>
#include <stdlib.h>
int main(void)
{
    ...
}
```

头文件 stdio.h 如下：

```
/*
 * stdio.h
 * This file has no copyright assigned and is placed in the Public Domain.
 * This file is a part of the mingw-runtime package.
 * No warranty is given; refer to the file DISCLAIMER within the package.
 *
 * Definitions of types and prototypes of functions for standard input and
 * output.
 *
 * NOTE: The file manipulation functions provided by Microsoft seem to
 * work with either slash (/) or backslash (\) as the directory separator.
 *
 */

#ifndef _STDIO_H_
#define _STDIO_H_

/* All the headers include this file. */
#include <_mingw.h>

#ifndef RC_INVOKED
#define __need_size_t
```

头文件 stdlib.h 如下：

```
/*
 * stdlib.h
 * This file has no copyright assigned and is placed in the Public Domain.
 * This file is a part of the mingw-runtime package.
 * No warranty is given; refer to the file DISCLAIMER within the package.
 *
 * Definitions for common types, variables, and functions.
 *
 */

#ifndef _STDLIB_H_
#define _STDLIB_H_

/* All the headers include this file. */
#include <_mingw.h>

#define __need_size_t
#define __need_wchar_t
#define __need_NULL
#ifndef RC_INVOKED
```

上述程序在编译时，"#include <stdio.h>"和"#include <stdlib.h>"分别被 stdio.h 和 stdlib.h 头文件取代，如下图所示。

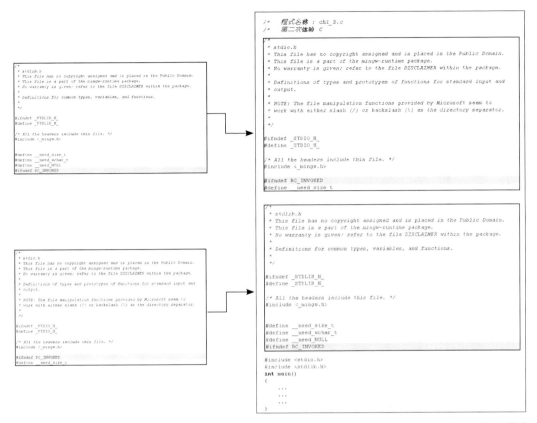

我们引用了头文件，读者可能会好奇，这些头文件存放在哪里？其实一般在编译程序文件夹内，通常有一个 include 文件夹，头文件就存放在此文件夹内。

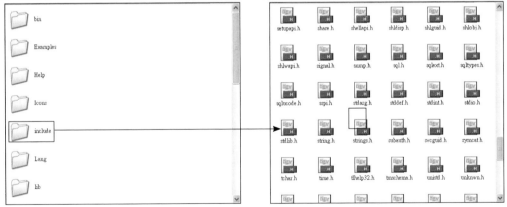

例如，若将 Dev C++ 安装在 C 盘，则可在 "C:\Dev-Cpp" 文件夹内找到 include 文件夹，头文件就存放在此文件夹内。

其实有些 C 语言编译程序，对是否在程序开头加上 <#include stdio.h> 和 <#include stdlib.h> 并不十分介意，程序仍可正常编译及执行，这是因为编译程序在编译时会自动加载头文件 stdio.h 和 stdlib.h。有些编译程序对未在开头加上 <#include stdio.h> 和 <#include stdlib.h> 的程序会出现警告信息，但仍允许编译及执行。笔者建议最好照标准程序设计原则，该引用就引用，这样可确保所设计的程序未来能在所有编译程序上执行。同时，所设计程序的可移植性也大大提高了。

1-8-4 主程序 int main( ) 声明

所有的 C 语言程序，均是由 main( ) 开头的，C 语言程序会执行 ｛ ｝ 间的内容。在程序实例 ch1_3.c 中，程序会执行第 7 行～第 14 行的内容。

所以可以说，C 语言的基本架构就是：

```
int main( )
{
    ...
}
```

1-8-5 程序的内容

在程序实例 ch1_3.c 中，第 7 行～第 14 行是属于程序内容，如下所示。

```
7     int i;
8
9     i = 3;
10    printf("C 程序设计\n");
11    printf("程序练习 %d \n",i);
12    printf("C 是精彩的 \n");
13    system("pause");
14    return 0;
```

值得注意的是，在每一个完整语句后面，一定要加上 ";"，这代表一个语句的结束。

1-8-6 变量的声明

在 C 语言中，所有的变量在使用前一定要加以声明，以便编译程序为每个变量安排内存空间。往后使用到此变量时，编译程序就会自行到此空间存取数据。

实例 1：当我们在第 7 行声明 "int=i;" 之后，整个内存如下所示。

实例 2：当我们在第 9 行定义 "i=3;" 时，整个内存如下所示。

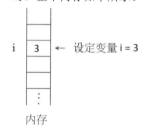

至于其他更详细的变量声明原则，将在下一章讨论。

1-8-7　程序实例 ch1_3.c 的解说

在程序实例中预留了很多空白行，例如第 8 行。这是为了使程序看起来不拥挤，编译程序在看到这些空白行时，会将其忽略。

以下是整个程序的说明：

第 1 行及第 2 行是程序的批注。

第 3 行及第 4 行分别引用 stdio.h 和 stdlib.h 两个头文件。

第 5 行声明这是主程序。

第 6 行 "{" 左括号，表示主程序从这里开始。

第 7 行是将变量 i 设置为整数 (int)。

第 9 行是设定变量 i 的值是 3。

第 10 行是打印下列字符串 "C 程序设计"。

第 11 行是打印下列字符串 "程序练习 3"。

第 12 行是打印下列字符串 "C 是精彩的"。

第 13 行是让屏幕暂停可方便查看输出结果。

第 14 行是回传 0。

第 15 行 "}" 右括号，表示主程序结束。

有关程序输入与输出的原则，将在第 3 章说明。

1-9　习题

一、是非题

(　) 1. C 语言是 Dennis Ritchie 和 Ken Thompson 两人一起在设计 Windows 操作系统发展出来的。（1-1 节）

(　) 2. 在使用数值方法解决工程上的问题时，可以使用 C 语言。（1-1 节）

(　) 3. C 语言是一种低级的计算机语言。（1-2 节）

(　) 4. 程序编译时，所产生的目的文件，其扩展文件名是 exe。（1-3 节）

(　) 5. 链接程序主要功能是将目的文件与函数库链接在一起，然后产生一个以 obj 为扩展文件名的可执行文件。（1-3 节）

(　) 6. 程序设计时使用流程图，最大的好处是可将脑海中的程序流程在纸上先执行一次，这对于初学程序的人在逻辑训练上很有帮助。（1-3 节和 1-4 节）

(　) 7. 所谓的 debug 是找出程序的错误。（1-5 节）

(　) 8. C 语言的扩展名是 cpp。（1-6 节）

(　) 9. printf( ) 函数的 '\n' 字符可以行输出。（1-7 节）

(　) 10. C 语言程序的头文件扩展名是 C。（1-8 节）

二、选择题

(　) 1. C 语言是 Dennis Ritchie 和 Ken Thompson 两人一起在设计

(A)Windows　(B) DOS　(C) UNIX　(D) Linux 时发展出来的计算机语言。（1-1 节）

(　　) 2. (A) C 　(B) Pascal 　(C) Basic 　(D) Assembly 是低级计算机语言。(1-2 节)

(　　) 3. (A) Pascal 　(B) FORTRAN 　(C) COBOL 　(D) Assembly 是工程计算常用的计算机语言。(1-2 节)

(　　) 4. (A) C 　(B) Basic 　(C) FORTRAN 　(D) COBOL 常用于数据结构算法中。(1-2 节)

(　　) 5. C 语言经 Visual C++ 或 Dev C++ 编译及链接后的可执行文件，其扩展名是
(A) exe 　(B) c 　(C) obj 　(D) lin(1-3 节)

(　　) 6. (A) main( ) 　(B) printf( ) 　(C) system( ) 　(D) #include 可令屏幕暂时中止。(1-8 节)

(　　) 7. printf( ) 函数属于 (A) stdlib.h (B) stdio.h (C) ctype.h (D) string.h 头文件。(1-8 节)

三、填充题

1. (　　) 语言具有低级语言的特性，又有高级语言的亲和性，是 Dennis Ritchie 和 Ken Thompson 两人在一起设计 (　　) 系统时发展出来的。(1-1 节)

2. (　　) 是一般商业上常用的程序语言。(1-2 节)

3. (　　) 是低级计算机语言，主要应用在计算机外设的控制。(1-2 节)

4. C 语言程序经编译后，会产生 (　　)，经链接后会产生 (　　)。(1-3 节)

5. 试举出两个软件 (　　) 和 (　　) 可以编译及执行 C 语言的编译程序。(1-3 节)

6. debug 名词应归功于 (　　) 程序设计师，主要是指一只 (　　) 的翅膀卡住，促使 Mark I 计算机读取失败。(1-5 节)

7. 某一个平台上所开发的计算机程序，可以很方便地在另一工作平台上使用及执行，可以称该计算机程序 (　　) 很好。(1-8 节)

四、程序实操

1. 请输出自己所读的学校、科系与年级。(1-8 节)

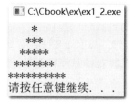

2. 请输出下列图案结果。(1-8 节)

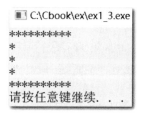

3. 请输出 C 图案。(1-8 节)

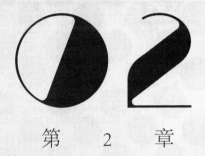

第 2 章

C 语言数据处理的概念

程序语言最基本的数据处理对象就是变量和常数。本章我们将介绍所有的变量和常数。另外，C 语言程序拥有许多不同于其他高级语言的表达式，本章也将一一说明。

2-1　变量名称的使用

2-1-1　认识 C 语言的变量

程序设计时，所谓的变量 (variable) 就是将内存中某个区块保留，供未来程序放入数据使用。早期使用 Basic 设计程序时无须事先设置变量，虽然方便，但也造成程序除错的困难，因为如果变量输入错误，会被视为是新的变量。而 C 语言事先设置变量，可以方便有效地管理及使用变量，以减少程序设计时语意的错误。需要事先设置变量的程序语言又称静态语言。

C 语言对变量名称的使用是有一些限制的，它必须以下列三种字符开头：

（1）大写字母。

（2）小写字母。

（3）下画线 (_)。

变量名称由下列四种字符构成：

（1）大写字母。

（2）小写字母。

（3）下画线 (_)。

（4）阿拉伯数字 0 ～ 9。

实例 1：下列均是合法的变量名称：

```
SUM
Hung
Sum_1
_fg
x5
y61
```

实例 2：下列均是不合法的变量名称：

```
sum,1  ← 变量名称不可有 "," 符号
3y     ← 变量名称不可由阿拉伯数字开头
x$2    ← 变量名称不可含有 "$" 符号
```

需要注意的是，在 C 语言中大写字母和小写字母代表不同的变量。

实例 3：下列三个字符串分别代表三个不同的变量：

```
sum
Sum
SUM
```

有关变量使用的另一限制是，有些字为系统保留字 [又称关键词 (key word)]，这些字在 C 编译程序中代表特殊意义，所以不可使用这些字为变量名称。如下是 ANSI C 语言的保留字。

auto	break	case	char	continue	default
do	double	else	enum	extern	float
for	goto	if	int	long	register
return	short	sizeof	static	struct	switch
typedef	union	unsigned	void	while	

此外，在 Turbo C 软件中，为了使 C 语言程序设计师能方便存取 DOS 系统资源，又扩充了一些保留字，如下所示。

asm	cs	es	ss	cdecl
far	huge	interrupt	near	pascal

Visual C＋＋软件也扩充了一些保留字，如下所示。

asm	cedel	fastcall	near
based	export	loadds	segname

2-1-2　认识不需事先声明变量的程序语言

有些程序语言的变量在使用前不必声明它的数据形态，这样可以用比较少的程序代码完成更多工作，增加程序设计的便利性，这类程序在执行前不必经过编译 (compile) 过程，而是使用直译器 (interpreter) 直译 (interpret) 与执行 (execute)。这类程序语言称为动态语言 (dynamic language)，有时也可称为文字码语言 (scripting language)，例如 Python、Perl、Ruby。动态语言执行速度比经过编译后的静态语言执行速度慢，所以有相当长的时间动态语言只适合短程序的设计，或是将它作为准备数据供静态语言处理，在这种状况下也有人将这种动态语言称为胶水码 (glue code)，但是随着软件技术的进步，直译器执行速度越来越快，已经可以用它执行复杂的工作了。

2-2　变量的声明

第 1 章已经说过，任何变量在使用前一定要先设置。

实例：若是想将 i，j，k 三个数声明为整数，则下列的设置方法均是合法的。

方法 1：各变量间用逗号 "," 间隔，声明用分号 ";" 结束。

```
int I, j, k;
```

方法 2：i 和 j 之间用逗号 "," 间隔，所以是合法的。

```
int i,
j, k;
```

方法 3：分成三次声明，每一次声明完成皆用分号 ";" 结束，所以是合法声明。

```
int i;
int j;
int k;
```

经上述声明后，内存内会产生地址，供未来程序使用，如下所示。

另外，也可以在声明变量的同时，设定变量的值。

方法 4：将 i 声明成整数，并将其设定成 7。

```
int i = 7;
```

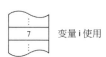

2-3 基本数据形态

C 语言的基本数据形态有以下几种。

（1）int：整数。

（2）float：单精度浮点数。

（3）char：字符。

（4）double：双倍精度浮点数。

2-3-1 整数

有时可在整数前面加上一些限定字，例如 short、long、unsigned 和 signed。所以事实上整数的数据形态有 9 种，如下所示。

整数相关概念表

整数数据形态	长度	值的范围
int	32 位	−2147483648~2147483647
unsigned int	32 位	0~4294967295
singed int	32 位	−2147483648~2147483647
short int	16 位	−32768~32767
unsigned short int	16 位	0~65535
signed short int	16 位	−32768~32767
long int	32 位	−2147483648~2147483647
signed long int	32 位	−2147483648~2147483647
unsigned long int	32 位	0~4294967295

注 ❶ 8 位 (bit) 称为一字节 (byte)，早期 C 语言的整数长度是 2 字节，也可称 16 位。早期 16 位的计算机，是用 16 位长度当作整数，32 位计算机则是用 32 位长度当作整数，至于 64 位计算机是用 32 位或 64 位当作整数长度，依实际操作而定。

注 ❷ 笔者目前的计算机在 Dev C++ 或是 Visual C++ 环境，整数 (int) 长度是 4 字节，也可称 32 位。同时笔者计算机在 Dev C++ 或是 Visual C++ 环境，长整数 (long) 长度也是 32 位，但是短整数则仍是 2 字节，也就是 16 位。

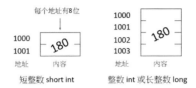

声明整数需使用 int 关键词，其语法如下：

```
int 整数变量;
```

也可以用整数相关概念表中的其他关键词，声明其他整数类型。此外，还可以在声明整数时设定整数变量的初值。

实例：声明整数变量 i 的初值是 1。

```
int i = 1;
```

在上述整数声明中，如果加上 "unsigned"，代表此整数一定是正整数，若以 "short int" 及 "unsigned short int" 声明，则内存内容与实际数值关系如下所示。

short int	unsigned short int
0 0 0 0 0 0 0 0 0 0 0 0 0 0 0 0　　0	0 0 0 0 0 0 0 0 0 0 0 0 0 0 0 0　　0
0 0 0 0 0 0 0 0 0 0 0 0 0 0 0 1　　1	0 0 0 0 0 0 0 0 0 0 0 0 0 0 0 1　　1
0 0 0 0 0 0 0 0 0 0 0 0 0 0 1 0　　2	0 0 0 0 0 0 0 0 0 0 0 0 0 0 1 0　　2
0 0 0 0 0 0 0 0 0 0 0 0 0 0 1 1　　3	0 0 0 0 0 0 0 0 0 0 0 0 0 0 1 1　　3
0 0 0 0 0 0 0 0 0 0 0 0 0 1 0 0　　4	0 0 0 0 0 0 0 0 0 0 0 0 0 1 0 0　　4
0 0 0 0 0 0 0 0 0 0 0 0 0 1 0 1　　5	0 0 0 0 0 0 0 0 0 0 0 0 0 1 0 1　　5
0 0 0 0 0 0 0 0 0 0 0 0 0 1 1 0　　6	0 0 0 0 0 0 0 0 0 0 0 0 0 1 1 0　　6
0 1 1 1 1 1 1 1 1 1 1 1 1 1 1 1　　32767	0 1 1 1 1 1 1 1 1 1 1 1 1 1 1 1　　32767
1 0 0 0 0 0 0 0 0 0 0 0 0 0 0 0　　-32768	1 0 0 0 0 0 0 0 0 0 0 0 0 0 0 0　　32768
1 1 1 1 1 1 1 1 1 1 1 1 1 0 1 0　　-6	1 1 1 1 1 1 1 1 1 1 1 1 1 0 1 0　　65530
1 1 1 1 1 1 1 1 1 1 1 1 1 0 1 1　　-5	1 1 1 1 1 1 1 1 1 1 1 1 1 0 1 1　　65531
1 1 1 1 1 1 1 1 1 1 1 1 1 1 0 0　　-4	1 1 1 1 1 1 1 1 1 1 1 1 1 1 0 0　　65532
1 1 1 1 1 1 1 1 1 1 1 1 1 1 0 1　　-3	1 1 1 1 1 1 1 1 1 1 1 1 1 1 0 1　　65533
1 1 1 1 1 1 1 1 1 1 1 1 1 1 1 0　　-2	1 1 1 1 1 1 1 1 1 1 1 1 1 1 1 0　　65534
1 1 1 1 1 1 1 1 1 1 1 1 1 1 1 1　　-1	1 1 1 1 1 1 1 1 1 1 1 1 1 1 1 1　　65535
（代表值）	（代表值）

值得注意的是，短整数 short 声明，由于所占内存空间是 16 位，因此，其最大值是 32767。如果指令如下：

```
int i = 32767;
i = i + 1;
```

经上述指令后，i 并不是 32768，而是 –32768，通常又称此种情况为溢位 (overflow)。程序设计时为了避免这种情形发生，一定要小心地选择整数长度。

另外，一般整数由于所占内存空间是 32 位，因此，其最大值是 2147483647。假设指令如下：

```
int i = 2147483647;
i = i + 1;
```

经上述指令后，i 并不是 2147483648，而是 –2147483648，发生溢位。不过目前在编译程序的主流中，对于整数 int 声明一般皆是给予 32 位的空间。

为了避免搞混，也可以直接使用 short（短整数）与 long（长整数）声明，如下：

```
short int i;
long int j;
```

或是省略 int，用下列方式声明：

```
short I;
long j;
```

上述将 i 声明为短整数，所占空间是 16 位，j 则声明为长整数，所占空间是 32 位。

程序实例 ch2_1.c：用程序真正了解短整数溢位的概念。

```
1   /*   ch2_1.c                    */
2   #include <stdio.h>
3   #include <stdlib.h>
4   int main()
5   {
6       short int i1, i2, i3;        /* 短整数声明 */
7       short j1, j2, j3;            /* 省略 int 的短整数声明 */
8       i1 = 32767;
9       i2 = i1 + 1;
10      i3 = i2 - 1;
11      printf("i1 = %d\n", i1);
12      printf("i2 = %d\n", i2);
13      printf("i3 = %d\n", i3);
14
15      j1 = 32767;
16      j2 = j1 + 1;
17      j3 = j2 - 1;
18      printf("j1 = %d\n", j1);
19      printf("j2 = %d\n", j2);
20      printf("j3 = %d\n", j3);
21      system("pause");
22      return 0;
23  }
```

执行结果

```
 C:\Cbook\ch2\ch2_1.exe
i1 = 32767
i2 = -32768
i3 = 32767
j1 = 32767
j2 = -32768
j3 = 32767
请按任意键继续. . .
```

上述程序完全验证了前面短整数的概念，原 i1 是 32767，常理推知，若将 i 值加 1，i 位应变成 32768，但由程序可知 i 值变成 –32768，这就是溢位。

注 1 以上程序第 11 行的 printf( ) 是输出函数，"%d" 是整数输出的格式字符串，相当于控制 i1 变量使用整数格式输出，第 3 章会做更完整的说明。

注 2 变量声明后，如果未设定变量值，此变量内容不一定是 0，而是原先在内存的残值，所以使用前要特别留意。

程序实例 ch2_1_1.c：认识内存的残值，这个程序声明了 3 个整数变量，没有设定变量内容，输出时 i2 结果是 1，这个 1 就是内存残值。

```
1   /*    ch2_1_1.c                    */
2   #include <stdio.h>
3   #include <stdlib.h>
4   int main()
5   {
6       int i1, i2, i3;
7
8       printf("i1 = %d\n", i1);
9       printf("i2 = %d\n", i2);
10      printf("i3 = %d\n", i3);
11      system("pause");
12      return 0;
13  }
```

执行结果

```
C:\Cbook\ch2\ch2_1_1.exe
i1 = 0
i2 = 1
i3 = 0
请按任意键继续. . .
```

因为是内存的残值，每台计算机使用状况不同，读者可能会获得不一样的结果。

程序实例 ch2_2.c：用程序真正了解整数及长整数溢位的概念。

```
1   /*    ch2_2.c                      */
2   #include <stdio.h>
3   #include <stdlib.h>
4   int main()
5   {
6       int i1, i2, i3;                /* 整数声明 */
7       long j1, j2, j3;               /* 长整数声明 */
8       i1 = 2147483647;
9       i2 = i1 + 1;
10      i3 = i2 - 1;
11      printf("i1 = %d\n", i1);
12      printf("i2 = %d\n", i2);
13      printf("i3 = %d\n", i3);
14
15      j1 = 2147483647;
16      j2 = j1 + 1;
17      j3 = j2 - 1;
18      printf("j1 = %d\n", j1);
19      printf("j2 = %d\n", j2);
20      printf("j3 = %d\n", j3);
21      system("pause");
22      return 0;
23  }
```

执行结果

```
C:\Cbook\ch2\ch2_2.exe
i1 = 2147483647
i2 = -2147483648
i3 = 2147483647
j1 = 2147483647
j2 = -2147483648
j3 = 2147483647
请按任意键继续. . .
```

上述程序完全验证了前面整数及长整数的概念，原 i1 是 2147483647，常理推知，若将 i 值加 1，i 位应变成 2147483648，但由程序可知 i 值变成 -2147483648，这就是溢位。

2-3-2   字符

字符是指一个单引号之间的符号，可以参考实例 2，例如：

' '

字符也可以用码值代表，可以参考实例 3。

声明字符变量可以使用 char 关键词，每一个 char 所声明的变量占据的内存空间是 8 位，也可以称一字节 (byte)。

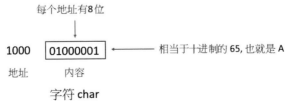

字符 char

因为 2^8=256，所以每个字符 char 可代表 256 个不同的值。在 C 语言中，这 256 个不同的值是根据 ASCII 码的值排列的，而这些码的值包含小写字母、大写字母、数字、标点符号及其他一些特殊符号，读者可以参考附录 A（可在前言最后扫码下载）。声明字符变量须使用 char 关键词，其语法如下：

```
char 字符变量；
```

实例 1：声明字符变量 single_char，其声明方式如下：

```
char single_char;
```

实例 2：声明字符变量 single_char，并将其值设定为"a"：

```
char single_char = 'a';
```

实例 3：声明字符变量 single_char，将其码值设定为 97：

```
char single_char = 97;
```

由于值 97 经查 ASCII 码得知是 a，所以实例 2 和实例 3 代表意义是一样的。

另外，C 语言中，有一些无法打印字符，例如，"\0"，虽然在单引号中有"\"和"0"，但是它们合并起来只能算是一个字符，称这些字符为逸出 (escape) 字符，如下是这些字符。

ASCII 的特殊字符

整数值	字符表示方式	字符名称
0	'\0'	空格 (null space)
7	'\a'	响铃 (bell ring)
8	'\b'	退格 (backspace)
9	'\t'	标识 (tab)
10	'\n'	新行 (newline)
12	'\f'	送表 (form feed)
13	'\r'	回转 (carriage return)
34	'\"'	双引号 (double quote)
39	'\''	单引号 (single quote)
92	'\\'	倒斜线 (back slash)

程序实例 ch1_1.c 中笔者有说可以使用"\n"字符换行输出，其实就是使用上述 ASCII 特殊字符的概念。

此外，也可以利用下列两种特殊字符，处理所有适用于 IBM PC 的 ASCII 字符：

'\xdd'：x 后面的两个 d 各代表一个十六进制数值，因此可代表 256 个 ASCII 字符。

'\ddd'：三个 d 各代表一个八进制数值，因此也可代表 256 个 ASCII 字符。

注 默认 char 所声明的变量是 8 位，但是适用 UNIX 操作系统的机器，也有以 16 位存储 char 字符变量。

2-3-3 浮点数

程序设计时，如果需要比较精确地记录数值的变化，需使用小数点以下时，则建议使用浮点数声明此变量，例如，平均成绩、温度、里程数等。在其他高级语言中，人们习惯称此数为实数。浮点数有两种：float 是浮点数；double 是双倍精度浮点数。常用的两种浮点数的相关数据如下所示。

浮点数相关概念表

浮点数声明形态	长度	值的范围
float	32 位	$-3.4\times10^{-38}\sim3.4\times10^{38}$
double	64 位	$1.798\times10^{-308}\sim1.798\times10^{308}$

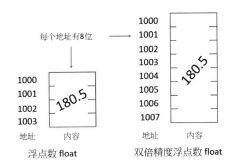

浮点数 float　　　双倍精度浮点数 float

声明浮点数的关键词是 float，声明双倍精度的浮点数是 double，声明的语法如下：

```
float 变量名称；
```

```
double 变量名称；
```

实例 1：请声明一个浮点数变量 average，则其声明如下：

```
float average;
```

double 又被称为双倍精度浮点数，从浮点数相关概念表可知它的容量是浮点数的一倍。声明浮点数时也可以设定初值，可以参考下列实例。

实例 2：请声明 ave 变量为浮点数，值是 76.42。

```
float ave = 76.42;
```

有时看别人程序时会看到将上述声明改成如下所示：

```
float ave = 76.42F;
```

上述 F 再一次标明 ave 是浮点数变量。C 语言的编译程序有许多，若没有标准 F 或 f，有的编译程序会强制将 ave 变量编译成双倍精度浮点数。其实对于一般程序设计师而言，浮点数的使用与双倍精度浮点数没有太大差别，但是如果需要使用 C 语言解决数值问题或高精密度的工程问题 [例如有限元素法 (Finite Elemen)]，则就常常将浮点数改成双倍精度浮点数，以获得较精确的程序设计结果。

2-3-4　sizeof( ) 函数

这个操作主要是供程序设计师算出任何类型的数据所占用的内存，以字节 (byte) 为单位，它的使用语法如下：

```
sizeof( 某个数据形态 )
```

实例：有一 C 语言指令如下：

```
n = sizeof(char);
```

由于 char 字符定义是一字节 (byte)，所以执行完后，n 的值是 1。

这是一个非常实用的函数，主要可以了解目前数据形态的字节 (byte) 大小。在本章前面笔者一直强调，不同的编译程序对于 int 设定多少位空间有不同的设定，可以用 sizeof 操作数了解目前所使用编译程序的设定。

程序实例 ch2_3.c：列出数据形态所占内存空间的大小。

```
1   /*    ch2_3.c                  */
2   #include <stdio.h>
3   #include <stdlib.h>
4   int main()
5   {
6       printf("形态     =   大小（bytes）\n");
7       printf("short    =   %d\n", sizeof(short));
8       printf("int      =   %d\n", sizeof(int));
9       printf("long     =   %d\n", sizeof(long));
10      printf("float    =   %d\n", sizeof(float));
11      printf("double   =   %d\n", sizeof(double));
12      printf("char     =   %d\n", sizeof(char));
13      system("pause");
14      return 0;
15  }
```

执行结果

```
C:\Cbook\ch2\ch2_3.exe
形态    =  大小（bytes）
short   =  2
int     =  4
long    =  4
float   =  4
double  =  8
char    =  1
请按任意键继续. . . .
```

2-3-5　字符串数据形态

一般字符串指的是在两个双引号中的任意字符。例如：

"hello, How are you?"

注　若是双引号中没有字符，称为空字符串。

C 语言编译程序在将字符串存入内存时，会自动将'\0'加在字符串最后，'\0'又称字符串结尾字符，表示字符串结束，因此，在存放字符串时，不必将'\0'字符放入字符串内。

实例：假设有一字符串是"hello!"，则实际内存存储此字符串的图形如下所示。

| H | e | l | l | o | '\0' |

另外，双引号并不是字符串的一部分，如果有一个字符串如下：

He say, "Hello!,"

则此字符串的表示法如下：

"He say, \"Hello!,\""

也就是在表示此类字符串时，将'\'放在双引号字符前就可以了。至于更详细的字符串和实例说明，将在第 8 章解说。

2-4　常数的表达方式

在本节中，将说明 C 语言常数的表达方式。

2-4-1　整数常数

C 语言的整数常数除了我们从小就使用的十进制，也有八进制和十六进制，程序设计时十进制和我们的习惯用法并没有太大的差异。

实例 1：请将 5 设定给变量 i，可用下列方式表示：

```
i = 5;
```

另外，在 C 语言中是允许八进制的整数存在的，凡是以 0 开头的整数都被视为八进制数字。

实例 2：试说明 013 和 026 的十进制值。

```
013 等于 11
026 等于 22
```

C 语言中，也允许十六进制的整数值存在，凡是以 0x 开头的整数都被视为十六进制整数。

实例 3：试说明 0x28 和 0x3A 的十进制值。

```
0x28 等于 40
0x3A 等于 58
```

在十六进制的表示法中，例如 0x3A 和 0x3a 意义是一样的。

程序实例 ch2_4.c：八进制和十六进制整数输出的应用。

```
1  /*   ch2_4.c              */
2  #include <stdio.h>
3  #include <stdlib.h>
4  int main()
5  {
6      int i, j, k;
7      i = 013;
8      j = 026;
9      printf("i = %d\n", i);
10     printf("j = %d\n", j);
11     i = 0x28;
12     j = 0x3A;
13     k = 0x3a;
14     printf("i = %d\n", i);
15     printf("j = %d\n", j);
16     printf("k = %d\n", k);
17     system("pause");
18     return 0;
19 }
```

执行结果

```
C:\Cbook\ch2\ch2_4.exe
i = 11
j = 22
i = 40
j = 58
k = 58
请按任意键继续. . .
```

整数的另一种常数表示方式是在数字后面加上 l 或 L，表示这是一个长整数。一般而言，整数值如果太大，编译程序会自动将它设定成长整数 (例如，大于 32767 或小于 −32768 的短整数)。

注 1　值得注意的是，如果将某变量声明成长整数，则在使用时尽量在此变量值后面加 l 或 L，以避免不可预期的错误。

注 2　对于目前的 Dev C++ 而言，整数或长整数皆可使用 32 位表示，彼此是没有差异的，因此我们在做程序设计时可以忽略 l 或 L。

除了上述进制外，C 语言也有二进制，在这个进制下可以执行位运算，本书将在第 19 章解说。

下列是二进制、八进制、十进制和十六进制的转换表。

进制转换表

十进制	十六进制	八进制	二进制
0	0	0	00000000
1	1	1	00000001
2	2	2	00000010
3	3	3	00000011
4	4	4	00000100
5	5	5	00000101

续表

十进制	十六进制	八进制	二进制
6	6	6	00000110
7	7	7	00000111
8	8	10	00001000
9	9	11	00001001
10	A	12	00001010
11	B	13	00001011
12	C	14	00001100
13	D	15	00001101
14	E	16	00001110
15	F	17	00001111
16	10	20	00010000

十进制是我们熟知的进制，其他进制表示如下：

❑ 十六进制：数字到达 16 就进位，所以单一位数为 0 ～ 15，其中 10 用 A 表示，11 用 B 表示，12 用 C 表示，13 用 D 表示，14 用 E 表示，15 用 F 表示，到达 16 就进位。

❑ 八进制：数字到达 8 就进位，所以单一位数为 0 ～ 7，到达 8 就进位。

❑ 二进制：数字到达 2 就进位，所以单一位数为 0 ～ 1，到达 2 就进位。

2-4-2 浮点常数

由于双倍精确度浮点数 (double) 和一般浮点数 (float) 之间，除了容量不一样之外，其他均相同，所以在此节我们将其合并讨论。

除了基本的浮点数之外，C 语言接受科学记数表示法的浮点数。

实例：若有一数字是 123.456，则我们可以将它表示为：

```
1.23456E2
```

或

```
0.123456e3
```

在上例的科学计数法表示中，大写 E 和小写 e 意义是一样的。

另外，若是有一个数字是 0.789，我们可以省略 0，而直接将它改写成 .789。

2-4-3 字符常数

一般在单引号之间的字符，我们都将其称为字符常数。例如 'a'，';'，'3' 皆是字符常数。至于这些字符常数所代表的实际值，则必须查阅 ASCII 表。从附录 A 中 (可在前言最后扫码下载)，可知 'a' 是 97，';' 是 59，'3' 是 51。

实例 1：说明 '\0' 和 '0' 的 ASCII 值：

```
'\0' 值是 0
'0' 值是 48
```

另外，我们有时也将字符常数和一般整数混合进行加法和减法运算。

实例 2：假设有一字符变量 ch = 'a'；有一指令是 ch = 'a' + 1；因为 'a' 值是 97，执行加法运算后 ch 值是 98，所以最后 ch 值是 'b'。

程序实例 ch2_5.c：字符常数的输出。

```
1   /*   ch2_5.c                      */
2   #include <stdio.h>
3   #include <stdlib.h>
4   int main()
5   {
6       int i;
7       char c;
8       c = 'a';
9       i = c + 1;
10      printf("c = %c\n", c);
11      printf("c = %d\n", c);
12      printf("i = %d\n", i);
13      system("pause");
14      return 0;
15  }
```

执行结果

```
C:\Cbook\ch2\ch2_5.exe
c = a
c = 97
i = 98
请按任意键继续. . . _
```

注 上述 printf( ) 是输出函数，"%c" 是字符输出的格式符号，第 3 章会做更详细的说明。

2-4-4　字符串常数

尽管在 2-3-4 节已对字符串数据形态做了介绍，由于它的观点很重要，所以在此再强调一次。一个字符串常数，其实就是在双引号之间任意个数的字符符号。例如：

"This is a good book" ← 一个字符串

" " ← 一个空字符串

就技术观点而言，其实字符串就是一个数组，它的每个元素都只存一个字符常数，编译程序在编译此程序时会自动地把 '\0' 放入字符串的末端，代表这是字符串的结束。

注 本书第 7 章将讲解数组。

实例：假设有一字符串为"UNIX C"，则在 C 编译时，内存数据位置如下。

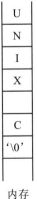

内存

至于其他有关字符串的使用规则将在第 10 章做说明。

2-4-5　一次设定多个变量值

前面几小节笔者介绍了常数，同时将常数赋值给变量，C 语言也允许一次设定多个变量拥有相同的值。

程序实例 ch2_5_1.c：设定 a、b、c 的值是 5，本程序的重点是第 7 行。

```
1   /*    ch2_5_1.c                */
2   #include <stdio.h>
3   #include <stdlib.h>
4   int main()
5   {
6       int a, b, c;
7       a = b = c = 5;
8       printf("a = %d\n", a);
9       printf("b = %d\n", b);
10      printf("c = %d\n", c);
11      system("pause");
12      return 0;
13  }
```

执行结果

```
■ C:\Cbook\ch2\ch2_5_1.exe
a = 5
b = 5
c = 5
请按任意键继续. . .
```

2-5 程序设计的专有名词

本节笔者将讲解程序设计的相关专有名词，未来读者阅读一些学术性的程序文件时，方便理解这些名词的含义。

2-5-1 程序代码

一个完整的指令称为程序代码。若是有一个指令如下：

```
x = 9000 * 12;
```

上述整个语句称为程序代码。

2-5-2 表达式

使用 C 语言设计程序，难免会有一些运算，这些运算就称为表达式。表达式由运算符 (operator) 和操作数 (operand) 组成。

若是有一个指令如下：

```
x = 9000 * 12;
```

上述等号右边"9000 * 12"就称为表达式。

2-5-3 运算符与操作数

和其他的高级语言一样，等号 (=)、加 (+)、减 (−)、乘 (*)、除 (/)、求余数 (%)、递增 (++)、递减 (−−) 等，是 C 的基本运算符号，这些运算符号又称运算符 (operator)。未来学习更复杂的程序时，还会学习关系与逻辑运算符。

简单地说，运算符 (operator) 指的是表达式操作的符号，操作数 (operand) 指的是表达式操作的数据，这个数据可以是常数也可以是变量。

若是有一个指令如下：

```
x = 9000 * 12;
```

上述 "*" 就是所谓的运算符，"9000" 和 "12" 就是所谓的操作数。

若是有一个指令如下：

```
x = y * 12;
```

上述 "*" 就是所谓的运算符，"y" 和 "12" 就是所谓的操作数。至于等号左边的 x 也称操作数。

2-5-4　操作数也可以是一个表达式

若是有一个指令如下：

```
y = x * 8 * 300;
```

"x * 8" 是一个表达式，计算完成后的结果称为操作数，再将此操作数乘以 300(操作数)。

2-5-5　指定运算符

在程序设计中所谓的指定运算符 (assignment operator) 就是 "=" 符号，这也是程序设计最基本的操作，是将等号右边的表达式 (expression) 结果或操作数 (operand) 设定给等号左边的变量。

若是有一个指令如下：

```
x = 120;
```

"x" 就是等号左边的变量，"120" 就是所谓的操作数。

若是有一个指令如下：

```
z = x * 8 * 300;
```

"z" 就是等号左边的变量，"x * 8 * 300" 就是所谓的表达式。

2-5-6　单元运算符

在程序设计时，有些运算符号只需要一个运算符就可以运算，这类运算符称为单元运算符 (Unary Operator)。例如，++ 是递增运算符，−− 是递减运算符。下列是使用实例：

```
i++
```

或

```
i--
```

上述 ++(执行 i 加 1) 或 −− (执行 i 减 1)，由于只需要一个操作数即可运算，这就是所谓的单元运算符，有关上述表达式的说明与应用后面小节会做实例解说。

2-5-7　二元运算符

若是有一个指令如下：

```
x = y * 12;
```

对乘法运算符号而言，它必须要有 2 个操作数才可以执行运算，我们可以用下列语法说明。

```
operand   operator   operand
```

y 是左边的操作数 (operand)，乘号 "*" 是运算符 (operator)，12 是右边的操作数 (operand)，类似需要有 2 个操作数才可以运算的符号称二元运算符 (binary operator)。其实同类型的 +、-、*、/ 或 % 等都算是二元运算符。

2-5-8　三元运算符

在程序设计时，有些运算符号 (? :) 需要三个操作数才可以运算，这类运算符称三元运算符 (Ternary Operator)。例如 :

```
e1 ? e2 : e3
```

上述 e1 必须是布尔值，关键是如果 e1 是 true 则回传 e2，如果是 false 则回传 e3，有关上述表达式的说明与应用后面小节会做实例解说。

2-6　算术运算

2-6-1　基础算术运算符号

C 语言算术运算基本符号如下。

1. 加号

C 语言符号是 "+"，主要功能是将两个值相加。

实例 1 : 有一 C 语言指令如下 :

```
s = a + b;
```

假设执行指令前，a = 10，b = 15，s = 20 ;

则执行指令后，a = 10，b = 15，s = 25。

注 执行加法运算后，原变量值 a、b 不会改变。

2. 减号

C 语言符号是 "-"，主要功能是将第一个操作数的值减去第二个操作数的值。

实例 2 : 有一 C 语言指令如下 :

```
s = a - b;
```

假设执行指令前，a = 1.8，b = 2.3，s = 1.0 ;

则执行指令后，a = 1.8，b = 2.3，s = -0.5。

注 执行减法运算后，原变量值 a、b 不会改变。

3. 乘号

C 语言符号是 "*"，主要功能是将两个操作数的值相乘。

实例 3 : 有一 C 语言指令如下 :

```
s = a * b;
```

假设执行指令前，a = 5，b = 6，s = 10；

则执行指令后，a = 5，b = 6，s = 30。

注 执行乘法运算后，原变量值 a、b 不会改变。

4. 除号

C 语言符号是 "/"，主要功能是将第一个操作数的值除以第二个操作数的值。

实例 4：有一 C 语言指令如下：

```
s = a / b;
```

假设执行指令前，a = 2.4，b = 1.2，s = 0.5；

则执行指令后，a = 2.4，b = 1.2，s = 2.0。

注 执行除法运算后，原变量值 a、b 不会改变。

5. 余数

C 语言符号是 "%"，主要功能是将第一个操作数的值除以第二个操作数，然后求出余数。注意，这个符号只适用两个操作数都是整数，如果要计算浮点数的余数须使用 fmod( ) 函数，可以参考 4-10 节。

实例 5：有一 C 语言指令如下：

```
s = a % b;
```

假设执行指令前，a = 5，b = 4，s = 3；

则执行指令后，a = 5，b = 4，s = 1。

注 执行求余数运算后，原变量值 a、b 不会改变。

程序实例 ch2_6.c：加、减、乘、除与求余数的应用。

```
1   /*    ch2_6.c                    */
2   #include <stdio.h>
3   #include <stdlib.h>
4   int main()
5   {
6       int s, a, b;
7
8       a = 10;
9       b = 15;
10      s = a + b;
11      printf("s = a + b = %d\n", s);
12      a = 1.8;
13      b = 2.3;
14      s = a - b;
15      printf("s = a - b = %d\n", s);
16      a = 5;
17      b = 6;
18      s = a * b;
19      printf("s = a * b = %d\n", s);
20      a = 2.4;
21      b = 1.2;
22      s = a / b;
23      printf("s = a / b = %d\n", s);
24      a = 5;          特殊格式字符
25      b = 4;               ↓
26      s = a % b;
27      printf("s = a %% b = %d\n", s);
28      system("pause");
29      return 0;
30  }
```

执行结果

```
C:\Cbook\ch2\ch2_6.exe
s = a + b = 25
s = a - b = -1
s = a * b = 30
s = a / b = 2
s = a % b = 1
请按任意键继续. . . _
```

上述程序第 27 行，因为 "%" 符号是特殊格式字符，如果想要正常输出此字符，必须输入两次 "%" 符号。

2-6-2　负号运算

除了以上五种基本操作数之外，C 语言还有一种运算符，负号（-）运算符。这个运算符号表达方式和减号（-）一样，但是意义不同，前面已经说过减号运算符号，一定要有两个操作数搭配，而这个运算符只要一个操作数就可以了，由于它具有此特性，所以又称这个运算符号是单元（unary）运算符。

实例：有一 C 语言指令如下，变量 a 的左边是负号。

```
s = -a + b;
```

假设执行指令前，a = 5，b = 10，s = 2 ；

则执行指令后，a = 5，b = 10，s = 5。

注 与前面实例一样，操作数本身在执行指令后值不改变。

2-6-3　否运算

否（!）运算符也是单元运算符。

实例：有一 C 语言指令如下：

```
x = !y
```

上述如果 y 是 0，则 x 是 1。如果 y 不是 0，则 x 是 0。

2-6-4　运算优先级

在前述 2-6-2 节的实例中，有一个很有趣的现象，为什么不先执行"a + b"，然后再执行负号运算符号？

其实原因很简单，那就是各个不同的运算符号有不同的执行优先级。以下是上述 6 种运算符号的执行优先级。

符号	优先级
负号（-）、否（!）	高优先级
乘（*）、除（/）、余数（%）	中优先级
加（+）、减（-）	低优先级

有了以上概念之后，相信各位就应该了解 2-6-2 节的实例，为什么最后的结果是 5 了吧！

实例 1 ：有一 C 语言指令如下：

```
s = a * b % c;
```

假设执行指令前，a = 5，b = 4，c = 3，s = 3 ；

则执行指令后，a = 5，b = 4，c = 3，s = 2。

在上述实例中，又产生了一个问题，到底是要先执行 a * b 还是 b % c，在此又有一个规则，那就是在处理有相同优先级的运算时，由左向右运算。

程序实例 ch2_7.c：数学运算优先级的应用。

```
1   /*    ch2_7.c                  */
2   #include <stdio.h>
3   #include <stdlib.h>
4   int main()
5   {
6       int s, a, b, c;
7
8       a = 5;
9       b = 4;
10      c = 3;
11      s = a * b % c;
12      printf("s = a * b %% c = %d\n", s);
13
14      system("pause");
15      return 0;
16  }
```

执行结果

```
C:\Cbook\ch2\ch2_7.exe
s = a * b % c = 2
请按任意键继续. . .
```

当然，运算顺序也可借着其他的符号更改，这个符号就是左括号 "（"和右括号 "）"。

实例 2：有一 C 语言指令如下：

```
s = a * b + c;
```

假设我们想先执行"b + c"运算，则在程序设计时，可以将上述表达式改成：

```
s = a * ( b + c );
```

程序实例 ch2_8.c：使用括号更改数学运算的优先级。

```
1   /*    ch2_8.c                  */
2   #include <stdio.h>
3   #include <stdlib.h>
4   int main()
5   {
6       int s, a, b, c;
7
8       a = 5;
9       b = 4;
10      c = 3;
11      s = a * b + c;
12      printf("s = a * b + c = %d\n", s);
13      s = a * (b + c);
14      printf("s = a * (b + c) = %d\n", s);
15      system("pause");
16      return 0;
17  }
```

执行结果

```
C:\Cbook\ch2\ch2_8.exe
s = a * b + c = 23
s = a * (b + c) = 35
请按任意键继续. . .
```

2-6-5　程序代码指令太长的处理

有时候在设计 C 语言时，单一程序代码指令太长，可以在该行尾端增加 "\"符号，编译程序会由此符号判别下一行与此行是相同的程序代码指令。可以参考下列程序代码。

```
19      d = r * acos(sin(x1*2*pi/360)*sin(x2*2*pi/360) + \
20              cos(x1*2*pi/360)*cos(x2*2*pi/360) * \
21              cos((y1-y2)*2*pi/360));
```

上述第 19 行和第 20 行右边有 "\"符号，由此可以知道其实第 19 ～ 21 行是一条相同的程序代码指令，笔者会在 4-11-6 节用实例作解说。

2-7　数据形态的转换

C 语言的数据类型有许多种，例如字符、整数、长整数、浮点数或是双倍精度浮点数。数据类型的转换类似倒水，如果将小杯的水倒入大杯中，水不会流失；如果将大杯的水倒入小杯中，水会流失。例如，可以想象整数是小杯的水，浮点数是大杯的水。

假设 a 是整数，值是 2，将 a 转换成浮点数后值变成 2.0，整体看数据是有保留。假设 b 是浮点数，值是 2.5，将 b 转换成整数后值变成 2，这时数据会有流失。

在程序设计中，会依据需要做上述数据形态的转换。

2-7-1 基础数据形态的转换

在设计 C 语言程序时，时常会面对不同变量数据形态之间的运算。例如，将某一浮点数和某一整数相加，碰上这种情形时，C 编译程序会主动将整数转换成浮点数来运算。

实例 1：有一 C 语言指令如下：

```
s = a + b;
```

假设执行指令前，a 是整数，a = 3；b 是浮点数，b = 2.5；s 是浮点数，s = 2.0。

则在运算完成后，s = 5.5，a = 3，b = 2.5。

实例 2：有一 C 语言指令如下：

```
s = a + b;
```

假设 a 是整数，a = 3；b 是浮点数，b = 2.5；s 是整数，s = 2。

由于 s 是整数，所以尽管 a + b = 5.5，但 s 只能存储整数，所以最后结果 s = 5。

程序实例 ch2_9.c：数据形态的转换实例。

```
1  /*   ch2_9.c              */
2  #include <stdio.h>
3  #include <stdlib.h>
4  int main()
5  {
6      int s, a;
7      float b;
8
9      a = 3;
10     b = 2.5;
11     s = a + b;
12     printf("s = a + b = %d\n", s);
13
14     system("pause");
15     return 0;
16  }
```

执行结果

```
C:\Cbook\ch2\ch2_9.exe
s = a + b = 5
请按任意键继续. . . .
```

实例 3：有一 C 语言指令如下：

```
s = a / b;
```

假设执行指令前，a、b 都是整数，s 则是浮点数，其中 a = 3，b = 2，s = 1.0。

执行指令时，计算机会先执行整数相除，所以 a / b 的结果是 1，然后将 1 存入 s 值内，因为 s 是浮点数，所以执行结果 s 值是 1.0。

从以上运算可知，若不是一位很熟悉 C 语言的程序设计员，可能会被不同操作数形态的运算搞得有一点头疼。所以设计程序时，最好的方法是尽量避免不同形态的操作数在同一指令中出现。

当无法避免不同形态的操作数在同一指令中时，C 语言提供了另一个功能可克服上面问题，那就是更改数据形态。使用时，只要在某个变量前加上括号，然后在括号中指明操作数形态即可。例如，若想将上述实例 a 和 b 强制改成浮点数，则可以将上述表达式改成：

```
s = (float) a / (float) b;
```

此时计算机在执行时会先将 a 改成 3.0，b 改成 2.0，所以运算完成后 s 的值是 1.5。

另外，如果是进行整数值相除，假设指令如下：

```
s = 3 / 2;
```

上述执行结果是 1，假设 s 是浮点数，我们期待获得浮点数 1.5 的除法结果，可以将上述指令改为下列方式之一，即可以获得正确的浮点数结果。

```
s = 3.0 / 2.0;
```

或

```
s = 3 / 2.0;
```

或

```
s = 3.0 / 2;
```

程序实例 ch2_10.c：数据形态的转换实例。

```
1   /*   ch2_10.c                    */
2   #include <stdio.h>
3   #include <stdlib.h>
4   int main()
5   {
6       int a, b;
7       float s;
8
9       a = 3;
10      b = 2;
11      s = a / b;
12      printf("s = a / b = %3.2f\n", s);
13      a = 3;
14      b = 2;
15      s = (float) a / (float) b;
16      printf("s = (float) a / (float) b = %3.2f\n", s);
17      system("pause");
18      return 0;
19  }
```

执行结果

```
C:\Cbook\ch2\ch2_10.exe
s = a / b = 1.00
s = (float) a / (float) b = 1.50
请按任意键继续. . .
```

注 上述第 12 行的 printf( ) 函数内的输出格式 "%3.2f"，是设定输出的浮点数整数有 3 位数，其中小数部分有 2 位数。

实例 4：有一 C 语言指令如下：

```
s = (int) a / (int) b;
```

假设 a 和 b 是浮点数，a = 4.6，b = 2.1，s 是整数，s = 10。

执行指令时，由于 C 语言会先将浮点数 a 改成整数 4，b 改成整数 2，所以运算完成后 s 的值是 2。

程序实例 ch2_11.c：数据形态的转换应用。

```
1   /*   ch2_11.c                    */
2   #include <stdio.h>
3   #include <stdlib.h>
4   int main()
5   {
6       float a, b, s1;
7       int s2;
8
9       a = 4.6;
10      b = 2.1;
11      s1 = a / b;
12      printf("s1 = a / b = %3.2f\n", s1);
13      s2 = (int) a / (int) b;
14      printf("s2 = (int) a / (int) b = %d\n", s2);
15      system("pause");
16      return 0;
17  }
```

执行结果

```
C:\Cbook\ch2\ch2_11.exe
s1 = a / b = 2.19
s2 = (int) a / (int) b = 2
请按任意键继续. . .
```

2-7-2　整数和字符混合使用

另外，有时也可能会将整数 (int) 和字符 (char) 混用，它的处理原则是，先将字符转换成它所对应的整数值，然后进行运算。

实例 5：有一 C 语言指令如下：

```
i = 'a' - 'A';
```

假设 i 是整数，则在进行运算时，计算机首先将 'a' 转换成 ASCII 码值 97，然后将 'A' 转换成 ASCII 码值 65，所以运算完成后 i 的值是 32。

程序实例 ch2_12.c：整数和字符混合使用。

```
1   /*    ch2_12.c                   */
2   #include <stdio.h>
3   #include <stdlib.h>
4   int main()
5   {
6       int i;
7
8       i = 'a' - 'A';
9       printf("i = 'a' - 'A' = %d\n", i);
10
11      system("pause");
12      return 0;
13  }
```

执行结果

```
C:\Cbook\ch2\ch2_12.exe
i = 'a' - 'A' = 32
请按任意键继续. . .
```

至于有关整数和字符之间的应用，我们将在后面章节再做更详细的实例说明。

2-7-3　学生买球鞋

假设学生脚的尺寸是 37.5，可是商店只售 37 码或 38 码的球鞋，现在售货员建议学生购买 38 码的球鞋。

程序实例 ch2_12_1.c：买球鞋程序。

```
1   /*    ch2_12_1.c                 */
2   #include <stdio.h>
3   #include <stdlib.h>
4   int main()
5   {
6       int size;
7       float foot =37.5;            /* 脚的尺寸 */
8
9       size = (int) foot + 1;
10      printf("你的脚的尺寸是      : %2.1f\n", foot);
11      printf("你购买的鞋子尺寸是 : %d\n", size);
12      system("pause");
13      return 0;
14  }
```

执行结果

```
C:\Cbook\ch2\ch2_12_1.exe
你的脚的尺寸是      :37.5
你购买的鞋子尺寸是 :38
请按任意键继续. . .
```

2-8　C 语言的特殊表达式

除了上述的基本表达式之外，C 语言还提供了许多其他高级语言所没有的表达式，也因为 C 语言有这些表达式，从而使 C 语言更具有弹性，但也造成初学者的困扰。

2-8-1　递增和递减表达式

C 语言提供了两个一般高级语言所没有的表达式：一个是递增，它的表示方式为" ++"；另一个递减，它的表示方式为"--"。

"++"会主动将某个操作数加 1。

"--"会主动将某个操作数减 1。

实例 1：有一 C 语言指令如下：

```
i++;
```

假设执行指令前 i = 2，则执行指令后 i = 3。

实例 2：有一 C 语言指令如下：

```
i--;
```

假设执行指令前 i = 2，则执行指令后 i = 1。

++ 和 -- 还有一个很特殊的地方，就是它们既可放在操作数之后，例如 i++，这种方式，我们称后置 (postfix) 运算，如上述两个例子所示。也可以将它们放在操作数之前，例如 ++i，这种运算方式，我们称前置 (prefix) 运算。

实例 3：有一 C 语言指令如下：

```
++i;
```

假设执行指令前 i = 2，则执行指令后 i = 3。

实例 4：有一 C 语言指令如下：

```
--i;
```

假设执行指令前 i = 2，则执行指令后 i = 1。

从上述实例来看，好像前置运算和后置运算并没有太大的差别，其实不然，它们之间仍然是有差别的。

所谓的前置运算，是指在使用这个操作数之前先进行加一或减一的动作。至于后置运算，则是指在使用这个操作数之后才进行加一或减一的动作。

实例 5：有一 C 语言指令如下：

```
s = ++i + 3;
```

假设执行指令前 s = 3，i = 5，则执行指令时，计算机会先做 i 加 1，所以 i 变为 6，然后再进行运算，所以 s 的值是 9。

实例 6：有一 C 语言指令如下：

```
s = 3 + i++ ;
```

假设执行指令前 s = 3，i = 5，则执行指令时，计算机会先执行 3 + i，所以 s 的值是 8，然后 i 本身再加 1，所以 i 的值是 6。

程序实例 ch2_13.c：前置运算与后置运算的应用。

```
1   /*    ch2_13.c                */
2   #include <stdio.h>
3   #include <stdlib.h>
4   int main()
5   {
6       int i, s;
7
8       i = 5;
9       s = ++i + 3;
10      printf("s = ++i + 3 = %d\n", s);
11      i = 5;
12      s = 3 + i++;
13      printf("s = 3 + i++ = %d\n", s);
14      system("pause");
15      return 0;
16  }
```

执行结果

```
C:\Cbook\ch2\ch2_13.exe
s = ++i + 3 = 9
s = 3 + i++ = 8
请按任意键继续. . .
```

2-8-2 设定的特殊表达式

假设有一运算指令如下：

`i = i + 1;`

在 C 语言中有一表达式，可将它改写成：

`i += 1;`

由于这种表达式，对 2-5 节中所述的所有基本算术运算都有效，所以可将上述表达式写成如下表达式：

`e1 op= e2;`

其中，e1 表示操作数，e2 也是操作数，而 op 则是指 2-5 节中所述的运算符。上式的意义就相当于：

`e1 = (e1) op (e2);`

注意，e2 表达式的括号不可遗漏。下面是这种表达式符号的使用。

特殊表达式	基本表达式
i += j;	i = i + j;
i -= j;	i = i - j;
i *= j;	i = i * j;
i /= j;	i = i / j;
i %= j;	i = i % j;

实例 1：有一 C 语言指令如下：

`a *= c;`

假设执行指令前 a = 3，c = 2，则执行指令后 c = 2，a = 6。

使用这种运算时，有一点必须注意，假设有一指令如下：

`a += c * d;`

则 C 在编译时会将上述表达式当作下列指令，然后执行。

`a = a + (c * d);`

实例 2：有一 C 语言指令如下：

`a * = c + d;`

假设执行前，a = 3，c = 2，d = 4，由于上述表达式相当于 a = a * (c + d)，其中 c + d 等于 6，3 * 6 = 18，所以最后可得 a = 18。

程序实例 ch2_14.c：特殊表达式的应用。

```
1   /*   ch2_14.c                */
2   #include <stdio.h>
3   #include <stdlib.h>
4   int main()
5   {
6       int a, c, d;
7
8       a = 3;
9       c = 2;
10      a *= c;
11      printf("a *= c = %d\n", a);
12      a = 3;
13      c = 2;
14      d = 4;
15      a *= c + d;
16      printf("a *= c + d = %d\n", a);
17      system("pause");
18      return 0;
19  }
```

执行结果

```
C:\Cbook\ch2\ch2_14.exe
a *= c = 6
a *= c + d = 18
请按任意键继续. . .
```

也可将上述特殊表达式应用在位运算指令，未来章节会做完整说明。

2-9　专题实操：圆面积 / 圆周长 / 圆周率

2-9-1　圆面积与周长的计算

圆面积计算公式如下：

pi * r * r

上式 pi 是圆周率，近似值是 3.1415926，r 是圆半径。

程序实例 ch2_15.c：计算半径是 2 的圆的面积。

```
1   /*   ch2_15.c                */
2   #include <stdio.h>
3   #include <stdlib.h>
4   int main()
5   {
6       float r = 2.0;
7       float pi = 3.1415926;
8       float area;
9       area = pi * r * r;
10      printf("圆面积是 %f \n", area);
11      system("pause");
12      return 0;
13  }
```

执行结果

```
C:\Cbook\ch2\ch2_15.exe
圆面积是 12.566370
请按任意键继续. . .
```

圆周长的计算公式如下：

2 * pi * r

上述圆周长的计算将是读者的习题。

2-9-2　计算圆周率

圆周率 pi 是一个数学常数，常常使用希腊字母 π 表示，在科学计算器中则使用 pi 代表。它的物理意义是圆的周长和直径的比率。历史上第一个无穷级数公式称莱布尼兹公式，它的计算公式如下：

$$pi = 4 \times (1 - \frac{1}{3} + \frac{1}{5} - \frac{1}{7} + \frac{1}{9} - \frac{1}{11} + \cdots)$$

　　莱布尼兹 (Leibniz)(1646 — 1716) 是德国人，在世界数学舞台占有一定分量，他本人另一个重要职业是律师，许多数学公式皆是在各大城市通勤期间完成。数学历史上，有人认为他是微积分的发明人，也有人认为微积分的发明人是牛顿 (Newton)。

程序实例 ch2_16.c：计算下列公式的圆周率，这个级数收敛到我们熟知的 3.14159 要相当长的时间，下列是简易程序设计。

$$pi = 4 \times (1 - \frac{1}{3} + \frac{1}{5} - \frac{1}{7} + \frac{1}{9})$$

```
1   /*    ch2_16.c                  */
2   #include <stdio.h>
3   #include <stdlib.h>
4   int main()
5   {
6       double pi;
7       pi = 4 * (1 - 1.0/3 + 1.0/5 - 1.0/7 + 1.0/9);
8       printf("pi = %f \n", pi);
9       system("pause");
10      return 0;
11  }
```

执行结果

```
C:\Cbook\ch2\ch2_16.exe
pi = 3.339683
请按任意键继续. . . .
```

2-10 习题

一、是非题

(　　) 1. C 语言的变量名称只能以大小写字母做开头。(2-1 节)

(　　) 2. C 语言变量名称可以使用阿拉伯数字，同时也可以使用阿拉伯数字作为变量名称的井头。(2-1 节)

(　　) 3. 假设有一变量名称是 ABC，则在程序设计时，若将它改写成小写 abc 是允许的，编译程序会将 ABC 与 abc 视为相同的变量。(2-1 节)

(　　) 4. 如果想一次声明多个变量，则变量间需要使用 "," 分隔。(2-2 节)

(　　) 5. 下列是正确的变量声明。(2-2 节)

```
int x, y; a, b;
```

(　　) 6. 下列是正确的变量声明。(2-2 节)

```
float i,
      j,
      c;
```

(　　) 7. 下列是正确的变量声明。(2-2 节)

```
int a, b, c, d, e, f, g, h.
```

(　　) 8. 下列是正确的变量声明。(2-3 节)

```
char a = '3';
```

(　　) 9. 下列变量声明会产生语法错误信息。(2-3 节)

```
int i = 10.5;
```

(　　) 10. 以 16 位整数而言，其值在 –32767 至 32768 之间。(2-3 节)

（　　　）11. char 所声明的变量是字符，所占记忆空间是 8 位。(2-3 节)

（　　　）12. 如果想了解某个类型的数据所占内存位置的数量时，可以使用 size 操作数。(2-3 节)

（　　　）13. double 代表双倍整数。(2-4 节)

（　　　）14. 若有一个数字是 123.456，可以将它表示为 1.23456E2。(2-4 节)

（　　　）15. "%" 是求余数符号，主要功能是将第一个操作数的值除以第二个操作数的值，然后求余数。(2-6 节)

（　　　）16. 乘号（*）是乘运算符。(2-6 节)

二、选择题

（　　　）1. 下列哪一种符号不可作为变量的开头字符？

(A) 大写字母　(B) 小写字母　(C) 下画线（_）　(D) 阿拉伯数字 (2-1 节)

（　　　）2. 下列哪一个不是合法的变量名称？

(A) hung　(B) sam　(C) x5　(D) x$2(2-1 节)

（　　　）3. 假设有一个 "unsigned short int" 变量声明，则此变量的值将在（　）？

(A) -32768 ～ 32767　(B) 0 ～ 65535　(C) 0 ～ 255　(D) 0 ～ 32767(2-3 节)

（　　　）4. '\xdd'，x 后面的两个 d 各代表？

(A) 十进制　(B) 八进制　(C) 十六进制　(D) 二十四进制 (2-3 节)

（　　　）5. 假设想计算 1 月份中午 12 时的平均温度，则建议此平均温度的变量应使用（　）。

(A) int　(B) short int　(C) char　(D) float (2-3 节)

（　　　）6. 假设计算机专业的成绩是用 A、B、C、D 表示，则此成绩变量应使用（　）。

(A) int　(B) short int　(C) char　(D) float(2-3 节)

（　　　）7. 如果想测试所输入的数字是奇数或偶数，则存储所输入数字的变量应使用（　）。

(A) int　(B) float　(C) char　(D) double(2-3 节)

（　　　）8. 下列哪一个是二元运算符。

(A) 递增（++）　(B) 递减（－－）　(C) 否（!）　(D) 加号（+）(2-5 节)

（　　　）9. 下列哪一个运算符号有最优先的执行顺序？

(A) 乘号（*）　(B) 余数（%）　(C) 负数（－）　(D) 加号（+）(2-6 节)

（　　　）10. 下列哪一个是单元运算符？

(A) 乘号（*）　(B) 余数（%）　(C) 否（!）　(D) 加号（+）(2-6 节)

三、填充题

1. 若想将某一变量声明成长整数，则在 int 前面要加上（　　）。(2-3 节)

2. 若想将某一变量声明成 0 ～ 65535 的正整数，则声明形态是（　　）。若想将某一变量声明成 0 ～ 4294967295 的正整数，则声明形态是（　　）。(2-3 节)

3. 如果一个 16 位的整数变量值是 32767，若将此变量值加 1，所得此变量结果不是 32768，则此现象是（　　）。(2-3 节)

4. C 语言在将字符串存入内存时，会自动将（　　）加在字符串最后。(2-3 节)

5. C 语言中凡以（　　）开头的整数都被视为八进制数。凡是以（　　）开头的整数皆被视为十六进制数。(2-4 节)

四、实操题

1. 请列出下列数值的十进制值。(2-4 节)

（a）0x38　　（b）036　　（c）077　　（d）0x75　　（e）0xEE

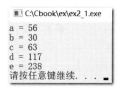

2. 假设 x、y、z 和 s 皆是整数，x 是 10，y 是 18，z 是 5，请求下列运算结果。(2-4 节)

(a) s = x + y;   (b) s = 2 * x + 3 − z;

(c) s = y * z + 20 / y;   (d) s = −x + z − 3;

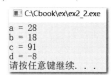

3. 假设 x、y、z 和 s 皆是浮点数，重新设计前一个程序，使用 5.2f 格式化浮点数输出。(2-4 节)

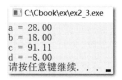

4. 假设 s 是整数，x 是浮点数且其值是 3.5，y 是整数且其值是 4，求下列运算结果。(2-6 节)

(a) s = x + y;   (b) s = −x + y − 8;

(c) s = x / y − 10;   (d) s = x * y + 3.8;   (e) s = 'B' − 'R';

5. 一个幼儿园买了 100 颗苹果给学生当营养午餐，学生人数是 23 人，每个人午餐可以吃一颗，请问这些苹果可以吃几天，第几天会发生苹果不足，同时列出少了几颗。(2-6 节)

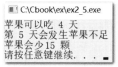

6. 一个圆半径是 2，请计算此圆周长。(2-6 节)

```
C:\Cbook\ex\ex2_6.exe
圆周长是 12.566370
请按任意键继续. . .
```

7. 假设圆柱半径是 20 厘米，高度是 30 厘米，请计算此圆柱的体积。圆柱体积计算公式是圆面积乘以圆柱高度。(2-6 节)

```
C:\Cbook\ex\ex2_7.exe
圆柱体积是 37699.109375 立方厘米
请按任意键继续. . .
```

8. x 和 y 是浮点数，分别是 2.77 和 3.99，s 是整数，请计算下列结果。(2-7 节)

　s = x + y;

```
C:\Cbook\ex\ex2_8.exe
s = 6
请按任意键继续. . .
```

9. 重新设计前一个程序，先强制将 x 和 y 转为整数，然后计算结果。(2-7 节)

```
C:\Cbook\ex\ex2_9.exe
s = 5
请按任意键继续. . .
```

10. 假设 x、y 和 z 皆是整数，且值都是 5，求下列运算 x 的结果。(2-8 节)

　(a) x += y + z++ ;　　　　　　　　　　(b) x += y + ++z ;

```
C:\Cbook\ex\ex2_10.exe
a(x) = 15
a(x) = 16
请按任意键继续. . .
```

11. 与前一个程序相同，假设 x、y 和 z 都是整数，且值都是 5，求下列运算 x 的结果。(2-8 节)

　(a) x -= ++y + z--;　　　　　　　　　　(b) x *= y - z--;

　(c) x /= 2 + y++ - z++;

```
C:\Cbook\ex\ex2_11.exe
a(x) = -6
b(x) = 0
c(x) = 2
请按任意键继续. . .
```

12. 参考 2-9-2 节的概念，扩充计算下列圆周率值。(2-9 节)

　(a) $pi = 4 \times (1 - \frac{1}{3} + \frac{1}{5} - \frac{1}{7} + \frac{1}{9} - \frac{1}{11})$

　(b) $pi = 4 \times (1 - \frac{1}{3} + \frac{1}{5} - \frac{1}{7} + \frac{1}{9} - \frac{1}{11} + \frac{1}{13})$

注　上述级数收敛到我们熟知的 3.14159 要相当长的级数计算。

```
C:\Cbook\ex\ex2_12.exe
pi    4*(1-1.0/3+1.0/5-1.0/7+1.0/9-1.0/11) = 2.976046
pi    4*(1-1.0/3+1.0/5-1.0/7+1.0/9-1.0/11+1.0/13) = 3.283738
请按任意键继续. . .
```

13. 尼拉卡莎 (Nilakanitha) 级数是由印度天文学家尼拉卡莎发明，也是应用于计算圆周率 pi 的级数，此级数收敛的速度比莱布尼兹更好，更适合于用来计算 pi，它的计算公式如下：(2-9 节)

$$pi = 3 + \frac{4}{2 \times 3 \times 4} - \frac{4}{4 \times 5 \times 6} + \frac{4}{6 \times 7 \times 8} - \cdots$$

请分别设计下列级数的执行结果。

```
C:\Cbook\ex\ex2_13.exe
pi    3 + 4.0/(2*3*4) - 4.0/(4*5*6) + 4.0/(6*7*8) = 3.145238
pi    3 + 4.0/(2*3*4) - 4.0/(4*5*6) + 4.0/(6*7*8) - 4.0/(8*9*10) = 3.139683
请按任意键继续. . .
```

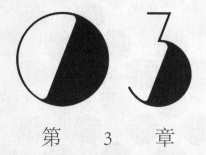

第 3 章

基本的输入与输出

本章将对 C 语言的输入与输出做详尽的说明，下面是相关函数的基本定义：

（1）printf( )，这是一个最常用的输出函数。

（2）scanf( )，这是一个最常用的输入函数。

（3）putchar(c)，打印字符的输出函数。

（4）getche( )，读取字符的输入函数。

（5）getchar( )，读取字符的输入函数。

（6）getch( )，读取字符的输入函数。

严格地说，上述函数皆不属于 C 语言本身，而只属于 C 语言的标准输入与输出函数，但由于 C 语言本身就没有输入与输出指令，所以人们自然而然地称以上函数是 C 语言的输入与输出指令。由于这些函数是定义在 stdio.h 标题文件内，所以设计程序时，必须在程序前面加上下列语句。

```
#include  <stdio.h>
```

3-1　printf( ) 函数

在 C 语言中，最常见的输出函数就是 printf( ) 了，通常我们可以将要输出的数据用双引号括起来，然后再将它放入 printf( ) 的括号中就可以了。

程序实例 ch3_1.c：打印字符串"C 程序设计"两次，且将它打印在同一行中。

```
1   /*   ch3_1.c              */
2   #include <stdio.h>
3   #include <stdlib.h>
4   int main()
5   {
6       printf("C 程序设计");
7       printf("C 程序设计");
8       system("pause");
9       return 0;
```

执行结果

```
■ C:\Cbook\ch3\ch3_1.exe
C 程序设计C 程序设计请按任意键继续. . .
```

3-1-1　C 语言的控制字符"\n"

在程序实例 ch3_1.c 中，我们可以看到字符串"C 程序设计"在同一行中打印了两次。C 语言提供了一种控制字符，可让我们将上述字符串分别打印在不同的两行中，这个控制字符是"\n"，这个字符主要的目的是指示输出装置，跳行打印输出字符。

程序实例 ch3_2.c：重复打印字符串"C 程序设计"，但是将它分两行打印出来。

```
1    /*   ch3_2.c              */
2    #include <stdio.h>
3    #include <stdlib.h>
4    int main()
5    {
6        printf("C 程序设计\n");
7        printf("C 程序设计\n");
8        system("pause");
9        return 0;
10   }
```

执行结果

```
■ C:\Cbook\ch3\ch3_2.exe
C 程序设计
C 程序设计
请按任意键继续. . .
```

程序实例 ch3_3.c：打印字符串"C 程序设计"字符串两次，但是按照不同格式将它打印出来。

```
1    /*    ch3_3.c                */
2    #include <stdio.h>
3    #include <stdlib.h>
4    int main()
5    {
6        printf("C \n程序设计\n");
7        printf("C 程序\n设计\n");
8        system("pause");
9        return 0;
10   }
```

执行结果

```
C:\Cbook\ch3\ch3_3.exe
C
程序设计
C 程序
设计
请按任意键继续. . .
```

3-1-2　十进制整数的打印"%d"

printf( ) 函数除了可以直接打印字符串之外，还可以用格式化的方式控制输出的结果。本节将介绍如何利用"%d"执行十进制整数的打印，其打印结构如下所示。

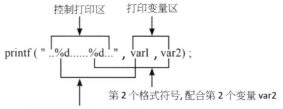

在使用上述 printf( ) 函数打印数据时，必须注意下列几点：

（1）第一个格式符号配合第一个欲打印的变量，其他以此类推。

（2）在控制打印区内的格式符号之间，可以有许多空格，或是没有任何空格。

（3）在打印变量区内，各变量之间一定要用逗号隔开。

（4）打印变量区的变量也可以是一个表达式。

（5）控制打印区需用双引号括起来。

（6）控制打印区和打印变量区之间需用逗号隔开。

程序实例 ch3_4.c：基本整数输出的实例应用，本程序将会打印 exercise ch3_4.c，但"3"和"4"分别用整数变量将它打印出来。

```
1    /*    ch3_4.c                */
2    #include <stdio.h>
3    #include <stdlib.h>
4    int main()
5    {
6        int i,j;
7
8        i = 3;
9        j = 4;
10       printf("exercise ch%d_%d.c \n",i,j);
11       system("pause");
12       return 0;
13   }
```

执行结果

```
C:\Cbook\ch3\ch3_4.exe
exercise ch3_4.c
请按任意键继续. . .
```

上述变量 i 配合第一个格式符号，变量 j 配合第二个格式符号。

程序实例 ch3_4_1.c：打印变量区是一个表达式。

```
1   /*    ch3_4_1.c                   */
2   #include <stdio.h>
3   #include <stdlib.h>
4   int main()
5   {
6       int i,j;
7
8       i = 3;
9       j = 4;
10      printf("i + j = %d\n",i + j);
11      system("pause");
12      return 0;
13  }
```

执行结果

```
C:\Cbook\ch3\ch3_4_1.exe
i + j = 7
请按任意键继续. . .
```

另外，在使用打印变量时，还必须要知道如何修饰输出的位置。这个修饰字通常是由阿拉伯数字构成，一般我们将它放在 % 和 d 之间。修饰字和整数格式输出间的规则如下。

1.%d

在此类的输出格式下，C 语言输出的格数和变量的长度相同。

实例 1：假设变量值是 356，则输出时会预留 3 格空间，如下所示：

3	5	6

假设变量值是 18，则输出时会预留 2 格空间给它，如下所示：

1	8

2.%nd

n 是整数值，代表输出时预留的输出格数。使用此种方式输出时，会遇到两种情况：一种情况是预留格数比输出值所需要的空间大，此时会将输出结果向右对齐；另一种情况是预留格数比输出值所需要空间小，此时会忽略预留格数，而自动匹配实际所需的格数。

实例 2：假设变量值是 356，控制打印的格式符号是 %2d，则打印结果如下所示：

3	5	6

实例 3：假设变量值是 356，控制打印的格式符号是 %5d，则打印结果如下所示：

		3	5	6

3.%-nd

这个输出格式和前一个类似，唯一不同的是，若预留格数比输出值所需的空间大时，会将输出结果向左对齐。

实例 4：假设变量值是 356，控制打印的格式符号是 %-5d，则打印结果如下所示：

3	5	6		

4.%+nd

这个输出格式会将数值的正负号显示出来。

实例 5：假设变量值是 356，控制打印的格式符号是 %+5d，则打印结果如下所示：

	+	3	5	6

5.%0nd

这个输出格式会在数值前的空白处填 "0"。

实例 6：假设变量值是 356，控制打印的格式符号是 %05d，则打印结果如下所示：

0	0	3	5	6

程序实例 ch3_5.c：格式化输出某一整数变量值的应用。

```
1   /*    ch3_5.c                    */
2   #include <stdio.h>
3   #include <stdlib.h>
4   int main()
5   {
6       int i;
7
8       i = 356;
9       printf("/%d/\n",i);
10      printf("/%2d/\n",i);
11      printf("/%5d/\n",i);
12      printf("/%-5d/\n",i);
13      printf("/%+5d/\n",i);
14      printf("/%05d/\n",i);
15      system("pause");
16      return 0;
17  }
```

执行结果

C:\Cbook\ch3\ch3_5.exe

/356/
/356/
/ 356/
/356 /
/ +356/
/00356/
请按任意键继续. . . ▄

3-1-3　浮点数或是双倍精度浮点数的打印 "%f"

浮点数变量打印的使用规则如下：

1.%f

在此类的输出格式下，C 语言会预留 10 格空间供输出使用，假设格数空间大于变量值所需的空间，则剩余空间供变量的小数点使用。

1	2	3	.	4	6	0	0	0	0

值得注意的是，一般系统浮点数只能存储 6 个或 7 个数字的精度（又称有效位数），而我们所要的输出数字是 10 格，所以真正输出时也许小数点的值会略为不同于实际值。程序实例 ch3_6.c 会说明这个概念，由于会有这种差异，所以在实际格式输出时，我们应该避免以这种方式输出数据。

2.%m.nf

在这种输出格式下，m 代表浮点数的输出宽度，n 代表小数点所需宽度。和整数输出格式一样，如果所要求的空间不够，系统会自己配置足够的空间供输出使用。若是配置的空间太多，则系统输出结果会向右对齐。

实例 1：假设变量值是 123.56，控制打印格式符号是 %8.2f，则打印结果如下所示：

		1	2	3	.	5	6

3.%-m.nf

这个输出格式和上一规则类似，唯一的不同是，若预留格数比输出值所需的空间大，C 语言会将输出结果向左对齐。

实例 2：假设变量值是 123.56，控制打印格式符号是 %-8.2f，则打印结果如下所示：

1	2	3	.	5	6		

4. %+m.nf

这个输出格式会将数值的正负号显示出来。

实例 3：假设变量值是 123.56，控制打印格式符号是 %+8.2f，则打印结果如下所示：

	+	1	2	3	.	5	6

5. %0m.nf

这个输出格式会在数值前的空白处填 "0"。

实例 4：假设变量值是 123.56，控制打印格式符号是 %08.2f，则打印结果如下所示：

0	0	1	2	3	.	5	6

注　双倍精度浮点数的输出可以使用 %f，也可以使用 %lf，也就是在 % 和 f 字符间增加 l。

程序实例 ch3_6.c：格式化输出某一实数变量值的应用。

```
1   /*   ch3_6.c                  */
2   #include <stdio.h>
3   #include <stdlib.h>
4   int main()
5   {
6       float i;
7
8       i = 123.56;
9       printf("/%f/\n",i);
10      printf("/%3.2f/\n",i);
11      printf("/%8.2f/\n",i);
12      printf("/%-8.2f/\n",i);
13      printf("/%+8.2f/\n",i);
14      printf("/%08.2f/\n",i);
15      system("pause");
16      return 0;
17  }
```

执行结果

```
C:\Cbook\ch3\ch3_6.exe
/123.559998/
/123.56/
/  123.56/
/123.56  /
/ +123.56/
/00123.56/
请按任意键继续. . .
```

3-1-4　字符的打印 "%c"

字符打印的规则如下。

1. %c

在此格式下会预留一格空间供输出使用。

实例 1：假设变量值是 "a"，控制格式符号是 %c，则输出结果如下所示：

a

2. %nc

在此格式下会预留 n 格空间供输出使用，但输出结果将会向右对齐。

实例 2：假设变量值是 "a"，控制格式符号是 %3c，则输出结果如下所示：

3. %-nc

在此格式下会预留 n 格空间供输出使用，但输出结果将会向左对齐。

实例 3：假设变量值是 "a"，控制格式符号是 %-3c，则输出结果如下所示：

程序实例 ch3_7.c：格式化输出某一字符变量值的应用。

```
1   /*    ch3_7.c                  */
2   #include <stdio.h>
3   #include <stdlib.h>
4   int main()
5   {
6       char i;
7
8       i = 'a';
9       printf("/%c/\n",i);
10      printf("/%3c/\n",i);
11      printf("/%-3c/\n",i);
12      system("pause");
13      return 0;
14  }
```

执行结果

```
■ C:\Cbook\ch3\ch3_7.exe
/a/
/  a/
/a
请按任意键继续. . .
```

在 ASCII 码值表内 (如附录 A 所示)，几个重要分类字符如下：

0 ～ 31：控制字符或是通信专用字符，可以参考 2-3-2 节。

32 ～ 47：标点符号和运算符号字符，其中 32 是空格。

48 ～ 57：0 ～ 9 这 10 个阿拉伯数字。

58 ～ 64：符号字符。

65 ～ 90：26 个大写英文字母。

91 ～ 96：符号字符。

97 ～ 122：26 个小写英文字母。

接下来将介绍一些打印字符的程序实例。

程序实例 ch3_8.c：基本字符输出及 ASCII 码值的应用。

```
1   /*    ch3_8.c                  */
2   #include <stdio.h>
3   #include <stdlib.h>
4   int main()
5   {
6       char ch = 'A';       /* 设定字符变量为 A */
7
8       printf("ch = %c\n",ch);          /*打印变量 */
9       printf("ASCII of ch = %d\n",ch); /*打印码值 */
10      system("pause");
11      return 0;
12  }
```

执行结果

```
■ C:\Cbook\ch3\ch3_8.exe
ch = A
ASCII of ch = 65
请按任意键继续. . .
```

程序实例 ch3_9.c：字符变量的另一个应用。

```
1   /*    ch3_9.c                  */
2   #include <stdio.h>
3   #include <stdlib.h>
4   int main()
5   {
6       char ch = 70;        /* 设定字符变量为 70 */
7
8       printf("ch = %c\n",ch);          /*打印变量 */
9       printf("ASCII of ch = %d\n",ch); /*打印码值 */
10      system("pause");
11      return 0;
12  }
```

执行结果

```
■ C:\Cbook\ch3\ch3_9.exe
ch = F
ASCII of ch = 70
请按任意键继续. . .
```

程序实例 ch3_10.c：使用两种方式输出响铃。

```
1   /*    ch3_10.c                 */
2   #include <stdio.h>
3   #include <stdlib.h>
4   int main()
5   {
6       char ch1 = '\a';
7       printf("%c\n", ch1);                    /* 响一声,没有其他输出  */
8       printf("ASCII of beep = %d\n", ch1);    /* 打印出 ch1 的ASCII值 */
9       char ch2 = 7;
10      printf("%c\n", ch2);                    /* 响一声,没有其他输出  */
11      printf("ASCII of beep = %d\n", ch2);    /* 打印出 ch2 的ASCII值 */
12      system("pause");
13      return 0;
14  }
```

执行结果

```
■ C:\Cbook\ch3\ch3_10.exe

ASCII of beep = 7

ASCII of beep = 7
请按任意键继续. . .
```

在 2-3-2 节介绍了"\t"特殊字符，这是可以让输出依据键盘的 Tab 键控制输出位置，细节可以参考下列实例。

程序实例 ch3_11.c：Tab 键控制输出的应用。

```
1   /*   ch3_11.c                    */
2   #include <stdio.h>
3   #include <stdlib.h>
4   int main()
5   {
6       char ch1 = '\t';            /* 设定Tab键字符 */
7       printf("Java%c", ch1);
8       printf("C%c", ch1);
9       printf("Python%c", ch1);
10      printf("\n");
11      system("pause");
12      return 0;
13  }
```

执行结果

```
C:\Cbook\ch3\ch3_11.exe
Java     C        Python
请按任意键继续. . .
```

2-3-2 节介绍了两种字符的表示方式：

"\xdd"：其中 x 后面的两个 d 各代表一个十六进制数值。

"\ddd"：其中 3 个 d 各代表一个八进制数值。

程序实例 ch3_12.c：十六进制的字符输出。

```
1   /*   ch3_12.c                    */
2   #include <stdio.h>
3   #include <stdlib.h>
4   int main()
5   {
6       printf("\x4A\x4B\x4C\x4D\x4E\n");
7       printf("\x6A\x6B\x6C\x6D\x6E\n");
8       system("pause");
9       return 0;
10  }
```

执行结果

```
C:\Cbook\ch3\ch3_12.exe
JKLMN
jklmn
请按任意键继续. . .
```

程序实例 ch3_13.c：八进制的字符输出。

```
1   /*   ch3_13.c                    */
2   #include <stdio.h>
3   #include <stdlib.h>
4   int main()
5   {
6       printf("\104\105\105\120\n");
7       printf("\144\145\145\160\n");
8       system("pause");
9       return 0;
10  }
```

执行结果

```
C:\Cbook\ch3\ch3_13.exe
DEEP
deep
请按任意键继续. . . ■
```

3-1-5　其他格式化数据打印原则

除了以上常用的格式化输出变量值的应用外，printf( ) 函数还提供下列格式化打印方式：

%ld：长整数打印。

%s：主要用于打印字符串，本章会简单解说，将在第 8 章字符串彻底剖析中做详细说明。

%e：以 e 记号 (科学记数法) 输出浮点数。

%E：以 E 记号 (科学记数法) 输出浮点数。

%u：不带符号的十进制整数输出。

%o：八进制整数输出。

%x：十六进制整数输出，输出英文字母 a ~ f 时是小写。

%X：十六进制整数输出，输出英文字母 A ~ F 时是大写，最常应用在标记变量在内存的地址，标记内存地址时会省略左边的 0，本书第 8 章程序实例 ch8_20_1.c 会说明，第 11 章指针章节则会大量使用。

%p：十六进制输出变量的内存信息，这也是 C 语言官方手册建议使用输出内存信息的方式，输出时英文部分会使用大写，如果计算机是以 8 位长度标记内存地址，内存地址是 62FFFA，会得到 000000000062FFFA 的表示，相当于会将左边的 0 也输出，完整表达内存地址，本书第 8 章 ch8_20.c 实例会做说明。

以上 9 种输出格式也和整数或浮点数输出格式一样，有以下类似的输出原则：

（1）在 % 和符号格式值之间若没有任何修饰字，则 C 语言会依照实际需要做输出。
- %s：对字符串而言，会依照字符串长度输出。
- %e：预留 12 格供输出使用。
- %u，%o，%x：依照实际需要格数输出。

（2）若 % 和符号格式值之间有修饰词指定输出长度，则有两种情况。若指定长度大于输出要求，则打印时会向右对齐。若是指定长度小于输出要求，则 C 语言会自动配给足够空间供它使用。

（3）当 % 和修饰词之间有 "-" 符号时，若指定输出长度大于输出要求长度，则打印时会向左对齐。

程序实例 ch3_14.c：格式化输出其他类型变量的应用。

```
1   /*    ch3_14.c              */
2   #include <stdio.h>
3   #include <stdlib.h>
4   int main()
5   {
6       int i = 10;
7       float j = 123.56;
8
9       printf("格式化输出八位\n");
10      printf("/%o/\n",i);
11      printf("/%-8o/\n",i);
12      printf("格式化输出十六位\n");
13      printf("/%x/\n",i);
14      printf("/%8x/\n",i);
15      printf("格式化输出不带正负号数值\n");
16      printf("/%u/\n",i);
17      printf("/%8u/\n",i);
18      printf("格式化输出科学计数\n");
19      printf("/%e/\n",j);
20      printf("/%8.3e/\n",j);
21      system("pause");
22      return 0;
23  }
```

执行结果

C:\Cbook\ch3\ch3_14.exe
格式化输出八位
/12/
/12   /
格式化输出十六位
/a/
/   a/
格式化输出不带正负号数值
/10/
/   10/
格式化输出科学计数
/1.235600e+002/
/1.236e+002/
请按任意键继续. . .

程序实例 ch3_15.c：另一种不寻常的 printf( ) 输出应用。先前的各种应用实例大多将变量放在打印变量区内，然而也可以直接将某一数值放在打印变量区内，如本实例所示。

```
1   /*    ch3_15.c              */
2   #include <stdio.h>
3   #include <stdlib.h>
4   int main()
5   {
6       printf("不寻常的输出 %d\n",1);
7       printf("ch%d_%d.c\n",3,15);
8       system("pause");
9       return 0;
10  }
```

执行结果

C:\Cbook\ch3\ch3_15.exe
不寻常的输出 1
ch3_15.c
请按任意键继续. . .

3-2　scanf( ) 函数

scanf( ) 函数和 printf( ) 函数相类似，不过它主要是用来做数据输入。和 printf( ) 函数一样，我们也可以将它的参数区分成两部分，一部分是控制输入格式区，另一部分是输入变量区，如下所示。

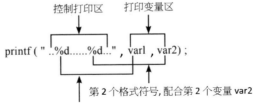

控制打印区　　打印变量区

printf (" ..%d......%d..." , var1 , var2) ;

第 2 个格式符号，配合第 2 个变量 var2

第 1 个格式符号，配合第 1 个变量 var1

在使用上述 scanf( ) 函数读取数据时，必须注意下列几点：

（1）第一个格式符号配合第一个欲输入的变量，其他以此类推。

（2）控制输入格式区需用双引号括起来。

（3）控制输入格式区和变量区之间用逗号分开。

（4）输入变量前面要加 "&" 符号，这是一个地址符号，数据读入时，C 语言会将所读入的值，放在这个地址内。截至目前，读者只要知道在变量前面加上 "&" 符号就可以了，"&" 符号代表变量的地址，至于有关 "&" 符号的细节，我们将在第 11 章做详细说明。

（5）当有输入多笔数据时，可以用空格或是逗号隔开。

（6）scanf( ) 函数所能读取的数据种类和 printf( ) 函数所能打印的数据种类相同。

（7）读取字符串变量时，不必在字符串变量前面加上 "&" 符号，详细情形将在第 8 章进行说明。

下面是控制输入格式符号和输入数据形态的对照。

输入格式符号	输入数据形态
%d	整数
%ld	长整数，l 是 L 的英文小写
%f	浮点数
%lf	双倍精度浮点数，l 是 L 的英文小写
%c	字符
%s	字符串
%e	科学计数法
%u	不带符号十进制整数
%o	八进制整数
%x	十六进制整数

注　如果是要读取双倍精度浮点数变量，控制输入格式区必须使用 %lf，使用 %f 会有不可预期的错误产生。

3-2-1　读取数值数据

读取数值数据又可以分为读取不同格式的数值数据、单笔数值数据和读取多笔数值数据。另外，读者也要了解读取不同格式的数值数据，笔者在本节将详细解说。

程序实例 ch3_16.c：读取八进制、十进制与十六进制的数值数据实例。

```
1  /*    ch3_16.c              */
2  #include <stdio.h>
3  #include <stdlib.h>
4  int main()
5  {
6      int i,j,k;
7
8      printf("请输入十进制数值 : ");
9      scanf("%d",&i);
10     printf("请输入八进制数值 : ");
11     scanf("%o",&j);
12     printf("请输入十六进制数值 : ");
13     scanf("%x",&k);
14     printf("i = %d\n",i);
15     printf("j = %d\n",j);
16     printf("k = %d\n",k);
17     printf("i + j + k = %d\n",i + j + k);
18     system("pause");
19     return 0;
20 }
```

执行结果

```
C:\Cbook\ch3\ch3_16.exe
请输入　十进制数值 : 10
请输入　八进制数值 : 12
请输入十六进制数值 : 1a
i = 10
j = 10
k = 26
i + j + k = 46
请按任意键继续. . .
```

对于读者而言，比较特殊的是第 11 行使用 %o 格式符号读取八进制数据，和第 13 行使用 %x 格式符号读取十六进制数据。

程序实例 ch3_17.c：使用 %f 和 %e 分别读取浮点数与科学记号数值。

```
1  /*    ch3_17.c              */
2  #include <stdio.h>
3  #include <stdlib.h>
4  int main()
5  {
6      float a, b;
7
8      printf("请输入浮点数 : ");
9      scanf("%f",&a);
10     printf("请输入科学记数浮点数 : ");
11     scanf("%e",&b);
12     printf("a = %f\n",a);
13     printf("b = %e\n",b);
14     printf("a + b = %6.3f\n",a + b);
15     system("pause");
16     return 0;
17 }
```

执行结果

```
C:\Cbook\ch3\ch3_17.exe
请输入浮点数 : 5
请输入科学记数浮点数 : 1.23456e2
a = 5.000000
b = 1.234560e+002
a + b = 128.456
请按任意键继续. . .
```

```
C:\Cbook\ch3\ch3_17.exe
请输入浮点数 : 5.0
请输入科学记数浮点数 : 1.23456E2
a = 5.000000
b = 1.234560e+002
a + b = 128.456
请按任意键继续. . .
```

从上述可知道，读取浮点数时即使所输入数据是整数，例如上述左边的输入 5，输入后也会被视为浮点数。另外，在输入科学记数值时，输入 e 或是 E 皆是可以被接受的。

格式符号 %e 虽是读取科学记数值，如果输出浮点数，C 语言编译程序也会接受，不过不建议如此。如果将第 13 行的输出格式符号 %e 改为 %E，则输出的科学记号 e 将被改为 E。

程序实例 ch3_17_1.c：将输出格式符号 %e 改为 %E，重新设计程序实例 ch3_17.c。

```
13         printf("b = %E\n",b);
```

执行结果

```
C:\Cbook\ch3\ch3_17_1.exe
请输入浮点数 : 5.0
请输入科学记数浮点数 : 1.23456
a = 5.000000
b = 1.234560E+000
a + b =   6.235
请按任意键继续. . .
```

　　上述程序实例第 11 行 scanf( ) 读取数字是使用科学记数浮点数 %c，笔者使用一般浮点数输入，C 语言编译程序也会接受。

　　在使用 scanf( ) 函数读取多笔数值数据时，控制输入格式区可以用空格或是逗号将格式符号隔开，这时在输入时可以用空格 (可以按空格键或是 Tab 键产生空格) 或是换行 (按 Enter 键可以产生换行) 输入。

程序实例 ch3_18.c：用 scanf( ) 函数读取两笔数值数据的应用，两个格式符号是用空格隔开，读者可以参考程序实例第 9 行。

```
1   /*    ch3_18.c                  */
2   #include <stdio.h>
3   #include <stdlib.h>
4   int main()
5   {
6       int a, b;
7
8       printf("请输入两个整数 : ");
9       scanf("%d %d",&a, &b);
10      printf("a + b = %d\n",a + b);
11      system("pause");
12      return 0;
13  }
```

执行结果

```
C:\Cbook\ch3\ch3_18.exe
请输入两个整数 : 3 7
a + b = 10
请按任意键继续. . .
```

```
C:\Cbook\ch3\ch3_18.exe
请输入两个整数 : 3
7
a + b = 10
请按任意键继续. . .
```

　　上述执行结果左边是在同一行输出，彼此用空格隔开两笔输入，右边是输入完 3 之后，按 Enter 键，然后输入 7，相当于用 Enter 键隔开所输入的两笔数值。

注 笔者测试 Dev C++ 编译程序，如果两笔格式符号间没有空格，也可以得到相同的结果，读者可以参考程序实例 ch3_19.c，不过这会让程序的可读性比较差，所以不建议。

程序实例 ch3_19.c：重新设计程序实例 ch3_18.c，用 scanf( ) 函数读取两笔数值数据的应用，两个格式符号没有空格隔开。

执行结果　与程序实例 ch3_18.c 执行结果相同。

```
9       scanf("%d%d",&a, &b);
```

程序实例 ch3_19_1.c：用 scanf( ) 函数读取两笔数值数据的应用，两个格式符号是用逗号隔开。

```
1   /*    ch3_19_1.c               */
2   #include <stdio.h>
3   #include <stdlib.h>
4   int main()
5   {
6       int a, b;
7
8       printf("请输入两个整数 : ");
9       scanf("%d,%d",&a, &b);
10      printf("a + b = %d\n",a + b);
11      system("pause");
12      return 0;
13  }
```

执行结果

```
C:\Cbook\ch3\ch3_19_1.exe
请输入两个整数 : 3, 7
a + b = 10
请按任意键继续. . .
```

3-2-2　读取字符数据

　　在输入整数或浮点数时，我们可以用空格隔开所输入的数据。但是输入字符时，字符间不可有空格。使用 scanf( ) 读取字符时，常会发生读取字符错误的程序，如下列实例所示。

程序实例 ch3_19_2.c：scanf( ) 函数读取字符错误的实例。

```
1   /*    ch3_19_2.c                      */
2   #include <stdio.h>
3   #include <stdlib.h>
4   int main()
5   {
6       int i;
7       char ch;
8
9       printf("请输入 1 个整数 \n==>");
10      scanf("%d",&i);
11      printf("请输入 1 个字符 \n==>");
12      scanf("%c",&ch);
13      printf("整数是=%d,ASCII码值是=%d, 字符是=%c \n",i,ch,ch);
14      system("pause");
15      return 0;
16  }
```

执行结果

C:\Cbook\ch3\ch3_19_2.exe
请输入 1 个整数
==>9
请输入 1 个字符
==>整数是=9, ASCII 码值是=10, 字符是=
请按任意键继续. . .

在上述执行结果中，程序并没有等待我们输入字符 (第 12 行)，随即执行第 13 行输出执行结果，为什么会这样呢？因为当输入阿拉伯数字 9，再按 Enter 键后，第 10 行的 scanf( ) 函数读取到 9，并赋值给整数变量 i。当按 Enter 键时，对计算机系统而言，它代表 Carriage Return(归位，ASCII 码值是 13) 和 Line Feed(换行，ASCII 码值是 10)。当第一个 scanf( )(第 10 行) 读到 Carriage Return 字符时便认为读取已经结束，此时读取缓冲区还有 Line Feed 字符 (ASCII 码值 10，这是不可打印字符)，所以程序执行第 12 行的 scanf( ) 时，将直接读取缓冲区内暂存的 Line Feed 字符，列出 ASCII 码值是 10，由于这是不可打印字符，所以尝试打印字符时，出现的结果是空白。

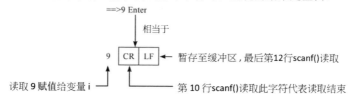

下列是程序实例 ch3_19_2.c 的另一个测试结果，笔者采用的是在输入 9 之后立刻输入 f，读者可以观察结果。

C:\Cbook\ch3\ch3_19_2.exe
请输入 1 个整数
==>9f
请输入 1 个字符
==>整数是=9,ASCII码值是=102, 字符是=f
请按任意键继续. . .

上述第 10 行 scanf( ) 读取整数时，尽管输入是 "9f"，但只读取前面的 9，同时将 9 赋值给变量 i，此时 f 字符会在读取缓冲区内，当第 12 行读取字符时，所输入的字符 f 会被读入字符变量 ch 内。

一个程序若是输入需用这种方式读取字符是不好的设计。改良方式是在 scanf( ) 函数的 "%c" 之前预留空格，这种设计方式可跳过不可打印字符，再读取可打印字符，可参考程序实例 ch3_19_3.c。

程序实例 ch3_19_3.c：改良式 scanf( ) 的用法。主要是在 "%c" 前加空格，可跳过不可打印字符。

```
1   /*    ch3_19_3.c                      */
2   #include <stdio.h>
3   #include <stdlib.h>
4   int main()
5   {
6       int i;
7       char ch;
8
9       printf("请输入 1 个整数 \n==>");
10      scanf("%d",&i);
11      printf("请输入 1 个字符 \n==>");
12      scanf(" %c",&ch);   /* 可跳过不可打印字符 */
13      printf("整数是=%d, ASCII码值是=%d, 字符是=%c \n",i,ch,ch);
14      system("pause");
15      return 0;
16  }
```

执行结果

C:\Cbook\ch3\ch3_19_3.exe
请输入 1 个整数
==>9
请输入 1 个字符
==>f
整数是=9, ASCII码值是=102, 字符是=f
请按任意键继续. . .

本程序与上一个程序最大的差异是在第 12 行的 "%c" 前多了一个空格，由于它可跳过不可打印字符，因此输入 "f" 时，可供第 12 行的 scanf( ) 正常读取，由于此 f 字符的码值是 102，所以可以得到上述执行结果。

此外，C 语言也提供一个清除缓冲区的函数 fflush( )，使用方式如下：

```
fflush(stdin);      /* stdin 代表输入设备，即键盘 */
```

上述可将输入缓冲区的数据清除，整个使用情形可参考下列实例。

程序实例 ch3_19_4.c : fflush( ) 函数的使用，可修正程序实例 ch3_19_2.c 的问题。

```
1   /*    ch3_19_4.c                    */
2   #include <stdio.h>
3   #include <stdlib.h>
4   int main()
5   {
6       int i;
7       char ch;
8
9       printf("请输入 1 个整数 \n==>");
10      scanf("%d",&i);
11      printf("请输入 1 个字符 \n==>");
12      fflush(stdin);    /* 清除缓冲区 */
13      scanf("%c",&ch);
14      printf("整数是=%d, ASCII码值是=%d, 字符是=%c \n",i,ch,ch);
15      system("pause");
16      return 0;
17  }
```

执行结果

```
C:\Cbook\ch3\ch3_19_4.exe
请输入 1 个整数
==>9
请输入 1 个字符
==>f
整数是=9, ASCII 码值是=102, 字符是=f
请按任意键继续. . .
```

上述程序实例的重点在于第 12 行多了 fflush(stdin) 函数，执行结果则和程序实例 ch3_19_3.c 相同。

3-3　字符的输入和输出函数

3-3-1　getche( ) 函数和 putchar( ) 函数

C 语言的函数库还提供了另外两个每次只能读取 / 写入一个字符的函数 : getche( ) 函数可每次读取一个字符，putchar(ch) 函数则可每次输出一个字符。

这两个函数最大的差别在于 :

（1）getche( ) 函数式不包含任何参数，它的使用方式如下 :

```
ch= getche( );
```

此时若从终端机上输入一字符，C 语言会自动将这个字符值设定给字符变量 ch。需注意的是，当以 scanf( ) 函数读取字符值时，需要按 Enter 键之后，才正式读取字符数据；当以 getche( ) 函数读取字符值时，只要一有输入，此输入值会被立刻读入所设定的字符变量内。

（2）putchar(ch) 函数式则必须包含一个字符变量，它的使用方式如下 :

```
putchar(ch);
```

此时，C 语言会自动将字符变量 ch 的内容打印在屏幕上。

3-3-2　getchar( ) 函数

除了 getche( ) 函数外，另一个常用的读取字符函数是 getchar( )，它的使用格式如下所示 :

```
ch = getchar( );
```

所读取的字符会被存至变量 ch 内。然而 getchar( ) 和 getche( ) 两函数在读取字符值时，仍是有所差别的。当以 getche( ) 函数读取字符时，不必按 Enter 键，程序会自动读取该字符；当以 getchar( ) 函数读取字符时，在输入字符后，必须按 Enter 键。下面的程序实例将说明这个概念。

由于 getchar( ) 和 putchar( ) 两个函数是被定义在 stdio.h 标题文件内，所以下面两个程序在执行前必须加上下列指令。

```
#include <stdio.h>
```

有关 #include 指令的更多内容将在本书第 8 章做详细说明。

程序实例 ch3_20.c：getchar( ) 函数、getche( ) 函数和 putchar( ) 函数的基本应用。

```
1   /*   ch3_20.c                    */
2   #include <stdio.h>
3   #include <stdlib.h>
4   int main()
5   {
6       char ch1,ch2,ch3;
7
8       printf("请输入 2 个字符 \n==>");
9       ch1 = getche();
10      ch2 = getche();
11      printf("\n");
12      printf("第 1 个字符是 \n==>");
13      putchar(ch1);
14      printf("\n");
15      printf("第 2 个字符是 \n==>");
16      putchar(ch2);
17      printf("\n请输入 1 个字符 \n==>");
18      ch3 = getchar();
19      printf("第 3 个字符是 \n==>");
20      putchar(ch3);
21      printf("\n");
22      system ("pause");
23      return 0;
24  }
```

执行结果

```
C:\Cbook\ch3\ch3_20.exe
请输入 2 个字符
==>ab
第 1 个字符是
==>a
第 2 个字符是
==>b
请输入 1 个字符
==>y
第 3 个字符是
==>y
请按任意键继续. . .
```

3-3-3 getch( ) 函数

此外，还有一个常用的读取字符函数是 getch( )，本函数功能和 getche( ) 函数类似，彼此间唯一的差别在于，当以 getch( ) 函数读取字符时，所输入的字符将不显示在屏幕上。

程序实例 ch3_21.c：getch( ) 函数的基本应用。

```
1   /*   ch3_21.c                    */
2   #include <stdio.h>
3   #include <stdlib.h>
4   int main()
5   {
6       char ch1, ch2;
7
8       printf("请输入 2 个字符 \n==>");
9       ch1 = getch();
10      ch2 = getch();
11      printf("\n");
12      printf("第 1 个字符是 \n==>");
13      putchar(ch1);
14      printf("\n");
15      printf("第 2 个字符是 \n==>");
16      putchar(ch2);
17      printf("\n");
18      system("pause");
19      return 0;
20  }
```

执行结果

```
C:\Cbook\ch3\ch3_21.exe
请输入 2 个字符
==>
第 1 个字符是
==>o
第 2 个字符是
==>p
请按任意键继续. . .
```

从上面的执行结果可以看到，所输入的字符（op）并未在屏幕上显示。

3-4　认识简单的字符串读取

3-4-1　使用 scanf( ) 函数读取字符串

字符串是由两个以上字符组成，字符串末端一定是"\0"字符。使用前必须声明字符串变量，声明方式如下：

char 字符串变量 [字符串长度]；

注 1　更完整的数组知识将在第 7 章说明。

注 2　更完整的字符串知识将在第 8 章说明。

实例：声明 mystr 是长度为 10 的字符串。

char mystr[10];

这时所声明的内存内容如下。

mystr | | | | | | | | | | |

使用 scanf( ) 函数读取字符串的格式如下：

scanf("%s", mystr)

执行上述指令时，scanf( ) 函数会从第一个非空格符开始读取，然后读到空格符为止。此外，读取字符串时，字符串变量左边不用加上"&"符号。

程序实例 ch3_22.c：读取字符串的应用。

```
1   /*      ch3_22.c                 */
2   #include <stdio.h>
3   #include <stdlib.h>
4   int main()
5   {
6       char name[10];
7
8       printf("请输入你的名字 \n==>");
9       scanf("%s", name);
10      printf("\n");
11      printf("%s 欢迎进入系统 \n", name);
12
13      system("pause");
14      return 0;
15  }
```

执行结果

■ C:\Cbook\ch3\ch3_22.exe
请输入你的名字
==>Hung

Hung 欢迎进入系统
请按任意键继续. . .

■ C:\Cbook\ch3\ch3_22.exe
请输入你的名字
==>　　　Hung

Hung 欢迎进入系统
请按任意键继续. . .

上述执行结果左边是没有预留空格的输入，右边是空了 4 格的输入，所得到的结果都是一样的，这是因为 scanf( ) 函数在读取字符串时会从第一个非空格符开始读取。

经过上述读取后，这时 name 字符串的内存内容如下所示。

name | H | u | n | g | '\0' | | | | | |

3-4-2　使用 scanf( ) 函数应注意事项

使用 scanf( ) 函数读取数字时，也是会读取第一个非空白的字符，此非空白的字符必须是数字，至于数字后边的字符则会忽略。

程序实例 ch3_23.c：读取数字，此数字前面有空格符，数字后面有一般字符。

```
1   /*   ch3_23.c                 */
2   #include <stdio.h>
3   #include <stdlib.h>
4   int main()
5   {
6       int sc;
7
8       printf("请输入你的 C 语言成绩 \n==>");
9       scanf("%d", &sc);
10      printf("\n");
11      printf("你的 C 语言成绩是 %d \n", sc);
12
13      system("pause");
14      return 0;
15  }
```

执行结果

上述执行结果左边输入的内存图形如下。

读取数字字符

| 9 | 8 | A | | | | | | |

非数字字符不读取

上述执行结果右边输入的内存图形如下。

读取数字字符

| | | | | | 9 | 8 | A | |

非数字字符不读取

上述 A 字符虽然被忽略，但是会继续留在输入缓冲区内，下列程序可以读取此缓冲区内的数据。

程序实例 ch3_24.c：改良程序实例 ch3_23.c，读取缓冲区内的数据。

```
1   /*   ch3_24.c                 */
2   #include <stdio.h>
3   #include <stdlib.h>
4   int main()
5   {
6       int sc;
7       char grade[10];
8
9       printf("请输入你的 C 语言成绩 \n==>");
10      scanf("%d", &sc);
11      printf("你的 C 语言成绩是 %d \n==>", sc);
12      printf("请读取成绩等级 \n");
13      scanf("%s", grade);
14      printf("你的 C 语言等级是 %s \n", grade);
15
16      system("pause");
17      return 0;
18  }
```

执行结果

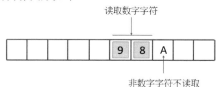

3-5 专题实操：单位转换 / 计算到月球的时间 / 鸡兔同笼

3-5-1 基础实例应用

下面将把所有前面所介绍的内容，用实际的例子来说明应用。

程序实例 ch3_25.c：请输入英里和码数，木程序会将它们转换成千米，并在屏幕上打印出来。

注 1 英里 = 1.609 千米 =1760 码。

```
1  /*   ch3_25.c              */
2  #include <stdio.h>
3  #include <stdlib.h>
4  int main()
5  {
6      int mile, yard;
7      float km;
8
9      printf("将英里及码数转换成千米\n");
10     printf("请输入英里 \n==> ");
11     scanf("%d",&mile);
12     printf("请输入码数 \n==> ");
13     scanf("%d",&yard);
14     km = 1.609 * ( mile + (float) yard / 1760 );
15     printf("结果是 %8.3f \n",km);
16     system("pause");
17     return 0;
18 }
```

执行结果

```
C:\Cbook\ch3\ch3_25.exe
将英里及码数转换成千米
请输入英里
==> 487
请输入码数
==> 563
结果是   784.098
请按任意键继续. . .
```

程序实例 ch3_26.c：++ 和 -- 的前置运算符和后置运算符的实例应用。

```
1  /*   ch3_26.c              */
2  #include <stdio.h>
3  #include <stdlib.h>
4
5  int main()
6  {
7      int x,y,z;
8
9      x = y = z = 0;
10 /* 测试 ++ 运算符 */
11     x = ++y + ++z;
12     printf("第 11 行结果 %d %d %d\n",x,y,z);
13     x = y++ + z++;
14     printf("第 13 行结果 %d %d %d\n",x,y,z);
15 /* 测试 -- 运算符 */
16     x = y = z = 0;
17     x = --y + --z;
18     printf("第 17 行结果 %d %d %d\n",x,y,z);
19     x = y-- + z--;
20     printf("第 19 行结果 %d %d %d\n",x,y,z);
21     system("pause");
22     return 0;
23 }
```

执行结果

```
C:\Cbook\ch3\ch3_26.exe
第 11 行结果 2 1 1
第 13 行结果 2 2 2
第 17 行结果 -2 -1 -1
第 19 行结果 -2 -2 -2
请按任意键继续. . .
```

上述程序第 9 行和第 16 行会分别依序设定 z、y、x 的值为 0。

程序实例 ch3_27.c：加、减、乘、除及求余数 (+=, -=, *=, /=, %=) 的程序应用。

```
1  /*   ch3_27.c              */
2  #include <stdio.h>
3  #include <stdlib.h>
4  int main()
5  {
6      int a,b,c,d,e;
7
8      a = b = c = d = e = 0;
9      a += 2;
10     printf("a = %d\n",a);
11
12     b -= 2;
13     printf("b = %d\n",b);
14
15     c *= c = 2;
16     printf("c = %d\n",c);
17
18     d %= d = 3;
19     printf("d = %d\n",d);
20
21     e /= e = 4;
22     printf("e = %d\n",e);
23     system("pause");
24     return 0;
25 }
```

执行结果

```
C:\Cbook\ch3\ch3_27.exe
a = 2
b = -2
c = 4
d = 0
e = 1
请按任意键继续. . .
```

上述程序实例第 15 行会先将 c 值设定为 2，再执行 c 乘以 c 功能，最后将运算结果放在 c 内。

第 18 行和第 21 行请以此类推。

程序实例 ch3_28.c：请输入华氏温度，本程序会将它转换成摄氏温度，然后输出。华氏温度转换成摄氏温度的基本公式为：摄氏温度 = (5.0/9.0) × (华氏温度 – 32.0)

```
1   /*   ch3_28.c           */
2   #include <stdio.h>
3   #include <stdlib.h>
4   int main()
5   {
6       float f,c;
7
8       printf("请输入华氏温度 \n==>");
9       scanf("%f",&f);
10      c = ( 5.0 / 9.0 ) * ( f - 32.0 );
11      printf("摄氏温度是 %6.2f \n",c);
12      system("pause");
13      return 0;
14  }
```

执行结果

```
C:\Cbook\ch3\ch3_28.exe
请输入华氏温度
==>104
摄氏温度是    40.00
请按任意键继续. . .
```

程序实例 ch3_29.c：不同形态数据运算与强制操作数的基本应用。

```
1   /*   ch3_29.c           */
2   #include <stdio.h>
3   #include <stdlib.h>
4   int main()
5   {
6       float x = 5.3;
7       int   y = 9;
8       int   z = 4;
9
10      x = y / z;
11      printf("结果是 %6.2f\n",x);
12      x = (float) y / (float) z;
13      printf("结果是 %6.2f\n",x);
14      system("pause");
15      return 0;
16  }
```

执行结果

```
C:\Cbook\ch3\ch3_29.exe
结果是    2.00
结果是    2.25
请按任意键继续. . .
```

上述程序实例第 10 行由于 y 和 z 皆是整数，因此相除结果得 2，再赋值给浮点数 x，最后得到 x 值是 2.0。第 12 行由于已经强制设为浮点数，所以可以得到正常浮点数的相除结果。

程序实例 ch3_30.c：字符与整数数据的混合运算。

```
1   /*   ch3_30.c           */
2   #include <stdio.h>
3   #include <stdlib.h>
4   int main()
5   {
6       char ch1 = 'd';
7
8       ch1 -= 1;
9       printf("ch1 = %c\n",ch1);
10      ch1 += 5;
11      printf("ch1 = %c\n",ch1);
12      system("pause");
13      return 0;
14  }
```

执行结果

```
C:\Cbook\ch3\ch3_30.exe
ch1 = c
ch1 = h
请按任意键继续. . .
```

上述程序实例第 6 行将 ch1 设为字符 "d"，其 ASCII 码值是 100，执行完第 8 行后可以得到 ch1 的 ASCII 码值是 99，所以第 9 行将列出码值是 99 相对应的字符 "c"。第 10 行将 ch1 码值加 5，得到码值是 104，经查得知相对应的字符是 "h"，所以最后列出字符 "h"。

3-5-2 计算地球到月球所需时间

马赫是音速的单位，主要是纪念奥地利科学家恩斯特马赫 (Ernst Mach)，一马赫就是一倍音速，它的速度大约是 1225 千米 / 小时。

程序实例 ch3_31.c：从地球到月球约是 384400 千米，假设火箭的速度是一马赫，设计一个程序计算需要多少天、多少小时才可抵达月球。这个程序省略分钟数。

```
1   /*    ch3_31.c                    */
2   #include <stdio.h>
3   #include <stdlib.h>
4   int main()
5   {
6       int dist, speed;
7       int total_hour, days, hours;
8
9       dist = 384400;               /* 地球到月亮的距离        */
10      speed = 1225;                /* 1 马赫速度约为1225千米/小时 */
11      total_hour = dist / speed;
12      days = total_hour / 24;
13      hours = total_hour % 24;
14      printf("天数 %d \n", days);
15      printf("时数 %d \n", hours);
16      system("pause");
17      return 0;
18  }
```

执行结果

```
C:\Cbook\ch3\ch3_31.exe
天数 13
时数 1
请按任意键继续. . .
```

3-5-3　鸡兔同笼：解联立方程式

古代《孙子算经》有一句话："今有鸡兔同笼，上有三十五头，下有百足，问鸡兔各几何？"这是古代的数学问题，表示笼子里有鸡和兔，有 35 个头，100 只脚，然后计算笼子里面有几只鸡与几只兔子。鸡有 1 个头、2 只脚，兔子有 1 个头、4 只脚。我们可以使用基础数学解此题目，也可以使用循环解此题目，这一小节笔者将使用基础数学的联立方程式解此问题。

如果使用基础数学，x 代表 chicken，y 代表 rabbit，可以用下列公式推导。

chicken + rabbit = 35 　　　　　相当于 ---- > 　　　x + y = 35

2 * chicken + 4 * rabbit = 100 　相当于 ---- > 　　　2x + 4y = 100

经过推导可以得到下列结果：

x(chicken) = 20 　　　# 鸡的数量

y(rabbit) = 15 　　　 # 兔的数量

整个公式推导，假设 f 是脚的数量，h 代表头的数量，可以得到下列公式：

x(chicken) = f / 2 − h

y(rabbit) = 2h − f / 2

程序实例 ch3_32.c：请输入头和脚的数量，本程序会输出鸡的数量和兔的数量。

```
1   /*    ch3_32.c                    */
2   #include <stdio.h>
3   #include <stdlib.h>
4   int main()
5   {
6       int h, f;
7       int chicken, rabbit;
8
9       printf("请输入头的数量 : ");
10      scanf("%d", &h);
11      printf("请输入脚的数量 : ");
12      scanf("%d", &f);
13      rabbit = (int) (f / 2 - h);
14      chicken = (int) (2 * h - f / 2);
15      printf("鸡有 %2d 只, 兔有 %d 只\n", chicken, rabbit);
16      system("pause");
17      return 0;
18  }
```

执行结果

```
C:\Cbook\ch3\ch3_32.exe
请输入头的数量 : 35
请输入脚的数量 : 100
鸡有 20 只, 兔有 15 只
请按任意键继续. . .
```

3-5-4　高斯数学：计算等差数列和

约翰·卡尔·佛里德里希·高斯 (Johann Karl Friedrich GauB)(1777 — 1855) 是德国数学家，被认

为是历史上最重要的数学家之一。他在 9 岁时就发明了等差数列求和的计算技巧，在很短的时间内计算了 1 到 100 的整数和。使用的方法是将第 1 个数字与最后 1 个数字相加得到 101，将第 2 个数字与倒数第 2 个数字相加得到 101，然后以此类推，可以得到 50 个 101，然后计算 50 × 101，最后得到解答。

程序实例 ch3_33.c：使用等差数列计算 1 ～ 100 的总和。

```
1   /*   ch3_33.c                   */
2   #include <stdio.h>
3   #include <stdlib.h>
4   int main()
5   {
6       int starting;
7       int ending;
8       int sum;
9       int d;
10
11      starting = 1;
12      ending = 100;
13      d = 1;                  /* 等差数列间距 */
14      sum = (int) ((starting + ending) * (ending - starting + d) / (2 * d));
15      printf("1 到 100 的总和是 %4d\n", sum);
16      system("pause");
17      return 0;
18  }
```

执行结果

```
C:\Cbook\ch3\ch3_33.exe
1 到 100 的总和是 5050
请按任意键继续. . .
```

3-5-5　补充说明 system( ) 函数

在 1-8-3 节中介绍了 system( ) 函数，同时说明当此函数的参数是 "pause" 时，可以冻结窗口，也可以使用下列参数：

system("cls");   /* 清除窗口内容   */

system("dir");   /* 显示文件夹内容 */

或可以用下列方式更改窗口的前景和背景颜色：

system("color BA");

上述 BA 中，B 代表窗口背景颜色，A 代表窗口前景颜色，各颜色的参数说明如下。

数值	颜色	数值	颜色	数值	颜色
0	黑色	6	黄色	C	浅红色
1	蓝色	7	白色	D	浅紫色
2	绿色	8	灰色	E	浅黄色
3	宝蓝色	9	浅蓝色	F	亮白色
4	红色	A	浅绿色		
5	紫色	B	浅宝蓝色		

程序实例 ch3_34.c：输出目前文件夹内容。

```
1   /*   ch3_34.c                   */
2   #include <stdio.h>
3   #include <stdlib.h>
4   int main()
5   {
6       system("dir");
7       return 0;
8   }
```

执行结果

```
C:\Cbook\ch3\ch3_34.exe
驱动器 C 中的卷没有标签。
卷的序列号是 6491-DC53

C:\Cbook\ch3 的目录

2022/08/06  03:55    <DIR>          .
2022/08/06  03:55    <DIR>          ..
2022/08/05  16:06               192 ch3_1.c
2022/08/05  16:06           131,177 ch3_1.exe
```

程序实例 ch3_35.c：使用浅黄色底与蓝色的字。

```
1   /*   ch3_35.c                    */
2   #include <stdio.h>
3   #include <stdlib.h>
4   int main()
5   {
6       printf("C 程序设计\n");
7       printf("C 程序设计\n");
8       system("color E1");
9       return 0;
10  }
```

执行结果

```
 C:\Cbook\ch3\ch3_35.exe
C 程序设计
C 程序设计
_____
Process exited after 0.1523 seconds with return value 0
请按任意键继续. . .
```

3-6　习题

一、是非题

(　) 1. "\n" 控制字符，可促使输出装置跳行打印。(3-1 节)

(　) 2. "%nd" 程序输出时，如果预留格数比所输出的空间大，此时输出结果将向左对齐。(3-1 节)

(　) 3. "%u" 是不带符号的十进制整数输出。(3-1 节)

(　) 4. 输入格式符号 "%d"，可以控制输入整数。(3-2 节)

(　) 5. 输入格式符号 "%s"，可以控制输入浮点数。(3-2 节)

(　) 6. 使用 scanf( ) 读取数据时，当按下 Enter 键后会产生残留信息在输入缓冲区，此残留值可以用 fflush(stdin) 函数清除。(3-2 节)

(　) 7.getche( ) 函数可以一次读入一个字符，同时，只要键盘有输入时按 Enter 键后，才执行此读取动作。(3-3 节)

(　) 8.getch( ) 函数与 getche( ) 函数一样是读取字符，不过用 getch( ) 读取字符时，所输入字符将不显示在屏幕上。(3-3 节)

二、选择题

(　) 1. 浮点数打印在 "%f" 格式下，C 语言会留 (A) 8 格 (B) 10 格 (C) 12 格 (D)15 格空间供输出使用。(3-1 节)

(　) 2. 输出时若看到 "\xdd"，则 x 后面的两个 d，各代表 (A) 二进制 (B) 八进制 (C) 十进制 (D) 十六进制数值。(3-1 节)

(　) 3. (A)%e(B) %u (C) %o (D) %x 代表科学记数法输出浮点数。(3-1 节)

(　) 4. (A)%e(B) %u (C) %o (D) %x 代表八进制整数输出。(3-1 节)

(　) 5. 输入整数或是浮点数变量前面要加上 (A) % (B) & (C) @ (D) $ 字符。(3-2 节)

(　) 6. (A)getchar( ) (B) scanf( ) (C) getche( ) (D) get( ) 在读取字符时，只要一有输入，不必等到按 Enter 键，程序会自动读取该字符。(3-3 节)

(　) 7. (A) %e (B) %f (C) %o (D) %16 可以控制读取字符串。(3-4 节)

三、填充题

1. 控制字符(　)，可指示输出装置跳行打印输出字符。(3-1 节)

2. 假设变量值是 998，控制打印符号是 "%-5d"，则输出结果是 ⬚⬚⬚⬚⬚ 。(3-1 节)

3. 假设变量值是 789.56，控制格式符号是 "%8.2f"，则输出结果是 ⬚⬚⬚⬚⬚⬚⬚⬚ 。(3-1 节)

4. 假设变量是 "d"，控制格式符号是 "%3c"，则输出结果是 ⬚⬚⬚ 。(3-1 节)

5. 假设变量是 "d"，控制格式符号是 "%-3c"，则输出结果是 ⬚⬚⬚ 。(3-1 节)

6.( ) 供格式化十六进制整数。(3-1 节)

7.( ) 供格式化不带符号的十进制整数输出。(3-1 节)

8.( ) 供格式化科学计数法，输出浮点数。(3-1 节)

9. 使用 scanf( ) 函数读取字符串变量时，需在变量前面增加 ( ) 符号。(3-2 节)

10. 函数 ( ) 可以清除缓冲区的数据。(3-2 节)

11.( ) 函数是用于读取输入字符，同时只要键盘有输入就读取，不必等到按 Enter 键。(3-3 节)

12.( ) 函数与 getche( ) 函数类似，不过所输入字符不在屏幕上显示。(3-3 节)

四、实操题

1. 试写一程序输入十进制整数值，本程序将改成输出八进制及十六进制。(3-2 节)

2. 试设计一个程序，此程序会要求输入 3 个小于 100 的整数，最后请列出总和（以整数方式输出）及平均值 (以浮点数方式输出，精确到小数第 2 位)。(3-2 节)

```
■ C:\Cbook\ex\ex3_2.exe
请输入 3 个小于 100 的整数
==>50 90 80
总和是 ==> 220
平均是 ==> 73.33
请按任意键继续. . .
```

3. 试设计一个程序，此程序会要求你输入 3 个小于 100 的浮点数，最后请列出总和及平均值 (以浮点数方式输出，精确到小数第 2 位)。(3-2 节)

```
■ 选择 C:\Cbook\ex\ex3_3.exe
请输入 3 个小于 100 的浮点数
==>20.5 31.2 41.9
总和是 ==> 93.60
平均是 ==> 31.20
请按任意键继续. . .
```

4. 程序实例 ch3_25.c 是要求输入英里和码数，然后将之转换成千米，请仿照该实例，但请改成输入整数的千米，然后将它转换成整数英里和整数码数。(3-2 节)

```
■ C:\Cbook\ex\ex3_4.exe
将千米转换成英里及码数
请输入千米
==> 3
结果是 1 英里
结果是 1521 码数
请按任意键继续. . .
```

5. 修改程序实例 ch3_28.c，改成输入整数的摄氏温度，程序会将它转换成整数和浮点数的华氏温度输出，当以浮点数方式输出时，精确到小数第 2 位。(3-2 节)

```
■ C:\Cbook\ex\ex3_5.exe
请输入摄氏温度
==>40
整数华氏温度是    104
浮点数华氏温度是 104.00
请按任意键继续. . .
```

6. 请输入工作时数和每小时工资，试列出全部工资。假设有税率是 10%，试列出整数的净收入及税金。(3-2 节)

```
■ C:\Cbook\ex\ex3_6.exe
请输入工作时数
==> 80
请输入时薪
==> 150
净收入 = 10800
税　金 = 1200
请按任意键继续. . .▪
```

7. 设计一个程序，此程序会要求输入 5 个字符，然后将这 5 个字符依相反顺序输出。例如，假设输入如下所示：(3-2 节)

    abcde

则输出应如下所示：

    edcba

```
■ C:\Cbook\ex\ex3_7.exe
请输入 5 个字符
==>abcde
5 个字符的相反输出是
==>edcba
请按任意键继续. . .
```

8. 试写一程序要求用户输入学校名称、专业、姓名，然后将依下列方式输出。(3-4 节)

```
■ C:\Cbook\ex\ex3_8.exe
请输入你的名字
==> Jiin-Kwei
请输入学校名称
==> Ming-Chi
请输入专业名称
==> ME

嗨! Jiin-Kwei 欢迎进入
Ming-Chi
ME
请按任意键继续. . .
```

9. 重新设计程序实例 ch3_31.py，计算至分钟与秒钟。(3-5 节)

```
■ C:\Cbook\ex\ex3_9.exe
天数 13
时数 1
分钟 47
秒钟 45
请按任意键继续. . .
```

10. 假设一架飞机起飞的速度是 v，飞机的加速度是 a，下列是飞机起飞时所需的跑道长度公式。(3-5 节)

$$distance = \frac{v^2}{2a}$$

请输入飞机时速 (米 / 秒) 和加速度 (米 / 秒)，然后列出所需跑道长度 (米)。

11. 高斯数学之等差数列运算，请输入等差数列起始值、终点值与差值，这个程序可以计算数列总和。(3-5 节)

第 4 章

简易数学函数的使用

前面章节笔者针对 C 语言的基本运算和输入 / 输出做了说明，其实已经可以设计简单的程序了。本章将说明 C 语言内建的简单数学函数，并利用函数设计更多相关的应用。

C 语言编译程序内含许多数学函数可供我们直接调用，由于这些函数存储于 math.h 标题文件内，所以设计程序时，必须在程序前面加上：

```
#include <math.h>
```

这样编译程序才能将所使用的数学函数引用在程序内，至于 #include 更完整的用法在第 10 章会有详细说明。

4-1 pow( ) 函数和 pow10( ) 函数：求某数值的幂

4-1-1 pow( ) 函数

pow( ) 函数用于求某数值的幂，它的使用方式如下：

```
pow(x, y);
```

上述函数调用前，应将 x 和 y 声明为双倍精度浮点数 double，这个函数会回传 x^y 的运算结果。

4-1-2 pow10( ) 函数

pow10( ) 函数可以计算 10 的幂，它的使用方式如下：

```
pow10(x)
```

上述函数调用前，应将 x 设置为双倍精度浮点数 double，这个函数会回传 10^x 的运算结果。

注 pow10( ) 不是标准函数，不一定适用所有编译程序，使用时或许会有不可预期的错误，建议使用 pow( ) 函数。

程序实例 ch4_1.c：pow( ) 函数的基本应用。

```
1   /*   ch4_1.c                    */
2   #include <math.h>
3   #include <stdio.h>
4   #include <stdlib.h>
5   int main()
6   {
7       double x1 = 3.0;
8       double y1 = 3.0;
9       printf("pow(x1,y1) --> %5.2f \n",pow(x1,y1));
10      double x2 = 3.2;
11      double y2 = 1.8;
12      printf("pow(x2,y2) --> %5.2f \n",pow(x2,y2));
13      printf("pow10(3)   --> %6.2f \n",pow10(3));
14      system("pause");
15      return 0;
16  }
```

执行结果

```
C:\Cbook\ch4\ch4_1.exe
pow(x1,y1) --> 27.00
pow(x2,y2) -->  8.11
pow10(3)   --> 1000.00
请按任意键继续. . .
```

注 上述程序虽然使用 double 设定变量为双倍精度浮点数，但是如果设为 float 也可以正常执行。

4-2　sqrt( ) 函数：求平方根值

sqrt( ) 函数用于求某数的平方根值，它的使用格式如下：

sqrt(x);

在使用前应将 x 设置成双倍精度浮点数 double，这个函数会回传 $\sqrt{x}$ 的运算结果。

程序实例 ch4_2.c：sqrt( ) 函数的基本应用，这个程序尝试将 x 变量设为 float，也可以正常执行。

```
1   /*    ch4_2.c                    */
2   #include <math.h>
3   #include <stdio.h>
4   #include <stdlib.h>
5   int main()
6   {
7       float x1 = 4.0;
8       float x2 = 8.0;
9       printf("sqrt(x1) --> %5.2f  \n",sqrt(x1));
10      printf("sqrt(x2) --> %5.2f  \n",sqrt(x2));
11      system("pause");
12      return 0;
13  }
```

执行结果

```
C:\Cbook\ch4\ch4_2.exe
sqrt(x1) --> 2.00
sqrt(x2) --> 2.83
请按任意键继续. . .
```

4-3　绝对值函数

C 语言有以下 3 种绝对值函数。

abs (x)：计算整数 x 的绝对值。

labs (x)：计算长整数 x 的绝对值。

fabs (x)：计算浮点数或双倍精度浮点数 x 的绝对值。

读者可以依照参数 x 类型选择适当的绝对值函数。

程序实例 ch4_3.c：fabs( ) 函数的应用。

```
1   /*    ch4_3.c                    */
2   #include <math.h>
3   #include <stdio.h>
4   #include <stdlib.h>
5   int main()
6   {
7       double x1 = -4.0;
8       double x2 = 4.0;
9       printf("fabs(x1) --> %5.2f  \n",fabs(x1));
10      printf("fabs(x2) --> %5.2f  \n",fabs(x2));
11      system("pause");
12      return 0;
13  }
```

执行结果

```
C:\Cbook\ch4\ch4_3.exe
fabs(x1) --> 4.00
fabs(x2) --> 4.00
请按任意键继续. . .
```

4-4　floor( ) 函数：不大于数值的最大整数

floor( ) 函数会回传不大于 x 的最大整数，它的使用格式如下：

floor(x);

在使用前应将 x 设置成双倍精度浮点数 double。

程序实例 ch4_4.c：floor( ) 函数的应用。

```
1  /*   ch4_4.c                */
2  #include <math.h>
3  #include <stdio.h>
4  #include <stdlib.h>
5  int main()
6  {
7      double x1 = 3.5;
8      double x2 = -3.5;
9      printf("floor(x1) --> %5.2f \n",floor(x1));
10     printf("floor(x2) --> %5.2f \n",floor(x2));
11     system("pause");
12     return 0;
13 }
```

执行结果

```
C:\Cbook\ch4\ch4_4.exe
floor(x1) --> 3.00
floor(x2) --> -4.00
请按任意键继续. . .
```

4-5 ceil( ) 函数：不小于数值的最小整数

ceil( ) 函数会回传不小于 x 的最小整数，它的使用格式如下：

```
ceil(x);
```

在使用前应将 x 声明成双倍精度浮点数 double。

程序实例 ch4_5.c：ceil( ) 函数的应用。

```
1  /*   ch4_5.c                */
2  #include <math.h>
3  #include <stdio.h>
4  #include <stdlib.h>
5  int main()
6  {
7      double x1 = 3.5;
8      double x2 = -3.5;
9      printf("ceil(x1) --> %5.2f \n",ceil(x1));
10     printf("ceil(x2) --> %5.2f \n",ceil(x2));
11     system("pause");
12     return 0;
13 }
```

执行结果

```
C:\Cbook\ch4\ch4_5.exe
ceil(x1) --> 4.00
ceil(x2) --> -3.00
请按任意键继续. . .
```

4-6 hypot( ) 函数

hypot( ) 函数可先计算两数的平方和，然后开方，它的使用方式如下：

```
hypot(x, y);
```

上述函数调用前，应将 x 和 y 声明为双倍精度浮点数 double，这个函数会回传 $\sqrt{x^2 + y^2}$ 的运算结果。

程序实例 ch4_6.c：hypot( ) 函数的应用。

```
1   /*    ch4_6.c                */
2   #include <math.h>
3   #include <stdio.h>
4   #include <stdlib.h>
5   int main()
6   {
7       double x = 8.0;
8       double y = 6.0;
9
10      printf("hypot(x,y) --> %5.2f \n",hypot(x,y));
11      system("pause");
12      return 0;
13  }
```

```
C:\Cbook\ch4\ch4_6.exe
hypot(x,y) --> 10.00
请按任意键继续. . .
```

4-7　exp( ) 函数：指数计算

exp( ) 函数可以计算以 e 为底的 x 次方，它的使用格式如下：

```
exp(x);
```

exp( ) 函数的数学公式为 e^x。

在使用前应将 x 声明成双倍精度浮点数 double。

注　e 的值约是 2.718281828459045，此值也称欧拉数（Euler Number），主要是以瑞士数学家欧拉命名。

程序实例 ch4_7.c：exp( ) 函数的应用。

```
1   /*    ch4_7.c                */
2   #include <math.h>
3   #include <stdio.h>
4   #include <stdlib.h>
5   int main()
6   {
7       double x1 = 1.0;
8       double x2 = 2.0;
9
10      printf("exp(x1) --> %5.2f \n",exp(x1));
11      printf("exp(x2) --> %5.2f \n",exp(x2));
12      system("pause");
13      return 0;
14  }
```

```
C:\Cbook\ch4\ch4_7.exe
exp(x1) -->  2.72
exp(x2) -->  7.39
请按任意键继续. . .
```

4-8　对数函数

4-8-1　log( ) 函数

log( ) 函数可以计算自然对数，对于自然对数它的底是 e，它的使用格式如下：

```
log(x);
```

log( ) 函数的数学公式为 $\log_e x$，该公式也可以省略 e。

在使用前应将 x 声明成双倍精度浮点数 double。

程序实例 ch4_8.c : log( ) 函数的应用。

```
1   /*    ch4_8.c                    */
2   #include <math.h>
3   #include <stdio.h>
4   #include <stdlib.h>
5   int main()
6   {
7       double x1 = 2.72;
8       double x2 = 10.0;
9
10      printf("log(x1) --> %5.2f \n",log(x1));
11      printf("log(x2) --> %5.2f \n",log(x2));
12      system("pause");
13      return 0;
14  }
```

执行结果

```
■ C:\Cbook\ch4\ch4_8.exe
log(x1) -->   1.00
log(x2) -->   2.30
请按任意键继续. . .
```

4-8-2   log10( ) 函数

log10( ) 函数可以计算以 10 为底数的对数，它的使用格式如下：

`log10(x);`

log10( ) 函数的数学公式为 $\log_{10}x$。

在使用前应将 x 声明成双倍精度浮点数 double。

程序实例 ch4_9.c : log10( ) 函数的应用。

```
1   /*    ch4_9.c                    */
2   #include <math.h>
3   #include <stdio.h>
4   #include <stdlib.h>
5   int main()
6   {
7       double x1 = 2.72;
8       double x2 = 10.0;
9
10      printf("log10(x1) --> %5.2f \n",log10(x1));
11      printf("log10(x2) --> %5.2f \n",log10(x2));
12      system("pause");
13      return 0;
14  }
```

执行结果

```
■ C:\Cbook\ch4\ch4_9.exe
log10(x1) -->   0.43
log10(x2) -->   1.00
请按任意键继续. . .
```

4-8-3   log2( ) 函数

log2( ) 函数可以计算以 2 为底数的对数，它的使用格式如下：

`log2(x);`

log2( ) 函数的数学公式为 $\log_{2}x$。

在使用前应将 x 声明成双倍精度浮点数 double。

程序实例 ch4_9_1.c : log2( ) 函数的应用。

```
1   /*    ch4_9_1.c                  */
2   #include <math.h>
3   #include <stdio.h>
4   #include <stdlib.h>
5   int main()
6   {
7       double x = 8.0;
8       printf("log2(x) --> %2.1f \n",log2(x));
9       system("pause");
10      return 0;
11  }
```

执行结果

```
■ C:\Cbook\ch4\ch4_9_1.exe
log2(x) --> 3.0
请按任意键继续. . .
```

4-9　三角函数

在三角函数的应用中，所有的参数都是以弧度为度量，C 语言编译程序系统包含下列常见的三角函数。

正弦函数：sin(x)

余弦函数：cos(x)

正切函数：tan(x)

反正弦函数：asin(x)

反余弦函数：acos(x)

反正切函数：atan(x)

双曲线正弦函数：sinh(x)

双曲线余弦函数：cosh(x)

双曲线正切函数：tanh(x)

上述 x 需声明为双倍精度浮点数 double，表示弧度。假设角度是 x，可以使用下列公式将角度转换成弧度。

弧度 = x * 2 * pi / 360

注　pi 为圆周率，可以使用 3.1415926 代替。

程序实例 ch4_10.c：计算 30° 的 sin( )、cos( ) 和 tan( ) 的值。

```
1   /*   ch4_10.c              */
2   #include <math.h>
3   #include <stdio.h>
4   #include <stdlib.h>
5   int main()
6   {
7       double x = 30;              /* 角度   */
8       double radian;             /* 弧度   */
9       double pi = 3.1415926;
10
11      radian = x * 2 * pi / 360;
12      printf("sin(x) --> %5.2f \n", sin(radian));
13      printf("cos(x) --> %5.2f \n", cos(radian));
14      printf("tan(x) --> %5.2f \n", tan(radian));
15      system("pause");
16      return 0;
17  }
```

执行结果

```
C:\Cbook\ch4\ch4_10.exe
sin(x) --> 0.50
cos(x) --> 0.87
tan(x) --> 0.58
请按任意键继续. . .
```

4-10　fmod( ) 函数：计算浮点数的余数

fmod( ) 函数可以求浮点数的余数，它的使用方式如下：

```
fmod(x, y);
```

上述函数调用前，应将 x 和 y 声明为双倍精度浮点数 double，这个函数会回传浮点数余数的运算结果。

程序实例 ch4_10_1.c：计算浮点数的余数。

```
1   /*    ch4_10_1.c              */
2   #include <math.h>
3   #include <stdio.h>
4   #include <stdlib.h>
5   int main()
6   {
7       float x = 3.6;
8       float y = 2.4;
9       float z;
10      z = fmod(x, y);
11      printf("%5.2f \n", z);
12      system("pause");
13      return 0;
14  }
```

执行结果

```
■ C:\Cbook\ch4\ch4_10_1.exe
1.20
请按任意键继续. . .
```

4-11 专题实操：价值衰减／存款与房贷／计算地球任意两点的距离

4-11-1　银行存款复利的计算

程序实例 ch4_11.c：银行存款复利的计算，假设目前银行年利率是 1.5%，复利公式如下：

$$total = capital \times (1 + rate)^n$$

上述公式 total 代表本金总和，capital 代表本金，rate 是年利率，n 是年数。假设有一笔 5 万元存款，请计算 5 年后的本金总和。

```
1   /*    ch4_11.c                    */
2   #include <math.h>
3   #include <stdio.h>
4   #include <stdlib.h>
5   int main()
6   {
7       double money;
8       money = 50000 * pow(1+0.015, 5);
9       printf("5 年后本金总和 --> %8.2f \n", money);
10      system("pause");
11      return 0;
12  }
```

执行结果

```
■ C:\Cbook\ch4\ch4_11.exe
5 年后本金总和 --> 53864.20
请按任意键继续. . .
```

4-11-2　价值衰减的计算

程序实例 ch4_12.c：有一辆原价 100 万元的品牌车，前 3 年每年价值衰减 15%，计算车辆 3 年后的残值是多少。

```
1   /*    ch4_12.c                    */
2   #include <math.h>
3   #include <stdio.h>
4   #include <stdlib.h>
5   int main()
6   {
7       double car;
8       car = 1000000 * pow(1-0.15, 3);
9       printf("3 年后车辆残值 --> %5.2f \n", car);
10      system("pause");
11      return 0;
12  }
```

执行结果

```
■ C:\Cbook\ch4\ch4_12.exe
3 年后车辆残值 --> 614125.00
请按任意键继续. . . ■
```

注 读者可以留意第 8 行价值衰减的公式。

4-11-3　计算坐标轴两个点之间的距离

有两个点坐标分别是 $(x1, y1)$、$(x2, y2)$，求两个点的距离。其实这是中学数学的勾股定理，即直角三角形两直角边边长的平方和等于斜边的平方。

$$a^2 + b^2 = c^2$$

所以，对于坐标上的两个点必须计算相对直角三角形的两个边长。假设 a 是 $(x1\text{-}x2)$，b 是 $(y1\text{-}y2)$，然后计算斜边长，这个斜边长就是两点的距离，图示如下：

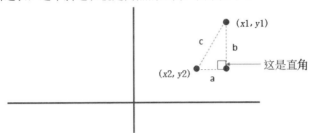

计算公式如下：

$$\sqrt{(x1 - x2)^2 + (y1 - y2)^2}$$

可以将上述公式转换成下列计算机中的数学表达式：

$$\text{dist} = ((x1 - x2)^2 + (y1 - y2)^2)^{0.5}$$

在人工智能的应用中，常用点坐标代表某一个对象的特征 (feature)，计算两个点之间的距离，相当于可以了解物体间的相似程度。距离越短，代表相似度越高；距离越长，代表相似度越低。

程序实例 ch4_13.c：有两个点坐标分别是 $(1, 8)$ 与 $(3, 10)$，请计算这两点之间的距离。

```
1   /*   ch4_13.c                    */
2   #include <math.h>
3   #include <stdio.h>
4   #include <stdlib.h>
5   int main()
6   {
7       double dist;
8       double x1, y1, x2, y2;
9       x1 = 1.0;
10      y1 = 8.0;
11      x2 = 3.0;
12      y2 = 10.0;
13      dist = sqrt(pow(x1-x2,2)+pow(y1-y2,2));
14      printf(" 两点之间的距离 --> %5.2f \n", dist);
15      system("pause");
16      return 0;
17  }
```

执行结果

```
C:\Cbook\ch4\ch4_13.exe
两点之间的距离 --> 2.83
请按任意键继续. . .
```

4-11-4　房屋贷款问题实操

每个人在成长过程可能会经历买房子，第一次住在属于自己的房子里是一个美好的经历，大多数人在这个过程中可能会需要向银行贷款。这时我们会思考需要贷款多少钱？贷款年限是多少？银行利率是多少？然后我们可以利用上述已知数据计算每个月还款金额是多少，同时我们会好奇整个贷款结束究竟还了多少贷款本金和利息。在做这个专题实操分析时，我们已知的条件如下：

贷款金额：使用 loan 作变量。

贷款年限：使用 year 作变量。

年利率：使用 rate 作变量。

然后我们需要利用上述条件计算下列结果。

每月还款金额：使用 monthlyPay 作变量。

总共还款金额：使用 totalPay 作变量。

处理这个贷款问题的数学公式如下：

$$每月还款金额 = \frac{贷款金额 \times 月利率}{1 - \frac{1}{(1+月利率)^{贷款年限 \times 12}}}$$

在银行的贷款术语中习惯用年利率，所以碰上这类问题我们需将所输入的利率先除以 100，这是转成百分比，同时要除以 12 表示是月利率。可以用下列方式计算月利率，使用 monthrate 作变量。

monthrate = rate / (12×100)

为了不让求每月还款金额的数学公式变复杂，笔者将分子（第 19 行）与分母（第 20 行）分开计算，第 21 行则是计算每月还款金额，第 22 行是计算总共还款金额。

```
1   /*   ch4_14.c                        */
2   #include <math.h>
3   #include <stdio.h>
4   #include <stdlib.h>
5   int main(void)
6   {
7       float loan, year, rate, monthrate;
8       double molecules, denominator;
9       double monthlyPay, totalPay;
10
11      printf("请输入贷款金额 : \n==> ");
12      scanf("%f", &loan);
13      printf("请输入年限 : \n==> ");
14      scanf("%f", &year);
15      printf("请输入年利率 : \n==> ");
16      scanf("%f", &rate);
17      monthrate = rate / (12*100);     /* 年利率改成月利率 */
18  /* 计算每月还款金额 */
19      molecules = loan * monthrate;
20      denominator = 1 - (1 / pow(1+monthrate, year*12));
21      monthlyPay = molecules / denominator;
22      totalPay = monthlyPay * year * 12;
23      printf("每月还款金额 --> %d \n", (int) monthlyPay);
24      printf("总共还款金额 --> %d \n", (int) totalPay);
25      system("pause");
26      return 0;
27  }
```

执行结果

```
C:\Cbook\ch4\ch4_14.exe
请输入贷款金额 :
==> 6000000
请输入年限 :
==> 20
请输入年利率 :
==> 2.0
每月还款金额 --> 30353
总共还款金额 --> 7284725
请按任意键继续. . .
```

4-11-5　正五边形面积

在几何学中，假设正五边形边长是 s，其面积的计算公式如下：

$$area = \frac{5 \times s^2}{4 \times \tan\left(\frac{\pi}{5}\right)}$$

上述计算正五边形面积需要使用数学的 pi 和 tan( )。

程序实例 ch4_15.c：请输入正五边形的边长 s，此程序会计算此正五边形的面积。

```
1   /*   ch4_15.c                            */
2   #include <math.h>
3   #include <stdio.h>
4   #include <stdlib.h>
5   int main()
6   {
7       float length;
8       double area;
9       double pi = 3.1415926;
10
11      printf("请输入五边形边长 : \n==> ");
12      scanf("%f", &length);
13      area = (5 * pow(length, 2)) / (4 * tan(pi / 5));
14      printf("area --> %5.2f \n", area);
15      system("pause");
16      return 0;
17  }
```

执行结果

```
C:\Cbook\ch4\ch4_15.exe
请输入五边形边长 :
==> 5
area --> 43.01
请按任意键继续. . .
```

4-11-6　使用经纬度计算地球任意两点的距离

我们可以使用经度和纬度计算地球上每一个点的位置。有了两个地点的经纬度后，可以使用下列公式计算两点之间的距离。

$$distance = r \times acos(sin(x1) \times sin(x2) + cos(x1) \times cos(x2) \times cos(y1 - y2))$$

上述 r 是地球的半径，约 6371 千米，由于 Python 的三角函数参数都是弧度 (radians)，我们使用上述公式时，需使用 math.radian( ) 函数将经纬度角度转换成弧度。上述公式西经和北纬是正值，东经和南纬是负值。

经度坐标是 $-180° \sim 180°$，纬度坐标是在 $-90 \sim 90°$，在用括号表达时 (纬度 , 经度)，第一个参数是纬度，第二个参数是经度。

其实我们开启 Google 地图后就可以在网址行看到我们目前所在地点的经纬度，选择不同地点就可以看到所选地点的经纬度信息。

查询后得知台北车站的经纬度是 (25.0452909, 121.5168704)，香港红磡车站的经纬度是 (22.2838912, 114.173166)，为了简化程序，保留 4 位小数。

程序实例 ch4_16.c：香港红磡车站的经纬度信息是 (22.2839, 114.1731)，台北车站的经纬度是 (25.0452, 121.5168)，请计算台北车站至香港红磡车站的距离。

```
1   /*   ch4_16.c                            */
2   #include <math.h>
3   #include <stdio.h>
4   #include <stdlib.h>
5   int main()
6   {
7       double r;
8       double x1, y1;
9       double x2, y2;
10      double pi = 3.1415926;
11      double d;                        /* 距离 */
12
13      r = 6371;                /* 地球半径          */
14      x1 = 22.2838;            /* 香港红磡车站纬度 */
15      y1 = 114.1731;           /* 香港红磡车站经度 */
16      x2 = 25.0452;            /* 台北车站纬度     */
17      y2 = 121.5168;           /* 台北车站经度     */
18
19      d = r * acos(sin(x1*2*pi/360)*sin(x2*2*pi/360) + \
20              cos(x1*2*pi/360)*cos(x2*2*pi/360) * \
21              cos((y1-y2)*2*pi/360));
22      printf("distance --> %7.2f 千米\n", d);
23      system("pause");
24      return 0;
25  }
```

执行结果

```
C:\Cbook\ch4\ch4_16.exe
distance -->  808.31 千米
请按任意键继续. . .
```

注 上述第 19 行～21 行其实是同一道指令，因为此道指令太长，所以分行输出，分行方式是在最右边添加 "\" 符号，C 编译程序会知道下一行是与这行相同指令。

4-11-7　求一元二次方程式的根

在中学数学中，我们可以看到下列一元二次方程式：

$$ax^2 + bx + c = 0$$

可以用下列公式获得根：

$$r1 = \frac{-b + \sqrt{b^2 - 4ac}}{2a} \qquad r2 = \frac{-b - \sqrt{b^2 - 4ac}}{2a}$$

上述方程式有 3 种状况，如果上述 b^2-4ac 是正值，那么这个一元二次方程式有 2 个实数根。如果上述 b^2-4ac 是 0，那么这个一元二次方程式有 1 个实数根。如果上述 b^2-4ac 是负值，那么这个一元二次方程式没有实数根。

实数根的几何意义是与 x 轴交叉点的坐标。

程序实例 ch4_17.c：有一个一元二次方程式如下：

$$3x^2 + 5x + 1 = 0$$

求这个方程式的根。

```
1   /*   ch4_17.c              */
2   #include <stdio.h>
3   #include <stdlib.h>
4   int main()
5   {
6       int a = 3;
7       int b = 5;
8       int c = 1;
9       float r1, r2;
10      r1 = (-b + pow((pow(b,2)-4*a*c),0.5)) / (2 * a);
11      r2 = (-b - pow((pow(b,2)-4*a*c),0.5)) / (2 * a);
12      printf("r1 = %5.2f,  r2 = %5.2f\n", r1, r2);
13      system("pause");
14      return 0;
15  }
```

执行结果

```
C:\Cbook\ch4\ch4_17.exe
r1 = -0.23,   r2 = -1.43
请按任意键继续. . .
```

4-11-8　求解联立线性方程式

假设有一个联立线性方程式如下：

$ax + by = e$

$cx + dy = f$

可以用下列方式获得 x 和 y 值。

$$x = \frac{e \times d - b \times f}{a \times d - b \times c} \qquad y = \frac{a \times f - e \times c}{a \times d - b \times c}$$

在上述公式中，如果 "$a \times d - b \times c$" 等于 0，则此联立线性方程式无解。

程序实例 ch4_18.c：计算下列联立线性方程式的值。

$2x + 3y = 13$

$x - 2y = -4$

```
1   /*   ch4_18.c                     */
2   #include <stdio.h>
3   #include <stdlib.h>
4   int main()
5   {
6       int a = 2;
7       int b = 3;
8       int c = 1;
9       int d = -2;
10      int e = 13;
11      int f = -4;
12      float x, y;
13      x = (e*d - b*f) / (a*d - b*c);
14      y = (a*f - e*c) / (a*d - b*c);
15      printf("x = %5.2f,  y = %5.2f\n", x, y);
16      system("pause");
17      return 0;
18  }
```

执行结果

```
■ C:\Cbook\ch4\ch4_18.exe
x = 2.00,  y = 3.00
请按任意键继续. . .
```

4-11-9　使用反余弦函数计算圆周率

前面程序实例笔者使用 3.1415926 代表圆周率 pi，这个数值已经很精确了，其实我们也可以使用反余弦函数 acos( ) 计算圆周率 pi。

```
acos(-1)
```

当将 pi 设为双倍精度浮点数时，可以获得更精确的圆周率 pi。

程序实例 ch4_19.c：使用反余弦函数 acos( ) 计算圆周率 pi。

```
1   /*   ch4_19.c                      */
2   #include <stdio.h>
3   #include <stdlib.h>
4   #include <math.h>
5   int main()
6   {
7       double pi;
8
9       pi = acos(-1);
10      printf("pi = %20.19lf\n",pi);
11      system("pause");
12      return 0;
13  }
```

执行结果

```
■ C:\Cbook\ch4\ch4_19.exe
pi = 3.1415926535897931000
请按任意键继续. . .
```

4-12　习题

一、是非题

(　　)1. pow( ) 函数可以求某数的平方。(4-1 节)

(　　)2. square( ) 函数可以计算某数的平方。(4-2 节)

(　　)3. sqrt( ) 函数可以计算某数的平方根。(4-2 节)

(　　)4.floor(-5.2) 可以回传 -5。(4-4 节)

(　　)5.ceil(5.5) 可以回传 6。(4-5 节)

(　　)6.exp(x) 函数是计算以 2 为底的 x 次方。(4-7 节)

二、选择题

(　　)1.pow(2, 3) 的结果是 (A)9.0 (B)4.0 (C)8.0 (D)5.0。(4-1 节)

(   )2.fabs(2.0) 的结果是 (A)2.0 (B)-2.0 (C)4.0 (D)0.0。(4-3 节)

(   )3.floor(3.5) 的结果是 (A)4.0 (B)3.0 (C)-4.0 (D)-3.0。(4-4 节)

(   )4.ceil(-3.5) 的结果是 (A)3.0 (B)4.0 (C)-3.0 (D)-4.0。(4-5 节)

(   )5.log10(100.0) 的结果是 (A)1.0 (B)2.0 (C)10.0 (D)100.0。(4-8 节)

三、填充题

1.(   ) 可以回传不大于数值的最大整数。(4-4 节)

2.(   ) 可以回传不小于数值的最小整数。(4-5 节)

3.(   ) 可先计算求两数的平方和,然后开方。(4-6 节)

4.(   ) 可以计算 e 的幂。(4-7 节)

5. 三角函数的参数以 (   ) 为度量。(4-9 节)

四、实操题

1. 假设期初本金是 100000 元,年利率是 2%,这是复利计算,请问 10 年后本金总和是多少? (4-1 节)

```
C:\Cbook\ex\ex4_1.exe
10 年后本金总和 --> 121899.44
请按任意键继续. . .
```

2. 假设病毒以每小时 0.2 倍速度进行繁殖,假设原病毒数量是 100,1 天后病毒数量是多少? (   )。请舍去小数位 (4-1 节)

```
C:\Cbook\ex\ex4_2.exe
1 天后病毒量 --> 7949
请按任意键继续. . .
```

3. 请计算坐标是 (1, 8) 与 (3, 10) 的点距坐标原点 (0, 0) 的距离。(4-1 节)

```
C:\Cbook\ex\ex4_3.exe
点(1, 8)与(0, 0)的距离 --> 8.06
点(3, 10)与(0, 0)的距离 --> 10.44
请按任意键继续. . .
```

4. 请输入两个点的坐标,然后输出这两个点的距离。(4-1 节)

```
C:\Cbook\ex\ex4_4.exe
请输入第 1 个点的坐标
==>1 8
请输入第 2 个点的坐标
==>3 10
两点的距离是 ==>2.83
请按任意键继续. . .
```

5. 平面任意不在一条直线的 3 个点连接可以产生三角形,请输入任意 3 个点的坐标,可以使用下列公式计算此三角形的面积。假设三角形各边长是 dist1、dist2、dist3。(4-1 节)

$$p = (dist1 + dist2 + dist3) / 2$$

$$area = \sqrt{p(p\text{-}dist1)(p\text{-}dist2)(p\text{-}dist3)}$$

```
■ C:\Cbook\ex\ex4_5.exe
请输入第 1 个点的坐标
==>1.5 5.5
请输入第 2 个点的坐标
==>-2.1 4
请输入第 3 个点的坐标
==>-8 -3.2
三角形面积是 ==>       8.54
请按任意键继续. . .
```

6. 4-11-5 节介绍了正五边形的面积计算公式，可以将该公式扩充为正多边形面积计算，如下所示：
(4-9 节)

$$area = \frac{n \times s^2}{4 \times \tan\left(\frac{\pi}{n}\right)}$$

```
■ C:\Cbook\ex\ex4_6.exe       ■ C:\Cbook\ex\ex4_6.exe
请输入正多边形边数             请输入正多边形边数
==> 4                         ==> 5
请输入正多边形边长             请输入正多边形边长
==> 4                         ==> 5
area ==>       16.00          area ==>       43.01
请按任意键继续. . .           请按任意键继续. . .
```

7. 请扩充程序实例 ch4_16.c，将程序改为输入两个地点的经纬度，程序可以计算这两个地点的距离。
(4-9 节)

```
■ C:\Cbook\ex\ex4_7.exe
请输入第一个地点的经纬度
==> 22.0652 114.3457
请输入第二个地点的经纬度
==> 24.7667 121.5966
distance -->       798.35
请按任意键继续. . .
```

8. 北京故宫博物院的经纬度大约是 (39.9196, 116.3669)，法国巴黎卢浮宫的经纬度大约是 (48.8595, 2.3369)，请计算这两座博物馆之间的距离。(4-9 节)

```
■ C:\Cbook\ex\ex4_8.exe
distance --> 8214.09 千米
请按任意键继续. . .
```

9. 假设一架飞机起飞的速度是 v，飞机的加速度是 a，下列是飞机起飞时所需的跑道长度公式。(4-11 节)

$$distance = \frac{v^2}{2a}$$

请输入飞机时速和加速度 (米 / 秒 ^{2})，然后列出所需跑道长度 (米)。

```
■ C:\Cbook\ex\ex4_9.exe
请输入加速度 a 和速度 v：3 80
distance -->       1066.67 米
请按任意键继续. . .
```

10. 请参考程序实例 ch4_17.c，但是修改为在屏幕输入 a、b、c 3 个数值，然后计算此一元二次方程

式的根，先列出有几个根。如果有实数根则列出根值，如果没有实数根则列出没有实数根，然后程序结束。(4-11 节)

11. 请参考程序实例 ch4_18.c，但是修改为在屏幕输入 a、b、c、d、e、f 6 个数值，彼此用空格隔开，这些数值分别是联立线性方程式的系数与方程式的值，然后计算此线性方程式的 x 和 y 值，如果此题无解则列出 "此线性方程式没有解"。(4-11 节)

第 5 章

程序的流程控制

一个程序如果是按部就班从头到尾，中间没有转折，其实是无法完成太多工作的。程序设计过程难免会需要转折，这个转折在程序设计的术语中称为流程控制，本章将完整讲解 C 语言 if、switch、break 等相关流程控制。另外，与程序流程设计有关的关系运算符与逻辑运算符也将在本章做说明，因为这些是 if 流程控制的基础。

从本章起逐步进入程序设计的核心，对于一个初学计算机语言的人而言，最重要就是要有正确的程序流程概念，不仅要懂而且要灵活运用。本章列举了近 30 个程序实例，相信对读者必有所帮助。

5-1 关系运算符

C 语言所使用的关系运算符有以下几种。

- ❏ `>`：大于。
- ❏ `>=`：大于或等于。
- ❏ `<`：小于。
- ❏ `<=`：小于或等于。

上述四项关系运算符有相同的优先执行顺序。另外，C 语言有两个测试是否相等的关系运算符如下。

- ❏ `==`：等于。
- ❏ `!=`：不等于。

关系运算符	说明	实例	说明
>	大于	a > b	检查是否 a 大于 b
>=	大于或等于	a >= b	检查是否 a 大于或等于 b
<	小于	a < b	检查是否 a 小于 b
<=	小于或等于	a <= b	检查是否 a 小于或等于 b
==	等于	a == b	检查是否 a 等于 b
!=	不等于	a != b	检查是否 a 不等于 b

上述运算如果是真 (True) 会回传 1，如果是假 (False) 会回传 0。

实例 1：下列运算会回传 1。

```
10 > 8
```

或

```
8 <= 10
```

实例 2：下列运算会回传 0。

```
10 > 20
```

或

```
10 < 5
```

5-2　逻辑运算符

C 语言所使用的逻辑运算符有以下几种。

- ❏　&&：相当于逻辑符号 AND。
- ❏　||：相当于逻辑符号 OR。
- ❏　!：相当于逻辑符号 NOT。

下面是逻辑运算符 **&&** 的图例说明。

&&	真	伪
真	真	伪
伪	伪	伪

逻辑运算符和关系运算符一样，如果运算结果是真 (True) 则回传整数 1，若运算结果是伪 (False)，则回传整数 0。

实例 1：下列运算会回传真 (True)，也就是 1。

```
(10 > 8) && (20 >= 10)
```

实例 2：下列运算会回传伪 (False)，也就是 0。

```
(10 > 8) && (10 > 20)
```

下列是逻辑运算符 || 的图例说明。

||	真	伪
真	真	真
伪	真	伪

实例 3：下列运算会回传真 (True)，也就是 1。

```
(10 > 8) || (20 > 10)
```

实例 4：下列运算会回传伪 (False)，也就是 0。

```
(10 < 8) || (10 > 20)
```

下列是逻辑运算符 ! 的图例说明。

!	真	伪
	伪	真

实例 5：下列运算会回传真 (True)，也就是 1。

```
!(10 < 8)
```

实例 6：下列运算会回传伪 (False)，也就是 0。

```
!(10 > 8)
```

下图是截至目前我们所学的基本算术运算、关系运算符、逻辑运算符的执行优先级。

基本运算符优先级
!、-（负号）、++、--
*、/、%
+、-

续

基本运算符优先级
<、<=、>、>=
==、!=
||

注 **1** 上述位置越高优先权越高。

注 **2** 在同一行表示优先级相同，运算时由左到右运算。

实例 7：假设有一关系表达式如下：

```
a > b + 2
```

由于"+"号优先级较">"号高，所以上式也可以表示为 a > (b + 2)。在设计程序时，若一时记不清楚算术运算符的优先级，最好的方法是一律用括号区别，如上式所示。

5-3 if 语句

if 语句的基本语法如下：

```
if （条件判断）

{

    程序代码区块；

}
```

上述概念表示如果条件判断是真 (True)，则执行程序代码区块；如果条件判断是伪 (False)，则不执行程序代码区块。如果程序代码区块只有一道指令，可将上述语法包围程序代码区块的左大括号和右大括号省略，写成如下格式。

```
if （条件判断）

    程序代码区块；
```

可以用下列流程图说明 if 语句。

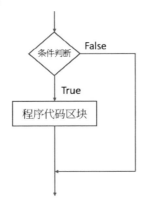

程序实例 ch5_1.c : if 语句的基本应用。

```
1   /*    ch5_1.c                    */
2   #include <stdio.h>
3   #include <stdlib.h>
4   int main()
5   {
6       int age;
7       printf("请输入年龄 : ");
8       scanf("%d", &age);
9       if (age < 20)
10      {
11          printf("你年龄太小\n");
12          printf("须年满20岁才可以购买烟酒\n");
13      }
14      system("pause");
15      return 0;
16  }
```

执行结果

```
■ C:\Cbook\ch5\ch5_1.exe
请输入年龄 : 18
你年龄太小
须年满20岁才可以购买烟酒
请按任意键继续. . .
```

```
■ C:\Cbook\ch5\ch5_1.exe
请输入年龄 : 20
请按任意键继续. . .
```

上述第 9 行的 "age < 20" 就是一个条件判断，如果判断是真 (True) 才会执行第 11 行和第 12 行。

程序实例 ch5_2.c : 测试条件判断的程序代码区块只有 1 行，可以省略大括号。

```
1   /*    ch5_2.c                    */
2   #include <stdio.h>
3   #include <stdlib.h>
4   int main()
5   {
6       int age;
7       printf("请输入年龄 : ");
8       scanf("%d", &age);
9       if (age < 20)
10          printf("须年满20岁才可以购买烟酒\n");
11      system("pause");
12      return 0;
13  }
```

执行结果　与程序实例 ch5_1.c 执行结果相同。

程序实例 ch5_3.c : 输入整数值，然后输出此整数值的绝对值。

```
1   /*    ch5_3.c                    */
2   #include <stdio.h>
3   #include <stdlib.h>
4   int main()
5   {
6       int num;
7       printf("请输入整数值 : ");
8       scanf("%d", &num);
9       if (num < 0)
10          num = -num;
11      printf("绝对值是 %d\n", num);
12      system("pause");
13      return 0;
14  }
```

执行结果

```
■ C:\Cbook\ch5\ch5_3.exe
请输入整数值 : -5
绝对值是 5
请按任意键继续. . .
```

```
■ C:\Cbook\ch5\ch5_3.exe
请输入整数值 : 5
绝对值是 5
请按任意键继续. . .
```

5-4　if … else 语句

程序设计时更常用的功能是条件判断为真 (True) 时执行某一个程序代码区块，当条件判断为伪 (False) 时执行另一段程序代码区块，此时可以使用 if … else 语句，它的语法格式如下：

```
if ( 条件判断 )
{
    程序代码区块 1；
}
```

```
else
{
    程序代码区块 2;
}
```

上述概念表示如果条件判断是 True，则执行程序代码区块 1；如果条件判断是 False，则执行程序代码区块 2。注：上述程序代码区块 1 或区块 2，若是只有一道指令，可以省略大括号。

可以用下列流程图说明 if ··· else 语句。

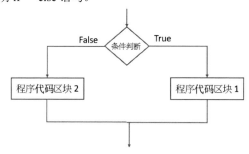

程序实例 ch5_4.c:重新设计程序实例 ch5_1.c，多了年龄满 20 岁时"欢迎购买烟酒"字符串的输出。

```
1   /*    ch5_4.c              */
2   #include <stdio.h>
3   #include <stdlib.h>
4   int main()
5   {
6       int age;
7       printf("请输入年龄 : ");
8       scanf("%d", &age);
9       if (age < 20)
10      {
11          printf("你年龄太小\n");
12          printf("须年满20岁才可以购买烟酒\n");
13      }
14      else
15          printf("欢迎购买烟酒\n");
16      system("pause");
17      return 0;
18  }
```

执行结果

```
C:\Cbook\ch5\ch5_4.exe
请输入年龄 : 18
你年龄太小
须年满20岁才可以购买烟酒
请按任意键继续. . .
```

```
C:\Cbook\ch5\ch5_4.exe
请输入年龄 : 20
欢迎购买烟酒
请按任意键继续. . .
```

注 第 15 行因为只有一道指令，所以可以省略大括号。

程序实例 ch5_5.c:奇数和偶数的判断，请输入任意数，本程序会判别是奇数还是偶数。

```
1   /*    ch5_5.c              */
2   #include <stdio.h>
3   #include <stdlib.h>
4   int main()
5   {
6       int number, rem;
7
8       printf("请输入任意值 ==> ");
9       scanf("%d",&number);
10      rem = number % 2;
11      if ( rem == 1 )
12          printf("%d 是奇数 \n",number);
13      else
14          printf("%d 是偶数 \n",number);
15      system("pause");
16      return 0;
17  }
```

执行结果

```
C:\Cbook\ch5\ch5_5.exe
请输入任意值 ==> 5
5 是奇数
请按任意键继续. . .
```

```
C:\Cbook\ch5\ch5_5.exe
请输入任意值 ==> 6
6 是偶数
请按任意键继续. . .
```

程序实例 ch5_6.c：输入任意两个整数，本程序会列出较人值。

```
1    /*   ch5_6.c                   */
2    #include <stdio.h>
3    #include <stdlib.h>
4    int main()
5    {
6        int x, y;
7
8        printf("请输入任意两个整数值 ==> ");
9        scanf("%d %d",&x, &y);
10       if ( x > y )
11           printf("%d 是较大值 \n",x);
12       else
13           printf("%d 是较大值 \n",y);
14       system("pause");
15       return 0;
16   }
```

执行结果

```
C:\Cbook\ch5\ch5_6.exe
请输入任意两个整数值 ==> 5 9
9 是较大值
请按任意键继续. . .
```

```
C:\Cbook\ch5\ch5_6.exe
请输入任意两个整数值 ==> 8 3
8 是较大值
请按任意键继续. . .
```

5-5　嵌套的 if 语句

if 语句是允许有嵌套 (nested) 情形，也就是在某个 if 语句内有其他的 if 语句存在，其可能格式如下：

```
if ( 条件判断 1 )
{
    程序代码区块 1；
    if ( 条件判断 2 )
    {
        程序代码区块 2；
    }
    程序代码区块 3；
}
```

程序实例 ch5_7.c：基本嵌套循环的应用，本程序嵌套循环的流程如下所示。

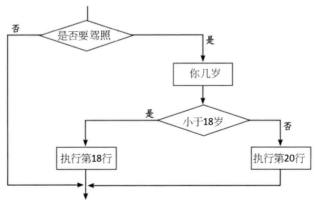

```
1    /*    ch5_7.c                    */
2    #include <stdio.h>
3    #include <stdlib.h>
4    int main()
5    {
6        char ch;
7        int ages;
8
9        printf("你是否要驾照 ?(y/n) ");
10       ch = getche();
11       printf("\n");
12
13       if ( ch == 'y' )
14       {
15           printf("你几岁 ? ");
16           scanf("%d",&ages);
17           if ( ages < 18 )
18               printf("对不起你年龄太小 \n");
19           else
20               printf("你需要考驾照 \n");
21       }
22       system("pause");
23       return 0;
24   }
```

执行结果

```
■ C:\Cbook\ch5\ch5_7.exe
你是否要驾照 ?(y/n) y
你几岁 ? 22
你需要考驾照
请按任意键继续. . .
```

```
■ C:\Cbook\ch5\ch5_7.exe
你是否要驾照 ?(y/n) y
你几岁 ? 17
对不起你年龄太小
请按任意键继续. . .
```

5-6 if … else if … else 语句

这是一个多重判断，程序设计时需要多个条件做比较时就比较有用，例如在美国成绩计分是采取 A、B、C、D、F 等，通常 90 ～ 100 分是 A，80 ～ 89 分是 B，70 ～ 79 分是 C，60 ～ 69 分是 D，低于 60 分是 F。若是使用 if…else if…else 语句可以快速完成该程序。这个语句的基本语法如下：

```
if ( 条件判断 1 )
{
    程序代码区块 1;
}
else if ( 条件判断 2)
{
    程序代码区块 2;
}
    …
else
{
    程序代码区块 3;
}
```

在上面语法格式中，若是程序代码区块只有一道指令，则可以自行将大括号删除。另外，else 语句可有可无，不过一般程序设计师通常会加上此部分，以便语句有错时，更容易发现。if … else if … else 语句的流程结构如下所示。

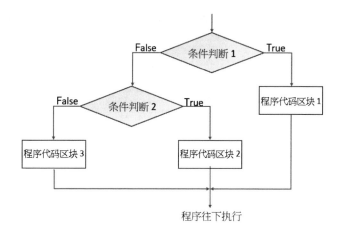

程序实例 ch5_8.c：请输入数字分数，程序将响应是 A、B、C、D 或 F 等级。

```
1    /*    ch5_8.c                        */
2    #include <stdio.h>
3    #include <stdlib.h>
4    int main()
5    {
6        int sc;
7        printf("请输入分数 : ");
8        scanf("%d", &sc);
9        if (sc >= 90)
10           printf(" A \n");
11       else if (sc >= 80)
12           printf(" B \n");
13       else if (sc >= 70)
14           printf(" C \n");
15       else if (sc >= 60)
16           printf(" D \n");
17       else
18           printf(" F \n");
19       system("pause");
20       return 0;
21   }
```

执行结果

```
C:\Cbook\ch5\ch5_8.exe
请输入分数 : 90
A
请按任意键继续. . .
```

```
C:\Cbook\ch5\ch5_8.exe
请输入分数 : 74
C
请按任意键继续. . .
```

这个程序的流程图如下。

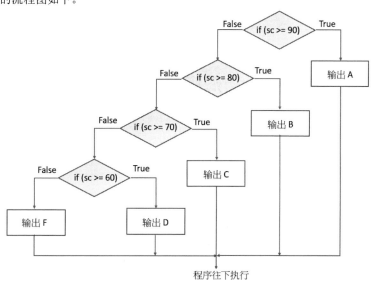

程序实例 ch5_9.c：这个程序会要求输入字符，然后会告知所输入的字符是大写字母、小写字母、阿拉伯数字或特殊字符。

```
1   /*    ch5_9.c              */
2   #include <stdio.h>
3   #include <stdlib.h>
4   int main()
5   {
6       char ch;
7       printf("请输入字符 ==> ");
8       ch = getche();
9       printf("\n");
10      if (( ch >= 'A' ) && ( ch <= 'Z' ))
11          printf("这是大写字符 \n");
12      else if (( ch >= 'a' ) && ( ch <= 'z' ))
13          printf("这是小写字符 \n");
14      else if (( ch >= '0' ) && ( ch <= '9' ))
15          printf("这是数字 \n");
16      else
17          printf("这是特殊字符 \n");
18      system("pause");
19      return 0;
20  }
```

执行结果

```
C:\Cbook\ch5\ch5_9.exe
请输入字符 ==> k
这是小写字符
请按任意键继续. . .
```

```
C:\Cbook\ch5\ch5_9.exe
请输入字符 ==> T
这是大写字符
请按任意键继续. . .
```

```
C:\Cbook\ch5\ch5_9.exe
请输入字符 ==> 7
这是数字
请按任意键继续. . .
```

```
C:\Cbook\ch5\ch5_9.exe
请输入字符 ==> $
这是特殊字符
请按任意键继续. . .
```

注 上述程序第 10、第 12、第 14 行是比较完整的写法，也可以省略括号，如下所示：

```
if (ch >= 'A' && ch <='Z')       /* 第 10 行 */
```

此概念的程序实例可以参考程序实例 ch5_9_1.c。

```
1   /*    ch5_9_1.c            */
2   #include <stdio.h>
3   #include <stdlib.h>
4   int main()
5   {
6       char ch;
7       printf("请输入字符 ==> ");
8       ch = getche();
9       printf("\n");
10      if (ch >= 'A' && ch <= 'Z')
11          printf("这是大写字符 \n");
12      else if (ch >= 'a' && ch <= 'z')
13          printf("这是小写字符 \n");
14      else if (ch >= '0' && ch <= '9')
15          printf("这是数字 \n");
16      else
17          printf("这是特殊字符 \n");
18      system("pause");
19      return 0;
20  }
```

5-7 e1 ? e2 : e3 特殊表达式

在 if 语句的应用中，我们经常看到下列语句：

```
if (a>b)
    c = a;
else
    c = b;
```

很显然，上述是求较大值运算，其执行情形是比较 a 是否大于 b，如果是，则令 c 等于 a，否则令 c 等于 b。C 语言提供了一种特殊操作，可简化上面的语句：

```
e1 ? e2 : e3
```

　　它的执行情形是，如是 e1 为真，则执行 e2，否则执行 e3。若我们想将求两数中的较大值，以这种特殊运算表示，则其指令写法如下：

```
c = (a > b) ? a : b
     |      | |
     e1     e2 e3
```

注 也有程序设计师将此特殊表达式称为简洁版的 if … else 语句。

程序实例 ch5_10.c：使用 e1 ? e2 : e3 特殊表达式，重新设计程序实例 ch5_6.c。

```
1   /*   ch5_10.c               */
2   #include <stdio.h>
3   #include <stdlib.h>
4   int main()
5   {
6       int a,b,c;
7
8       printf("请输入任意 2 数字 ==> ");
9       scanf("%d%d",&a,&b);
10      c = ( a > b ) ? a : b;
11      printf("较大值是 %d \n",c);
12      system("pause");
13      return 0;
14  }
```

执行结果

```
C:\Cbook\ch5\ch5_10.exe
请输入任意 2 数字 ==> 5 9
较大值是 9
请按任意键继续. . .
```

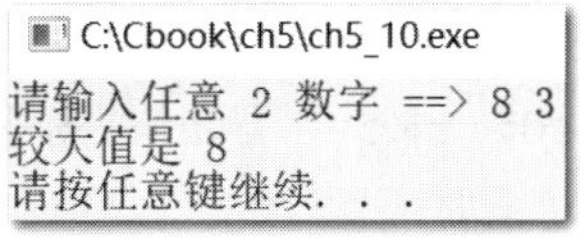

```
C:\Cbook\ch5\ch5_10.exe
请输入任意 2 数字 ==> 8 3
较大值是 8
请按任意键继续. . .
```

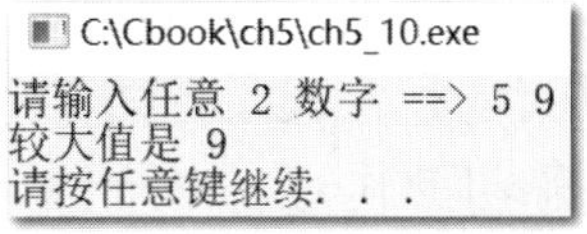

5-8　switch 语句

　　尽管 if … else if … else 可执行多种条件判断的语句，但是 C 语言有提供 switch 指令，这个指令可以让程序设计师更方便地执行多种条件判断。switch 指令同时也让用户可以更容易地了解程序逻辑，它的使用格式如下：

```
switch ( 变量 )
{
    case 选择值 1:
        程序区块 1;
        break;
    case 选择值 2:
        程序区块 2;
        break;
    …
    default : 程序区块 3;   /* 上述条件都不成立时，则执行此条指令 */
}
```

注 上述 case 的选择值必须是数字或字符。

　　C 语言在执行此条指令时，会先去 case 中找出与变量条件相符的选择值，当找到时，C 语言就会去执行与该 case 有关的程序区块，直到碰上 break 或是 switch 语句的结束符号，才结束 switch 动作。下图是 switch 语句的流程图。

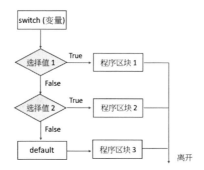

在使用 switch 时，必须要知道下列事情：

（1）若是某一个 case 的程序区块结束前没有遇到 break，则 C 语言在执行完这个 case 语句后，会继续往下执行。

（2）switch 的 case 值只能是整数或字符。

（3）default 语句可有可无。

程序实例 ch5_11.c：屏幕功能的选择。请输入任意数字，本程序会将你所选择的字符串打印出来。

```c
1   /*    ch5_11.c               */
2   int main()
3   {
4       int i;
5       printf("1. Access     ......  \n");
6       printf("2. Excel      ......  \n");
7       printf("3. Word       ......  \n");
8       printf("请选择 ==> ");
9       scanf("%d",&i);
10      printf("\n");
11      switch ( i )
12      {
13          case 1: printf("Access 是数据库软件 \n");
14              break;
15          case 2: printf("Excel 是电子表格软件 \n");
16              break;
17          case 3: printf("Word 文字处理软件 \n");
18              break;
19          default:
20              printf("选择错误 \n");
21      }
22      system("pause");
23      return 0;
24  }
```

执行结果

C:\Cbook\ch5\ch5_11.exe	C:\Cbook\ch5\ch5_11.exe
1. Access ...... 2. Excel ...... 3. Word ...... 请选择 ==> 1 Access 是数据库软件 请按任意键继续. . .	1. Access ...... 2. Excel ...... 3. Word ...... 请选择 ==> 2 Excel 是电子表格软件 请按任意键继续. . .
C:\Cbook\ch5\ch5_11.exe	C:\Cbook\ch5\ch5_11.exe
1. Access ...... 2. Excel ...... 3. Word ...... 请选择 ==> 3 Word 文字处理软件 请按任意键继续. . .	1. Access ...... 2. Excel ...... 3. Word ...... 请选择 ==> a 选择错误 请按任意键继续. . .

上述程序的 switch 语句流程如下：

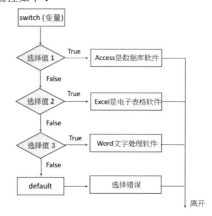

📝 C 语言程序设计师有时候不喜欢 case 右边有程序代码，此时会将第 13 行与第 14 行改成 3 行显示，如下所示：

```
case 1:
    printf("Access 是数据库软件 \n");
    break;
```

程序实例 ch5_11_1.c：调整 case 语句编写方式。

```
 1  /*    ch5_11_1.c              */
 2  int main()
 3  {
 4      int i;
 5      printf("1. Access    ...... \n");
 6      printf("2. Excel     ...... \n");
 7      printf("3. Word      ...... \n");
 8      printf("请选择 ==> ");
 9      scanf("%d",&i);
10      printf("\n");
11      switch ( i )
12      {
13          case 1:
14              printf("Access 是数据库软件 \n");
15              break;
16          case 2:
17              printf("Excel 是电子表格软件 \n");
18              break;
19          case 3:
20              printf("Word 文字处理软件 \n");
21              break;
22          default:
23              printf("选择错误 \n");
24      }
25      system("pause");
26      return 0;
27  }
```

执行结果　与程序实例 ch5_11.c 执行结果相同。

读者要采取哪一种方式，可以依个人喜好决定。

程序实例 ch5_12.c：重新设计程序实例 ch5_11.c，输入 a 或 A 显示 Access 是数据库软件，输入 b 或 B 显示 Excel 是电子表格软件，输入 c 或 C 显示 Word 文字处理软件。输入其他字符，显示选择错误。

```
 1  /*    ch5_12.c               */
 2  int main()
 3  {
 4      char i;
 5      printf("A: Access    ...... \n");
 6      printf("B: Excel     ...... \n");
 7      printf("C: Word      ...... \n");
 8      printf("请选择 ==> ");
 9      scanf("%c",&i);
10      printf("\n");
11      switch ( i )
12      {
13          case 'a':
14          case 'A': printf("Access 是数据库软件 \n");
15              break;
16          case 'b':
17          case 'B': printf("Excel 是电子表格软件 \n");
18              break;
19          case 'c':
20          case 'C': printf("Word 文字处理软件 \n");
21              break;
22          default:
23              printf("选择错误 \n");
24      }
25      system("pause");
26      return 0;
27  }
```

执行结果

```
■ C:\Cbook\ch5\ch5_12.exe
A: Access    ......
B: Excel     ......
C: Word      ......
请选择 ==> a

Access 是数据库软件
请按任意键继续. . .
```

```
■ C:\Cbook\ch5\ch5_12.exe
A: Access    ......
B: Excel     ......
C: Word      ......
请选择 ==> A

Access 是数据库软件
请按任意键继续. . . ■
```

5-9 goto 指令

几乎所有的计算机语言都含有 goto 指令，这是一个无条件的跳越指令，但是几乎所有的结构化语言，都建议读者不要使用 goto 指令，因为 goto 指令会破坏程序的结构性。记得笔者在美国做研究时，教授就明文规定凡是含有 goto 指令的程序，成绩一律打 8 折。

goto 指令在执行时，后面一定要加上标题 (label)，标题是一个符号地址，也就是告诉 C 语言，直接跳到标题位置执行指令。当然，程序中一定要含有标题，标题的写法和变量一样，但是后面要加上冒号 ":"。

例如，有一个指令如下：

```
begin:
    ...
    if (I > j)
        goto stop;
    goto begin;
    ...

stop:
```

这段程序主要说明，如果 i 大于 j 则跳到 stop 处，否则跳到 begin 处。另外，在使用 goto 时必须要注意，goto 指令只限在同一程序段落内跳转，不可跳转到另一个函数或子程序内。

程序实例 ch5_13.c：goto 指令的运用，本程序会要求用户输入两个数字，如果第一个数字大于第二个数字则利用 goto 指令中止程序的执行，否则程序会利用 goto 指令再度要求输入两个整数。

```
1   /*    ch5_13.c              */
2   #include <stdio.h>
3   #include <stdlib.h>
4   int main()
5   {
6       int i,j;
7
8   start:
9       printf("请输入 2 个数字 \n==> ");
10      scanf("%d%d",&i,&j);
11      if ( i > j )    /* 如果第1个数字大于第2个数字 */
12          goto stop;  /* 跳至 stop,程序结束 */
13      goto start;
14  stop:
15      printf("程序结束 \n");
16      system("pause");
17      return 0;
18  }
```

执行结果

```
■ C:\Cbook\ch5\ch5_13.exe
请输入 2 个数字
==> 2 5
请输入 2 个数字
==> 5 2
程序结束
请按任意键继续. . .
```

5-10 专题实操：BMI 指数 / 闰年计算 / 猜数字 / 火箭升空

5-10-1 BMI 指数计算

BMI (Body Mass Index) 指数又称身高体重指数 (也称身体质量指数)，是由比利时的科学家凯特勒 (Lambert Quetelet) 最先提出的，这也是世界卫生组织认可的健康指数，它的计算方式如下：

$$BMI = 体重(kg) / (身高)^2(米)$$

如果 BMI 为 18.5 ～ 23.9，表示这是健康的 BMI 值。请输入自己的身高和体重，然后列出是否在健康的范围内。官方针对 BMI 指数分类如下。

分类	BMI
体重过轻	BMI < 18.5
正常	18.5 ≤ BMI < 24
超重	24 ≤ BMI < 28
肥胖	BMI ≥ 28

程序实例 ch5_14.c：人体健康体重指数判断程序，这个程序会要求输入身高与体重，然后计算 BMI 指数，由这个 BMI 指数判断体重是否肥胖。

```
1   /*   ch5_14.c                    */
2   #include <math.h>>
3   #include <stdio.h>
4   #include <stdlib.h>
5   int main()
6   {
7       int height, weight;
8       float bmi;
9       printf("请输入身高(米) : ");
10      scanf("%d",&height);
11      printf("请输入体重(千克) : ");
12      scanf("%d",&weight);
13      bmi = (float) weight / pow(height / 100.0, 2);
14      if (bmi >= 28)
15          printf("体重肥胖\n");
16      else
17          printf("体重不肥胖\n");
18      system("pause");
19      return 0;
20  }
```

执行结果

```
C:\Cbook\ch5\ch5_14.exe
请输入身高(米) : 170
请输入体重(千克) : 100
体重肥胖
请按任意键继续. . .
```

```
C:\Cbook\ch5\ch5_14.exe
请输入身高(米) : 170
请输入体重(千克) : 65
体重不肥胖
请按任意键继续. . .
```

5-10-2 计算闰年程序

程序实例 ch5_15.c：测试某年是否闰年。请输入任一年份，本程序将会判断这个年份是否闰年。

```
1   /*   ch5_15.c                    */
2   #include <stdio.h>
3   #include <stdlib.h>
4   int main()
5   {
6       int year, rem4, rem100, rem400;
7
8       printf("请输入测试年份 ==> ");
9       scanf("%d",&year);
10      rem400 = year % 400;
11      rem100 = year % 100;
12      rem4 = year % 4;
13      if ((( rem4 == 0 ) && ( rem100 != 0 )) || ( rem400 == 0 ))
14          printf("%d 年 是闰年 \n", year);
15      else
16          printf("%d 年 不是闰年 \n", year);
17      system("pause");
18      return 0;
19  }
```

执行结果

```
C:\Cbook\ch5\ch5_15.exe
请输入测试年份 ==> 2022
2022 年不是闰年
请按任意键继续. . .
```

```
C:\Cbook\ch5\ch5_15.exe
请输入测试年份 ==> 2020
2020 年是闰年
请按任意键继续. . .
```

闰年的条件是首先可以被 4 整除 (相当于没有余数)，这个条件成立后，还必须符合它除以 100

时余数不为 0 或是除以 400 时余数为 0，当两个条件都符合才是闰年。程序由第 13 行判断所输入的年份是否闰年。

5-10-3　成绩判断，输出适当的字符串

程序实例 ch5_16.c：依据输入英文成绩输出评语。

```
1    /*    ch5_16.c              */
2    int main()
3    {
4        char grade;
5
6        printf("请输入成绩 : ");
7        scanf("%c",&grade);
8        printf("\n");
9        switch ( grade )
10       {
11           case 'a':
12           case 'A':
13               printf("Excellent \n");
14               break;
15           case 'b':
16           case 'B':
17               printf("Good \n");
18               break;
19           case 'c':
20           case 'C':
21               printf("Pass \n");
22               break;
23           case 'd':
24           case 'D':
25               printf("Not good \n");
26               break;
27           case 'f':
28           case 'F':
29               printf("Fail \n");
30               break;
31           default:
32               printf("输入错误 \n");
33       }
34       system("pause");
35       return 0;
36   }
```

执行结果

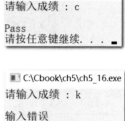

5-10-4　猜数字游戏

程序实例 ch5_17.c：这个程序会要求猜 1 ～ 100 的数字，所猜的数字是在第 7 行设定，如果没有猜对会一直重复要求猜数字。

```
1    /*    ch5_17.c              */
2    #include <stdio.h>
3    #include <stdlib.h>
4    int main()
5    {
6        int guess;
7        int answer = 5;
8    start:
9        printf("请猜 1~100的 1 个数字 : ");
10       scanf("%d",&guess);
11       if ( guess == answer )
12          goto stop;   /* 跳至 stop 程序结束 */
13       goto start;
14   stop:
15       printf("恭喜答对了 ! \n");
16       system("pause");
17       return 0;
18   }
```

执行结果

```
■ C:\Cbook\ch5\ch5_17.exe
请猜 1~100的 1 个数字 : 10
请猜 1~100的 1 个数字 : 5
恭喜答对了 !
请按任意键继续. . .
```

5-10-5　猜出 0 ~ 7 的数字

程序实例 ch5_18.c：读者心中先预想一个 0 ~ 7 的数字，这个程序会问读者 3 个问题，请读者真心回答，然后这个程序会响应读者心中的数字。

```
1    /*   ch5_18.c                    */
2    #include <stdio.h>
3    #include <stdlib.h>
4    int main()
5    {
6        int ans = 0;
7        char num;
8        printf("猜数字游戏,请心中想一个 0 ~ 7的数字, 然后回答问题\n");
9        /* 检测二进制的第 1 位是否含 1 */
10       printf("有没有看到心中的数字 : \n");
11       printf("1, 3, 5, 7 \n");
12       printf("输入y或Y代表有, 其他代表无 : ");
13       scanf(" %c", &num);
14       if ((num == 'y') || (num == 'Y'))
15           ans += 1;
16       /* 检测二进制的第 2 位是否含 1 */
17       printf("有没有看到心中的数字 : \n");
18       printf("2, 3, 6, 7 \n");
19       printf("输入y或Y代表有, 其他代表无 : ");
20       scanf(" %c", &num);
21       if ((num == 'y') || (num == 'Y'))
22           ans += 2;
23       /* 检测二进制的第 3 位是否含 1 */
24       printf("有没有看到心中的数字 : \n");
25       printf("4, 5, 6, 7 \n");
26       printf("输入y或Y代表有, 其他代表无 : ");
27       scanf(" %c", &num);
28       if ((num == 'y') || (num == 'Y'))
29           ans += 4;
30       printf("读者心中所想的数字是 : %d\n", ans);
31       system("pause");
32       return 0;
33   }
```

执行结果

```
■ C:\Cbook\ch5\ch5_18.exe
猜数字游戏,请心中想一个 0 ~ 7的数字, 然后回答问题
有没有看到心中的数字 :
1, 3, 5, 7
输入y或Y代表有, 其他代表无 : n
有没有看到心中的数字 :
2, 3, 6, 7
输入y或Y代表有, 其他代表无 : y
有没有看到心中的数字 :
4, 5, 6, 7
输入y或Y代表有, 其他代表无 : y
读者心中所想的数字是 : 6
请按任意键继续. . .
```

0 ~ 7 的数字基本上可用 3 个二进制数表示为 000 ~ 111。其实所问的 3 个问题，只是了解特定位是否为 1。

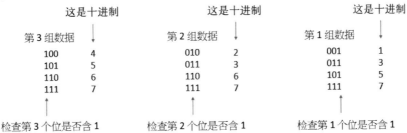

了解了以上概念后，我们可以再进一步扩充上述实例，猜测一个人的生日日期，这将是读者的习题。

5-10-6　十二生肖系统

在中国除了使用公元纪年，也使用鼠、牛、虎、兔、龙、蛇、马、羊、猴、鸡、狗、猪当作十二生肖，每十二年是一个周期。

程序实例 ch5_19.c：请输入你出生的公元年（19×× 或 20××），本程序会输出相对应的生肖年。

```
1   /*    ch5_19.c                    */
2   #include <stdio.h>
3   #include <stdlib.h>
4   int main()
5   {
6       int year, zodiac;
7
8       printf("请输入公元出生年 : ");
9       scanf("%d", &year);
10      year -= 1900;
11      zodiac = year % 12;
12      if (zodiac == 0)
13          printf("你的生肖是 : 鼠\n");
14      else if (zodiac == 1)
15          printf("你的生肖是 : 牛\n");
16      else if (zodiac == 2)
17          printf("你的生肖是 : 虎\n");
18      else if (zodiac == 3)
19          printf("你的生肖是 : 兔\n");
20      else if (zodiac == 4)
21          printf("你的生肖是 : 龙\n");
22      else if (zodiac == 5)
23          printf("你的生肖是 : 蛇\n");
24      else if (zodiac == 6)
25          printf("你的生肖是 : 马\n");
26      else if (zodiac == 7)
27          printf("你的生肖是 : 羊\n");
28      else if (zodiac == 8)
29          printf("你的生肖是 : 猴\n");
30      else if (zodiac == 9)
31          printf("你的生肖是 : 鸡\n");
32      else if (zodiac == 10)
33          printf("你的生肖是 : 狗\n");
34      else
35          printf("你的生肖是 : 猪\n");
36      system("pause");
37      return 0;
38  }
```

执行结果

```
C:\Cbook\ch5\ch5_19.exe
请输入公元出生年 : 1961
你的生肖是 : 牛
请按任意键继续. . .
```

```
C:\Cbook\ch5\ch5_19.exe
请输入公元出生年 : 2009
你的生肖是 : 牛
请按任意键继续. . .
```

5-10-7 火箭升空

天空有许多人造卫星，这些人造卫星是由火箭发射，由于地球有引力，太阳也有引力，火箭发射须保证人造卫星脱离地球引力甚至脱离太阳引力。宇宙速度概念如下：

1. 第一宇宙速度

第一宇宙速度可以称为环绕地球速度，这个速度是 7.9km/s，当火箭到达这个速度后，人造卫星即可环绕着地球做圆形移动。当火箭速度超过 7.9km/s 但小于 11.2km/s 时，人造卫星可以环绕着地球做椭圆形移动。

2. 第二宇宙速度

第二宇宙速度可以称为脱离速度，这个速度是 11.2km/s，当火箭到达这个速度但尚未超过 16.7km/s 时，人造卫星可以环绕太阳运行，成为一颗人造行星。

3. 第三宇宙速度

第三宇宙速度可以称为脱逃速度，这个速度是 16.7km/s，当火箭到达这个速度后，就可以脱离太阳引力到太阳系的外层空间。

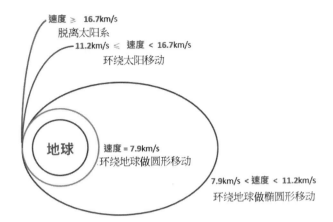

程序实例 ch5_20.c：请输入火箭速度（km/s），这个程序会输出人造卫星飞行状态。

```c
1   /*    ch5_20.c                    */
2   #include <stdio.h>
3   #include <stdlib.h>
4   int main()
5   {
6       float v;
7
8       printf("请输入火箭速度 : ");
9       scanf("%f", &v);
10      if (v < 7.9)
11          printf("你人造卫星无法进入太空\n");
12      else if (v == 7.9)
13          printf("人造卫星可以环绕地球做圆形移动\n");
14      else if ((v > 7.9) && (v < 11.2))
15          printf("人造卫星可以环绕地球做椭圆形移动\n");
16      else if ((v >= 11.2) && (v < 16.7))
17          printf("人造卫星可以环绕太阳移动\n");
18      else
19          printf("人造卫星可以脱离太阳系\n");
20      system("pause");
21      return 0;
22  }
```

执行结果

```
■ C:\Cbook\ch5\ch5_20.exe
请输入火箭速度 : 7.9
人造卫星可以环绕地球做椭圆形移动
请按任意键继续. . . ▪
```

```
■ C:\Cbook\ch5\ch5_20.exe
请输入火箭速度 : 9.9
人造卫星可以环绕地球做椭圆形移动
请按任意键继续. . . ▪
```

```
■ C:\Cbook\ch5\ch5_20.exe
请输入火箭速度 : 16.7
人造卫星可以脱离太阳系
请按任意键继续. . . ▪
```

```
■ C:\Cbook\ch5\ch5_20.exe
请输入火箭速度 : 11.8
人造卫星可以环绕太阳移动
请按任意键继续. . .
```

5-10-8　简易的人工智能程序：职场性向测验

有一家公司的人力部门录取了一位新进员工，同时为新进员工做了英文和社会的性向测验，这位新进员工的得分分别是英文 60 分、社会 55 分。

公司的编辑部门有人力需求，参考过去编辑部门员工的性向测验，英文是 80 分，社会是 60 分。

营销部门也有人力需求，参考过去营销部门员工的性向测验，英文是 40 分，社会是 80 分。

如果你是主管，应该将新进员工先转给哪一个部门？

这类问题可以使用坐标轴分析，我们可以将 x 轴定义为英文，y 轴定义为社会，整个坐标系说明如下。

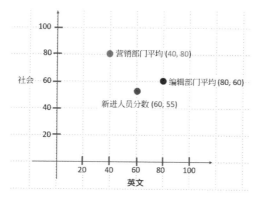

程序实例 ch5_21.c：判断新进人员比较适合在哪一个部门。

```
1   /*   ch5_21.c                  */
2   #include <stdio.h>
3   #include <stdlib.h>
4   #include <math.h>
5   int main()
6   {
7       int market_x = 40;           /* 营销部门英文平均成绩 */
8       int market_y = 80;           /* 营销部门社会平均成绩 */
9       int editor_x = 80;           /* 编辑部门英文平均成绩 */
10      int editor_y = 60;           /* 编辑部门社会平均成绩 */
11      int employ_x = 60;           /* 新进人员英文考试成绩 */
12      int employ_y = 55;           /* 新进人员社会考试成绩 */
13      float m_dist, e_dist;        /* 营销距离，编辑距离   */
14      m_dist = pow(pow(market_x-employ_x,2)+pow(market_y-employ_y,2),0.5);
15      e_dist = pow(pow(editor_x-employ_x,2)+pow(editor_y-employ_y,2),0.5);
16      printf("新进人员与编辑部门差异 %5.2f\n",e_dist);
17      printf("新进人员与营销部门差异 %5.2f\n",m_dist);
18      if (m_dist > e_dist)
19          printf("新进人员比较适合编辑部门\n");
20      else
21          printf("新进人员比较适合编辑部门\n");
22      system("pause");
23      return 0;
24  }
```

执行结果

```
C:\Cbook\ch5\ch5_21.exe
新进人员与编辑部门差异 20.62
新进人员与营销部门差异 32.02
新进人员比较适合编辑部门
请按任意键继续. . .
```

5-10-9 输出每个月有几天

程序实例 ch5_22.c：这个程序会要求输入月份，然后输出该月份的天数。注：假设 2 月是 28 天。

```
1   /*   ch5_22.c                  */
2   #include <stdio.h>
3   #include <stdlib.h>
4   int main()
5   {
6       int month;
7
8       printf("请输入月份 : ");
9       scanf("%d", &month);
10      switch (month)
11      {
12          case 2: printf("%d 月份有 28 天\n", month);
13              break;
14          case 1:
15          case 3:
16          case 5:
17          case 7:
18          case 8:
19          case 10:
20          case 12: printf("%d 月份有 31 天\n", month);
21              break;
22          case 4:
23          case 6:
24          case 9:
25          case 11: printf("%d 月份有 30 天\n", month);
26              break;
27          default:
28              printf("月份输入错误\n");
29      }
30      system("pause");
31      return 0;
32  }
```

执行结果

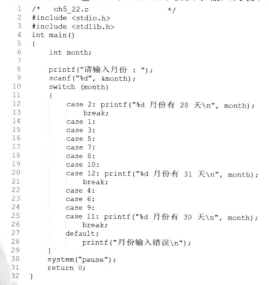

```
C:\Cbook\ch5\ch5_22.exe
请输入月份 : 2
2 月份有 28 天
请按任意键继续. . .
```

```
C:\Cbook\ch5\ch5_22.exe
请输入月份 : 7
7 月份有 31 天
请按任意键继续. . .
```

```
C:\Cbook\ch5\ch5_22.exe
请输入月份 : 11
11 月份有 30 天
请按任意键继续. . .
```

```
C:\Cbook\ch5\ch5_22.exe
请输入月份 : 20
月份输入错误
请按任意键继续. . .
```

5-11　习题

一、是非题

(　　) 1. C 语言所使用的关系运算符大于或等于符号是 "＞=",也可以用 "=＞" 表示。(5-1 节)

(　　) 2. 关系运算符的等于符号是 "="。(5-1 节)

(　　) 3. && 相当于是逻辑符号 AND。(5-2 节)

(　　) 4. if 语句主要是做循环设计。(5-3 节)

(　　) 5. 有一个流程图如下。(5-3 节)

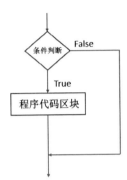

上述流程图适合使用 if … else 语句设计。

(　　) 6. 有一个流程图如下。(5-4 节)

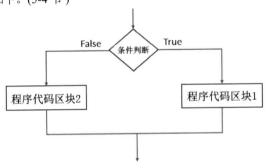

上述流程图适合使用 if … else 语句设计。

(　　) 7. if 语句内有 if 语句,称嵌套 if 语句。(5-5 节)

(　　) 8. 有一个语句如下,如果 e1 是 True,则结果是 e3。(5-7 节)

　　　e1 ? e2:e3

(　　) 9. 使用 switch 语句时,每一个 case 的语句执行结束前,建议要加上 break,代表这个 case 的程序区块执行结束。(5-8 节)

二、选择题

(　　) 1. 关系运算符的不等于符号是 (A) ＜＞ (B) ＞= (C) ＜= (D) !=。(5-1 节)

(　　) 2. 逻辑符 OR 的符号是 (A) && (B) | (C) ‖ (D) &。(5-2 节)

(　　) 3. 有一个流程图如下。(5-3 节)

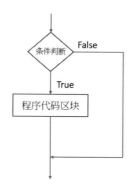

上述适合使用哪一种语句方式设计？ (A) if (B) if … else (C) e1 ? e2 : e3 (D) switch

( ) 4. 有一个流程图如下。(5-4 节)

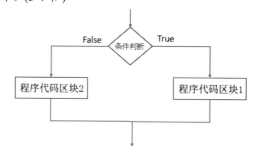

上述适合使用哪一种语句方式设计？ (A) if (B) if … else (C) e1 ? e2 : e3 (D) switch

( ) 5. 有一个流程图如下。(5-6 节)

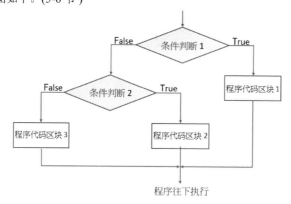

上述适合使用哪一种语句方式设计？ (A) if (B) if … else (C) e1 ? e2 : e3 (D) if … else if … else

( ) 6. 在 switch 语句内，各条件的指令是 (A) for (B) if (C) continue (D) case(5-8 节)

( ) 7.switch 语句可以使用哪一种语句取代？ (A) If (B) if … else (C) e1 ? e2 : e3 (D) if … else if … else(5-8 节)

三、填充题

1. 关系运算符等于符号是 ( )，不等于符号是 ( )。(5-1 节)

2. 逻辑运算符 AND 符号是 ( )，OR 符号是 ( )。(5-2 节)

3. if … else 语句可以简化成 ( ) 语句。(5-7 节)

4.if … else if … else 语句可以简化成 (　　) 语句，同时程序更容易了解其逻辑。(5-6 节和 5-8 节)

5.(　　) 语句是一个无条件的跳越指令。(5-9 节)

四、实操题

1. 请输入 3 个数字，本程序可以将数字由大到小输出。(5-3 节)

```
C:\Cbook\ex\ex5_1.exe
请输入任意 3 整数 ==> 3 6 5
由大到小分别是　6,　5,　3
请按任意键继续...
```

```
C:\Cbook\ex\ex5_1.exe
请输入任意 3 整数 ==> 2 8 10
由大到小分别是　10,　8,　2
请按任意键继续...
```

2. 有一个圆半径是 20，圆中心在坐标 (0,0) 位置，请输入任意点坐标，这个程序可以判断此点坐标是不是在圆内部。(5-4 节)

提示：可以计算点坐标距离圆中心的长度是否小于半径。

```
C:\Cbook\ex\ex5_2.exe
请输入任意 x, y 坐标 ==> 10 10
点坐标 (10.00, 10.00) 在圆内
请按任意键继续...
```

```
C:\Cbook\ex\ex5_2.exe
请输入任意 x, y 坐标 ==> 21 21
点坐标 (21.00, 21.00) 不在圆内
请按任意键继续...
```

3. 请设计一个程序，如果输入是负值则将它改成正值输出，如果输入是正值则将它改成负值输出，如果输入 0 则输出 0。(5-4 节)

```
C:\Cbook\ex\ex5_3.exe
请输入任意整数值 ==> -7
7
请按任意键继续...
```

```
C:\Cbook\ex\ex5_3.exe
请输入任意整数值 ==> 5
-5
请按任意键继续...
```

```
C:\Cbook\ex\ex5_3.exe
请输入任意整数值 ==> 0
0
请按任意键继续...
```

4. 用户可以先选择华氏温度与摄氏温度转换方式，然后输入一个温度，可以转换成另一种温度。(5-6 节)

```
C:\Cbook\ex\ex5_4.exe
温度转换选择
1.华氏温度转成摄氏温度
2.摄氏温度转华氏温度
= 1
请输入华氏温度：104
华氏 104.0 等于摄氏 40.0
请按任意键继续...
```

```
C:\Cbook\ex\ex5_4.exe
温度转换选择
1.华氏温度转成摄氏温度
2.摄氏温度转华氏温度
= 2
请输入摄氏温度：31
摄氏 31.0 等于华氏 87.8
请按任意键继续...
```

```
C:\Cbook\ex\ex5_4.exe
温度转换选择
1.华氏温度转成摄氏温度
2.摄氏温度转华氏温度
= 3
输入错误请按任意键继续...
```

5. 有一地区的票价收费标准是 100 元。(5-6 节)

❑　如果小于或等于 6 岁以及大于或等于 80 岁，票价打 2 折。

❑　如果是 7 ～ 12 岁或 60 ～ 79 岁，票价打 5 折。

请输入岁数，程序会计算票价。

```
C:\Cbook\ex\ex5_5.exe
计算票价
请输入年龄：81
票价是 20.0
请按任意键继续...
```

```
C:\Cbook\ex\ex5_5.exe
计算票价
请输入年龄：77
票价是 50.0
请按任意键继续...
```

```
C:\Cbook\ex\ex5_5.exe
计算票价
请输入年龄：12
票价是 50.0
请按任意键继续...
```

```
C:\Cbook\ex\ex5_5.exe
计算票价
请输入年龄：20
票价是 100.0
请按任意键继续...
```

6. 假设麦当劳打工每周领一次薪资，工作基本时薪是 160 元，其他规则如下：

❑　小于 40 小时 / 周，每小时是基本时薪的 0.8 倍。

❑　等于 40 小时 / 周，每小时是基本时薪。

❑　40 ～ 50(含) 小时 / 周，每小时是基本时薪的 1.2 倍。

❑　大于 50 小时 / 周，每小时是基本时薪的 1.6 倍。

请输入工作时数，然后可以计算周薪。(5-6 节)

C:\Cbook\ex\ex5_6.exe	C:\Cbook\ex\ex5_6.exe	C:\Cbook\ex\ex5_6.exe	C:\Cbook\ex\ex5_6.exe
请输入本周工作时数：20 本周薪资 = 3200 请按任意键继续...	请输入本周工作时数：40 本周薪资 = 8000 请按任意键继续...	请输入本周工作时数：45 本周薪资 = 10800 请按任意键继续...	请输入本周工作时数：60 本周薪资 = 19200 请按任意键继续...

7. 假设今天是星期日，请输入天数 days，本程序可以响应 days 天后是星期几。注：请用 if … else if … else 语句设计。(5-6 节)

C:\Cbook\ex\ex5_7.exe	C:\Cbook\ex\ex5_7.exe	C:\Cbook\ex\ex5_7.exe
今天是星期日 请输入天数：5 　5 天后是星期五 请按任意键继续...	今天是星期日 请输入天数：10 　10 天后是星期三 请按任意键继续...	今天是星期日 请输入天数：15 　15 天后是星期一 请按任意键继续...

8. 扩充设计程序实例 ch5_14.c，列出 BMI 指数区分的结果表。(5-6 节)

C:\Cbook\ex\ex5_8.exe	C:\Cbook\ex\ex5_8.exe	C:\Cbook\ex\ex5_8.exe	C:\Cbook\ex\ex5_8.exe
请输入身高(米)：170 请输入体重(千克)：49 BMI = 16.96 体重过轻 请按任意键继续...	请输入身高(米)：170 请输入体重(千克)：62 BMI = 21.45 体重正常 请按任意键继续...	请输入身高(米)：170 请输入体重(千克)：80 BMI = 27.68 体重超重 请按任意键继续...	请输入身高(米)：170 请输入体重(千克)：90 BMI = 31.14 体重肥胖 请按任意键继续...

9. 请重新设计程序实例 ch5_10.c，改为输出较小值。(5-7 节)

C:\Cbook\ex\ex5_9.exe	C:\Cbook\ex\ex5_9.exe
请输入任意 2 数字 ==> 5 9 较小值是 5 请按任意键继续...	请输入任意 2 数字 ==> 9 3 较小值是 3 请按任意键继续...

10. 假设今天是星期日，请输入天数 days，本程序可以响应 days 天后是星期几。注：请用 switch 语句设计。(5-8 节)

C:\Cbook\ex\ex5_10.exe	C:\Cbook\ex\ex5_10.exe	C:\Cbook\ex\ex5_10.exe
今天是星期日 请输入天数：5 　5 天后是星期五 请按任意键继续...	今天是星期日 请输入天数：10 　10 天后是星期三 请按任意键继续...	今天是星期日 请输入天数：15 　15 天后是星期一 请按任意键继续...

11. 组成三角形边长的条件是两边长加起来大于第三边，请输入 3 个边长，如果这 3 个边长可以形成三角形则输出三角形的周长。如果这 3 个边长无法形成三角形，则输出“这不是三角形”。(5-10 节)

C:\Cbook\ex\ex5_11.exe	C:\Cbook\ex\ex5_11.exe
请输入 3 边长 ==> 3.0 3.0 3.0 三角形周长是　9.0 请按任意键继续...	请输入 3 边长 ==> 3.0 3.0 9.0 这不是三角形 请按任意键继续...

12. 猜测一个人的生日日期，对于 1 ～ 31 的数字可以用 5 个二进制的位表示，所以可以询问 5 个问题，每个问题获得一个位是否为 1，经过 5 次询问即可获得一个人的生日日期。笔者心中想的数据是 12。(5-10 节)

```
■ C:\Cbook\ex\ex5_12.exe
猜生日日期游戏, 请回答下列5个问题, 这个程序即可列出你的生日
有没有看到自己的生日日期 :
1, 3, 5, 7, 9, 11, 13, 15, 17, 19, 21, 23, 25, 27, 29, 31
输入y或Y代表有, 其他代表无 : n
有没有看到自己的生日日期 :
2, 3, 6, 7, 10, 11, 14, 15, 18, 19, 22, 23, 26, 27, 30, 31
输入y或Y代表有, 其他代表无 : n
有没有看到自己的生日日期 :
4, 5, 6, 7, 12, 13, 14, 15, 20, 21, 22, 23, 28, 29, 30, 31
输入y或Y代表有, 其他代表无 : y
有没有看到自己的生日日期 :
8, 9, 10, 11, 12, 13, 14, 15, 24, 25, 26, 27, 28, 29, 30, 31
输入y或Y代表有, 其他代表无 : y
有没有看到自己的生日日期 :
16, 17, 18, 19, 20, 21, 22, 23, 24, 25, 26, 27, 28, 29, 30, 31
输入y或Y代表有, 其他代表无 : n
读者的生日日期是 : 12
请按任意键继续. . .
```

13. 重新设计程序实例 ch5_17.c, 增加所猜测的次数。(5-10 节)

```
■ C:\Cbook\ex\ex5_13.exe
请猜 1~100的 1 个数字 : 3
请猜 1~100的 1 个数字 : 7
请猜 1~100的 1 个数字 : 5
恭喜答对了!
共猜了 3 次
请按任意键继续. . .
```

```
■ C:\Cbook\ex\ex5_13.exe
请猜 1~ 100的 1 个数字 : 9
请猜 1~ 100的 1 个数字 : 5
恭喜答对了!
共猜了 2 次
请按任意键继续. . .
```

14. 请修改程序实例 ch5_21.c, 将新进人员的考试成绩改为由屏幕输入, 然后直接列出比较适合的部门。(5-10 节)

```
■ C:\Cbook\ex\ex5_14.exe
请输入英文考试成绩 : 60
请输入社会考试成绩 : 55
新进人员与编辑部门差异 20.62
新进人员与营销部门差异 32.02
新进人员比较适合编辑部门
请按任意键继续. . .
```

15. 请输入月份, 这个程序会输出此月份的英文。(5-10 节)

```
■ C:\Cbook\ex\ex5_15.exe
请输入月份 : 7
7 月份英文是 July
请按任意键继续. . .
```

```
■ C:\Cbook\ex\ex5_15.exe
请输入月份 : 13
月份输入错误
请按任意键继续. . .
```

16. 请输入一个字符, 这个程序可以判断此字符是不是英文字母。(5-10 节)

```
■ C:\Cbook\ex\ex5_16.exe
请输入字符 : k
k 是字母
请按任意键继续. . .
```

```
■ C:\Cbook\ex\ex5_16.exe
请输入字符 : %
% 不是字母
请按任意键继续. . .
```

第 6 章

程序的循环设计

假设现在笔者要求读者设计一个从 1 加到 10 的程序，然后打印结果，读者可能用下列方式设计这个程序。

程序实例 ch6_1.py：从 1 加到 10，同时打印结果。

```
1   /*    ch6_1.c                */
2   #include <stdio.h>
3   #include <stdlib.h>
4   int main()
5   {
6       int sum = 0;
7
8       sum = 1 + 2 + 3 + 4 + 5 + 6 + 7 + 8 + 9 + 10;
9       printf("总和 = %d \n",sum);
10      system("pause");
11      return 0;
12  }
```

执行结果

```
■ C:\Cbook\ch6\ch6_1.exe
总和 = 55
请按任意键继续. . .
```

现在假设要求从 1 加至 100 或是 1000，此时，若是仍用上面方法设计程序，就显得很不方便了，幸好 C 语言提供了解决这类问题的方式，这也是本章介绍的重点。

6-1　for 循环

6-1-1　单层 for 循环

for 循环 (loop) 的语法如下：

for（表达式 1；表达式 2；表达式 3）

{

　　循环主体

}

上述各表达式的功能如下：

❏　表达式 1：设定循环指标的初值。

❏　表达式 2：这是关系表达式，条件判断是否要离开循环控制语句。

❏　表达式 3：更新循环指标。

上述表达式 1 和表达式 3 是一般设定语句。表达式 2 则是一个关系表达式，如果此条件判断关系表达式是真 (True) 则循环继续，如果此条件判断关系表达式是伪 (False)，则跳出循环或结束循环。另外，若是循环主体只有一道指令，可将大括号省略，否则应继续保留大括号。由于 for 循环的三个表达式功能不同，所以也可以用下列写法取代。

for（设定循环指标初值；条件判断；更新循环指标）

{

　　循环主体

}

下列是 for 循环的流程图。

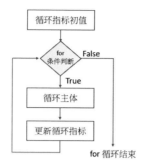

当然，在上述 3 个表达式中，任何一个都可以省略，但是分号不可省略，如果不需要表达式 1 和表达式 3，那么省略不写就可以了，如程序实例 ch6_3.c 所示。

程序实例 ch6_2.c：从 1 加到 100，并将结果打印出来。

```
1   /*    ch6_2.c              */
2   #include <stdio.h>
3   #include <stdlib.h>
4   int main()
5   {
6       int sum = 0;
7       int i;
8
9       for ( i = 1; i <= 100; i++ )
10          sum += i;
11      printf("总和 = %d \n",sum);
12      system("pause");
13      return 0;
14  }
```

执行结果

```
C:\Cbook\ch6\ch6_2.exe
总和 = 5050
请按任意键继续. . .
```

上述实例的 for 循环流程如下。

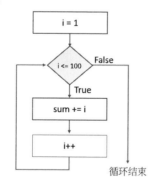

富有变化是 C 语言最大的特色，使用同样的控制语句，配合不同的运算符，都可得到同样的结果，下面程序实例将充分说明这个特色。

程序实例 ch6_3.c：重新设计从 1 加到 100，并将结果打印出来。

```
1   /*    ch6_3.c              */
2   #include <stdio.h>
3   #include <stdlib.h>
4   int main()
5   {
6       int sum = 0;
7       int i = 1;
8
9       for ( ; i <= 100; )
10          sum += i++;
11      printf("总和 = %d \n",sum);
12      system("pause");
13      return 0;
14  }
```

执行结果 与程序实例 ch6_2.c 执行结果相同。

上述的程序实例中，for 语句的表达式 1 被省略了，但是我们在 for 的前一行已经设定 i=1 了，这是合法的动作。另外，表达式 3 的指令也省略了，但是这并不代表我们没有表达式 3 的动作，在此程序中，我们只是把表达式 3 和循环主体融合成一个指令罢了。

```
sum += i++;                /* 这是循环主体 */
```

上述相当于：

```
sum = sum + i;
i = i + 1;
```

所以，程序实例 ch6_3.c 仍能产生正确结果。

程序实例 ch6_4.c：从 1 加到 9，并将每一个加法后的值打印出来。

```
1   /*   ch6_4.c            */
2   #include <stdio.h>
3   #include <stdlib.h>
4   int main()
5   {
6       int sum = 0;
7       int i = 1;
8
9       printf(" i       总和   \n");
10      printf("----------------\n");
11      for ( i ; i <= 9; i++ )
12      {
13          sum += i;
14          printf(" %d        %d\n",i,sum);
15      }
16      system("pause");
17      return 0;
18  }
```

执行结果

```
■ C:\Cbook\ch6\ch6_4.exe
 i          总和
────────────────
 1          1
 2          3
 3          6
 4          10
 5          15
 6          21
 7          28
 8          36
 9          45
请按任意键继续. . .
```

上述程序 for 循环的流程如下。

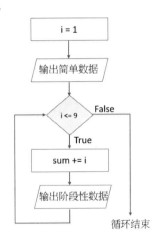

程序实例 ch6_5.c：列出从 97 至 122 的所有 ASCII 字符。

```
1   /*   ch6_5.c            */
2   #include <stdio.h>
3   #include <stdlib.h>
4   int main()
5   {
6       int i;
7
8       for ( i = 97; i <= 122; i++ )
9           printf("%d=%c\t",i,i);
10      printf("\n");
11      system("pause");
12      return 0;
13  }
```

执行结果

```
C:\Cbook\ch6\ch6_5.exe                                                           —    □
97=a    98=b    99=c    100=d   101=e   102=f   103=g   104=h   105=i   106=j   107=k   108=l   109=m   110=n   111=o
        112=p   113=q   114=r   115=s   116=t   117=u   118=v   119=w   120=x   121=y   122=z
请按任意键继续. . .
```

上述程序实例第 9 行的"\t"，主要是依据键盘 Tab 键的设定位置输出数据。

6-1-2　for 语句应用到无限循环

在 for 语句中，如果条件判断也就是表达式 2 不写的话，那么这个结果将永远是真，所以下面写法将是一个无限循环。

```
for ( 表达式 1;　; 表达式 3)
{
    …
}
```

或

```
for ( ;　; )
{
    …
}
```

如果程序掉入无限循环，其实就是一个错误，一般设计是让程序在无限循环中，但是在特定情况可以让程序中上，离开无限循环。因此无限循环常用在两个地方：

（1）让程序暂时中断。注意：可以使用 C 语言的 sleep( ) 函数执行此功能，6-8 节会解释 sleep( ) 函数。

（2）猜谜游戏，答对才可以离开无限循环。

本章 6-5 节会有无限循环的实例解说。

6-1-3　双层或多层 for 循环

和其他高级语言一样，for 循环也可以有双层循环存在。所谓的双层循环控制语句就是某个 for 语句是在另一个 for 语句里面，其基本语法结构如下所示。

如果我们以下列符号代表循环。

则下列各种复杂的循环是允许的。

使用循环时有一点要注意的是，循环不可有交叉的情形。例如下列循环交叉是不允许的。

循环交叉是不允许的

注　我们也可以将多层次的循环称为嵌套循环 (nested loop)。

程序实例 ch6_6.c：利用双层 for 循环语句，打印 9×9 乘法表。

```
1   /*   ch6_6.c              */
2   #include <stdio.h>
3   #include <stdlib.h>
4   int main()
5   {
6       int i,j,result;
7
8       for ( i = 1; i <= 9; i++ )
9       {
10          for ( j = 1; j <= 9; j++ )
11          {
12              result = i * j;
13              printf("%d*%d=%-3d",i,j,result);
14          }
15          printf("\n");
16      }
17      system("pause");
18      return 0;
19  }
```

执行结果

```
■ C:\Cbook\ch6\ch6_6.exe
1*1=1   1*2=2   1*3=3   1*4=4   1*5=5   1*6=6   1*7=7   1*8=8   1*9=9
2*1=2   2*2=4   2*3=6   2*4=8   2*5=10  2*6=12  2*7=14  2*8=16  2*9=18
3*1=3   3*2=6   3*3=9   3*4=12  3*5=15  3*6=18  3*7=21  3*8=24  3*9=27
4*1=4   4*2=8   4*3=12  4*4=16  4*5=20  4*6=24  4*7=28  4*8=32  4*9=36
5*1=5   5*2=10  5*3=15  5*4=20  5*5=25  5*6=30  5*7=35  5*8=40  5*9=45
6*1=6   6*2=12  6*3=18  6*4=24  6*5=30  6*6=36  6*7=42  6*8=48  6*9=54
7*1=7   7*2=14  7*3=21  7*4=28  7*5=35  7*6=42  7*7=49  7*8=56  7*9=63
8*1=8   8*2=16  8*3=24  8*4=32  8*5=40  8*6=48  8*7=56  8*8=64  8*9=72
9*1=9   9*2=18  9*3=27  9*4=36  9*5=45  9*6=54  9*7=63  9*8=72  9*9=81
请按任意键继续. . . ■
```

上述程序流程如下。

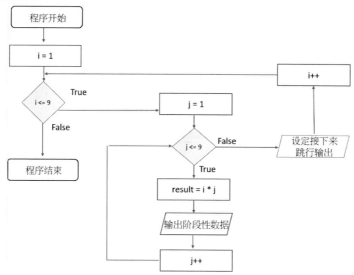

程序实例 ch6_7.c：利用 " != " 来控制 for 循环，打印 9×9 乘法表。

```
1    /*    ch6_7.c                   */
2    #include <stdio.h>
3    #include <stdlib.h>
4    int main()
5    {
6        int i,j,result;
7
8        for ( i = 1; i != 10; i++ )
9        {
10           for ( j = 1; j != 10; j++ )
11           {
12               result = i * j;
13               printf("%d*%d=%-3d",i,j,result);
14           }
15           printf("\n");
16       }
17       system("pause");
18       return 0;
19   }
```

执行结果　与程序实例 ch6_6.c 执行结果相同。

程序实例 ch6_8.c：绘制楼梯。

```
1    /*    ch6_8.c                   */
2    #include <stdio.h>
3    #include <stdlib.h>
4    int main()
5    {
6        int i,j;
7
8        printf(" \n");      /* 最上留空白 */
9        for ( i = 1; i <= 10; i++ )
10       {
11           for ( j = 1; j <= i; j++ )
12               printf("%c%c",97,97);
13           printf("\n");
14       }
15       system("pause");
16       return 0;
17   }
```

执行结果

```
C:\Cbook\ch6\ch6_8.exe

aa
aaaa
aaaaaa
aaaaaaaa
aaaaaaaaaa
aaaaaaaaaaaa
aaaaaaaaaaaaaa
aaaaaaaaaaaaaaaa
aaaaaaaaaaaaaaaaaa
aaaaaaaaaaaaaaaaaaaa
请按任意键继续. . . _
```

6-1-4　for 循环指标递减设计

前面的 for 循环是让循环指标以递增方式处理，其实也可以设计让循环指标以递减方式处理。

程序实例 ch6_8_1.c：以递减方式重新设计程序实例 ch6_2.c，计算 1 ～ 100 的总和。

```
1   /*    6_8_1.c              */
2   #include <stdio.h>
3   #include <stdlib.h>
4   int main()
5   {
6       int sum = 0;
7       int i;
8
9       for ( i = 100; i >= 1; i-- )
10          sum += i;
11      printf("总和 = %d \n",sum);
12      system("pause");
13      return 0;
14  }
```

执行结果

```
C:\Cbook\ch6\ch6_8_1.exe
总和 = 5050
请按任意键继续. . .
```

注 循环指标的递减设计理念，也可以应用在接下来介绍的 while 和 do … while 循环中。

6-2　while 循环

while 循环功能几乎和 for 循环相同，只是写法不同。

6-2-1　单层 while 循环

while 循环的语法如下：

表达式 1；

while（表达式 2）

{

　　循环主体

　　表达式 3；

}

上述各表达式的功能如下：

❑　表达式 1：设定循环指标的初值。

❑　表达式 2：关系表达式，条件判断是否要离开循环控制语句。

❑　表达式 3：更新循环指标。

上述表达式 1 和表达式 3 是一般设定语句。表达式 2 则是一个关系表达式，如果此条件判断关系表达式是真 (True) 则循环继续，如果此条件判断关系表达式是伪 (False)，则跳出循环或结束循环。另外，若是循环主体和更新循环指针可以用一道指令表达，可将大括号省略，否则应继续保留大括号。由于 while 循环各个表达式功能不同，所以也可以用下列写法取代。

设定循环指标初值；

while（条件判断）

{

　　循环主体

更新循环指标；

}

下列是 while 循环的流程图。

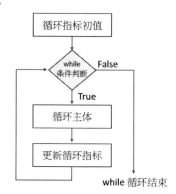

其实上述 while 循环流程图和 for 循环流程图功能类似，只是语法表达方式不同。至于在程序设计时，究竟是要使用 for 还是 while，则视个人习惯而定。

程序实例 ch6_9.c：使用 while 循环，从 1 加到 10，并将结果打印出来。

```
1   /*    ch6_9.c                */
2   #include <stdio.h>
3   #include <stdlib.h>
4   int main()
5   {
6       int i,sum;
7
8       i = 1;
9       sum = 0;
10      while ( i <= 10 )
11      {
12          sum += i;
13          i++;
14      }
15      printf("总和 = %d \n",sum);
16      system("pause");
17      return 0;
18  }
```

执行结果

```
C:\Cbook\ch6\ch6_9.exe
总和 = 55
请按任意键继续. . .
```

上述实例的流程图如下。

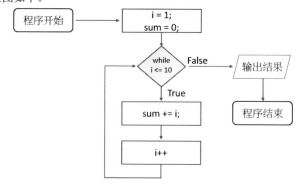

在上述实例中，我们也可以将循环主体和更新循环指针用一个指令表达，此时我们可以将大括号省略，如下面程序实例所示。

程序实例 ch6_10.c：简化程序实例 ch6_9.c 的程序设计。

```
1    /*    ch6_10.c                  */
2    #include <stdio.h>
3    #include <stdlib.h>
4    int main()
5    {
6        int i,sum;
7
8        i = 1;
9        sum = 0;
10       while ( i <= 10 )
11           sum += i++;
12       printf("总和 = %d \n",sum);
13       system("pause");
14       return 0;
15   }
```

执行结果　与程序实例 ch6_9.c 执行结果相同。

从上面程序实例中可以看到，while 循环的确是被简化了许多，这也是 C 语言高手使用的方法。

程序实例 ch6_11.c：将所输入的数字按相反顺序打印出来。

```
1    /*    ch6_11.c                  */
2    #include <stdio.h>
3    #include <stdlib.h>
4    int main()
5    {
6        int digit,num;
7
8        printf("请输入任意整数 \n==> ");
9        scanf("%d", &num);
10       printf("整数的相反输出 \n==> ");
11       while ( num != 0 )
12       {
13           digit = num % 10;
14           num = num / 10;
15           printf("%d",digit);
16       }
17       printf("\n");
18       system("pause");
19       return 0;
20   }
```

执行结果

```
■ C:\Cbook\ch6\ch6_11.exe
请输入任意整数
==> 365
整数的相反输出
==> 563
请按任意键继续. . . ▪
```

程序实例 ch6_12.c：直接将屏幕输入打印在屏幕上，想要结束这个程序，直接按 Enter 键就可以了。在 IBM PC 中，按 Enter 键相当于产生 "\r" 字符。

```
1    /*    ch6_12.c                  */
2    #include <stdio.h>
3    #include <stdlib.h>
4    int main()
5    {
6        char ch;
7
8        ch = getche();
9        while ( ch != '\r' )
10       {
11           putchar(ch);
12           printf("\n");
13           ch = getche();
14       }
15       system("pause");
16       return 0;
17   }
```

执行结果

```
■ C:\Cbook\ch6\ch6_12.exe
aa
kk
yy
请按任意键继续. . .
```

在上述执行结果中，第一个字符是输入字符，第二个字符是程序输出。

程序实例 ch6_13.c：以更精简、更符合 C 语言的方式，直接将屏幕输入打印在屏幕上，欲结束这个程序，请按 Enter 键。

```
1   /*    ch6_13.c                */
2   #include <stdio.h>
3   #include <stdlib.h>
4   int main()
5   {
6       char ch;
7
8       while ( ( ch = getche() ) != '\r' )
9       {
10          putchar(ch);
11          printf("\n");
12      }
13      system("pause");
14      return 0;
15  }
```

执行结果

```
C:\Cbook\ch6\ch6_13.exe
kk
66
qq
请按任意键继续. . .
```

比较这个程序和程序实例 ch6_12.c，对初学者而言，程序实例 ch6_12.c 较容易理解，但是一般系统设计师还是喜欢这种较精简的设计方式。其实只要熟悉 C 语言，相信大家都会喜欢这种方式，这个程序的重点是 while 循环指令。

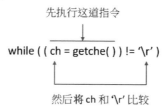

先执行这道指令

while ((ch = getche( )) != '\r')

然后将 ch 和 '\r' 比较

6-2-2 while 语句应用到无限循环

使用 while 语句建立无限循环时，可以使用 while (n)，将括号内 n 设定 1 即可，如下所示：

```
while ( n )
{
    …
}
```

上述 n 设为 1，可以创造无限循环，如下所示：

```
while ( 1 )
{
    …
}
```

注 其实只要 n 不等于 0，就可以创造无限循环，本章 6-5 节会有这方面的应用实例。

6-2-3 双层或多层 while 循环

和 for 循环一样，while 循环也可以有双层循环存在。所谓的双层循环控制语句就是某个 while 语句在另一个 while 语句里面，其基本语法结构如下所示。

与 for 循环一样，在使用多层 while 循环时，下列情况是允许的。

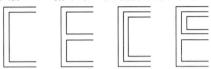

与 for 多层循环一样，在设计循环时，不可有交叉情形，如下所示。

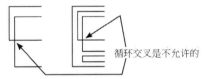

循环交叉是不允许的

程序实例 ch6_14.c：使用双层 while 循环，打印 9×9 乘法表。

```
1   /*    ch6_14.c                    */
2   #include <stdio.h>
3   #include <stdlib.h>
4   int main()
5   {
6       int i,j,result;
7
8       i = 1;
9       while ( i <= 9 )
10      {
11          j = 1;
12          while ( j <= 9 )
13          {
14              result = i * j;
15              printf("%d*%d=%-3d\t",i,j++,result);
16          }
17          i++;
18          printf("\n");
19      }
20      system("pause");
21      return 0;
22  }
```

执行结果

```
 C:\Cbook\ch6\ch6_14.exe
1*1=1   1*2=2   1*3=3   1*4=4   1*5=5   1*6=6   1*7=7   1*8=8   1*9=9
2*1=2   2*2=4   2*3=6   2*4=8   2*5=10  2*6=12  2*7=14  2*8=16  2*9=18
3*1=3   3*2=6   3*3=9   3*4=12  3*5=15  3*6=18  3*7=21  3*8=24  3*9=27
4*1=4   4*2=8   4*3=12  4*4=16  4*5=20  4*6=24  4*7=28  4*8=32  4*9=36
5*1=5   5*2=10  5*3=15  5*4=20  5*5=25  5*6=30  5*7=35  5*8=40  5*9=45
6*1=6   6*2=12  6*3=18  6*4=24  6*5=30  6*6=36  6*7=42  6*8=48  6*9=54
7*1=7   7*2=14  7*3=21  7*4=28  7*5=35  7*6=42  7*7=49  7*8=56  7*9=63
8*1=8   8*2=16  8*3=24  8*4=32  8*5=40  8*6=48  8*7=56  8*8=64  8*9=72
9*1=9   9*2=18  9*3=27  9*4=36  9*5=45  9*6=54  9*7=63  9*8=72  9*9=81
请按任意键继续. . .
```

上述程序流程如下。

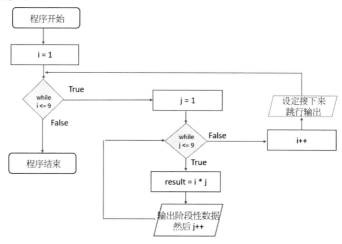

程序实例 ch6_15.c：绘制三角形。

```
1   /*    ch6_15.c                    */
2   #include <stdio.h>
3   #include <stdlib.h>
4   int main()
5   {
6       int i,j;
7
8       i = 5;
9       while ( i <= 9 )
10      {
11          j = 1;
12          while ( j++ <= ( 9 - i ) )
13            printf(" ");
14          j = 9;
15          while ( ( j++ - i ) < i )
16            printf("A");
17          i++;
18          printf("\n");
19      }
20      system("pause");
21      return 0;
22  }
```

执行结果

```
 C:\Cbook\ch6\ch6_15.exe
      A
     AAA
    AAAAA
   AAAAAAA
  AAAAAAAAA
请按任意键继续. . . _
```

6-3 do … while 循环

6-3-1 单层 do … while 循环

for 和 while 循环在使用时，都是将条件判断的语句放在循环的起始位置。C 语言的第 3 种循环 do … while 会在执行完循环的主体之后，才判断循环是否要结束。do … while 循环的语法如下：

表达式 1;

do

{

　　　　循环主体
　　　　表达式 3;
　　} while (表达式 2);

　　上述各表达式的功能如下：

❑　表达式 1：设定循环指标的初值。

❑　表达式 2：关系表达式，条件判断是否要离开循环控制语句。

❑　表达式 3：更新循环指标。

　　上述表达式 1 和表达式 3 是一般设定语句。表达式 2 则是一个关系表达式，如果此条件判断关系表达式是真 (True) 则循环继续，如果此条件判断关系表达式是伪 (False)，则跳出循环或结束循环。由于 while 循环各个表达式功能不同，所以也可以用下列写法取代。

　　设定循环指标初值;

　　do

　　{

　　　　循环主体
　　　　更新循环指标;

　　} while (条件判断);

　　下列是 do…while 循环的流程图。

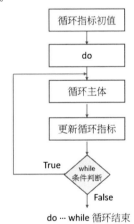

do … while 循环结束

程序实例 ch6_16.c：利用 do … while 执行从 1 加到 100，并将结果打印出来。

```
1   /*    ch6_16.c              */
2   #include <stdio.h>
3   #include <stdlib.h>
4   int main()
5   {
6       int i,sum;
7
8       i = 1;
9       sum = 0;
10      do
11      {
12          sum += i++;
13      } while ( i <= 100 );
14      printf("总和 = %d \n",sum);
15      system("pause");
16      return 0;
17  }
```

执行结果

　C:\Cbook\ch6\ch6_16.exe

总和 = 5050
请按任意键继续. . .

上述程序流程如下。

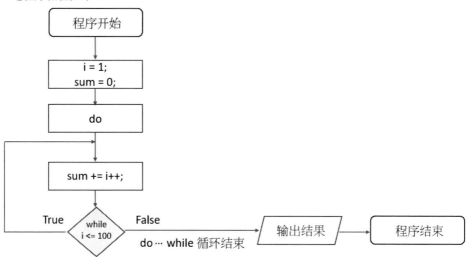

6-3-2　do … while 语句的无限循环

使用 do … while 语句建立无限循环时，可以在 while 的括号内设定 1 即可，如下所示。

```
do
{
    …
} while ( 1 );
```

本章 6-5 节会有无限循环的应用实例。

6-3-3　双层或多层 do … while 循环

do … while 循环和前两节所提的 for 和 while 循环一样，也可以利用此循环设计双层循环，其格式如下。

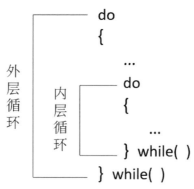

至于其他双层循环的使用细节，例如循环不可交叉，和前面的 for 和 while 双层循环类似。

程序实例 ch6_17.c：使用 do … while 循环绘制楼梯。

```
1   /*   ch6_17.c              */
2   #include <stdio.h>
3   #include <stdlib.h>
4   int main()
5   {
6       int i,j;
7
8       i = 1;
9       do
10      {
11          j = i;
12          do {
13              printf("  ");
14          } while ( j++ <= 9 );
15          j = 1;
16          do {
17              printf("%c%c",97,97);
18          } while ( j++ < i );
19          printf("\n");
20      } while ( i++ <= 9 );
21      system("pause");
22      return 0;
23  }
```

执行结果

```
C:\Cbook\ch6\ch6_17.exe
                              aa
                            aaaa
                          aaaaaa
                        aaaaaaaa
                      aaaaaaaaaa
                    aaaaaaaaaaaa
                  aaaaaaaaaaaaaa
                aaaaaaaaaaaaaaaa
              aaaaaaaaaaaaaaaaaa
            aaaaaaaaaaaaaaaaaaaa
请按任意键继续. . .
```

6-4　循环的选择

至此，笔者介绍了 C 语言中的三种循环，其实只要一种循环可以完成的工作，使用其他两种循环也可以完成该工作，至于在现实工作环境应该要使用哪一种循环，其实没有一定标准，读者可以依据自己的习惯选择。下列是这三种循环的基本差异。

循环特色	for 循环	while 循环	do … while 循环
预知执行循环次数	是	否	否
条件判断位置	循环前端	循环前端	循环末端
最少执行次数	0	0	1
更新循环指标方式	for 语句内	循环主体内	循环主体内

笔者多年使用循环的习惯，如果已经知道循环执行的次数，笔者会使用 for 循环。如果不知道循环执行的次数，则常使用 while 循环。至于 do … while 循环则比较少用。

6-5　break 语句

break 语句的用法有两种：一是在 switch 语句中扮演将 case 语句中断的角色，读者可以参考 5-8 节；二是扮演强迫一般循环指令，for、while、do … while 循环中断。

实例：有一个 for 循环指令片段如下。

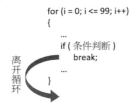

```
for (i = 0; i <= 99; i++)
{
    …
    if ( 条件判断 )
        break;
    …
}
```

离开循环

从上面语句我们可以知道，原则上循环将执行 100 次，但是，如果条件判断成立，则不管语句已经执行几次了，将立即离开这个循环语句。上述虽然举了 for 循环实例，但是可以同时应用在 while 和 do … while 循环，如下所示。

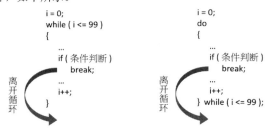

程序实例 ch6_18.c：for 循环和 break 指令的应用。原则上这个程序将执行 100 次，但是我们在循环中，设定循环指标如果大于或等于 5 则执行 break，所以这个循环只执行 5 次就中断了。

```
1   /*   ch6_18.c              */
2   #include <stdio.h>
3   #include <stdlib.h>
4   int main()
5   {
6       int i;
7
8       for ( i = 1; i <= 100; i ++ )
9       {
10          printf("循环索引 %d \n",i);
11          if ( i >= 5 )
12            break;
13      }
14      system("pause");
15      return 0;
16  }
```

执行结果

```
C:\Cbook\ch6\ch6_18.exe
循环索引 1
循环索引 2
循环索引 3
循环索引 4
循环索引 5
请按任意键继续. . .
```

程序实例 ch6_19.c：无限循环和 break 的应用。这个程序会要求你猜一个数字，直到你猜对，while 循环才结束，本程序要猜的数字在第 12 行设定。

```
1   /*   ch6_19.c              */
2   #include <stdio.h>
3   #include <stdlib.h>
4   int main()
5   {
6       int i;
7       int count = 1;
8       while ( 1 )
9       {
10          printf("输入欲猜数字 : ");
11          scanf("%d",&i);
12          if ( i == 5 )    /* 设定欲猜数字 */
13            break;
14          count++;
15      }
16      printf("花 %d 次猜对 \n",count);
17      system("pause");
18      return 0;
19  }
```

执行结果

```
C:\Cbook\ch6\ch6_19.exe
输入欲猜数字 : 8
输入欲猜数字 : 3
输入欲猜数字 : 5
花 3 次猜对
请按任意键继续. . .
```

6-6 continue 语句

continue 和 break 语句类似，但是 continue 语句是令程序重新回到循环起始位置然后往下执行，而忽略 continue 和循环终止之间的程序指令。

实例：有一个 for 循环指令片段如下。

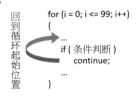

从上述语句我们可以知道，循环将完整执行 100 次，但是，如果条件判断成立，则不执行 continue 后面至循环结束之间的指令，也就是无法完整执行 for 循环内的所有指令 100 次。

注　若是想将 continue 语句应用在 while 和 do … while 语句中，必须将循环指标写在 if 条件判断前，这样才不会掉入无限循环的陷阱中，如下所示。

程序实例 ch6_20.c：for 和 continue 指令的应用，实际上这个循环应执行 101 次，但是因为 continue 的关系，我们只打印这个索引值 5 次。此外，这个程序也会列出循环执行次数。

```
1   /*    ch6_20.c                  */
2   #include <stdio.h>
3   #include <stdlib.h>
4   int main()
5   {
6       int i;
7       int counter = 0;
8
9       for ( i = 0; i <= 100; i++ )
10      {
11          counter++;
12          if ( i >= 5 )
13              continue;
14          printf("索引是 %d \n",i);
15      }
16      printf("循环执行次数 %d \n",counter);
17      system("pause");
18      return 0;
19  }
```

执行结果

```
■ C:\Cbook\ch6\ch6_20.exe
索引是 0
索引是 1
索引是 2
索引是 3
索引是 4
循环执行次数 101
请按任意键继续. . .
```

程序实例 ch6_21.c：利用 for 和 continue 语句，计算 2 + 4 + … + 100。

```
1   /*    ch6_21.c                  */
2   #include <stdio.h>
3   #include <stdlib.h>
4   int main()
5   {
6       int i,sum;
7
8       sum = 0;
9       for ( i = 2; i <= 100; i++ )
10      {
11          if ( ( i % 2 ) != 0 )
12              continue;
13          sum += i;
14      }
15      printf("总和是 %d \n",sum);
16      system("pause");
17      return 0;
18  }
```

执行结果

```
■ C:\Cbook\ch6\ch6_21.exe
总和是 2550
请按任意键继续. . .
```

6-7 随机数函数

6-7-1 rand( ) 函数

随机数函数 rand( ) 是在 <#include stdlib.h> 内定义，因为我们的 C 语言程序已经加上此头文件了，所以可以正常使用此文件。这个函数可以回传 0 ～ RAND_MAX 的整数，RAND_MAX 是定义在 stdlib.h 内的常数，不同的编译程序对 RAND_MAX 常数有不一样的定义，GNU C 头文件中定义是使用 32 位有号整数的最大值，此值是 2147483647。Dev C++ 则是使用 16 位有号整数的最大值，此值是 32767。

程序实例 ch6_22.c：列出所使用编译程序的 RAND_MAX 常数值。

```
1   /*    ch6_22.c                        */
2   #include <stdio.h>
3   #include <stdlib.h>
4   int main()
5   {
6       printf("RAND_MAX = %d\n",RAND_MAX);
7       system("pause");
8       return 0;
9   }
```

执行结果

```
C:\Cbook\ch6\ch6_22.exe
RAND_MAX = 32767
请按任意键继续. . .
```

程序实例 ch6_23.c：建立 5 笔随机数。

```
1   /*    ch6_23.c                        */
2   #include <stdio.h>
3   #include <stdlib.h>
4   int main()
5   {
6       int i,rnd;
7
8       for ( i = 1; i <= 5; i++ )
9       {
10          rnd = rand();
11          printf("随机数 %d = %d\n",i,rnd);
12      }
13      system("pause");
14      return 0;
15  }
```

执行结果 下列是执行 2 次的结果。

```
C:\Cbook\ch6\ch6_23.exe
随机数 1 = 41
随机数 2 = 18467
随机数 3 = 6334
随机数 4 = 26500
随机数 5 = 19169
请按任意键继续. . .
```

```
C:\Cbook\ch6\ch6_23.exe
随机数 1 = 41
随机数 2 = 18467
随机数 3 = 6334
随机数 4 = 26500
随机数 5 = 19169
请按任意键继续. . .
```

上述程序如果每次执行，读者可以得到与上述一样的结果，所以这个随机数又被称为伪随机数。

6-7-2 srand( ) 函数

正式的随机数在产生前，建议使用初始化函数 srand( ) 进行随机数序列初始化工作，只要每次的种子值不一样，每次都可以产生不一样的随机数。srand( ) 函数的语法如下：

```
srand(unsigned int seed);
```

上述参数 seed，又称随机数的种子值。

程序实例 ch6_24.c：建立种子值是 5 的随机数。

```
1    /*     ch6_24.c                              */
2    #include <stdio.h>
3    #include <stdlib.h>
4    int main()
5    {
6        int i,rnd;
7
8        srand(5);              /* 种子值 */
9        for ( i = 1; i <= 5; i++ )
10       {
11           rnd = rand();
12           printf("随机数 %d = %d\n",i,rnd);
13       }
14       system("pause");
15       return 0;
16   }
```

执行结果

```
C:\Cbook\ch6\ch6_24.exe
随机数 1 = 54
随机数 2 = 28693
随机数 3 = 12255
随机数 4 = 24449
随机数 5 = 27660
请按任意键继续. . .
```

上述执行结果与程序实例 ch6_23.c 的执行结果是不一样的，不过每次执行，因为有相同的种子值，所以仍获得一样的结果。在人工智能应用中，我们希望每次执行程序都可以产生相同的随机数做测试，上述 srand( ) 函数就很有用，因为只要设定相同的种子值，就可以获得一样的随机数。

程序实例 ch6_25.c：使用种子值是 10，重新设计程序实例 ch6_24.c，读者可以将执行结果与程序实例 ch6_24.c 做比较。

```
1    /*     ch6_25.c                              */
2    #include <stdio.h>
3    #include <stdlib.h>
4    int main()
5    {
6        int i,rnd;
7
8        srand(10);              /* 种子值 */
9        for ( i = 1; i <= 5; i++ )
10       {
11           rnd = rand();
12           printf("随机数 %d = %d\n",i,rnd);
13       }
14       system("pause");
15       return 0;
16   }
```

执行结果

```
C:\Cbook\ch6\ch6_25.exe
随机数 1 = 71
随机数 2 = 16899
随机数 3 = 3272
随机数 4 = 13694
随机数 5 = 13697
请按任意键继续. . .
```

6-7-3　time( )函数

从 6-7-2 节我们已经知道可以使用不同的种子值，产生不同的随机数序列，如果我们期待每一次执行程序可以产生不同的随机数序列，可以使用 time( ) 函数。time( ) 函数在 time.h 头文件内，所以使用前必须加上下列指令：

```
#include <time.h>
```

此函数使用语法如下：

```
t = time(NULL);
```

或

```
t = time(0);
```

上述函数执行后可以回传格林威治时间 1970 年 1 月 1 日 00:00:00 到目前的秒数，如果将变量 t 当作种子值，可以保证每一次执行 time( ) 函数都可以获得不同的随机数序列。

程序实例 ch6_26.c：建立每一次执行都可以产生 5 笔不同的随机数序列。

```
1    /*    ch6_26.c                        */
2    #include <stdio.h>
3    #include <stdlib.h>
4    #include <time.h>
5    int main()
6    {
7        int i,rnd;
8
9        srand(time(NULL));              /* 种子值 */
10       for ( i = 1; i <= 5; i++ )
11       {
12           rnd = rand();
13           printf("随机数 %d = %d\n",i,rnd);
14       }
15       system("pause");
16       return 0;
17   }
```

执行结果　下列是执行两次的结果。

```
C:\Cbook\ch6\ch6_26.exe
随机数 1 = 5083
随机数 2 = 31708
随机数 3 = 17521
随机数 4 = 22036
随机数 5 = 22385
请按任意键继续. . .
```

```
C:\Cbook\ch6\ch6_26.exe
随机数 1 = 5197
随机数 2 = 14686
随机数 3 = 20175
随机数 4 = 12284
随机数 5 = 22947
请按任意键继续. . .
```

6-7-4　建立某区间的随机数

如果我们想掷骰子获得 1 ～ 6 的随机数，可以将所获得的随机数求 6 的余数，这样就能得到 0 ～ 5 的数字，将这数字加 1，就可以获得 1 ～ 6 的随机数。

程序实例 ch6_27.c：建立 10 笔 1 ～ 6 的随机数。

```
1    /*    ch6_27.c                        */
2    #include <stdio.h>
3    #include <stdlib.h>
4    #include <time.h>
5    int main()
6    {
7        int i,rnd;
8
9        srand(time(NULL));              /* 种子值 */
10       for ( i = 1; i <= 10; i++ )
11       {
12           rnd = rand() % 6 + 1;
13           printf("骰子值 %2d = %d\n",i,rnd);
14       }
15       system("pause");
16       return 0;
17   }
```

执行结果　下列是执行两次的结果。

```
C:\Cbook\ch6\ch6_27.exe
骰子值  1 = 2
骰子值  2 = 1
骰子值  3 = 6
骰子值  4 = 3
骰子值  5 = 5
骰子值  6 = 2
骰子值  7 = 2
骰子值  8 = 4
骰子值  9 = 4
骰子值 10 = 4
请按任意键继续. . .
```

```
C:\Cbook\ch6\ch6_27.exe
骰子值  1 = 6
骰子值  2 = 1
骰子值  3 = 2
骰子值  4 = 2
骰子值  5 = 5
骰子值  6 = 4
骰子值  7 = 6
骰子值  8 = 3
骰子值  9 = 4
骰子值 10 = 3
请按任意键继续. . .
```

6-7-5　建立 0 ～ 1 的随机浮点数

如果要建立 0 ～ 1 的随机浮点数，可以将所获得的随机数除以下列数字。

RAND_MAX + 1.0

程序实例 ch6_28.c：建立 10 笔 0 ～ 1 的随机浮点数。

```
1    /*    ch6_28.c                        */
2    #include <stdio.h>
3    #include <stdlib.h>
4    #include <time.h>
5    int main()
6    {
7        int i;
8        float rnd;
9
10       srand(time(NULL));              /* 种子值 */
11       for ( i = 1; i <= 10; i++ )
12       {
13           rnd = (float )rand() / (RAND_MAX + 1);
14           printf("随机浮点数%2d = %f\n",i,rnd);
15       }
16       system("pause");
17       return 0;
18   }
```

执行结果　下列是执行两次的结果。

```
C:\Cbook\ch6\ch6_28.exe
随机浮点数 1 = 0.175140
随机浮点数 2 = 0.898743
随机浮点数 3 = 0.114136
随机浮点数 4 = 0.277649
随机浮点数 5 = 0.953064
随机浮点数 6 = 0.143127
随机浮点数 7 = 0.281006
随机浮点数 8 = 0.172516
随机浮点数 9 = 0.795135
随机浮点数10 = 0.898590
请按任意键继续. . .
```

```
C:\Cbook\ch6\ch6_28.exe
随机浮点数 1 = 0.178223
随机浮点数 2 = 0.067200
随机浮点数 3 = 0.014435
随机浮点数 4 = 0.042633
随机浮点数 5 = 0.711121
随机浮点数 6 = 0.858002
随机浮点数 7 = 0.225525
随机浮点数 8 = 0.403168
随机浮点数 9 = 0.415833
随机浮点数10 = 0.082245
请按任意键继续. . .
```

6-8　休息函数

C 语言有休息函数 sleep( ) 和 usleep( )，执行时可以让此程序在指定时间内休息，然而 CPU 和其他程序仍可以正常执行。

6-8-1　sleep( ) 函数

对于 Windows 系统而言，sleep( ) 函数是定义在 windows.h 头文件内。对于 UNIX 系统而言，此函数是定义在 unistd.h 头文件内。sleep( ) 函数的语法如下：

```
sleep(unsigned seconds)
```

上述参数 seconds 单位是秒。

程序实例 ch6_29.c：扩充设计程序实例 ch6_26.c，每隔一秒输出一次随机数。

```
1   /*    ch6_29.c                    */
2   #include <stdio.h>
3   #include <stdlib.h>
4   #include <time.h>
5   #include <windows.h>
6   int main()
7   {
8       int i,rnd;
9
10      srand(time(NULL));           /* 种子值 */
11      for ( i = 1; i <= 5; i++ )
12      {
13          rnd = rand();
14          sleep(1);                /* 休息 1 秒 */
15          printf("随机数 %d = %d\n",i,rnd);
16      }
17      system("pause");
18      return 0;
19  }
```

执行结果

```
C:\Cbook\ch6\ch6_29.exe
随机数 1 = 6065
随机数 2 = 22946
随机数 3 = 20685
随机数 4 = 23366
随机数 5 = 14112
请按任意键继续. . .
```

6-8-2　usleep( ) 函数

对于 Windows 系统而言，usleep( ) 函数是定义在 windows.h 头文件内。对于 UNIX 系统而言，此函数是定义在 unistd.h 头文件内。usleep( ) 函数的语法如下：

```
usleep(unsigned seconds)
```

上述参数 seconds 单位是微秒（百万分之一秒），一般情况建议使用 sleep( ) 函数以秒为单位就可以了。

6-9　专题实操：计算成绩 / 圆周率 / 最大公约数 / 国王的麦粒

6-9-1　计算平均成绩和不及格人数

程序实例 ch6_30.c：请输入班级人数及相应 C 语言考试成绩，本程序会将全班平均成绩和不及格人数打印出来。

```
1   /*   ch6_30.c                    */
2   #include <stdio.h>
3   #include <stdlib.h>
4   int main()
5   {
6       int sum,score,fail_count,num;
7       int i;              /* 索引 */
8       float ave;
9
10      sum = fail_count = 0;
11      printf("输入学生人数 ==> ");
12      scanf("%d",&num);
13
14      for ( i = 1; i <= num; i++ )
15      {
16          printf("输入成绩 : ",i);
17          scanf("%d",&score);
18          sum += score;
19          if ( score < 60 )
20              fail_count++;
21      }
22      ave = (float) sum / (float) num;
23      printf("平均成绩是 : %6.2f \n",ave);
24      printf("不及格人数 : %d \n",fail_count);
25      system("pause");
26      return 0;
27  }
```

执行结果

```
C:\Cbook\ch6\ch6_30.exe
输入学生人数 ==> 4
输入成绩 : 88
输入成绩 : 100
输入成绩 : 59
输入成绩 : 60
平均成绩是 :   76.75
不及格人数 : 1
请按任意键继续. . .
```

6-9-2　猜数字游戏

程序实例 ch6_19.c 是一个猜数字游戏，所猜数字是笔者自行设定的，本节将改为所猜数字由随机数产生。

程序实例 ch6_31.c：猜数字游戏，同时列出猜几次才答对。

```
1   /*   ch6_31.c                    */
2   #include <stdio.h>
3   #include <stdlib.h>
4   #include <time.h>
5   int main()
6   {
7       int i;
8       int count = 1;
9       int ans;
10
11      srand(time(NULL));
12      ans = rand() % 10 + 1;       /* 设定欲猜数字 */
13      while ( 1 )
14      {
15          printf("输入欲猜数字 : ");
16          scanf("%d",&i);
17          if ( i > ans )
18              printf("请猜小一点!\n");
19          else if ( i < ans )
20              printf("请猜大一点!\n");
21          else
22              break;
23          count++;
24      }
25      printf("猜 %d 次猜对 \n",count);
26      system("pause");
27      return 0;
28  }
```

执行结果

```
C:\Cbook\ch6\ch6_31.exe
输入欲猜数字 : 5
请猜大一点!
输入欲猜数字 : 8
猜 2 次猜对
请按任意键继续. . .
```

6-9-3 利用辗转相除法求最大公约数

所谓的公约数是指可以被两个数字整除的数字，最大公约数 (Great Common Divisor, GCD) 是指可以被两个数字整除的最大值。例如，16 和 40 的公约数有 1、2、4、8，其中 8 就是最大公约数。

有两个数使用辗转相除法求最大公约数，步骤如下：

（1）计算较大的数。

（2）让较大的数当作被除数，较小的数当作除数。

（3）两数相除。

（4）两数相除的余数当作下一次的除数，原除数变被除数，如此循环直到余数为 0，当余数为 0 时，这时的除数就是最大公约数。

程序实例 ch6_32.c：利用辗转相除法求最大公约数。

```
1    /*   ch6_32.c                */
2    #include <stdio.h>
3    #include <stdlib.h>
4    int main()
5    {
6        int i,j,tmp;
7
8        printf("请输入 2 个正整数 \n==> ");
9        scanf("%d %d",&i,&j);
10       while ( j != 0 )
11       {
12          tmp = i % j;
13          i = j;
14          j = tmp;
15       }
16       printf("最大公约数是 %d \n",i);
17       system("pause");
18       return 0;
19   }
```

执行结果

```
C:\Cbook\ch6\ch6_32.exe
请输入 2 个正整数
==> 14 2
最大公约数是 2
请按任意键继续. . .
```

```
C:\Cbook\ch6\ch6_32.exe
请输入 2 个正整数
==> 14 63
最大公约数是 7
请按任意键继续. . .
```

6-9-4 计算圆周率

在 2-9-2 节有说明计算圆周率的知识，使用了莱布尼兹公式，当时笔者也说明了此级数收敛速度很慢，本节将用循环处理这类的问题。我们可以用下列公式说明莱布尼兹公式：

这是减号,因为指数(i+1)是奇数

$$pi = 4(1 - \frac{1}{3} + \frac{1}{5} - \frac{1}{7} + \cdots + \frac{(-1)^{i+1}}{2i-1})$$

这是加号,因为指数(i+1)是偶数

其实也可以用一个加总公式表达上述莱布尼兹公式，这个公式的重点是 ($i + 1$)。如果 ($i + 1$) 是奇数，产生的分子是 -1；如果 ($i + 1$) 是偶数产生的分子是 1。

$$4\sum_{i=1}^{n} \frac{(-1)^{i+1}}{2i-1}$$
如果 i+1 是奇数分子结果是 -1
如果 i+1 是偶数分子结果是 1

程序实例 ch6_33.c：使用莱布尼兹公式计算圆周率，这个程序会计算到 1 百万次，同时每 10 万次列出一次圆周率的计算结果。

```
1   /*    ch6_33.c                */
2   #include <stdio.h>
3   #include <stdlib.h>
4   #include <math.h>
5   int main()
6   {
7       int x = 1000000;
8       int i;
9       double pi = 0.0;
10
11      for ( i = 1; i <= x; i++ )
12      {
13          pi += 4*(pow(-1,(i+1)) / (2*i-1));
14          if (i % 100000 == 0)
15              printf("当 i = %7d 时 PI = %20.19lf\n",i,pi);
16      }
17      system("pause");
18      return 0;
19  }
```

执行结果

```
■ C:\Cbook\ch6\ch6_33.exe
当 i =  100000 时 PI = 3.1415826535897198000
当 i =  200000 时 PI = 3.1415876535897618000
当 i =  300000 时 PI = 3.1415893202564642000
当 i =  400000 时 PI = 3.1415901535897439000
当 i =  500000 时 PI = 3.1415906535896920000
当 i =  600000 时 PI = 3.1415909869230147000
当 i =  700000 时 PI = 3.1415912250182609000
当 i =  800000 时 PI = 3.1415914035897172000
当 i =  900000 时 PI = 3.1415915424786509000
当 i = 1000000 时 PI = 3.1415916535897743000
请按任意键继续. . .
```

注 上述程序必须将 pi 设为双倍精度浮点数，如果只是设为浮点数会有误差。从上述程序可以得到当循环到 40 万次后，此圆周率才进入我们熟知的 3.14159……。

6-9-5 鸡兔同笼：使用循环计算

程序实例 ch6_34.c：3-5-3 节笔者介绍了鸡兔同笼的问题，该问题可以使用循环计算，我们可以先假设鸡 (chicken) 有 0 只，兔子 (rabbit) 有 35 只，然后计算脚的数量，如果所获得脚的数量不符合，可以每次增加 1 只鸡。

```
1   /*    ch6_34.c              */
2   #include <stdio.h>
3   #include <stdlib.h>
4   int main()
5   {
6       int chicken = 0;
7       int rabbit;
8       while ( 1 )
9       {
10          rabbit = 35 - chicken;
11          if (2 * chicken + 4 * rabbit == 100)
12          {
13              printf("鸡有 %d 只，兔有 %d 只\n", chicken, rabbit);
14              break;
15          }
16          chicken++;
17      }
18      system("pause");
19      return 0;
20  }
```

执行结果

```
■ C:\Cbook\ch6\ch6_34.exe
鸡有 20 只，兔有 15 只
请按任意键继续. . .
```

6-9-6 国王的麦粒

程序实例 ch6_35.c：古印度有一个国王很爱下棋，打遍全国无敌手，昭告天下只要能打赢他，即可以帮此人完成一个愿望。有一位大臣提出挑战，结果国王真的输了，国王也信守承诺，满足这位大臣的愿望。结果此位大臣提出想要麦粒：

第 1 个棋盘格子要 1 粒——其实相当于 2^0；

第 2 个棋盘格子要 2 粒——其实相当于 2^1；

第 3 个棋盘格子要 4 粒——其实相当于 2^2；

第 4 个棋盘格子要 8 粒 ——其实相当于 2^3；

第 5 个棋盘格子要 16 粒——其实相当于 2^4；

······

第 30 个棋盘格子要 xx 粒——其实相当于 2^{29}。

国王听完哈哈大笑地同意了，管粮的大臣一听大惊失色，不过也想出一个办法，要赢棋的大臣自行到粮仓计算麦粒和运送，结果国王没有失信天下，赢棋的大臣无法取走天文数字的所有麦粒，这个程序会计算到底这位大臣要取走多少麦粒。

```c
1   /*   ch6_35.c                    */
2   #include <stdio.h>
3   #include <stdlib.h>
4   #include <math.h>
5   int main()
6   {
7       int sum = 0;
8       int wheat;
9       int i;
10      for ( i = 0; i < 30; i++ )
11      {
12          if ( i == 0 )
13              wheat = 1;
14          else
15              wheat = (int) pow(2,i);
16          sum +=  wheat;
17      }
18      printf("麦粒总共 = %d\n",sum);
19      system("pause");
20      return 0;
21  }
```

执行结果

```
C:\Cbook\ch6\ch6_35.exe
麦粒总共 = 1073741823
请按任意键继续. . .
```

注① 一个棋盘是 8 × 8 格，所以原始题意应该是大臣要 64 个棋盘格子的麦粒，但是使用 Dev C++ 编译程序长整数的最大值是 2147483647，如果使用 64 格棋盘会产生溢位，所以这个程序改为 30 格棋盘。Microsoft C 编译程序可以使用 long long 代表更长的整数，这是用 64 位存储整数，读者如果有 Microsoft C 编译程序可以自行测试。

注② 最近热门的程序语言 Python 整数大小没有限制，如果计算 64 个棋盘格子的麦粒，可以得到18446744073709551615 个麦粒。

6-9-7 离开无限循环与程序结束 Ctrl + C 组合键

设计程序不小心进入无限循环时，可以同时按键盘的 Ctrl + C 组合键离开无限循环，此程序同时将结束执行。

程序实例 ch6_36.c：请输入任意值，本程序会将这个值的绝对值打印出来。此外，本程序第 8 行的 while (1) 是一个无穷循环，若想中止此程序执行，必须按 Ctrl+C 组合键。

```
1    /*    ch6_36.c                */
2    #include <stdio.h>
3    #include <stdlib.h>
4    int main()
5    {
6        int i;
7
8        while ( 1 )
9        {
10           printf("请输入任意值 ==> ");
11           scanf("%d",&i);
12           if ( i < 0 )
13               i = -i;
14           printf("绝对值是 %d \n",i);
15       }
16       system("pause");
17       return 0;
18   }
```

执行结果

```
C:\Cbook\ch6\ch6_36.exe
请输入任意值 ==> 98
绝对值是 98
请输入任意值 ==> -55
绝对值是 55
请输入任意值 ==>
```

上述程序按 Ctrl + C 组合键可以结束执行。

6-9-8　银行账号冻结

程序实例 ch6_37.c：在现实生活中我们可以使用网络进行买卖基金、转账等操作，在进入银行账号前会被要求输入密码，密码输入 3 次错误后，此账号就被冻结，然后要求到银行柜台重新申请密码，这个程序是仿真此操作。

```
1    /*    ch6_37.c                */
2    #include <stdio.h>
3    #include <stdlib.h>
4    int main()
5    {
6        int i;
7        int password;
8
9        for (i=1; i<=3; i++)
10       {
11           printf("请输入密码 : ");
12           scanf("%d", &password);
13           if (password == 12345)
14           {
15               printf("密码正确, 欢迎进入系统\n");
16               break;
17           }
18           else
19               if (i == 3 && password != 12345)
20                   printf("密码错误 3 次, 请至柜台重新申请密码\n");
21       }
22       system("pause");
23       return 0;
24   }
```

执行结果

```
C:\Cbook\ch6\ch6_37.exe
请输入密码 : 12345
密码正确, 欢迎进入系统
请按任意键继续. . .
```

```
C:\Cbook\ch6\ch6_37.exe
请输入密码 : 12333
请输入密码 : 22331
请输入密码 : 88899
密码错误 3 次, 请至柜台重新申请密码
请按任意键继续. . .
```

6-9-9　自由落体

程序实例 ch6_38.c：有一颗球自 100 米的高度落下，每次落地后可以反弹到原先高度的一半，请计算第 10 次落地之后，共经历多少米，同时第 10 次落地后可以反弹多高。

```
1   /*    ch6_38.c                 */
2   #include <stdio.h>
3   #include <stdlib.h>
4   int main()
5   {
6       float height, dist;
7       int i;
8       height = 100;
9       dist = 100;
10      height = height / 2;          /* 第一次反弹高度 */
11      for(i = 2; i <= 10; i++)
12      {
13          dist += 2 * height;
14          height = height / 2;
15      }
16      printf("第10次落地行经距离 %6.3f\n",dist);
17      printf("第10次落地反弹高度 %6.3f\n",height);
18      system("pause");
19      return 0;
20  }
```

执行结果

```
■ C:\Cbook\ch6\ch6_38.exe
第10次落地行经距离  299.609
第10次落地反弹高度    0.098
请按任意键继续. . .
```

上述程序 height 是反弹高度的变量，每次是原先高度的一半，所以第 14 行会保留反弹高度。球的移动距离则是累加反弹高度，因为反弹会落下，所以第 13 行需要乘以 2，然后累计加总。

6-10 习题

一、是非题

（　） 1. 有一个 for 循环语法如下，其中表达式 1 是设定循环指标初值。(6-1 节)

```
for （表达式 1; 表达式 2; 表达式 3)
{
    循环主体
}
```

（　） 2. 有一个 for 循环语法如下，其中表达式 2 是更新循环指标。(6-1 节)

```
for （表达式 1; 表达式 2; 表达式 3)
{
    循环主体
}
```

（　） 3. 凡是可以用 for 循环，都可以用 while 循环取代。(6-2 节)

（　） 4. 下列是 while 无限循环设计。(6-2 节)

```
while ( 1 )
  {
  …
  }
```

（　） 5. 使用 while 循环时，必须在 "while" 语句前面设定循环指标。(6-2 节)

（　） 6. 按键盘的 Enter 键，可以产生 "\n" 字符。(6-2 节)

（　） 7. 凡是可以用 for 循环，都可以用 do … while 循环取代。(6-3 节)

( ) 8.for 循环可以保证循环主体至少执行 1 次。(6-4 节)

( ) 9.while 循环可以保证循环主体至少执行 1 次。(6-4 节)

( ) 10.do … while 循环可以保证循环主体至少执行 1 次。(6-4 节)

( ) 11.break 可以让 for 循环中断,但是不能让 while 循环中断。(6-5 节)

( ) 12.continue 语句是令程序重新回到循环起始位置。(6-6 节)

( ) 13. 若是想将 continue 语句应用在 while 和 do … while 语句时,必须将循环指标写在 if 条件判断前,这样才不会掉入无限循环的陷阱中。(6-6 节)

( ) 14. 函数 srand( ) 可以进行随机数序列初始化。(6-7 节)

( ) 15.sleep(n) 函数,函数参数 n 的单位是千分之一秒。(6-8 节)

( ) 16. 使用 sleep( ) 函数时,CPU 也将跟着休息。(6-8 节)

二、选择题

( ) 1. 有一个 for 循环语法如下。(6-1 节)

```
for (表达式 1; 表达式 2; 表达式 3)
{
    循环主体
}
```

其中表达式 2 是 (A) 设定循环指标 (B) 关系表达式 (C) 更新循环指标 (D) 以上都不对。(6-1 节)

( ) 2. 有一个 for 循环语法如下。(6-1 节)

```
for (表达式 1; 表达式 2; 表达式 3)
{
    循环主体
}
```

其中表达式 3 是 (A) 设定循环指标 (B) 关系表达式 (C) 更新循环指标 (D) 以上都不对。(6-1 节)

( ) 3. 有一个 for 循环语法如下。(6-1 节)

```
for (表达式 1; 表达式 2; 表达式 3)
{
    循环主体
}
```

省略哪一项可以产生无限循环? (A) 表达式 1 (B) 表达式 2 (C) 表达式 3 (D) 以上都不对。(6-1 节)

( ) 4. 哪一种循环可以预知循环执行次数。(A) for (B) while (C) do … while (D)if。(6-1 节)

( ) 5. 有一个 while 循环如下。(6-2 节)

```
表达式 1;
while (表达式 2)
{
    循环主体
    表达式 3;
}
```

由上述语法得知，此 while 循环至少需有 (A) 1 (B) 2 (C) 3 (D) 4 道指令。

(　　) 6. 哪一种循环是先进入循环主体执行，然后再做条件判断？ (A) for (B) while (C) do … while (D) if … else。(6-3 节)

(　　) 7. 哪一种循环至少会先执行一次？ (A) for (B) while (C) do … while (D) if … else。(6-4 节)

(　　) 8. 哪一种循环会预知道执行次数？ (A) for (B) while (C) do … while (D) if … else。(6-4 节)

(　　) 9。哪一道指令可以让循环中断？ (A) case (B) break (C) continue (D) sleep( )。(6-5 节)

(　　) 10. 哪一道指令可以让程序回到循环起点？ (A) case (B) break (C) continue (D) sleep( )。(6-6 节)

(　　) 11. 哪个函数可以产生随机数？ (A) rand( ) (B) sleep( ) (C) srand( ) (D) time( )。(6-7 节)

(　　) 12. 有一个无穷循环？ "while (1)"，想利用键盘输入跳开此循环，可使用哪个键？ (A) Ctrl+C (B) Enter (C) 空格键 (D) Ctrl+T。(6-9 节)

三、填充题

1.for 循环若是省略 (　　)，可以产生无限循环的效果。(6-1 节)

2.(　　) 在设计时可以预知循环执行的次数。(6-1 节)

3. 设计一个循环，想要按 Enter 键可离开此循环，则要检查输入的字符是 (　　)。(6-2 节)。

4.(　　) 是执行完才做条件判断是否继续执行。(6-3 节)

5.(　　) 会至少执行一次。(6-4 节)

6.(　　) 和 (　　) 是在循环前端先做条件判断是否执行。(6-4 节)

7.(　　) 指令可以中断循环的执行。(6-5 节)

8.(　　) 指令可以让程序回到循环起点。(6-6 节)

9. 使用 rand( ) 函数产生的随机数最大值是 (　　)。(6-7 节)

10.(　　) 函数可以回传格林威治时间 1970 年 1 月 1 日 00:00:00 到目前的秒数。(6-7 节)

11.(　　) 和 (　　) 函数可以让此程序在指定时间内休息，然而 CPU 和其他程序仍可以正常执行。(6-8 节)

四、实操题

1. 参考程序实例 ch6_5.c，列出 A ～ Z 的英文字母。(6-1 节)

2. 请输入起点值和终点值，起点值必须小于终点值，然后计算两值之间的总和。(6-1 节)

3. 请输入一个数字，这个程序可以测试此数字是不是质数，质数的条件如下。(6-1 节)

❑　2 是质数。

❑　n 不可以被 2 ～ $n-1$ 的数字整除。

注　质数的英文是 Prime Number，Prime 的英文有强者的意义，所以许多有名的职业球员喜欢用质数当作背号，例如，Lebron Jame 是 23，Michael Jordan 是 23，Kevin Durant 是 7。

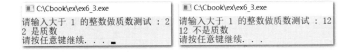

```
■ C:\Cbook\ex\ex6_3.exe
请输入大于 1 的整数做质数测试：13
13 是质数
请按任意键继续. . .
```

```
■ C:\Cbook\ex\ex6_3.exe
请输入大于 1 的整数做质数测试：17
17 是质数
请按任意键继续. . .
```

4. 请将本金、年利率与存款年数从屏幕输入，然后计算每一年的本金和。(6-1 节)

```
■ C:\Cbook\ex\ex6_4.exe
请输入存款本金：50000
请输入存款年数：5
请输入年利率：0.015
第 5 年本金和：50750
第 5 年本金和：51511
第 5 年本金和：52283
第 5 年本金和：53068
第 5 年本金和：53864
请按任意键继续. . .
```

5. 假设你今年体重是 50 千克，每年可以增加 1.2 千克，请列出未来 5 年的体重变化。(6-1 节)

```
■ C:\Cbook\ex\ex6_5.exe
第 1 年体重：51.2
第 2 年体重：52.4
第 3 年体重：53.6
第 4 年体重：54.8
第 5 年体重：56.0
请按任意键继续. . .
```

6. 请用双层 for 循环输出下列结果。(6-1 节)

```
■ C:\Cbook\ex\ex6_6.exe
1 2 3 4 5 6 7 8 9
1 2 3 4 5 6 7 8
1 2 3 4 5 6 7
1 2 3 4 5 6
1 2 3 4 5
1 2 3 4
1 2 3
1 2
1
请按任意键继续. . .
```

7. 请用双层 for 循环输出下列结果。(6-1 节)

```
■ C:\Cbook\ex\ex6_7.exe
        1
       21
      321
     4321
    54321
   654321
  7654321
 87654321
987654321
请按任意键继续. . .
```

8. 在程序设计时，我们可以在 while 循环中设定一个输入数值当作循环执行结束的值，这个值称为哨兵值 (Sentinel Value)。本程序会计算输入值的总和，哨兵值是 0，如果输入 0 则程序结束。(6-2 节)

```
■ C:\Cbook\ex\ex6_8.exe
请输入一个数值：5
请输入一个数值：6
请输入一个数值：7
请输入一个数值：0
输入总和 = 18
请按任意键继续. . .
```

9. 至少需有一个 while 循环，列出阿拉伯数字中前 20 个质数。(6-2 节)

```
■ C:\Cbook\ex\ex6_9.exe
 2 是第  1 个质数
 3 是第  2 个质数
 5 是第  3 个质数
 7 是第  4 个质数
11 是第  5 个质数
13 是第  6 个质数
17 是第  7 个质数
19 是第  8 个质数
23 是第  9 个质数
29 是第 10 个质数
31 是第 11 个质数
37 是第 12 个质数
41 是第 13 个质数
43 是第 14 个质数
47 是第 15 个质数
53 是第 16 个质数
59 是第 17 个质数
61 是第 18 个质数
67 是第 19 个质数
71 是第 20 个质数
请按任意键继续. . .
```

10. 使用 while 循环设计此程序，假设今年大学学费是 50000 元，未来每年以 5% 速度向上涨价，多少年后学费会达到或超过 6 万元，学费不会少于 1 元，计算时可以忽略小数字数。(6-2 节)

```
■ C:\Cbook\ex\ex6_10.exe
经过 4 学费会超过60000
请按任意键继续. . .
```

11. 请扩充设计程序实例 ex6_2.c，这个程序会使用 do … while 循环增加检查起点值必须小于终点值，如果起点值大于终点值会要求重新输入。(6-3 节)

```
■ C:\Cbook\ex\ex6_11.exe
请输入起点整数：10    ← 此输入没有动作
请输入终点整数：1       会需要重新输入
请输入起点整数：1
请输入终点整数：10
总和 = 55
请按任意键继续. . .
```

12. 这个程序会先建立 while 无限循环，如果输入 q，则可跳出这个 while 无限循环。程序内容主要是要求输入水果，然后输出此水果。(6-5 节)

注❶ 假设使用 fruit 字符串变量，这个程序可以用 fruit[0] 判断第一个字母是不是 q，判断是否要结束执行程序，fruit[0] 是数组概念下一章会说明。

注❷ 这个程序可以忽略以 q 为开头的水果名称。

```
■ C:\Cbook\ex\ex6_12.exe
人机对话专栏,请告诉我你喜欢吃的水果!
输入 q 可以结束对话
===> apple
我也喜欢吃 apple
人机对话专栏,请告诉我你喜欢吃的水果!
输入 q 可以结束对话
===> banana
我也喜欢吃 banana
人机对话专栏,请告诉我你喜欢吃的水果!
输入 q 可以结束对话
===> q
请按任意键继续. . .
```

13. 使用 while 和 continue,设计列出 1 ~ 10 的偶数。(6-6 节)

```
■ C:\Cbook\ex\ex6_13.exe
2
4
6
8
10
请按任意键继续. . .
```

14. 一般赌场的机器其实可以用随机数控制输赢,例如,某个猜大小机器,一般人以为猜对率是 50%,但是只要控制随机数,赌场可以直接控制输赢比例。请设计一个猜大小的游戏,程序执行初可以设定庄家的输赢比例,程序执行过程会立即回应是否猜对。下列实例是输入庄家赢的比率是 80% 的执行结果。(6-7 节)

```
■ C:\Cbook\ex\ex6_14.exe
请输入庄家赢的比率(0~100) : 5
猜大小游戏: L或1表示大,   S或s表示小,  Q或q则程序结束 : 1
答错了!请再试一次
猜大小游戏: L或1表示大,   S或s表示小,  Q或q则程序结束 : s
答错了!请再试一次
猜大小游戏: L或1表示大,   S或s表示小,  Q或q则程序结束 : q
请按任意键继续. . .
```

15. 请将程序实例 ch6_31.c 的猜数字游戏改为花多少秒才猜对,因为这是练习程序,读者可以使用 srand( ) 函数,将随机数的种子值设为 10。(6-9 节)

```
■ C:\Cbook\ex\ex6_15.exe
输入欲猜数字 : 5
请猜小一点!
输入欲猜数字 : 3
请猜小一点!
输入欲猜数字 : 2
花 6 秒猜对
请按任意键继续. . .
```

16. 计算数学常数 e 值,它的全名是 Euler's Number,又称欧拉数,主要是纪念瑞士数学家欧拉,这是一个无限不循环小数,我们可以使用下列级数计算 e 值。

这个程序会计算到 $i=10$,同时列出不同 i 值的计算结果,输出结果到小数第 15 位。(6-9 节)

```
C:\Cbook\ex\ex6_16.exe
当 i =  1 时 e = 2.000000000000000
当 i =  2 时 e = 2.500000000000000
当 i =  3 时 e = 2.666666746139526
当 i =  4 时 e = 2.708333492279053
当 i =  5 时 e = 2.716666936874390
当 i =  6 时 e = 2.718055725097656
当 i =  7 时 e = 2.718254089355469
当 i =  8 时 e = 2.718278884887695
当 i =  9 时 e = 2.718281745910645
当 i = 10 时 e = 2.718281984329224
请按任意键继续. . .
```

17. 输出 26 个大写和小写英文字母。(6-9 节)

```
C:\Cbook\ex\ex6_17.exe
A B C D E F G H I J K L M N O P Q R S T U V W X Y Z
a b c d e f g h i j k l m n o p q r s t u v w x y z
请按任意键继续. . .
```

18. 输出 100 ～ 999 的水仙花数，所谓的水仙花数是指一个三位数，每个数字的立方加总后等于该
数字，例如，153 是水仙花数，因为 1 的 3 次方加上 5 的 3 次方再加上 3 的 3 次方等于 153。
(6-9 节)

```
C:\Cbook\ex\ex6_18.exe
153
370
371
407
请按任意键继续. . .
```

19. 设计程序输出如下字母三角形。(6-9 节)

```
C:\Cbook\ex\ex6_19.exe
        A
       ABA
      ABCBA
     ABCDCBA
    ABCDEDCBA
   ABCDEFEDCBA
  ABCDEFGFEDCBA
 ABCDEFGHGFEDCBA
ABCDEFGHIHGFEDCBA
ABCDEFGHIJIHGFEDCBA
请按任意键继续. . .
```

20. 设计数字三角形，读者可以输入三角形高度。(6-9 节)

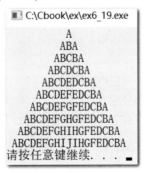

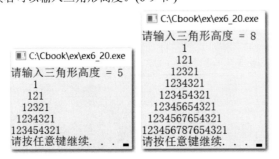

第 7 章

数组

7-1 一维数组

7-1-1 基础概念

如果我们在程序设计时，是用变量存储数据，各变量间没有互相关联，可以将数据想象成下列图标，笔者用散乱方式表达相同数据形态的各个变量，在真实的内存中读者可以想象各变量在内存中并没有依次序方式排放。

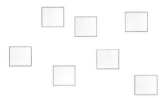

如果我们将相同形态数据组织起来形成数组 (array)，可以将数据想象成下图，各变量在内存中是依次序方式排放。

当数据排成数组后，我们未来可以用索引值 (index) 存取此数组特定位置的内容，C 语言的索引是从 0 开始，所以第 1 个元素的索引是 0，第 2 个元素的索引是 1，可以此类推，所以如果一个数组有 n 笔元素，此数组的索引是 $0 \sim (n-1)$。

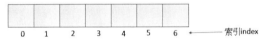

从上述说明我们可以得到，数组本身是种结构化的数据形态，主要是将相同形态的变量集合起来，以一个名称来代表。存取数组数据值时，则以数组的索引值 (index) 指示所要存取的数据。

数组的使用和其他的变量一样，使用前一定要先声明，以便编译程序能预留空间供程序使用，一维数组 (One Dimensional Array) 声明语法如下：

数据形态 变量名称 [长度]；

上述变量名称右边的中括号内代表这是数组，中括号内的长度是指数组元素的个数，一般常用的数据形态有整数、浮点数和字符，有关字符数据形态，我们将留到第 8 章讨论。

实例：有一数组声明如下：

```
int sc[5];
```

表示声明一个长度为 5 的一维整数数组，长度为 5 相当于数组内有 5 个元素，数组名是 sc。在 C 语言中，数组第一个元素的索引值一定是 0，下面是 sc 声明的图示说明。

注 索引是放在中括号内。

程序实例 ch7_1.c：设定 5 个元素的整数数组内容，然后打印此数组。

```
1   /*    ch7_1.c                */
2   #include <stdio.h>
3   #include <stdlib.h>
4   int main()
5   {
6       int i;
7       int sc[5];
8
9       sc[0] = 5;
10      sc[1] = 15;
11      sc[2] = 25;
12      sc[3] = 35;
13      sc[4] = 45;
14      for ( i = 0; i < 5; i++ )
15          printf("sc[%d] = %d\n", i, sc[i]);
16
17      system("pause");
18      return 0;
19  }
```

执行结果

```
C:\Cbook\ch7\ch7_1.exe
sc[0] = 5
sc[1] = 15
sc[2] = 25
sc[3] = 35
sc[4] = 45
请按任意键继续. . .
```

7-1-2　认识数组的残值

在设计数组时，如果没有为数组设定值，所打印的数组获得的值将是内存中的残值 (Residual Value)，这个值是不可预测的。

程序实例 ch7_2.c：使用数组认识内存的残值，这个程序没有设定 sc[2] 和 sc[3]，因此所打印出来的值是内存的残值。

```
1   /*    ch7_2.c                */
2   #include <stdio.h>
3   #include <stdlib.h>
4   int main()
5   {
6       int i;
7       int sc[5];
8
9       sc[0] = 5;
10      sc[1] = 15;
11      sc[4] = 45;
12      for ( i = 0; i < 5; i++ )
13          printf("sc[%d] = %d\n", i, sc[i]);
14
15      system("pause");
16      return 0;
17  }
```

执行结果

```
C:\Cbook\ch7\ch7_2.exe
sc[0] = 5
sc[1] = 15          这是内存的残值
sc[2] = 23
sc[3] = 0
sc[4] = 45
请按任意键继续. . .
```

注 因为 sc[2] 和 sc[3] 是内存的残值，所以读者执行此程序所获得的结果可能和本书执行结果不同。

7-1-3　C 语言不做数组边界的检查

在设计程序时，C 语言不做边界检查，所以处理超出数组范围的元素，C 语言也是使用内存的残值响应此元素内容。

程序实例 ch7_3.c：观察超出数组范围的元素，系统使用内存残值输出。

```
1   /*   ch7_3.c                    */
2   #include <stdio.h>
3   #include <stdlib.h>
4   int main()
5   {
6       int i;
7       int sc[5];
8
9       sc[0] = 5;
10      sc[1] = 15;
11      sc[2] = 25;
12      sc[3] = 35;
13      sc[4] = 45;
14      for ( i = 0; i <= 6; i++ )
15          printf("sc[%d] = %d\n", i, sc[i]);
16
17      system("pause");
18      return 0;
19  }
```

执行结果

```
▣ C:\Cbook\ch7\ch7_3.exe
sc[0] = 5
sc[1] = 15
sc[2] = 25
sc[3] = 35
sc[4] = 45
sc[5] = 0
sc[6] = 1
请按任意键继续. . .
```

这是超出数组范围以内存的残值输出

7-1-4　一维数组的初值设定

在第 2 章笔者已经说明，普通数据在声明的同时，可允许直接设定它的初值，同样的概念也可以应用在数组，设定一维数组初值的语法如下：

数据形态　变量名称 [长度 n] = { 初值 1，初值 2，…，初值 n }；

注　设定初值时，须将初值放在大括号内。

实例 1：声明元素初值是 1, 2, 3 的 sc 整数数组。

```
int sc[3] = {1, 2, 3};
```

在声明数组元素初值时，如果省略数组长度声明，C 语言会依大括号的初值个数，自行配置足够的内存空间。

实例 2：声明元素初值是 1, 2, 3 的 sc 整数数组，这个声明省略数组长度。

```
int sc[ ] = {1, 2, 3};
```

声明数组时也接受所声明数组元素值比数组长度少，这时未设定初值的元素内容会填上 0。

实例 3：声明长度是 3 的 sc 数组，其中第一个元素是 5，其余元素是 0。

```
int sc[3] = {5};
```

程序实例 ch7_4.c：数组初值的应用。

```
1   /*   ch7_4.c                    */
2   #include <stdio.h>
3   #include <stdlib.h>
4   int main()
5   {
6       int i, sum1, sum2, sum3;
7       sum1 = sum2 = sum3 = 0;
8       int a[3] = {1, 2, 3};
9       int b[] = {1, 2, 3};           /* 省略声明数组长度 */
10      int c[3] = {5};                /* 省略声明元素     */
11
12      for ( i = 0; i <= 2; i++ )
13      {
14          sum1 += a[i];
15          sum2 += b[i];
16          sum3 += c[i];
17      }
18      printf("a[] = %d\n", sum1);
19      printf("b[] = %d\n", sum2);
20      printf("c[] = %d\n", sum3);
21      printf("c[0] = %d, c[1] = %d, c[2] = %d\n",c[0],c[1],c[2]);
22      system("pause");
23      return 0;
24  }
```

执行结果

```
▣ C:\Cbook\ch7\ch7_4.exe
a[] = 6
b[] = 6
c[] = 5
c[0] = 5, c[1] = 0, c[2] = 0
请按任意键继续. . .
```

声明数组时，如果所声明数组元素值个数比数组长度多，这时会产生下列警告信息。

```
excess elements in array initializer
```

虽然程序可以执行，不过读者要比较小心。

程序实例 ch7_5.c：声明数组元素值个数比数组长度多。

```
1   /*   ch7_5.c                    */
2   #include <stdio.h>
3   #include <stdlib.h>
4   int main()
5   {
6       int i, sum;
7       sum = 0;
8       int a[3] = {1, 2, 3, 4};     /* 声明元素多于数组长度 */
9
10      for ( i = 0; i <= 2; i++ )
11          sum += a[i];
12      printf("a[] = %d\n", sum);
13
14      system("pause");
15      return 0;
16  }
```

执行结果

```
C:\Cbook\ch7\ch7_5.exe
a[] = 6
请按任意键继续. . .
```

7-1-5　计算数组所占的内存空间和数组长度

在 2-3-4 节笔者有介绍 sizeof( ) 函数，这个函数可以计算变量所占的内存空间大小，该节的概念也可以应用在计算数组所占据的内存空间大小。

程序实例 ch7_6.c：计算整数、浮点数和双倍精度浮点数数组所占据的内存空间大小。

```
1   /*   ch7_6.c                    */
2   #include <stdio.h>
3   #include <stdlib.h>
4   int main()
5   {
6       int a[5];
7       float b[5];
8       double c[5];
9       printf("a[5]数组空间 = %d 字节\n", sizeof(a));
10      printf("b[5]数组空间 = %d 字节\n", sizeof(b));
11      printf("c[5]数组空间 = %d 字节\n", sizeof(c));
12      system("pause");
13      return 0;
14  }
```

执行结果

```
C:\Cbook\ch7\ch7_6.exe
a[5]数组空间 = 20 字节
b[5]数组空间 = 20 字节
c[5]数组空间 = 40 字节
请按任意键继续. . .
```

假设数组名是 a，当读者了解使用 sizeof(a) 函数获得数组的内存空间大小后，可以使用 sizeof(a[0]) 函数获得数组元素的大小，这样就可以使用下列公式获得数组的大小 (元素个数)，或称数组长度。

数组长度 = sizeof(a) / sizeof(a[0]);

程序实例 ch7_6_1.c：计算数组元素个数。

```
1   /*   ch7_6_1.c                */
2   #include <stdio.h>
3   #include <stdlib.h>
4   int main()
5   {
6       int size;
7       int a[] = {1, 2, 3, 4};
8
9       size = sizeof(a) / sizeof(a[0]);
10      printf("数组 a 的元素个数 = %d\n",size);
11      system("pause");
12      return 0;
13  }
```

执行结果

```
C:\Cbook\ch7\ch7_6_1.exe
数组 a 的元素个数 = 4
请按任意键继续. . .
```

7-1-6　读取一维数组的输入

设计数组时，有时候也须使用键盘输入数组内容，具体做法可以参考下列实例。

程序实例 ch7_7.c：输入学生人数及学生成绩，本程序会将全班的平均成绩打印出来。

```
1   /*   ch7_7.c                */
2   #include <stdio.h>
3   #include <stdlib.h>
4   int main()
5   {
6       int score[10],i,sum,num;
7       float ave;
8
9       sum = 0;
10      printf("请输入学生人数 ==> ");
11      scanf("%d",&num);
12      for ( i = 0; i < num; i++ )
13      {
14          printf("请输入分数 ==> ");
15          scanf("%d",&score[i]);
16          sum += score[i];
17      }
18      ave = (float) sum / (float) num;
19      printf("平均分数是 %6.2f \n",ave);
20      system("pause");
21      return 0;
22  }
```

执行结果

```
C:\Cbook\ch7\ch7_7.exe
请输入学生人数 ==> 4
请输入分数 ==> 58
请输入分数 ==> 66
请输入分数 ==> 87
请输入分数 ==> 60
平均分数是  67.75
请按任意键继续. . .
```

上述程序是直接输入学生人数，如果我们一开始不知道学生人数，也可以使用输入 0 当作输入结束。

程序实例 ch7_8.c：不知道学生人数，以输入 0 当作输入成绩结束，重新设计程序实例 ch7_7.c。

```
1   /*   ch7_8.c                */
2   #include <stdio.h>
3   #include <stdlib.h>
4   int main()
5   {
6       int score[10];       /* 假设最多是 10 个学生 */
7       int i,sum;
8       float ave;
9       i = 0;
10      sum = 0;
11      printf("输入 0 代表输入结束\n");
12      do
13      {
14          printf("请输入分数 ==> ");
15          scanf("%d",&score[i]);
16          sum += score[i];
17      } while (score[i++] > 0);
18      ave = (float) sum / (i - 1);
19      printf("平均分数是 %6.2f \n",ave);
20      system("pause");
21      return 0;
22  }
```

执行结果

```
C:\Cbook\ch7\ch7_8.exe
输入 0 代表输入结束
请输入分数 ==> 58
请输入分数 ==> 66
请输入分数 ==> 87
请输入分数 ==> 60
请输入分数 ==> 0
平均分数是  67.75
请按任意键继续. . .
```

7-1-7　自行设计数组边界检查程序

7-1-3 节笔者有介绍 C 语言不做数组边界检查的概念，下列是重新设计程序实例 ch7_8.c，但是增加了数组边界检查的功能。

程序实例 ch7_9.c：扩充程序实例 ch7_8.c，增加边界检查，同时输入分数过程如果到达数组元素，会跳离 do … while 循环。

```
1   /*    ch7_9.c                  */
2   #include <stdio.h>
3   #include <stdlib.h>
4   int main()
5   {
6       int Size = 5;
7       int score[Size];          /* 假设最多是 5 个学生 */
8       int i,sum;
9       float ave;
10      i = 0;
11      sum = 0;
12      printf("输入 0 代表输入结束\n");
13      do
14      {
15          if (i >= Size)
16          {
17              printf("数组已满\n");
18              i += 1;            /* 25列会减 1 */
19              break;
20          }
21          printf("请输入分数 ==> ");
22          scanf("%d",&score[i]);
23          sum += score[i];
24      } while (score[i++] > 0);
25      ave = (float) sum / (i - 1);
26      printf("平均分数是 %6.2f \n",ave);
27      system("pause");
28      return 0;
29  }
```

执行结果

```
C:\Cbook\ch7\ch7_9.exe
输入 0 代表输入结束
请输入分数 ==> 58
请输入分数 ==> 66
请输入分数 ==> 87
请输入分数 ==> 60
请输入分数 ==> 90
数组已满
平均分数是 72.20
请按任意键继续. . .
```

7-1-8　一维数组的实例应用

程序实例 ch7_10.c：找出数组的最大值。

```
1   /*    ch7_10.c              */
2   #include <stdio.h>
3   #include <stdlib.h>
4   int main()
5   {
6       int i, mymax;
7       int arr[5] = {76, 32, 88, 45, 65};
8
9       for ( i = 0; i < 5; i++ )
10      {
11          if (i == 0)
12              mymax = arr[i];
13          else
14              if (mymax < arr[i])
15                  mymax = arr[i];
16      }
17      printf("最大值 = %d\n", mymax);
18      system("pause");
19      return 0;
20  }
```

执行结果

```
C:\Cbook\ch7\ch7_10.exe
最大值 = 88
请按任意键继续. . .
```

上述程序假设第 0 个元素是最大值，然后再做比较。

程序实例 ch7_11.c：顺序搜寻法，请输入要搜寻的值，这个程序会输出是否找到此值，如果找到会输出相对应索引数组结果。

```
1  /*   ch7_11.c                */
2  #include <stdio.h>
3  #include <stdlib.h>
4  int main()
5  {
6      int i;
7      int num;
8      int flag = 0;             /* 如果 0 代表没找到 */
9      int arr[8] = {76, 32, 88, 45, 65, 76, 76, 88};
10
11     printf("请输入数组的搜寻值 : ");
12     scanf("%d", &num);
13     for ( i = 0; i < 8; i++ )
14         if (arr[i] == num)
15         {
16             printf("arr[%d] = %d\n", i, num);
17             flag = 1;
18         }
19     if (flag == 0)
20         printf("没有找到\n");
21     system("pause");
22     return 0;
23  }
```

执行结果

```
C:\Cbook\ch7\ch7_11.exe
请输入数组的搜寻值 : 76
arr[0] = 76
arr[5] = 76
arr[6] = 76
请按任意键继续. . .
```
```
C:\Cbook\ch7\ch7_11.exe
请输入数组的搜寻值 : 55
没有找到
请按任意键继续. . .
```
```
C:\Cbook\ch7\ch7_11.exe
请输入数组的搜寻值 : 88
arr[2] = 88
arr[7] = 88
请按任意键继续. . .
```

7-2 二维数组

其实二维数组 (Two Dimensional Array) 就是一维数组的扩充，如果我们将一维数组想象成一维空间，则二维数组就是二维空间，也就是平面。

7-2-1 基础概念

假设有 6 笔散乱的数据，如下所示。

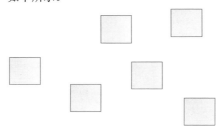

如果我们将相同形态数据组织起来形成 2×3 的二维数组，可以将数据想象成下图。

	第1列	第2列	第3列
第1行	[0][0]	[0][1]	[0][2]
第2行	[1][0]	[1][1]	[1][2]

当数据排成二维数组后，我们未来可以用 [row][column] 索引值，通常 column 可以缩写为 col，所以整个数组可以写成是 [row][col]，也可以想成是 [行][列] 索引值，存取此二维数组特定位置的内容。二维数组的使用和其他的变量一样，使用前一定要先声明，以便编译程序能预留空间供程序使用，二维数组 (Two Dimensional Array) 声明语法如下：

数据形态 变量名称 [行长度][列长度]；

上述变量名称右边有连续的两个中括号代表这是二维数组，中括号内的长度是指二维数组内行 (row) 的元素的个数和列 (column) 的元素个数。

实例：声明整数的 2×3 二维数组。

```
int num[2][3];
```

7-2-2　二维数组的初值设定

7-1-4 节笔者有介绍一维数组初值的设定，C 语言也允许直接设定二维数组的初值，设定二维数组初值的语法如下：

数据形态 变量名称 [行长度] [列长度]= {[第 1 行的初值]，

[第 2 行的初值]，

…

[第 n 行的初值]}；

实例：假设考试成绩如下。

学生座号	第 1 次考试	第 2 次考试	第 3 次考试
1	90	80	95
2	95	90	85

请声明上述考试成绩的初值。

```
int sc[2][3] = {{90, 80, 95},
                {95, 90, 85}};
```

程序设计中也有人使用下列方式设定二维数组的初值：

```
int sc[2][3] = {{90, 80, 95}, {95, 90, 85}};   /* 不鼓励，因为会比较不清楚 */
```

程序实例 ch7_12.c：列出学生各次考试成绩的应用。

```
1  /*   ch7_12.c          */
2  #include <stdio.h>
3  #include <stdlib.h>
4  int main()
5  {
6     int i, j;
7     int sc[2][3] = {{90, 80, 95},
8                     {95, 90, 85}};
9     for ( i = 0; i < 2; i++)
10        for ( j= 0; j < 3; j++)
11           printf("学生 %d 的第 %d 次考试成绩是 %d\n",i+1,j+1,sc[i][j]);
12    system("pause");
13    return 0;
14 }
```

执行结果

```
C:\Cbook\ch7\ch7_12.exe
学生 1 的第 1 次考试成绩是 90
学生 1 的第 2 次考试成绩是 80
学生 1 的第 3 次考试成绩是 95
学生 2 的第 1 次考试成绩是 95
学生 2 的第 2 次考试成绩是 90
学生 2 的第 3 次考试成绩是 85
请按任意键继续. . .
```

上述程序第 11 行，在 printf( ) 函数内有 "i+1" 和 "j+1"，这是因为数组是从索引 0 开始，而学生座号与考试编号是从 1 开始，所以使用加 1，比较符合题意。

在设定二维数组的初值时，也可以省略行长度的声明，相同的实例如下所示。

```
int sc[ ][3] = {{90, 80, 95},
                {95, 90, 85}};
```

上述笔者省略了第一个中括号的 2，这种方式声明会比较方便，因为可以自由增加或减少数组的大小，不用考虑实际行数的大小。

注　读者须留意，只能省略最左的中括号，对二维数组而言就是行长度声明，右边中括号的列长度不可省略。在更多维的数组中，也就是省略最左的索引，未来程序实例 ch7_17.c 会解说。

程序实例 ch7_13.c：省略行长度的声明，重新设计程序实例 ch7_12.c。

```
1   /*   ch7_13.c                  */
2   #include <stdio.h>
3   #include <stdlib.h>
4   int main()
5   {
6       int i, j;
7       int sc[][3] = {{90, 80, 95},
8                     {95, 90, 85}};
9       for ( i = 0; i < 2; i++)
10          for ( j= 0; j < 3; j++)
11              printf("学生 %d 的第 %d 次考试成绩是 %d\n",i+1,j+1,sc[i][j]);
12      system("pause");
13      return 0;
14  }
```

执行结果　可参考程序实例 ch7_12.c。

7-2-3　读取二维数组的输入

要读取二维数组数据需要使用循环，下列将使用实例解说。

程序实例 ch7_14.c：输入两个二维数组的数据，然后执行加法运算。

```
1   /*   ch7_14.c                  */
2   #include <stdio.h>
3   #include <stdlib.h>
4   int main()
5   {
6       int num1[3][3],num2[3][3],num3[3][3];
7       int i,j;
8
9       printf("请输入第一个二维数组 \n");
10      for ( i = 0; i < 3; i++ )
11          for ( j = 0; j < 3; j++ )
12              scanf("%d",&num1[i][j]);
13      printf("请输入第二个二维数组 \n");
14      for ( i = 0; i < 3; i++ )
15          for ( j = 0; j < 3; j++ )
16              scanf("%d",&num2[i][j]);
17      for ( i = 0; i < 3; i++ )      /* 执行相乘 */
18          for ( j = 0; j < 3; j++ )
19              num3[i][j] = num1[i][j] + num2[i][j];
20      printf("列出相加结果 \n");
21      for ( i = 0; i < 3; i++ )
22          printf("%3d %3d %3d\n",num3[i][0],num3[i][1],num3[i][2]);
23      system("pause");
24      return 0;
25  }
```

执行结果

```
C:\Cbook\ch7\ch7_14.exe
请输入第一个二维数组
5 6 4
3 2 9
1 6 8
请输入第二个二维数组
2 8 5
9 7 2
3 4 9
列出相加结果
   7  14   9
  12   9  11
   4  10  17
请按任意键继续. . .
```

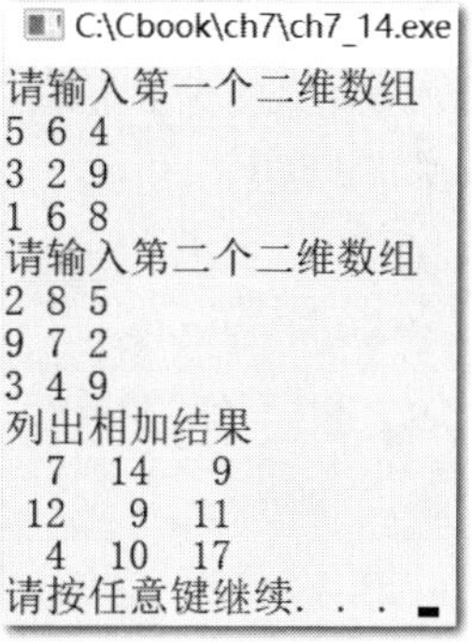

上述二维数组加法图示如下。

5	6	4		2	8	5		7	14	9
3	2	9	+	9	7	2	=	12	9	11
1	6	8		3	4	9		4	10	17

7-2-4 二维数组的实例应用

程序实例 ch7_15.c：二维数组声明的目的有很多，特别是在设计电玩程序时，若想设计大型字体或图案，可以利用设定二维数组初值的方式。例如，假设设计一个图案"洪"，则可依下列方式设计。

```
1   /*   ch7_15.c                  */
2   #include <stdio.h>
3   #include <stdlib.h>
4   int main()
5   {
6       int num[][16] = {
7           { 1,1,0,0,0,0,0,1,1,0,0,0,1,1,0,0 },
8           { 0,1,1,0,0,0,0,1,1,0,0,0,1,1,0,0 },
9           { 0,0,1,1,0,1,1,1,1,1,1,1,1,1,1,1 },
10          { 0,0,0,0,0,0,0,1,1,0,0,0,1,1,0,0 },
11          { 1,1,1,1,0,0,0,1,1,0,0,0,1,1,0,0 },
12          { 0,0,0,0,0,1,1,1,1,1,1,1,1,1,1,1 },
13          { 0,0,1,1,0,0,0,0,1,1,0,0,1,1,0,0 },
14          { 0,1,1,0,0,0,0,1,1,0,0,0,0,1,1,0 },
15          { 1,1,0,0,0,0,1,1,0,0,0,0,0,0,1,1 }}
16      int i,j;
17
18      for ( i = 0; i < 9; i++ )
19      {
20          for ( j = 0; j < 16; j++ )
21              if ( num[i][j] == 1 )
22                  printf("*");
23              else
24                  printf(" ");
25          printf("\n");
26      }
27      system("pause");
28      return 0;
29  }
```

执行结果

```
 C:\Cbook\ch7\ch7_15.exe
**      **   **
**      **   **
  ** **********
          **   **
****      **   **
       **********
  **      **   **
**      **   **
**      **      **
请按任意键继续. . .
```

7-2-5 二维数组的应用解说

二维数组或多维数组常用于处理计算机影像。有一个位图如下，是 12 ×12 点字的矩阵，所代表的是英文字母 H。

上述每一个方格称为像素，每个图像的像素点是由 0 或 1 组成，如果像素点是 0 表示此像素是黑色，如果像素点是 1 表示此像素点是白色。在上述概念中，我们可以用如下方式表示计算机存储此英文字母的方式。

```
0 0 0 0 0 0 0 0 0 0 0 0
0 1 1 1 1 0 0 1 1 1 1 0
0 0 1 1 0 0 0 0 1 1 0 0
0 0 1 1 0 0 0 0 1 1 0 0
0 0 1 1 0 0 0 0 1 1 0 0
0 0 1 1 1 1 1 1 1 1 0 0
0 0 1 1 0 0 0 0 1 1 0 0
0 0 1 1 0 0 0 0 1 1 0 0
0 0 1 1 0 0 0 0 1 1 0 0
0 0 1 1 0 0 0 0 1 1 0 0
0 1 1 1 1 0 0 1 1 1 1 0
0 0 0 0 0 0 0 0 0 0 0 0
```

因为每一个像素是由 0 或 1 组成，所以称上述为位图表示法，虽然很简单，缺点是无法很精致地表示整个影像。因此又有所谓的灰阶色彩的概念，可以参考下图。

上图虽然也称黑白影像，但是在黑色与白色之间多了许多灰阶色彩，因此整个影像相较于位图细腻许多。在计算机科学中灰阶影像有 256 个等级，使用 0 ～ 255 代表灰阶色彩的等级，其中 0 代表纯黑色，255 代表纯白色。这 256 个灰阶等级刚好可以使用 8 个位 (Bit) 表示，相当于一个字节 (Byte)，下列是十进制数值与灰阶色彩表。

十进制值	灰度色彩实例
0	
32	
64	
96	
128	
160	
192	
224	
255	

若是使用上述灰阶色彩，可以使用一个二维数组代表一个影像，我们将这类色彩称为 GRAY 色彩空间。

7-3　更高维的数组

7-3-1　基础概念

C 语言也允许有更高维的数组存在，不过每多一维表达方式会变得更加复杂，程序设计时如果想要遍历数组就需要多一层循环，下列是 2×2×3 的三维数组示意图。

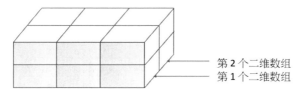

第 2 个二维数组
第 1 个二维数组

下列是三维数组各维度位置参照图。

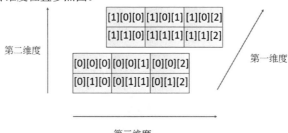

下列是索引相对三维数组的维度参考图。

程序实例 ch7_16.c：有一个三维数组，找出此数组的最大元素。

```
1   /*     ch7_16.c                   */
2   #include <stdio.h>
3   #include <stdlib.h>
4   int main()
5   {
6       int i, j, k;
7       int mymax = 0;
8       int sc[2][2][3] = {{{1,2,3},
9                           {4,5,6}},
10                          {{7,8,9},
11                          {10,11,12}},
12                         };
13      for ( i = 0; i < 2; i++ )
14          for ( j = 0; j < 2; j++)
15              for (k = 0; k < 3; k++)
16                  if (mymax < sc[i][j][k])
17                      mymax = sc[i][j][k];
18      printf("最大值是 %d\n",mymax);
19      system("pause");
20      return 0;
21  }
```

执行结果

■ C:\Cbook\ch7\ch7_16.exe
最大值是 12
请按任意键继续. . . .

注 在设计三维数组的遍历时，维度相对循环控制如下：

（1）第一维度，由最外围的循环控制。

（2）第二维度，由中间循环控制。

（3）第三维度，由最内层循环控制。

程序实例 ch7_17.c：参考 7-2-2 节，省略最左索引声明，重新设计程序实例 ch7_16.c。

```
8      int sc[][2][3] = {{{1,2,3},
9                         {4,5,6}},
10                        {{7,8,9},
11                         {10,11,12}},
12                        };
```

执行结果　与程序实例 ch7_16.c
执行结果相同。

7-3-2　三维或更高维数组的应用解说

如果是黑白影像，可以使用一个二维数组代表，可以参考 7-2-5 节。彩色是由 R(Red)、G(Green)、B(blue) 三种色彩组成，每一个色彩是用一个二维数组表示，相当于可以用 3 个二维数组代表一张彩色图片。

更多细节读者可以参考笔者所著的《OpenCV 计算机视觉项目实战（Python 版）》。

7-4　排序

历史上最早拥有排序概念的机器是由美国赫尔曼·何乐礼 (Herman Hollerith) 在 1901—1904 年发明的基数排序法分类机，此机器还有打卡、制表功能，这台机器协助美国在两年内完成了人口普查，赫尔曼·何乐礼在 1896 年创立了计算机制表记录公司 (Computing Tabulating Recording, CTR)，此公司也是 IBM 公司的前身，1924 年 CTR 公司改名 IBM 公司 (International Business Machines Corporation)。

7-4-1　排序的概念与应用

在计算机科学中所谓的排序 (sort) 是指可以将一串数据依特定方式排列的算法。基本上，排序算法有下列原则：

（1）输出结果是原始数据位置重组的结果；

（2）输出结果是递增的序列。

注　如果不特别注明，所谓的排序是指将数据从小排到大递增排列。如果将数据从大到小也算是排序，不过我们必须注明这是从大到小的排列通常又将此排序称为反向排序 (Reversed Sort)。

下列是数字排序的图例说明。

6 1 5 7 3 9 4 2 8

↓ 排序

1 2 3 4 5 6 7 8 9

排序另一个重大应用是可以方便未来的搜寻，例如，脸书用户约有 20 亿，当我们登录脸书时，如果脸书账号没有排序，假设计算机每秒可以比对 100 个账号，如果使用一般线性搜寻账号约需要 20000000 秒 (约 231 天) 才可以判断所输入的是否为正确的脸书账号。如果账户信息已经排序完成，使用二分法 (时间计算是 $\log n$) 只要约 0.3 秒即可以判断是否为正确脸书账号。

注　所谓的二分搜寻法 (Binary Search)，首先要将数据排序 (sort)，然后将搜寻值 (key) 与中间值开始比较，如果搜寻值大于中间值，则下一次往右边 (较大值边) 搜寻，否则往左边 (较小值边) 搜寻。上述动作持续进行直到找到搜寻值或是所有数据搜寻结束才停止。有一系列数字如下，假设搜寻数字是 3。

第 1 步，将数列分成两部分，中间值是 5，由于 3 小于 5，所以往左边搜寻。

在此区间搜寻

第 2 步，目前数值 1 是索引 0，数值 4 是索引 3，"$(0 + 3) // 2$"，所以中间值是索引 1 的数值 2，由于 3 大于 2，所以往右边搜寻。

在此区间搜寻

第 3 步，目前数值 3 是索引 2，数值 4 是索引 3，"$(2 + 3) // 2$"，所以中间值是索引 2 的数值 3，由于 3 等于 3，所以找到了。

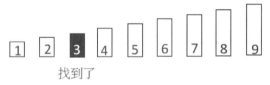

找到了

上述每次搜寻可以让搜寻范围减半，当搜寻 $\log n$ 次时，搜寻范围就剩下一个数据，此时可以判断所搜寻的数据是否存在，所以搜寻的时间复杂度是 $O(\log n)$。

程序实例 ch7_18.c：假设脸书计算机每秒可以比对 100 个账号，计算脸书辨识 20 亿用户登录账号所需时间。

```
1   /*    ch7_18.c                  */
2   #include <math.h>
3   #include <stdio.h>
4   #include <stdlib.h>
5   int main()
6   {
7       double x = 2000000000.0;
8       float sec;
9       sec = log2(x) / 100;
10      printf("脸书辨识20亿用户所需时间 --> %6.5f 秒\n", sec);
11      system("pause");
12      return 0;
13  }
```

执行结果

■ C:\Cbook\ch7\ch7_18.exe

脸书辨识20亿用户所需时间 --> 0.30897 秒
请按任意键继续. . .

7-4-2 排序实操

7-4-1 小节笔者介绍了排序的重要性，这一小节将讲解排序的程序设计。

程序实例 ch7_19.c：泡沫排序 (Bubble Sort) 的程序设计，这个程序会将数组 num 的元素，由小到大排序。

```
1   /*    ch7_19.c                  */
2   #include <stdio.h>
3   #include <stdlib.h>
4   int main()
5   {
6       int  i,j,tmp;
7       int  num[] = {3, 6, 7, 5, 9};   /* 欲排序数字 */
8
9       for ( i = 1; i < 5; i++ )
10      {
11          for ( j = 0; j < 4; j++ )
12            if ( num[j] > num[j+1] )
13            {
14                tmp = num[j];
15                num[j] = num[j+1];
16                num[j+1] = tmp;
17            }
18          printf("loop %d ",i);
19          for ( j = 0; j < 5; j++ )
20            printf("%4d",num[j]);
21          printf("\n");
22      }
23      system("pause");
24      return 0;
25  }
```

执行结果

```
 C:\Cbook\ch7\ch7_19.exe
loop 1    3    6    5    7    9
loop 2    3    5    6    7    9
loop 3    3    5    6    7    9
loop 4    3    5    6    7    9
请按任意键继续. . .
```

　　上述程序的 num 数组有 5 笔数据，若是想将第一笔调至最后，或是将最后一笔调至最前面必须调 4 次，所以程序第 9 行～第 22 行的外部循环必须执行 4 次。排序方法的精神是将两相邻的数字做比较，所以 5 笔数据也必须比较 4 次，因此内部循环第 11 行～第 17 行必须执行 4 次，概念如下。

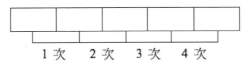

　　这个程序设计的基本概念是将数组相邻元素做比较，由于是要从小排到大，所以只要发生左边元素值比右边元素值大，就将相邻元素内容对调，由于 5 笔数据所以每次循环比较 4 次即可。上述所列出的执行结果是每个外层循环的执行结果，下列是第一个外层循环每个内层循环的执行过程与结果。

```
3 6 7 5 9  ←── 原始数据
3 6 7 5 9      第 1 次内层比较
3 6 7 5 9      第 2 次内层比较
3 6 5 7 9      第 3 次内层比较
3 6 5 7 9      第 4 次内层比较
```

　　下列是第二个外层循环每个内层循环的执行过程与结果。

```
3 6 5 7 9  ←── 第 2 次外层循环数据
3 6 5 7 9      第 1 次内层比较
3 5 6 7 9      第 2 次内层比较
3 5 6 7 9      第 3 次内层比较
3 5 6 7 9      第 4 次内层比较
```

下列是第三个外层循环每个内层循环的执行过程与结果。

下列是第四个外层循环每个内层循环的执行过程与结果。

由上可知真的达到两数组内容对调的目的了，同时小索引有比较小的内容。

上述排序法有一个缺点，很明显程序只排两个外层循环就完成排序工作，但是上述程序仍然执行 4 次循环。我们可以使用一个旗号变量 (flag) 解决上述问题，详情请看下一个程序。

程序实例 ch7_20.c：改良式泡沫排序法。注意：本程序声明数组时，程序第 7 行，并不注明数组长度。本程序的设计原则是，如果在排序过程中，没有执行数据对调工作 (程序第 16 行～第 19 行)，则表示已经排序好了，因此程序的 flag 值将保持 1，程序第 21 行侦测 flag 值，如果 flag 值为 1，表示排序完成，所以离开排序循环。

```
1   /*   ch7_20.c                    */
2   #include <stdio.h>
3   #include <stdlib.h>
4   int main()
5   {
6       int  i,j,tmp;
7       int  num[] = {3, 6, 7, 5, 9};    /* 欲排序数字 */
8       int  flag;
9
10      for ( i = 1; i < 5; i++ )
11      {
12          flag = 1;
13          for ( j = 0; j < 4; j++ )
14              if ( num[j] > num[j+1] )
15              {
16                  tmp = num[j];
17                  num[j] = num[j+1];
18                  num[j+1] = tmp;
19                  flag = 0;
20              }
21          if ( flag )
22              break;
23          printf("loop %d ",i);
24          for ( j = 0; j < 5; j++ )
25              printf("%4d",num[j]);
26          printf("\n");
27      }
28      system("pause");
29      return 0;
30  }
```

执行结果

```
C:\Cbook\ch7\ch7_20.exe
loop 1     3     6     5     7     9
loop 2     3     5     6     7     9
请按任意键继续. . .
```

上述程序最关键的地方在于如果内部循环第 13 行～第 20 行没有执行任何数组相邻元素互相对调，代表排序已经完成，此时 flag 值将保持 1，因此第 21 行的 if 语句会促使离开第 10 行～第 27 行的循环。否则只要有发生相邻值对调，第 20 行 flag 值就被设为 0，此时只要外部循环执行次数不超过 4 次，就必须继续执行。

7-5 专题实操：斐波那契数列 / 魔术方块

7-5-1 斐波那契数列

斐波那契数列的起源最早可以追溯到 1150 年印度数学家 Gopala，在西方最早研究这个数列的是意大利科学家斐波那契·李奥纳多 (Leonardo Fibonacci)，他描述兔子繁殖的数目时使用了这个数列，描述内容如下：

（1）最初有一对刚出生的小兔子。

（2）小兔子一个月后可以成为成兔。

（3）一对成兔每个月后可以生育一对小兔子。

（4）兔子永不死去。

下列为上述兔子繁殖的图例说明。

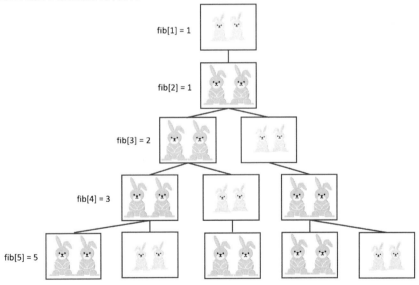

后来人们将此兔子繁殖数列称为斐波那契数列，斐波那契数列数字的规则如下：

（1）此数列的第一个值是 0，第二个值是 1，如下所示：

fib[0] = 0

fib[1] = 1

（2）其他值则是前二个数列值的总和：

fib[n] = fib[n-1] + fib[n-2], for n> = 2

最后斐波那契数列值应该是 0, 1, 1, 2, 3, 5, 8, 13, 21, 34, …

C 语言王者归来

程序实例 ch7_21.c：使用循环产生前 10 个斐波那契数列数字。

```
1   /*    ch7_21.c                    */
2   #include <stdio.h>
3   #include <stdlib.h>
4   int main()
5   {
6       int fib[10],i;
7
8       fib[0] = 0;
9       fib[1] = 1;
10      for ( i = 2; i <= 9; i++ )
11          fib[i] = fib[i-1] + fib[i-2];
12      printf("fibonacci 数列数字如下 \n");
13      for ( i = 0; i <= 9; i++ )
14          printf("%3d",fib[i]);
15      printf("\n");
16      system("pause");
17      return 0;
18  }
```

执行结果

```
C:\Cbook\ch7\ch7_21.exe
fibonacci 数列数字如下
   0  1  1  2  3  5  8 13 21 34
请按任意键继续. . .
```

由于要获得 10 个斐波那契数字，相当于 fib[0] - fib[9]，所以程序第 10 行设计 i <= 9，相当于 i > 9 时此循环将结束。

7-5-2 二维数组乘法

程序实例 ch7_22.c：二维数组乘法运算。

```
1   /*    ch7_22.c                    */
2   #include <stdio.h>
3   #include <stdlib.h>
4   int main()
5   {
6       int i, j;
7       int tmp;
8       int num1[][3] = {{2, 5, 6},
9                        {8, 5, 4},
10                       {3, 8, 6}};
11      int num2[][3] = {{56,8, 9},
12                       {76,55,2},
13                       {6, 2, 4}};
14      int num3[3][3];
15      for ( i = 0; i < 3; i++ )        /* 执行相乘 */
16          for ( j = 0; j < 3; j++ )
17          {
18              tmp = 0;
19              tmp += num1[i][0] * num2[0][j];
20              tmp += num1[i][1] * num2[1][j];
21              tmp += num1[i][2] * num2[2][j];
22              num3[i][j] = tmp;
23          }
24      printf("列出相乘结果 \n");
25      for ( i = 0; i < 3; i++ )
26          printf("%3d %3d %3d\n",num3[i][0],num3[i][1],num3[i][2]);
27      system("pause");
28      return 0;
29  }
```

执行结果

```
C:\Cbook\ch7\ch7_22.exe
列出相乘结果
528 303  52
852 347  98
812 476  67
请按任意键继续. . .
```

7-5-3 4 × 4 魔术方块

程序实例 ch7_23.c：4×4 魔术方块 (Magic Blocks) 的应用，所谓的魔术方块就是让各行的值总和

162

等于各列的值总和，以及等于两对角线的值总和。一般我们将求 4×4 的魔术方块分成下列步骤：

（1）设定魔术方块的值，假设起始值是 1，则原来方块内含值的分布应如下所示。

1	2	3	4
5	6	7	8
9	10	11	12
13	14	15	16

当然各个相邻元素间的差值，并不一定是 1，而起始值也不一定是 1。例如，我们可以设定起始值是 4，各个相邻元素的差值是 2，则原来方块内含值分布如下。

4	6	8	10
12	14	16	18
20	22	24	26
28	30	32	34

（2）求最大值和最小值的总和，这个例子的总和是 34 + 4=38。

（3）以 38 减去所有对角线的值，然后将减去的结果放在原来位置，如此就可获得魔术方块。

34	6	8	28
12	24	22	18
20	16	14	26
10	30	32	4

```
1   /*    ch7_23.c                */
2   #include <stdio.h>
3   #include <stdlib.h>
4   int main()
5   {
6       int magic[4][4] = {{4, 6, 8, 10},
7                          {12,14,16,18},
8                          {20,22,24,26},
9                          {28,30,32,34}};
10      int sum;              /* 最小值与最大值之和      */
11      int i,j;
12
13      sum = magic[0][0] + magic[3][3];
14      for ( i = 0, j = 0; i < 4; i++, j++ )
15          magic[i][j] = sum - magic[i][j];
16      for ( i = 0, j = 3; i < 4; i++, j-- )
17          magic[i][j] = sum - magic[i][j];
18      printf("最后的魔术方块如下：\n");
19      for ( i = 0; i < 4; i++ )
20      {
21          for ( j = 0; j < 4; j++ )
22              printf("%5d",magic[i][j]);
23          printf("\n");
24      }
25      system("pause");
26      return 0;
27  }
```

执行结果

```
C:\Cbook\ch7\ch7_23.exe
最后的魔术方块如下：
  34    6    8   28
  12   24   22   18
  20   16   14   26
  10   30   32    4
请按任意键继续. . .
```

7-5-4　奇数矩阵魔术方块

程序实例 ch7_24.c：奇数矩阵魔术方块的应用，它的产生步骤如下所示。

C 语言王者归来

（1）在第一行的中间位置，设定值为 1。然后，将下一个值放在它的东北方。

	1	

（2）因为上述超过行的界限，所以我们将这个值改放在该行最大行的位置，如下所示。

	1	
		2

（3）然后将下一个值放在它的东北方，因为上述超过行的界限，所以我们将这个值改放在该行最小列的位置，如下所示。

	1	
3		
		2

（4）然后将下一个值放在它的东北方，若是东北方已经有值，则将这个值改放在原先值的下方。

	1	
3		
4		2

（5）若是东北方是空值，则存入这个值，紧接着我们可以存入值 6。

	1	6
3	5	
4		2

（6）若是东北方既超过列的界限又超过行的界限，则将值放在原先值的下方。

	1	6
3	5	7
4		2

```
1   /*    ch7_24.c                    */
2   #include <stdio.h>
3   #include <stdlib.h>
4   int main()
5   {
6       int magic[3][3];
7       int n;                        /* n * n 矩阵 */
8       int i,j,k;
9
10      n = 3;
11      for ( i = 0; i < n; i++ )
12          for ( j = 0; j < n; j++ )
13              magic[i][j] = 0;      /*先令矩阵内容为 0*/
14      i = 1;
15      j = ( n / 2 ) - 1;
16      for ( k = 1; k <= n*n; k++ )
17      {
18          i--;
```

```
19          j++;                               /* 规则 1 */
20          if ( ( i == -1 ) && ( j == n ) )   /* 规则 6 */
21          {
22             i = 1;
23             j = n - 1;
24          }
25          else
26          {
27             if ( i == -1 )                  /* 规则 2 */
28                i = n - 1;
29             else
30                if ( j == n )                /* 规则 3 */
31                   j = 0;
32          }
33          if ( magic[i][j] != 0 )            /* 规则 4 */
34          {
35             i += 2;
36             j--;
37          }
38          magic[i][j] = k;
39       }
40       printf("%d * %d 魔术方块 \n",n,n);
41       for ( i = 0; i < n; i++ )
42       {
43          for ( j = 0; j < n; j++ )
44             printf("%5d", magic[i][j]);
45          printf("\n");
46       }
47       system("pause");
48       return 0;
49    }
```

执行结果

```
C:\Cbook\ch7\ch7_24.exe
3 * 3 魔术方块
      8      1      6
      3      5      7
      4      9      2
请按任意键继续. . .
```

7-5-5　基础统计

假设有一组数据，此数据有 n 笔数据，我们可以使用下列公式计算它的平均值 (Mean)、变异数 (Variance)、标准偏差 (Standard Deviation，SD，数学符号称 sigma)。

1. 平均值
指的是系列数值的平均值，其公式如下：

$$\bar{x} = \frac{1}{n}\sum_{i=1}^{n} x_i = \frac{x_1 + x_2 + \cdots + x_n}{n}$$

2. 变异数
从学术角度解说变异数主要是描述系列数据的离散程度，通俗地讲，变异数是指所有数据与平均值的偏差距离，其公式如下：

$$variance = \frac{1}{n}\sum_{i=1}^{n}(x_i - \bar{x})^2$$

3. 标准偏差
当计算变异数后，将变异数的结果开根号，可以获得平均距离，所获得的平均距离就是标准偏差，其公式如下：

$$standard\ deviation = \sqrt{\frac{1}{n}\sum_{i=1}^{n}(x_i - \bar{x})^2}$$

由于统计数据将不会更改，所以可以用数组存储处理。

程序实例 ch7_25：计算 5,6,8,9 的平均值、变异数和标准偏差。

```
1   /*    ch7_25.c                */
2   #include <stdio.h>
3   #include <stdlib.h>
4   int main()
5   {
6       int data[] = {5, 6, 8, 9};
7       int i;
8       int n = 4;
9       float means, var, dev;
10
11
12      for ( i = 0; i < n; i++ )          /* 计算平均值 */
13          means += ((float) data[i] / n);
14      var = 0.0;
15      for ( i = 0; i < n; i++)           /* 计算变异数和标准偏差 */
16      {
17          var += pow(data[i] - means, 2);
18          dev += pow(data[i] - means, 2);
19      }
20      printf("平均值 = %4.2f\n", means);
21      var = var / n;
22      printf("变异数 = %4.2f\n", var);
23      dev = pow(dev / 4, 0.5);
24      printf("标准偏差 = %4.2f\n", dev);
25      system("pause");
26      return 0;
27  }
```

执行结果

```
C:\Cbook\ch7\ch7_25.exe
平均值 = 7.00
变异数 = 2.50
标准偏差 = 1.58
请按任意键继续. . .
```

7-6 习题

一、是非题

(   ) 1. 存取数组数据值时，是以数组的索引值 (index) 指示所要存取的数据。(7-1 节)

(   ) 2. 在 C 语言中，数组的第 1 个元素，其索引值是 1。(7-1 节)

(   ) 3. 在数组声明时也可以直接设定数组的初值。(7-1 节)

(   ) 4.C 语言在编译程序时会做数组边界检查。(7-1 节)

(   ) 5. 二维数组第一个索引是列 (column)。(7-2 节)

(   ) 6. 二维数组第二个索引是行 (column)。(7-2 节)

(   ) 7. 下列是正确的二维数组索引声明。(7-2 节)

```
int sc[ ][2] = {{1, 2}, {3, 4}};
```

(   ) 8.C 语言无法处理三维以上数组。(7-3 节)

(   ) 9. 所谓的排序是指从大排到小。(7-4 节)

(   ) 10. 斐波那契数列数字的规则第一个值是 0，第二个值是 1。(7-5 节)

二、选择题

(   ) 1. 假设数组名是 sc，数组长度是 5，当打印 sc[5] 时，所获得的值称 (A) 正常数组值 (B) 正常索引值 (C) 内存残值 (D) 会有编译错误产生。(7-1 节)

(   ) 2. 有一个声明如下，那么 A[2] 等于多少？ (7-1 节)

```
int A[5] = {0, 1, 2, 3, 4};
```

（A）1 (B) 2 (C) 3 (D) 4

(　　) 3. 有一个声明如下，那么 A[0][1] 等于多少？(7-2 节)

```
int A[ ][3] = {{5,6,7},{8,9,10}}
```

(A) 5 (B) 6 (C) 7 (D) 8

(　　) 4. 铁达尼号邮轮游客所住的床舱有 10 层楼高，每一层有 50 个房间，每个房间有 4 个床位，想要索引每个床位须使用几维数组？(A) 一维 (B) 二维 (C) 三维 (D) 四维。(7-3 节)

(　　) 5. 假设有一个杂乱排放的数组有 10 个元素，若想将最大值放在数组最后一个位置，最多要比较几次？(A) 9 (B) 8 (C) 7 (D)10。(7-4 节)

三、填充题

1. 有一个数组如下 : (7-1 节)

```
int n[ ] = {5, 6, 7, 8, 9};
```

可以得到 n[1] = (　　　)，n[3] = (　　　)。

2. 有一个数组声明如下，由此可知数组长度是 (　　　)。(7-1 节)

```
int n[ ] = {5, 6, 7};
```

3. 二维数组第一个索引是 (　　) 索引。(7-2 节)

4. 二维数组第二个索引是 (　　) 索引。(7-2 节)

5. 有一个索引如下 : (7-3 节)

```
n[5][4][3]
```

上述第三维度的索引是 (　　)。

6. 所谓的排序是指从 (　　) 排到 (　　)。(7-4 节)

7. 斐波那契数列第 2 个值是 (　　)，第 3 个值是 (　　)。(7-5 节)

四、实操题

1. 使用设定一维数组初值方式重新设计程序实例 ch7_1.c。(7-1 节)

2. 扩充程序实例 ch7_8.c，增加打印学生人数。(7-1 节)

3. 程序实例 ch7_8.c 的缺点是，循环指标不是循环人数，循环人数是 (i-1)，请更改为 while 循环设计，让循环指标是学生人数。注 : 这个程序更重要的是看读者所设计的程序逻辑。(7-1 节)

```
■ C:\Cbook\ex\ex7_3.exe
输入 0 代表输入结束
请输入分数 ==> 80
请输入分数 ==> 90
请输入分数 ==> 70
请输入分数 ==> 0
平均分数是  60.00
请按任意键继续. . .
```

4. 将程序实例 ch7_10.c 扩充增加列出最大值索引。(7-1 节)

```
■ C:\Cbook\ex\ex7_4.exe
最大值     = 88
最大值索引 = 2
请按任意键继续. . .
```

5. 将程序实例 ch7_10.c 改为找出最小值和最小值索引。(7-1 节)

```
■ C:\Cbook\ex\ex7_5.exe
最小值     = 32
最小值索引 = 1
请按任意键继续. . .
```

6. 一周平均温度如下。(7-1 节)

星期日	星期一	星期二	星期三	星期四	星期五	星期六
25	26	28	23	24	29	27

请设计程序，列出星期几是最高温，同时列出温度。

```
■ C:\Cbook\ex\ex7_6.exe
最高温度是在星期五，温度是 29 度
请按任意键继续. . .
```

7. 深智公司各季度业绩表如下。(7-1 节)

产品	第 1 季度	第 2 季度	第 3 季度	第 4 季度
书籍	200	180	310	210
国际证照	80	120	60	150

请输入上述业绩，然后分别列出书籍总业绩、国际证照总业绩和全部业绩。

```
■ C:\Cbook\ex\ex7_7.exe
书籍总业绩     = 900
国际证照总业绩 = 410
全部业绩       = 1310
请按任意键继续. . .
```

8. 输出钻石外形。(7-2 节)

```
■ C:\Cbook\ex\ex7_8.exe
   *
  * *
 *   *
  * *
   *
请按任意键继续. . .
```

9. 使用二维数组概念设计 ex7_7.c。(7-2 节)

```
■ C:\Cbook\ex\ex7_9.exe
书籍总业绩      = 900
国际证照总业绩 = 410
全部业绩       = 1310
请按任意键继续. . . ■
```

10. 气象局记录了某地过去一周的最高温和最低温度。(7-2 节)

温度	星期日	星期一	星期二	星期三	星期四	星期五	星期六
最高温	30	28	29	31	33	35	32
最低温	20	21	19	22	23	24	20
平均温							

请使用二维数组记录上述温度，最后将平均温度填入上述二维数组，同时输出过去一周的最高温和最低温。

```
■ C:\Cbook\ex\ex7_10.exe
最高温 = 35.0
最低温 = 19.0
平均温 = 25.0    24.5    24.0    26.5    28.0    29.5    26.0
请按任意键继续. . . ■
```

11. 两张影像相加，可以创造一张影像含有两张影像的特质，假设有两张影像如下。(7-3 节)

执行上述影像相加，可以得到下列结果。

请建立两张三维数组的影像，下列是影像 1。

30	50	77
60	120	43
90	90	20

R

98	74	45
66	31	190
32	200	150

G

81	66	81
222	80	100
74	180	77

B

下列是影像 2。

80	77	90
120	32	100
190	86	120

R

60	10	100
70	50	77
80	40	32

G

60	100	80
70	120	90
80	200	100

B

请将上述影像相加，如果某元素相加结果大于 255，则取 255，可以得到下列结果。

```
C:\Cbook\ex\ex7_11.exe
新影像 R
110        127        167
180        152        143
255        176        140

新影像 G
158        84         145
136        81         255
112        240        182

新影像 B
141        166        161
255        200        190
154        255        177

请按任意键继续. . .
```

12. 在图像处理过程，0 是黑色，255 是白色，相当于将彩色影像的像素值变高会让影像色彩变淡，有一个影像如下，请将每个像素值加 50，如果大于 255，则取 255。(7-3 节)

下列是三维影像数组。

30	50	77
60	120	43
90	90	20

R

98	74	45
66	31	190
32	200	150

G

81	66	81
222	80	100
74	180	77

B

下列是执行结果。

```
C:\Cbook\ex\ex7_12.exe
新影像 R
80         100        127
110        170        93
140        140        70

新影像 G
148        124        95
116        81         240
82         250        200

新影像 B
131        116        131
255        130        150
124        230        127

请按任意键继续. . .
```

13. 将程序实例 ch7_20.c 泡沫排序法改为从大到小排序。(7-4 节)

```
C:\Cbook\ex\ex7_13.exe
loop 1     6    7    5    9    3
loop 2     7    6    9    5    3
loop 3     7    9    6    5    3
loop 4     9    7    6    5    3
请按任意键继续. . .
```

14. 重新设计程序实例 ch7_23.c，4×4 魔术方块的起始值与差值从屏幕输入。(7-5 节)

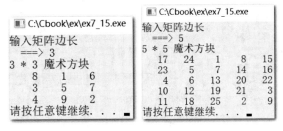

15. 重新设计程序实例 ch7_24.c，奇数魔术方块边的元素数量从屏幕输入。(7-5 节)

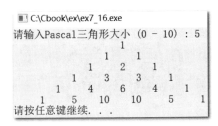

16. 建立 0 ~ 10 的 Pascal 三角形，所谓的 Pascal 三角形是第 2 层以后，每个数字是其左上方和右上
　　方的数字之和。(7-5 节)

<table>
<tr><td>C:\Cbook\ex\ex7_16.exe</td></tr>
</table>

```
请输入Pascal三角形大小 (0 - 10): 5
            1
          1   1
        1   2   1
      1   3   3   1
    1   4   6   4   1
  1   5   10   10   5   1
请按任意键继续. . .
```

```
请输入Pascal三角形大小 (0 - 10): 8
                  1
                1   1
              1   2   1
            1   3   3   1
          1   4   6   4   1
        1   5   10   20   15   6   1
      1   6   15   20   15   6   1
    1   7   21   35   35   21   7   1
  1   8   28   56   70   56   28   8   1
请按任意键继续. . .
```

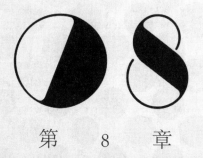

第 8 章

字符串彻底剖析

字符串行简称字符串，在 C 语言中占有相当分量，因此本书决定将所有有关字符串的相关知识集中说明。

8-1 由字符组成的一维数组

第 7 章笔者已经讲解过一维数组的使用方式，基本上数组是一种结构化的数据形态，主要是将相同形态的变量集合起来，以一个名称来代表。存取数组数据值时，则以数组的索引值 (index) 指示所要的存取的数据。

字符数组的使用、声明方式和整数数组及浮点数数组语法是完全一样的，如下所示：

数据形态 变量名称 [长度]；

上述数据形态需改为 char，可以参考下列实例。

实例：声明字符数组"name"。

```
char name[5] = {'H', 'u', 'n', 'g'};
```

或是

```
char name[ ] = {'H', 'u', 'n', 'g'};    /* 程序设计师比较常用的方式 */
```

程序实例 ch8_1.c：简易字符数组的输出。

```
1  /*    ch8_1.c                  */
2  #include <stdio.h>
3  #include <stdlib.h>
4  int main()
5  {
6      char name[] = {'H','u','n','g'};
7      int  i;
8
9      for ( i = 0; i < 4; i++ )
10         printf("%c", name[i]);
11     printf("\n");
12     system("pause");
13     return 0;
14 }
```

执行结果

```
C:\Cbook\ch8\ch8_1.exe
Hung
请按任意键继续. . .
```

上述实例第 6 行在声明字符数组时，也可以增加字符数组大小，如下所示：

```
char name[4] = {'H','u','n','g'};
```

8-2 比较字符数组和字符串

本书在 2-3-5 节和 3-4-1 节有说明简单的字符串概念，如果现在将程序实例 ch8_1.c 的字符串 hung，使用 C 语言声明，则语法如下：

```
char name[ ] = "Hung";
```

上述字符串 name 的内存图形如下方左图所示，如果将程序实例 ch8_1.c 声明的字符串绘制内存图形，可以得到下方右图。

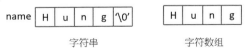

name	H	u	n	g	\0'

H	u	n	g

字符串   字符数组

也就是我们在声明字符串时，虽然没有加上"\0"字符，但是编译程序会自动为字符串加上"\0"字符。字符数组则不用在结尾加上"\0"字符。

读者可能会好奇，字符数组可不可以使用字符串格式"%s"输出，因为字符数组本身没有结尾字符"\0"，所以编译程序处理输出时需要自行抓取结尾字符"\0"，如果内存字符串末端的内存内容是"\0"则可以顺利处理输出，如果字符串末端的内存内容不是"\0"则输出时可能会有内存残留字符，造成输出错误。

程序实例 ch8_2.c：程序实例 ch8_1.c 将字符数组的字符一个一个输出，这个程序则是将字符数组使用格式符号"%s"，将字符数组用字符串格式输出，读者可以观察执行结果。

```
1   /*      ch8_2.c                */
2   #include <stdio.h>
3   #include <stdlib.h>
4   int main()
5   {
6       char str1[] = {'D','e','e','p'};
7       char str2[] = {'D','e','e','p','M','i','n','d'};
8
9       printf("%s\n", str1);
10      printf("%s\n", str2);
11      system("pause");
12      return 0;
13  }
```

执行结果

```
C:\Cbook\ch8\ch8_2.exe
Deep
DeepMind□
请按任意键继续. . .
```

结果 str1 字符数组可以正常输出，str2 字符数组输出时多了内存的残留字符，产生不可预期的结果。为了解决这类问题，许多 C 语言的程序设计师也会在字符数组末端增加"\0"字符，这样就可以避免内存残留字符的问题。

程序实例 ch8_2_1.c：在字符串末端增加"\0"。重新设计程序实例 ch8_2.c，观察执行结果。

```
1   /*      ch8_2_1.c              */
2   #include <stdio.h>
3   #include <stdlib.h>
4   int main()
5   {
6       char str1[] = {'D','e','e','p', '\0'};
7       char str2[] = {'D','e','e','p','M','i','n','d', '\0'};
8
9       printf("%s\n", str1);
10      printf("%s\n", str2);
11      system("pause");
12      return 0;
13  }
```

执行结果

```
C:\Cbook\ch8\ch8_2_1.exe
Deep
DeepMind
请按任意键继续. . . _
```

从上述可以了解 C 编译程序处理字符串与字符数组的基本概念，也就是字符数组末端没有"\0"字符，字符串末端有"\0"字符。

字符串也可以采用字符方式输出，可参考下列实例。

程序实例 ch8_3.c：将字符串以 for 循环方式逐字符输出。

```
1   /*      ch8_3.c                */
2   #include <stdio.h>
3   #include <stdlib.h>
4   int main()
5   {
6       char name[] = "Hung";   /* 字符串声明 */
7       int  i;
8
9       for ( i = 0; i < 4; i++ )
10          printf("%c", name[i]);
11      printf("\n");
12      system("pause");
13      return 0;
14  }
```

执行结果　与程序实例 ch8_1.c 执行结果相同。

上述第 5 行声明字符串同时指定字符串内容时，可以不用设定字符串长度，系统会自动配置足够的内存空间存储字符串内容"Hung"。

由于字符串有末端字符是 '\0' 的特色，所以当字符串长度是未知时，也可以使用"\0"侦测是否是字符串结尾，然后逐字符方式输出字符串。

程序实例 ch8_4.c：使用 while 循环侦测"\0"字符然后输出字符串，读者可以将此和程序实例 ch8_3.c 做比较。

```
1   /*    ch8_4.c                    */
2   #include <stdio.h>
3   #include <stdlib.h>
4   int main()
5   {
6       char name[] = "Hung";    /* 字符串声明 */
7       int  i = 0;
8
9       while (name[i] != '\0')
10          printf("%c", name[i++]);
11      printf("\n");
12      system("pause");
13      return 0;
14  }
```

执行结果　与程序实例 ch8_1.c 执行结果相同。

程序实例 ch8_4_1.c：验证字符串比字符数组多了一个"\0"字符。

```
1   /*    ch8_4_1.c                  */
2   #include <stdio.h>
3   #include <stdlib.h>
4   int main()
5   {
6       char name1[] = "Hung";
7       char name2[] = {'H','u','n','g'};
8       printf("输出字符串      : %s\n", name1);
9       printf("输出字符数组 : %s\n", name2);
10      printf("字   串   占 %d 个字节\n", sizeof(name1));
11      printf("字符数组占 %d 个字节\n", sizeof(name2));
12      system("pause");
13      return 0;
14  }
```

执行结果

```
C:\Cbook\ch8\ch8_4_1.exe
输出字符串      : Hung
输出字符数组 : Hung
字   串   占 5 个字节
字符数组占 4 个字节
请按任意键继续. . .
```

从上述我们可以得到字符串和字符数组输出结果相同，但是字符串多了一个字节，这个多的字节就是 C 编译程序自动加的"\0"。如果读者现在检视程序实例 ch8_3.c，可以知道这不是一个好的程序设计，在第 9 行笔者在 for 循环内设定如下：

i < 4

这是因为笔者已经知道字符串内容，所以比较好的设计是使用 sizeof( ) 函数计算字符串长度，然后取代上述的 4，因为字符串长度会计算结尾字符，所以获得的字符串长度必须减 1。

程序实例 ch8_4_2.c：改良程序实例 ch8_3.c 的程序设计，因为字符长度是 1 个字节，循环次数可以使用 sizeof( ) 函数计算得知。

```
1   /*    ch8_4_2.c                  */
2   #include <stdio.h>
3   #include <stdlib.h>
4   int main()
5   {
6       char name[] = "Hung";    /* 字符串声明 */
7       int  i, len;
8
9       len = sizeof(name) - 1;
10      for ( i = 0; i < len; i++ )
11          printf("%c", name[i]);
12      printf("\n");
13      system("pause");
14      return 0;
15  }
```

执行结果　与程序实例 ch8_3.c 执行结果相同。

8-3 完整解说字符串的输出与输入

8-3-1 标准字符串的输出

使用 printf( ) 函数，执行字符串输出的规则如下：

1.%s

在此格式下，C 语言会预留恰好的格数供字符串使用。

实例 1：假设有一字符串是"Hung"，控制格式符号是"%s"，则输出结果如下所示。

(注) 字符串输出时，是不包含结尾字符"\0"。

2.%ns

在此格式下，C 语言会预留 n 个格数供字符串使用，如果格数不够，C 语言会自行配置足够的空间供其使用，如果格数太多，打印结果向右对齐。

实例 2：假设有一字符串是"Hung"，控制格式符号是"%10s"，则输出结果如下所示。

3.%-ns

可设定输出结果向左对齐。

实例 3：假设有一字符串是"Hung"，控制格式符号是"%-10s"，则输出结果如下所示。

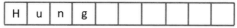

程序实例 ch8_5.c：格式化输出字符串的应用。

```
1   /*   ch8_5.c                    */
2   #include <stdio.h>
3   #include <stdlib.h>
4   int main()
5   {
6       char name[] = "Hung";
7
8       printf("/%s/\n", name);
9       printf("/%2s/\n", name);
10      printf("/%10s/\n", name);
11      printf("/%-10s/\n", name);
12      system("pause");
13      return 0;
14  }
```

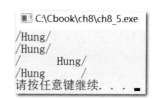

执行结果

```
C:\Cbook\ch8\ch8_5.exe
/Hung/
/Hung/
/        Hung/
/Hung     /
请按任意键继续. . .
```

8-3-2 标准字符串的输入

在第 3 章，我们已经介绍如何使用 scanf( ) 函数读取整数、浮点和字符数据了，3-4-1 节也简单地讲解读取字符串的知识，这一节则是做完整解说。

读取字符串的基本格式和读取字符、整数及浮点数的基本方式是一样的。

第 1 个字符串格式配合第 1 个字符串变量

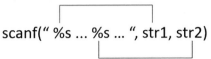

scanf(" %s … %s … ", str1, str2)

第 2 个字符串格式配合第 2 个字符串变量

值得注意的是，由于字符串变量本身就是一个符号地址，所以在 scanf( ) 函数中，没有必要在字符串变量前面加上"&"符号。同样的，在实际输入字符串时，我们也是利用空格，或是不同行的数据输入，区别哪一个字符串配合哪一个变量。

程序实例 ch8_6.c：基本字符串的读取及输出。

```
1   /*   ch8_6.c                    */
2   #include <stdio.h>
3   #include <stdlib.h>
4   int main()
5   {
6       char str1[15], str2[15], str3[15];
7
8       printf("请输入 3 个字符串 \n");
9       scanf("%s%s%s",str1,str2,str3);
10      printf("字符串 1 是 ===> %s\n",str1);
11      printf("字符串 2 是 ===> %s\n",str2);
12      printf("字符串 3 是 ===> %s\n",str3);
13      system("pause");
14      return 0;
15  }
```

执行结果

```
C:\Cbook\ch8\ch8_6.exe
请输入 3 个字符串
example
    friend
    computer
字符串 1 是 ===> example
字符串 2 是 ===> friend
字符串 3 是 ===> computer
请按任意键继续. . .
```

```
C:\Cbook\ch8\ch8_6.exe
请输入 3 个字符串
example  friend    computer
字符串 1 是 ===> example
字符串 2 是 ===> friend
字符串 3 是 ===> computer
请按任意键继续. . .
```

上述笔者故意在输入字符串时增加空格，或是换列输入，这不会影响读取字符串的正确性。在声明字符串时，还有一点必须要注意，假设字符串声明方式如下。

```
char name[ ] = "Hung";
```

在上述字符串声明中，我们没有指明字符串长度，系统会自动预留足够空间来存储"Hung"字符串。但是，如果我们在声明字符串的同时，并不指明字符串变量所存储的内容，则在声明时，一定要声明字符串长度，如程序实例 ch8_6.c 所示。

```
char str1[15], str2[15], str3[15];
```

经过上述声明之后，C 语言编译程序，会为字符串变量 str1，str2，str3 预留 15 格空间。若在程序中不声明字符串长度，例如：

```
char str1[ ], str2[ ], str3[ ];
```

虽然编译程序，在编译时，并不指出错误，但在执行时，就会产生问题，这点不可不注意。

8-4 gets( ) 函数和 puts( ) 函数

除了 printf( ) 函数和 scanf( ) 函数外，系统还提供了两个非常容易使用的字符串输入 / 输出函数，这一节讨论它们的用法。

8-4-1 gets( ) 函数

这是一种从标准输入设备 (一般是指键盘) 读入字符串的一种方式，这个函数的使用语法如下：

```
gets( 字符串变量 );
```

这时所输入的字符串会被存入此字符串变量内，使用这种方式读入字符串，会一直读取字符，直到碰到 " \r" (这是一个回转字符，每次按下 Enter 键时，键盘就会产生这个字符)，字符串读取后，会自动在字符串末端加上 "\0" 符号。另外，字符串变量本身就是一个地址，所以不用在变量名称左边增加 "&" 符号。

注 使用 scanf( ) 函数读取字符串时，系统会一直读取字符，直到碰到空白或 " \r" 才能停止。

实例：假设有一段指令如下所示：

```
char str1[81], str2[81];
    ...
gets(str1);
scanf("%s", str2);
```

假设输入字符串如下所示：

Introduction to C Language ◄———— 在此按 Enter 键

By Jiin-Kwei Hung ◄———— 在此按 Enter 键

则程序执行完后可以得到：

```
str1 字符串为 Introduction to C language
str2 字符串为 By
```

程序实例 ch8_7.c：由读取字符串，了解 gets( ) 函数和 scanf( ) 函数的差别。

```
1    /*    ch8_7.c                 */
2    #include <stdio.h>
3    #include <stdlib.h>
4    int main()
5    {
6        char str1[80];
7        char str2[80];
8
9        printf("请输入 2 个句子 \n");
10       gets(str1);
11       scanf("%s",str2);
12       printf("字符串 1 是 ===> %s\n",str1);
13       printf("字符串 2 是 ===> %s\n",str2);
14       system("pause");
15       return 0;
16   }
```

执行结果

```
C:\Cbook\ch8\ch8_7.exe
请输入 2 个句子
I am so happy.
This world has many people need our help.
字符串 1 是 ===> I am so happy.
字符串 2 是 ===> This
请按任意键继续. . .
```

8-4-2 puts( ) 函数

Puts( ) 函数的主要功能是输出字符串，它的使用格式如下：

```
puts( 字符串变量 )
```

此外，我们也可以将要输出的字符串，放入 puts( ) 函数的括号内，然后用双引号 (" ") 括起来。这个输出字符串功能会在输出字符串后，执行自动换行输出，若是和 scanf( ) 函数相比较，可以省略 "\n" 字符。未来程序设计时读者可以依照自己的需要，自行选择使用哪一种方式做字符串输出。

实例：假设有一道指令如下：

```
puts("testing testing");
```

则输出结果如下：

```
testing testing
```

程序实例 ch8_8.c：puts( ) 函数输出的应用。

```
1   /*   ch8_8.c                    */
2   #include <stdio.h>
3   #include <stdlib.h>
4   int main()
5   {
6       char str[80] = "Ming-Chi Institute of Technology";
7
8       printf("字符串输出如下 \n");
9       puts(str);
10      puts(str+4);
11      puts(&str[4]);
12      system("pause");
13      return 0;
14  }
```

执行结果

```
■ C:\Cbook\ch8\ch8_8.exe
字符串输出如下
Ming-Chi Institute of Technology
-Chi Institute of Technology
-Chi Institute of Technology
请按任意键继续. . .
```

上述程序实例第 9 行的输出比较容易了解，第 10 行的 puts(str+4) 输出概念如下：

| M | i | n | g | - | C | h | … | g | y |

+1 +2 +3 +4 +5 …

str地址

puts(str+4)是指从这里开始输出

第 10 行的 puts(str+4) 输出概念和上述一样，只是写法不一样。

程序实例 ch8_9.c：改写程序实例 ch8_8.c，改为输出中文字，并观察执行结果。

```
1   /*   ch8_9.c                    */
2   #include <stdio.h>
3   #include <stdlib.h>
4   int main()
5   {
6       char str[80] = "明志科技大学";
7
8       printf("字符串输出如下 \n");
9       puts(str);
10      puts(str+4);
11      puts(&str[4]);
12      system("pause");
13      return 0;
14  }
```

执行结果

```
■ C:\Cbook\ch8\ch8_9.exe
字符串输出如下
明志科技大学
科技大学
科技大学
请按任意键继续. . .
```

此外，因为一个中文字占据 2 个字节，所以可以得到上述结果。

8-5　C 语言的字符串处理的函数

本节将对系统所提供的字符串处理函数，做一详细的解说。由于这些函数是存储于 string.h 标题文件内，所以设计程序时必须在程序前加上下列头文件。

```
#include <string.h>
```

8-5-1　strcat( ) 函数

strcat( ) 函数是一个字符串结合的函数。它的使用语法如下：

```
char strcat(str1, str2);
```

这个函数在执行时，会将字符串 str2 接在字符串 str1 之后。

程序实例 ch8_10.c：字符串的结合——strcat( ) 函数的应用。

```
1   /*     ch8_10.c                */
2   #include <stdio.h>
3   #include <string.h>
4   int main()
5   {
6       char str1[80] = "明志科技大学";
7       char str2[80] = "是台湾知名科技大学";
8
9       printf("输出字符串如下 \n");
10      strcat(str1,str2);
11      puts(str1);
12      system("pause");
13      return 0;
14  }
```

执行结果

C:\Cbook\ch8\ch8_10.exe

输出字符串如下
明志科技大学是台湾知名科技大学
请按任意键继续. . .

8-5-2　strcmp( ) 函数

strcmp( ) 函数是一个字符串比较的函数，它的使用语法如下：

```
int strcmp(str1, str2);
```

这个函数在执行时，会将 str1 和 str2 做比较，比较结果回传值如下：

小于 0：字符串 str1 的字符值小于字符串 str2 的字符值。

等于 0：字符串 str1 的字符值等于字符串 str2 的字符值。

大于 0：字符串 str1 的字符值大于字符串 str2 的字符值。

程序实例 ch8_11.c：strcmp( ) 函数的应用。

```
1   /*     ch8_11.c                */
2   #include <stdio.h>
3   #include <string.h>
4   int main()
5   {
6       char str1[] = "Borland C++ Introduction";
7       char str2[] = "Visual C++ Introduction";
8       int i;
9
10      i = strcmp(str1,str2);
11      if ( i == 0 )
12          printf("字符串相同 \n");
13      else if ( i > 0 )
14      {
15          printf("字符串不同 \n");
16          puts("str1 字符值大于 str2");
17      }
18      else
19      {
20          printf("字符串不同 \n");
21          puts("str2 字符值大于 str1");
22      }
23      system("pause");
24      return 0;
25  }
```

执行结果

C:\Cbook\ch8\ch8_11.exe

字符串不同
str2 字符值大于 str1
请按任意键继续. . .

在上述实例中，由于 V 的字符值大于 B 的字符值，所以最后程序得出 str2 大于 str1。

8-5-3　strcpy( )函数

strcpy( )函数是一个字符串复制的函数，它的使用语法如下：

```
char strcpy(str1, str2);
```

这个函数在执行时，会将 str2 字符串，复制到 str1 字符串内，相当于 str2 字符串内容取代原先 str1 字符串内容。

程序实例 ch8_12.c：strcpy( )的函数应用。

```
1   /*  ch8_12.c                  */
2   #include <stdio.h>
3   #include <stdlib.h>
4   #include <string.h>
5   int main()
6   {
7       char str1[] = "This is a good book for C";
8       char str2[] = "Introduction to C";
9
10      puts("调用 strcpy 前");
11      printf("str1 = %s\n",str1);
12      printf("str2 = %s\n",str2);
13      strcpy(str1,str2);
14      puts("调用 strcpy 后");
15      printf("str1 = %s\n",str1);
16      printf("str2 = %s\n",str2);
17      system("pause");
18      return 0;
19  }
```

执行结果

```
C:\Cbook\ch8\ch8_12.exe
调用 strcpy 前
str1 = This is a good book for C
str2 = Introduction to C
调用 strcpy 后
str1 = Introduction to C
str2 = Introduction to C
请按任意键继续. . .
```

在尚未介绍指针前，如果想要将字符串常数设定给一个字符串变量，只能使用 strcpy( )函数方法，不过未来第 11 章和第 12 章会介绍更多这方面的知识。

8-5-4　strlen( )函数

strlen( )函数是一个回传字符串长度的函数，它的使用语法如下：

```
int strlen(str);
```

这个函数在执行时，会将 str 字符串的长度回传。注意，所回传的字符串长度是不包含"\0"结尾字符。

程序实例 ch8_13.c：strlen( )函数的应用。

```
1   /*   ch8_13.c                 */
2   #include <stdio.h>
3   #include <stdlib.h>
4   #include <string.h>
5   int main()
6   {
7       char str1[] = "Introduction to C";
8       char str2[] = "Ming Chi Institute of Technology";
9       int i;
10
11      i = strlen(str1);
12      printf("字符串 1 长度 ==> %d\n",i);
13      i = strlen(str2);
14      printf("字符串 2 长度 ==> %d\n",i);
15      system("pause");
16      return 0;
17  }
```

执行结果

```
C:\Cbook\ch8\ch8_13.exe
字符串 1 长度 ==> 17
字符串 2 长度 ==> 32
请按任意键继续. . .
```

8-5-5 strncat( ) 函数

这是 8-5-1 节 strcat( ) 函数的改良，它的使用语法如下：

```
char strncat(str1, str2, n);
```

将 n 个 str2 的字符长度连接在 str1 后，如果 n 大于 str2 的长度，则只执行将 str2 字符串接在 str1 后面。

程序实例 ch8_14.c：strncat( ) 函数的应用。

```
1   /*   ch8_14.c                 */
2   #include <stdio.h>
3   #include <stdlib.h>
4   #include <string.h>
5   int main()
6   {
7       char str1[] = "Introduction to C";
8       char str2[] = "Published by Deepmind";
9
10      puts("第 1 次字符串结合");
11      strncat(str1,str2,4);
12      puts(str1);
13      puts("第 2 次字符串结合");
14      strncat(str1,str2,50);
15      puts(str1);
16      system("pause");
17      return 0;
18  }
```

执行结果

```
C:\Cbook\ch8\ch8_14.exe
第 1 次字符串结合
Introduction to CPubl
第 2 次字符串结合
Introduction to CPublPublished by Deepmind
请按任意键继续. . .
```

8-5-6 strncmp( ) 函数

这是 8-5-2 节 strcmp( ) 函数的改良，它的使用语法如下：

```
int strncmp(str1, str2, n);
```

将字符串 str2 和 str1 做比较，比较长度是 n。如果 n 大于上述字符串，则只要直接比较两字符串就可以了，它比较结果的回传值和 strcmp 完全一样。

程序实例 ch8_15.c：strncmp( ) 函数的应用。

```
1   /*   ch8_15.c                 */
2   #include <stdio.h>
3   #include <stdlib.h>
4   #include <string.h>
5   int main()
6   {
7       char str1[] = "Ming-Chi Institute of Technology";
8       char str2[] = "Ming-Chi University of Technology";
9       int i, cmp;
10      int counter = 1;
11
12      for ( i = 8; i <= 10; i += 2)
13      {
14          printf("第 %d 次比较\n",counter++);
15          printf("比较前 %d 个字节\n", i);
16          cmp = strncmp(str1,str2,i);
17          if ( cmp == 0 )
18              printf("前 %d 个字符相等\n", i);
19          else if ( cmp > 0 )
20          {
21              printf("前 %d 个字符不同\n", i);
22              puts("str1 字符值大于 str2");
23          }
24          else
25          {
26              printf("前 %d 个字符不同\n", i);
27              puts("str2 字符值大于 str1");
28          }
29          printf("=======================\n");
30      }
31      system("pause");
32      return 0;
33  }
```

执行结果

```
C:\Cbook\ch8\ch8_15.exe
第 1 次比较
比较前 8 个字节
前 8 个字符相等
=======================
第 2 次比较
比较前 10 个字节
前 10 个字符不同
str2 字符值大于 str1
=======================
请按任意键继续. . .
```

读者可以留意一下第 12 行，过去 for 循环在做递增时，笔者皆使用 i++ 做递增，上述则是使用 i += 2 做递增 2。

8-5-7 strncpy( ) 函数

这是 8-5-1 节 strcpy( ) 函数的改良，它的使用语法如下：

```
char strncpy(str1, str2, n);
```

上述会将字符串 str2 复制至 str1 字符串上，但复制长度是 *n*，所以也只是取代 str1 的前 *n* 个字符。如果 *n* 大于字符串长度 str2，则只要将 str2 字符串复制至 str1 内就可以了。

程序实例 ch8_16.c：strncpy( ) 函数的应用。

```
1   /*   ch8_16.c                    */
2   #include <stdio.h>
3   #include <stdlib.h>
4   #include <string.h>
5   int main()
6   {
7       char str1[] = "台湾科技大学";
8       char str2[] = "明志科技大学是台湾知名科技大学";
9
10      puts("呼叫 strcpy 前");
11      printf("str1 = %s\n",str1);
12      printf("str2 = %s\n",str2);
13      strncpy(str1,str2,4);
14      puts("呼叫 strcpy 第 1 次后");
15      printf("str1 = %s\n",str1);
16      printf("str2 = %s\n",str2);
17      strncpy(str1,str2,60);
18      puts("呼叫 strcpy 第 2 次后");
19      printf("str1 = %s\n",str1);
20      printf("str2 = %s\n",str2);
21      system("pause");
22      return 0;
23  }
```

执行结果

```
 C:\Cbook\ch8\ch8_16.exe
呼叫 strcpy 前
str1 = 台湾科技大学
str2 = 明志科技大学是台湾顶知名技大学
呼叫 strcpy 第 1 次后
str1 = 台湾科技大学
str2 = 明志科技大学是台湾顶知名技大学
呼叫 strcpy 第 2 次后
str1 = 明志科技大学是台湾顶知名技大学
str2 = 明志科技大学是台湾顶知名技大学
请按任意键继续. . .
```

8-5-8 字符串大小写转换

strupr( ) 函数可以将字符串中的字母由小写转成大写，其他字符不变。strlwr( ) 函数可以将字符串中的字母由大写转成小写，其他字符不变。

```
char strupr(str);        /* 字符串中的字母由小写转成大写 */
char strlwr(str);        /* 字符串中的字母由大写转成小写 */
```

程序实例 ch8_17.c：要进入银行的网络系统，可以看到要输入验证码，验证码通常是由大小写英文字母与阿拉伯数字组成，设计一个程序可以将验证码中的字母由小写转成大写，然后由大写转成小写。

```
1   /*   ch8_17.c                    */
2   #include <stdio.h>
3   #include <stdlib.h>
4   #include <string.h>
5   int main()
6   {
7       char code[] = "Ming52Chi";
8       printf("原始验证码 = %s\n", code);
9       strupr(code);
10      printf("大写验证码 = %s\n", code);
11      strlwr(code);
12      printf("小写验证码 = %s\n", code);
13      system("pause");
14      return 0;
15  }
```

执行结果

```
 C:\Cbook\ch8\ch8_17.exe
原始验证码 = Ming52Chi
大写验证码 = MING52CHI
小写验证码 = ming52chi
请按任意键继续. . .
```

8-5-9　反向排列字符串的内容

strrev( ) 函数可以将字符串的内容反向排列，此排列过程会忽略结尾字符，这个函数的使用语法如下：

```
char strrev(str);
```

程序实例 ch8_18.c：将字符串内容反向排列。

```
1   /*   ch8_18.c              */
2   #include <stdio.h>
3   #include <stdlib.h>
4   #include <string.h>
5   int main()
6   {
7       char code[] = "deepmind";
8       printf("原始字符串 = %s\n", code);
9       strrev(code);
10      printf("反向字符串 = %s\n", code);
11      system("pause");
12      return 0;
13  }
```

执行结果

```
C:\Cbook\ch8\ch8_18.exe
原始字符串 = deepmind
反向字符串 = dnimpeed
请按任意键继续. . .
```

8-6　字符串数组

既然我们可以将字符、整数或是浮点数声明成数组，自然我们也可以将字符串声明成数组来使用。

8-6-1　字符串数组的声明

字符串数组也和整数、浮点数、字符数组一样，使用前必须先声明，声明的语法如下：

```
char 字符串数组名 [字符串数量][字符串长度];
```

上述第 1 个索引是字符串的数量，第 2 个索引是字符串的长度。读者需要特别留意的是，声明完字符串数组后，字符串数组的内容不一定是空白，可能会有内存残值存在。

程序实例 ch8_19.c：读取与输出字符串数组的应用，读者可以特别留意第 12 行，如果使用字符串索引，将输入字符串赋值给字符串数组的变量。

```
1   /*   ch8_19.c              */
2   #include <stdio.h>
3   #include <stdlib.h>
4   #include <string.h>
5   int main()
6   {
7       char fruit[3][10];
8       int i;
9       for ( i = 0; i < 3; i++ )
10      {
11          printf("请输入水果 : ");
12          scanf("%s",fruit[i]);
13      }
14      printf("你输入的水果如下 : \n");
15      for ( i = 0; i < 3; i++ )
16          printf("%s\n",fruit[i]);
17      system("pause");
18      return 0;
19  }
```

执行结果

```
C:\Cbook\ch8\ch8_19.exe
请输入水果 : Apple
请输入水果 : Banana
请输入水果 : Grapes
你输入的水果如下 :
Apple
Banana
Grapes
请按任意键继续. . .
```

上述程序声明完第 6 行后，内存内容如下。

fruit[0]									
fruit[1]									
fruit[2]									

当输入 3 种水果后，内存内容如下。

fruit[0]	A	p	p	l	e	'\0'			
fruit[1]	B	a	n	a	n	a	'\0'		
fruit[2]	G	r	a	p	e	s	'\0'		

8-6-2　字符串数组的初值设定

字符串数组也和整数、浮点数、字符数组一样，可以设定初值，语法如下：

```
char 字符串数组名 [ 字符串数量 ][ 字符串长度 ] = { " 字符串 1",
                                            " 字符串 2",
                                            …,
                                            " 字符串 n"};
```

实例：设定 fruit[3][10] 的初值。

```
char fruit[3][10] = {"Apple", "Banana", "Grapes"};
```

程序实例 ch8_20.c：字符串数组初值设定、输出字符串和字符串地址的应用。

```
1   /*   ch8_20.c                */
2   #include <stdio.h>
3   #include <stdlib.h>
4   #include <string.h>>
5   int main()
6   {
7       char fruit[3][10] = {"Apple",
8                            "Banana",
9                            "Grapes"};
10      int i;
11      for ( i = 0; i < 3; i++ )
12      {
13          printf("字符串内容 %s\n",fruit[i]);      /* 输出字符串内容 */
14          printf("字符串地址 %p\n",fruit[i]);      /* 输出字符串地址 */
15      }
16      system("pause");
17      return 0;
18  }
```

执行结果

```
■ C:\Cbook\ch8\ch8_20.exe
字符串内容 Apple
字符串地址 000000000062FDF0
字符串内容 Banana
字符串地址 000000000062FDFA
字符串内容 Grapes
字符串地址 000000000062FE04
请按任意键继续. . .
```

从上述执行结果可以看到程序声明初值成功，这个程序第 14 行使用"%p"当作字符串的格式符号，这个格式符号可以回传字符串 fruit[i] 的地址，所以我们可以看到上述声明字符串初值后，得到下列内存结果。

上述地址省略了左边的 0

上述因为字符串设定长度是 10，所以可以看到每个字符串的间距是 10 个字节，至于上述地址的更多相关知识，将在第 10 章的指标章节解说。另外，第 14 行的"%p"若是改为"%X"，标记内存时可以省略左边的 0。

程序实例 ch8_20_1.c：将格式化内存地址符号"%p"改为"%X"，重新设计程序实例 ch8_20.c。

```
14          printf("字符串地址 %X\n",fruit[i]);        /* 输出字符串地址 */
```

执行结果

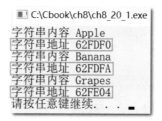

注 C 语言的官方手册建议使用 %p 当作内存的格式符号，但是因为使用这种方式格式化内存时，会列出完整的地址，地址前方会有许多 0，所以许多程序设计师会用"%X"当作内存的格式符号，这个方法可以省略地址前方的 0。

此外，使用字符串数组声明时，也可以省略最左索引，也就是字符串数量的声明，可以参考下列实例。

程序实例 ch8_21.c：重新设计程序实例 ch8_20.c，但是省略字符串数量的声明。

```
7       char fruit[][10] = {"Apple",
8                            "Banana",
9                            "Grapes"};
```

执行结果 与程序实例 ch8_20.c 执行结果相同。

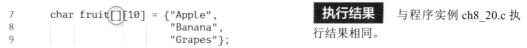

8-7-1 字符串内容的复制

程序实例 ch8_22.c：不使用 strcpy( ) 函数，将 str1 字符串内容复制到 str2，然后输出 str1 和 str2 字符串。

```
1   /*    ch8_22.c                    */
2   #include <stdio.h>
3   #include <stdlib.h>
4   int main()
5   {
6       char str1[] = "Deepmind";
7       char str2[10];
8       int  i = 0;
9
10      printf("str1 = %s\n",str1);
11      while (str1[i] != '\0')
12      {
13          str2[i] = str1[i];       /* 将str1字符串内容放至str2 */
14          i++;
15      }
16      printf("str2 = %s\n",str1);
17      system("pause");
18      return 0;
19  }
```

执行结果

```
C:\Cbook\ch8\ch8_22.exe

str1 = Deepmind
str2 = Deepmind
请按任意键继续. . .
```

8-7-2　仿真输入账号和密码

程序实例 ch8_23.c：这个程序会先设定账号 account 和密码 password，然后要求你输入账号和密码，然后针对输入是否正确响应相关信息。

```
1   /*    ch8_23.c                    */
2   #include <stdio.h>
3   #include <stdlib.h>
4   #include <string.h>
5   int main()
6   {
7       char account[] = "hung";
8       char password[] = "kwei";
9       char acc[10];
10      char pass[10];
11
12      printf("请输入账号 : ",acc);
13      gets(acc);
14      printf("请输入密码 : ",pass);
15      gets(pass);
16      if (strcmp(account, acc) == 0)
17      {
18          if (strcmp(password, pass) == 0)
19              printf("欢迎进入Deepmind系统\n");
20          else
21              printf("密码错误\n");
22      }
23      else
24          printf("账号错误\n");
25      system("pause");
26      return 0;
27  }
```

执行结果

```
C:\Cbook\ch8\ch8_23.exe

请输入账号 : hung
请输入密码 : kwei
欢迎进入Deepmind系统
请按任意键继续. . .
```

```
C:\Cbook\ch8\ch8_23.exe

请输入账号 : hung
请输入密码 : kkk
密码错误
请按任意键继续. . .
```

```
C:\Cbook\ch8\ch8_23.exe

请输入账号 : kkk
请输入密码 : kkk
账号错误
请按任意键继续. . .
```

8-7-3　仿真建立银行密码

程序实例 ch8_24.c：一般银行账号会规定密码长度在 6 ～ 10 个字符，如果太少或是太多会响应建立密码失败。

```
1   /*    ch8_24.c                  */
2   #include <stdio.h>
3   #include <stdlib.h>
4   #include <string.h>
5   int main()
6   {
7       char password[12];
8       int len;
9
10      printf("请建立密码 : ");
11      scanf("%s", password);
12      len = strlen(password);
13      if ( len > 10 )
14          printf("密码长度超出限制\n");
15      else if ( len < 6 )
16          printf("密码长度太短\n");
17      else
18          printf("建立密码 OK\n");
19      system("pause");
20      return 0;
21  }
```

执行结果

```
C:\Cbook\ch8\ch8_24.exe
请建立密码 : hungjiin
建立密码 OK
请按任意键继续. . .
```

```
C:\Cbook\ch8\ch8_24.exe
请建立密码 : 123456789ab
密码长度超出限制
请按任意键继续. . .
```

```
C:\Cbook\ch8\ch8_24.exe
请建立密码 : kwei
密码长度太短
请按任意键继续. . .
```

8-7-4　计算字符串数组内字符串的数量

C 语言没有适当的函数可以计算字符串数组中字符串的数量，但是可以使用 sizeof( ) 函数计算字符串的数量，假设字符串数组的变量名称是 course，公式如下：

```
len = sizeof(course) / sizeof(course[0]);          /* len 是字符串的数量 */
```

上述相当于整体字符串数组的大小除以每个字符串的大小，就可以得到字符串的数量。

程序实例 ch8_25.c：计算字符串数组内字符串的数量。

```
1   /*    ch8_25.c                  */
2   #include <stdio.h>
3   #include <stdlib.h>
4   int main()
5   {
6       char course[][50] = {"AI 数学",
7                            "Python",
8                            "现代物理"};
9       int len;
10      len = sizeof(course) / sizeof(course[0]);
11      printf("字符串数量 = %d\n", len);
12      system("pause");
13      return 0;
14  }
```

执行结果

```
C:\Cbook\ch8\ch8_25.exe
字符串数量 = 3
请按任意键继续. . .
```

8-7-5　建立今天的课表

程序实例 ch8_26.c：建立 time(时间表) 和 course(课程表) 的字符串数组，然后将这两个二维数组的字符串结合，最后列出课表。

```
1   /*  ch8_26.c                */
2   #include <stdio.h>
3   #include <stdlib.h>
4   #include <string.h>>
5   int main()
6   {
7       char time[][50] = {"09:00 - 09:50",
8                          "10:00 - 10:50",
9                          "11:00 - 11:50"};
10      char course[][50] = {"  AI 数学",
11                           "  Python",
12                           "  现代物理"};
13      int i, len;
14      len = sizeof(time) / sizeof(time[0]);    /* 字符串数量 */
15      for ( i = 0; i < len; i++ )
16          strcat(time[i],course[i]);
17      printf("我今天的课表\n");
18      for ( i = 0; i < len; i++ )
19          printf("%s\n",time[i]);
20      system("pause");
21      return 0;
22  }
```

执行结果

```
C:\Cbook\ch8\ch8_26.exe
我今天的课表
09:00 - 09:50    AI 数学
10:00 - 10:50    Python
11:00 - 11:50    现代物理
请按任意键继续. . .
```

8-8　习题

一、是非题

( ) 1. 下列是字符数组的合法定义。(8-1 节)

　　char mystr = ['t', 'e', 'x', 'b'];

( ) 2. 相同内容的字符数组与字符串，其长度一定相同。(8-2 节)

( ) 3. 字符串的结尾字符是 "\0"。(8-2 节)

( ) 4. 使用 printf( ) 函数输出字符串变量时，输出个格式符号可以是 "%-ns"。(8-3 节)

( ) 5. 使用 gets( ) 函数读取字符串时，碰到空白会停止读取。(8-4 节)

( ) 6.strcat( ) 函数可以执行字符串的复制。(8-5 节)

( ) 7. 使用 strlen( ) 函数计算字符串的长度时，会将字符串结尾字符包含进去。(8-5 节)

( ) 8.strncmp( ) 函数在做字符串比较时，可以只比较特定长度。(8-5 节)

( ) 9. 声明字符串数组初值时，字符串长度索引可以省略。(8-6 节)

二、选择题

( ) 1. 下列哪一项是合法的字符数组初值声明？ (8-1 节)

　　(A) char data[ ] = {'1','s','t'};

　　(B) char data[3] = ['1','s','t'];

　　(C) char data[ ] = ['1','s','t'];

　　(D) char data[3] = ('1','s','t');

( ) 2. 字符串的结尾字符是 (A) '\n' (B) '0' (C) 'r' (D) '\0'。(8-2 节)

( ) 3. 哪一个格式符号，可以让预留格数较多时，字符串向右对齐？ (A) %s (B) %ns (C) %-ns (D) %p。(8-3 节)

( ) 4. 有一个字符串内容是 str = "Introduction"，puts(str+5) 的输出是 (A) Intro (B) ction (C) duction (D) Introduction。(8-4 节)

( ) 5. 下列哪一个函数和输入与输出无关？ (A) gets( ) (B) puts( ) (C) scanf( ) (D) strcat( )。(8-5 节)

(   ) 6. 哪一个函数可以将字符串由小写转换成大写，其他字符则不变？ (A) strupr( ) (B) strlwr( ) (C) strcpy (D) strrev( )。(8-5 节)

(   ) 7. 哪一个函数可以将字符串由大写转换成小写，其他字符则不变？ (A) strupr( ) (B) strlwr( ) (C) strcpy (D) strrev( )。(8-5 节)

(   ) 8. 字符串数组的第一个索引是 (A) 字符串数量 (B) 字符串长度 (C) 变量名称 (D) 以上都不对。(8-6 节)

(   ) 9.printf( ) 函数的格式符号 (A) %d (B) %c (C) %s (D) %p 可以回传字符串数组特定索引的地址。(8-6 节)

三、填充题

1. 字符串数组的数据形态是 (   )。(8-1 节)

2. 字符串的结尾字符是 (   )。(8-2 节)

3. 输出函数 printf( ) 的字符串输出格式有哪 3 种符号 (   )、(   )、(   )。(8-3 节)

4. 使用 gets( ) 函数读取字符串时，会一直读到 (   ) 才会停止。(8-4 节)

5. 使用 (   ) 函数输出字符串后，下一个输出数据可以自动换行输出。(8-4 节)。

6.(   ) 函数可以执行字符串结合。(8-5 节)

7. 执行 strcmp( ) 函数做字符串比较时，如果两个字符串内容相同会回传 (   )。(8-5 节)

8.(   ) 函数可以回传字符串的长度。(8-5 节)

9.(   ) 函数可以将字符串中字母由小写转成大写。(8-5 节)

10.(   ) 函数可以将字符串中字母由大写转成小写。(8-5 节)

11.(   ) 函数可以反向排列字符串。(8-5 节)

12. 声明字符串数组的初值时，(   ) 索引可以省略。(8-6 节)

四、实操题

1. 设计一个单词 Sunday 的字符数组初值，然后分别打印。(8-1 节)

2. 请设计一个 12 生肖字符串，然后使用 for 循环方式输出此 12 生肖。(8-2 节)

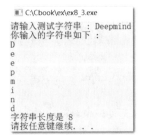

3. 请输入字符串，本程序会输出字符串，同时列出字符串的字母数。(8-2 和 8-3 节)

4. 请输入一个句子，这个程序会输出该句子内有多少个单词。(8-4 节)

```
■ C:\Cbook\ex\ex8_4.exe
请输入 1 个句子 :
I like Python and C
单词数量 = 5
请按任意键继续. . .
```

5. 请输入会议起始和结束时间，然后输入会议主题，这个程序会将输入数据组合起来，其中时间和会议主题间会有 5 个空格。(8-5 节)

```
■ C:\Cbook\ex\ex8_5.exe
请输入会议起始时间 : 09:00
请输入会议结束时间 : 11:00
请输入会议    主题 : C
今天的会议如下 :
 09:00 - 11:00     C
请按任意键继续. . .
```

6. 试写一个程序读取键盘输入的字符串，最后列出 a、b、c 字母各出现的次数。(8-5 节)

```
■ C:\Cbook\ex\ex8_6.exe        ■ C:\Cbook\ex\ex8_6.exe
请输入英文单字 : banana         请输入英文单字 : cairo
字母 a 出现 3 次                 字母 a 出现 1 次
字母 b 出现 1 次                 字母 b 出现 0 次
字母 c 出现 0 次                 字母 c 出现 1 次
请按任意键继续. . .              请按任意键继续. . . ▄
```

7. 写一个程序，将输入句子的大写字母改成小写字母。(8-5 节)

```
■ C:\Cbook\ex\ex8_7.exe
请输入一个句子，这个程序会将大写字母改成小写字母
输入 = I love Python and C
结果 = i love python and c
请按任意键继续. . .
```

8. 写一个程序，将输入句子的小写字母改成大写字母。(8-5 节)

```
■ C:\Cbook\ex\ex8_8.exe
请输入一个句子，这个程序会将小写字母改成大写字母
输入 = I love Python and C
结果 = I LOVE PYTHON AND C
请按任意键继续. . .
```

9. 输入句子，然后将句子的字母反向输出。(8-5 节)

```
■ C:\Cbook\ex\ex8_9.exe
请输入一个句子，然后字母反向输出
输入 = Python is good
结果 = doog si nohtyP
请按任意键继续. . .
```

10. 使用字符串数组分别建立牛肉面、打卤面、榨菜肉丝面菜单，同时字符串数组也建立价格 300 元、200 元和 180 元，最后列出组合菜单。(8-6 节)

注　价格表可以使用字符串方式建立。

```
■ C:\Cbook\ex\ex8_10.exe
王者归来菜单如下
    牛肉面 : 300元
    打卤面 : 200元
  榨菜肉丝面 : 180元
请按任意键继续. . .
```

C 语言王者归来

11. 扩充设计程序实例 ch8_23.c，当发生账号与密码皆错误时，会同时指出账号与密码错误。(8-7 节)

```
C:\Cbook\ex\ex8_11.exe
请输入账号 ： kkk
请输入密码 ： kkk
账号错误
密码错误
请按任意键继续. . .
```

12. 将 NBA 球队依字符串做泡沫排序，这个程序会先用字符串数组建立 5 个球队，然后执行排序，最后输出排序结果。(8-7 节)

```
C:\Cbook\ex\ex8_12.exe
NBA球队原始排序
Golden State Warriors
Cleveland Cavaliers
LA Laker
Chicago Bulls
Houston Rockets
NBA球队排序结果
Chicago Bulls
Cleveland Cavaliers
Golden State Warriors
Houston Rockets
LA Laker
请按任意键继续. . .
```

第 9 章

函数的应用

所谓的函数（function），其实就是由一系列指令语句所组合而成，它的目的有两个。

（1）当我们在设计一个大型程序时，若是能将这个程序依功能分割成较小功能，然后依这些小功能要求撰写函数，如此，不仅使程序简单化，同时也使得最后侦错变得容易。而这些小的函数，就是建构模块化设计大型应用程序的基石。

（2）在一个程序中，也许会发生某些指令，被重复地书写在程序各个不同地方，若是我们能将这些重复的指令撰写成一个函数，需要时再加以调用，如此，不仅减少编辑程序时间，同时更可使程序精简、清晰、明了。

下面是调用函数的基本流程图。

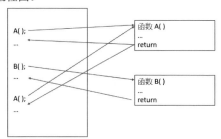

当一个程序在调用函数时，C 语言会自动跳到被调用的函数上执行工作，执行完后，C 语言会回到原先程序执行位置，然后继续执行下一道指令。学习函数的重点如下：

（1）认识函数的基本架构。

（2）函数的声明。

（3）设计函数的主体，包含参数（有的人称此为自变量）的使用、回传值。

注 函数有两种，一种是 C 语言系统提供的内建函数，例如，每个程序会使用的 system( ) 函数，或是第 4 章所提的数学函数，等等。另一种是用户自行设计的函数，这也是本章重点讲解内容。

9-1 函数的体验

9-1-1 基础概念

这一节将使用简单的实例，让读者体验使用函数。

程序实例 ch9_1.c：函数的体验。

```
1  /*   ch9_1.c            */
2  #include <stdio.h>
3  #include <stdlib.h>
4  void output()
5  {
6      printf("output!\n");
7      return;
8  }
9  int main()
10 {
11     output();
12     printf("ch9_1.c\n");
13     output();
14     system("pause");
15     return 0;
16 }
```

执行结果

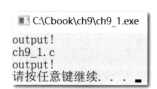

程序第 11 行调用 output( ) 函数后，会执行第 4 行～第 8 行的 output( ) 函数，执行完后，即回到 main( ) 主程序，然后执行第 12 行主程序的 printf( ) 函数，第 13 行则是再次调用 output( ) 函数，整个流程如下。

```
 9   int main()                              4   void output()
10   {                                       5   {
11       output();          ③                6       printf("output!\n");
12       printf("ch9_1_e\n");  ②             7       return;
13       output();                           8   }
14       system("pause");      ④
15       return 0;
16   }
```

9-1-2　函数的原型声明

在上述程序中，函数 void output( ) 是放在 int main( ) 的前面，所以可以不用特别声明，我们也可以将所设计的函数放在 int main( ) 后面，这时就需要声明 void output( ) 函数，这个声明可以让 C 语言的编译程序认知我们将在程序代码内使用这个函数。

对程序实例 ch9_1.c 而言，因为没有传递任何参数，函数的声明如下：

```
void output( );
```

这个声明在程序语言中称为函数原型 (prototype)，函数原型的语法格式如下：

回传值数据形态　函数名称（参数类型，参数类型，… ）;

上述声明相当于告诉编译程序函数的名称、参数、回传值数据形态等。对 output( ) 函数而言，因为没有传递参数，没有回传值，所以可以用下列方式设计函数原型。

```
void output( );
```

或

```
void output(void);                          /* 虽然没有参数，也可以使用 void */
```

假设设计的是整数加法运算，回传值是加法结果，可以使用下列方式设计此函数原型。

```
int add(int, int);
```

9-1-3　函数的基本架构

认识了函数原型后，现在我们可以说一个函数是由两个部分所组成。

（1）函数原型。
（2）函数的主体。

9-1-4　函数原型的位置

函数原型可以放在 int main( ) 内部，这时只有 main( ) 可以调用。另外，也可以将函数原型放在 main( ) 之外，这时所有项目文件的其他程序皆可以调用。设计 C 语言程序时，常将函数原型放在 main( ) 上方。

9-1-5 函数名称

函数名称的命名规则和一般变量名称相同，不要使用 C 语言的关键词，建议使用有意义的名称。

9-1-6 函数、函数原型与 main( ) 的位置总整理

基本上可以将函数、函数原型声明与 main( ) 的位置分成下列几个图解做概念说明。

1. 函数在 main( ) 上方

函数主体在main( )上方
可以省略函数原型声明

函数主体在main( )下方

这时可以省略函数原型声明，可以参考上方左图。如果所设计的是大型项目，此函数可能会在其他程序内调用，则仍需执行声明。

2. 函数在 main( ) 下方

函数主体在main( )下方
函数原型声明在main( )上方

函数主体在main( )下方
函数原型声明在main( )内部

函数在 main( ) 下方，则一定需要声明函数原型，这时有两种可能。

（1）函数原型在 main( ) 上方声明，这时这个程序可以调用此函数，大型项目的其他程序也可以调用此程序。

（2）函数原型在 main( ) 内声明，这时只有此 main( ) 内部可以调用此函数。

注 笔者个人比较喜欢采用将函数放在 main( ) 上方，由于程序非项目型的实例，不复杂所以可以省略函数原型声明。不过为了让读者适应所有可能设计方式，笔者未来的程序实例两种设计方式皆会使用。

程序实例 ch9_2.c：加上函数原型概念，重新设计程序实例 ch9_1.c。

```
 1   /*    ch9_2.c                  */
 2   #include <stdio.h>
 3   #include <stdlib.h>
 4   void output();        /* 函数原型声明 */
 5   int main()
 6   {
 7       output();
 8       printf("ch9_1.c\n");
 9       output();
10       system("pause");
11       return 0;
12   }
13   void output()
14   {
15       printf("output!\n");
16       return;
17   }
```

执行结果　与程序实例 ch9_1.c 执行结果相同。

对于上述程序，笔者因为在第 4 行做了函数原型声明，所以可以将 output( ) 函数放在 main( ) 的后面。如果没有做函数原型声明，将 output( ) 函数放在 main( ) 后面，使用 Dev C++ 编译程序时，虽然可以编译和执行，但是会有警告信息。

程序实例 ch9_3.c：取消函数原型声明，重新设计程序实例 ch9_2.c，本程序可以执行，但是会有警告信息。

```
 1   /*    ch9_3.c                  */
 2   #include <stdio.h>
 3   #include <stdlib.h>
 4
 5   int main()
 6   {
 7       output();
 8       printf("ch9_1.c\n");
 9       output();
10       system("pause");
11       return 0;
12   }
13   void output()
14   {
15       printf("output!\n");
16       return;
17   }
```

执行结果　与程序实例 ch9_2.c 执行结果相同，会出现下列警告信息。

[Warning] conflicting types for 'output'

9-2　函数的主体

9-2-1　函数定义

函数的基本定义如下所示：

函数形态　函数名称 (数据形态　参数 1，数据形态　参数 2，…，数据形态　参数 n)

{

　　　函数主体

}

函数形态是指函数的回传值形态，该值可以是 C 语言中任一个数据形态，如果您没有设定形态，则 C 语言会自动假设这是一个整数形态。

另外，有时候某个程序在调用函数时，并不期待这个函数值回传任何参数，此时，你可以将这个函数声明成 void 形态。如果你没有将它声明成 void 形态，C 编译程序也不会有错误信息产生，不过为了使程序清晰易懂，最好要养成声明函数形态的习惯。

9-2-2 函数有传递参数的设计

程序实例 ch9_4.c：比较大小的函数设计。这个程序在执行时，会要求输入两个整数，主程序会将这两个参数传入函数 larger( ) 判别大小，然后输出较大值，要是两数值相等，则输出两数值相等。

```
1   /*   ch9_4.c                  */
2   #include <stdio.h>
3   #include <stdlib.h>
4   void larger(int a, int b)
5   {
6       if ( a < b )
7           printf("较大值是 %d \n",b);
8       else if ( a > b )
9           printf("较大值是 %d \n",a);
10      else
11          printf("两数值相等 \n");
12  }
13  int main()
14  {
15      int i,j;
16
17      printf("请输入两数值 \n ==> ");
18      scanf("%d %d",&i,&j);
19      larger(i,j);
20      system("pause");
21      return 0;
22  }
```

执行结果

```
C:\Cbook\ch9\ch9_4.exe
请输入两数值
 ==> 75 22
较大值是 75
请按任意键继续. . .
```

```
C:\Cbook\ch9\ch9_4.exe
请输入两数值
 ==> 10 10
两数值相等
请按任意键继续. . .
```

上述函数内含参数设计方式如下：

```
void large(int a, int b)
{
    …

}
```

上述当接收 larger( ) 函数被调用后，会将所接收的参数复制一份，存到函数所使用的内存中，此例是 a 和 b，当 larger( ) 函数执行结束后，此函数变量 a 和 b 所占用的内存会被释放给系统。此外，main( ) 函数内的变量 i 和 j 并不会因为调用 larger( ) 函数，程序的主控权移交给 larger( ) 函数而影响自己的内容。

❑ 旧的 C 语言函数语法。

早期 C 语言程序设计师在设计函数时，在函数括号内不设置变量形态，采用下面方式设置变量形态。

```
void large(a, b)
int a, b;                    /*  在此设置参数的数据形态  */
{
    …

}
```

上述是旧的 C 语言语法，不建议使用，但是需要了解有这种变量形态设置方式，语法实例可以参考程序实例 ch9_5.c。

程序实例 ch9_5.c：函数括号内不设置变量形态，采用下一行设置变量形态。

```
1   /*    ch9_5.c                    */
2   #include <stdio.h>
3   #include <stdlib.h>
4   void larger(a, b)   /* 旧版声明 */
5   int a, b;
6   {
7       if ( a < b )
8          printf("较大值是 %d \n",b);
9       else if ( a > b )
10         printf("较大值是 %d \n",a);
11      else
12         printf("两数值相等 \n");
13  }
14  int main()
15  {
16      int i,j;
17
18      printf("请输入两数值 \n ==> ");
19      scanf("%d %d",&i,&j);
20      larger(i,j);
21      system("pause");
22      return 0;
23  }
```

执行结果　与程序实例 ch9_4.c 执行结果相同。

上述也就是将程序实例 ch9_4.c 的第 4 行拆成两行 (第 4 行和第 5 行) 表达。

对于程序实例 ch9_4.c 的函数 larger( ) 形态是 void，也就是没有回传值，笔者省略在函数末端撰写 return，程序可以正常运作，不过一般 C 语言程序设计师，即使在没有回传值的情况，也喜欢在函数末端增加 return。

程序实例 ch9_6.c：重新设计程序实例 ch9_4.c，在函数末端增加 return 语句。

```
1   /*    ch9_6.c                    */
2   #include <stdio.h>
3   #include <stdlib.h>
4   void larger(int a, int b)
5   {
6       if ( a < b )
7          printf("较大值是 %d \n",b);
8       else if ( a > b )
9          printf("较大值是 %d \n",a);
10      else
11         printf("两数值相等 \n");
12      return;
13  }
14  int main()
15  {
16      int i,j;
17
18      printf("请输入两数值 \n ==> ");
19      scanf("%d %d",&i,&j);
20      larger(i,j);
21      system("pause");
22      return 0;
23  }
```

执行结果　与程序实例 ch9_4.c 执行结果相同。

9-2-3 函数有不一样形态的参数设计

C 语言允许函数可以有多个参数，也允许参数有不同数据形态，可以参考下列实例。

程序实例 ch9_7.c：传递两个不同形态参数的应用，这个程序会读取字符和阿拉伯数字，然后将字符依阿拉伯数字重复输出。

```
1   /*    ch9_7.c                 */
2   #include <stdio.h>
3   #include <stdlib.h>
4   void print_char(int loop, char ch)
5   {
6       int i;
7       for ( i = 0; i < loop; i++)
8           printf("%c",ch);
9       printf("\n");
10      return;
11  }
12  int main()
13  {
14      int times;
15      char mychar;
16
17      printf("请输入重复次数 : ");
18      scanf("%d",&times);
19      printf("请输入输出字符 : ");
20      scanf(" %c",&mychar);
21      print_char(times, mychar);
22      system("pause");
23      return 0;
24  }
```

执行结果

```
C:\Cbook\ch9\ch9_7.exe
请输入重复次数 : 5
请输入输出字符 : K
KKKKK
请按任意键继续. . .
```

```
C:\Cbook\ch9\ch9_7.exe
请输入重复次数 : 8
请输入输出字符 : A
AAAAAAAA
请按任意键继续. . .
```

9-3 函数的回传值 return

9-3-1 回传值是整数的应用

在前面的所有程序实例中，函数都不必回传给 main( ) 内调用程序内的任何值，因此在函数结束时，我们是用右大括号" }"代表函数结束，或是在" }"前增加 return 语句，然后回到 main( ) 内调用语句的下一行。

但毕竟在真实的程序设计中，没有回传值的函数仍是少数，一般函数设计，经常会要求函数能回传某些值，此时我们可用 return 语句达成这个任务。其实 return 除了可以把函数内的值回传调用程序之外，同时具有让函数结束，返回调用程序的功能。有回传值的函数设计时，可以在函数右大括号" }"的前一行使用 return，如下所示：

```
return 回传值 ;
```

程序实例 ch9_8.c：设计加法函数，然后回传加法结果。

```
1    /*    ch9_8.c                    */
2    #include <stdio.h>
3    #include <stdlib.h>
4    int add(int a, int b)
5    {
6        int sum = 0;
7        sum = a + b;
8        return sum;
9    }
10   int main()
11   {
12       int x, y;
13       int total = 0;
14
15       printf("请输入两数值 \n ==> ");
16       scanf("%d %d",&x,&y);
17       total = add(x, y);
18       printf("%d + %d = %d\n", x, y, total);
19       system("pause");
20       return 0;
21   }
```

执行结果

```
■ C:\Cbook\ch9\ch9_8.exe
请输入两数值
 ==> 3 6
3 + 6 = 9
请按任意键继续. . .
```

```
■ C:\Cbook\ch9\ch9_8.exe
请输入两数值
 ==> 123 256
123 + 256 = 379
请按任意键继续. . .
```

上述函数是比较正规的写法，许多程序设计师有时会将简单的表达式直接当作回传值。

程序实例 ch9_9.c：简化设计程序实例 ch9_8.c 的 add( ) 函数，将表达式当作回传值，相当于将第 6 行取代原先的第 6 行～第 8 行。

```
1    /*    ch9_9.c                    */
2    #include <stdio.h>
3    #include <stdlib.h>
4    int add(int a, int b)
5    {
6        return a + b;
7    }
8    int main()
9    {
10       int x, y;
11       int total = 0;
12
13       printf("请输入两数值 \n ==> ");
14       scanf("%d %d",&x,&y);
15       total = add(x, y);
16       printf("%d + %d = %d\n", x, y, total);
17       system("pause");
18       return 0;
19   }
```

执行结果　与程序实例 ch9_8.c 执行结果相同。

上述程序第 16 行在 printf( ) 函数的输出数据过程，笔者使用输出变量 total，这个变量是 add( ) 函数的执行结果，因为 add( ) 函数是整数数据形态的函数，其实在打印变量区，也可以在此直接写上函数名称 add(x, y)，也就是将此函数当作整数变量函数，这样可以简化设计。

程序实例 ch9_10.c：重新设计程序实例 ch9_9.c，将函数名称 add( ) 当作打印变量区的变量，这样可以简化设计。

```
1    /*    ch9_10.c                   */
2    #include <stdio.h>
3    #include <stdlib.h>
4    int add(int a, int b)
5    {
6        return a + b;
7    }
8    int main()
9    {
10       int x, y;
11
12       printf("请输入两数值 \n ==> ");
13       scanf("%d %d",&x,&y);
14       printf("%d + %d = %d\n", x, y, add(x,y));
15       system("pause");
16       return 0;
17   }
```

执行结果　与程序实例 ch9_9.c 执行结果相同。

9-3-2　回传值是浮点数的应用

4-1 节笔者有说明 C 语言内建函数 pow( ) 的用法，现在我们简化设计 pow( ) 函数，所简化的部分是让次方数限制是整数。

程序实例 ch9_11.c：设计次方的函数 mypow( )，这个函数会要求输入底数 (浮点数)，然后要求输入次方数 (整数)，最后回传结果。

```
1   /*   ch9_11.c                */
2   #include <stdio.h>
3   #include <stdlib.h>
4   float mypow(float base, int n)
5   {
6       int i;
7       float rtn = 1.0;
8       for ( i = 0; i < n; i++ )
9           rtn *= base;
10      return rtn;
11  }
12  int main()
13  {
14      float x;
15      int y;
16
17      printf("请输入底数    : ");
18      scanf("%f",&x);
19      printf("请输入次方数 : ");
20      scanf("%d",&y);
21      printf("%f 的 %d 次方 = %f\n", x, y, mypow(x,y));
22      system("pause");
23      return 0;
24  }
```

执行结果

```
C:\Cbook\ch9\ch9_11.exe
请输入底数    : 1.1
请输入次方数 : 3
1.100000 的 3 次方 = 1.331000
请按任意键继续. . .
```

```
C:\Cbook\ch9\ch9_11.exe
请输入底数    : 2.0
请输入次方数 : 5
2.000000 的 5 次方 = 32.000000
请按任意键继续. . .
```

9-3-3　回传值是字符的应用

程序实例 ch9_12.c：请输入分数，这个程序会响应属于 A、B、C、D、F 等级，如果输入 0 则程序结束。

```
1   /*   ch9_12.c                */
2   #include <stdio.h>
3   #include <stdlib.h>
4   char grade(int sc)
5   {
6       char rtn;
7       if (sc >= 90)
8           rtn = 'A';
9       else if (sc >= 80)
10          rtn = 'B';
11      else if (sc >= 70)
12          rtn = 'C';
13      else if (sc >= 60)
14          rtn = 'D';
15      else
16          rtn = 'F';
17      return rtn;
18  }
19  int main()
20  {
21      int score;
22
23      printf("输入 0 则程序结束!\n");
24      while ( 1 )
25      {
26          printf("请输入分数 : ");
27          scanf("%d",&score);
28          printf("最后成绩是 = %c\n", grade(score));
29          printf("---------\n");
30          if (score == 0)
31              break;
32      }
33      system("pause");
34      return 0;
35  }
```

执行结果

```
C:\Cbook\ch9\ch9_12.exe
输入 0 则程序结束!
请输入分数 : 95
最后成绩是 = A
---------
请输入分数 : 88
最后成绩是 = B
---------
请输入分数 : 58
最后成绩是 = F
---------
请输入分数 : 0
最后成绩是 = F
---------
请按任意键继续. . .
```

9-4 一个程序有多个函数的应用

9-4-1 简单的调用

一个程序可以有多个函数,如果将函数写在 main( ) 上方,可以不用做这些函数原型的声明。如果将这些函数写在 main( ) 下方则要一一声明,读者可以参考下列实例。

程序实例 ch9_13.c:加法与乘法函数的设计,如果输入 1 表示选择加法,如果输入 2 表示选择乘法,如果输入其他值会输出计算方式选择错误。选择好计算方式后,可以输入两个数值,然后执行计算。

```
1   /*    ch9_13.c                    */
2   #include <stdio.h>
3   #include <stdlib.h>
4   int add(int, int);  /* 函数原型声明 */
5   int mul(int, int);  /* 函数原型声明 */
6   int main()
7   {
8       int index;
9       int x, y;
10
11      printf("请输入 1 或 2 选择计算方式\n");
12      printf("1 : 加法运算\n");
13      printf("2 : 乘法运算\n=> ");
14      scanf("%d", &index);
15      printf("请输入两数值 : ");
16      scanf("%d %d", &x, &y);
17      if (index == 1)
18          printf("%d + %d = %d\n", x, y, add(x, y));
19      else if (index == 2)
20          printf("%d * %d = %d\n", x, y, mul(x, y));
21      else
22          printf("计算方式选择错误\n");
23      system("pause");
24      return 0;
25  }
26  int add(int a, int b)
27  {
28      return a + b;
29  }
30  int mul(int c, int d)
31  {
32      return c * d;
33  }
```

执行结果

```
C:\Cbook\ch9\ch9_13.exe
请输入 1 或 2 选择计算方式
1 : 加法运算
2 : 乘法运算
=> 1
请输入两数值 : 5 9
5 + 9 = 14
请按任意键继续. . .
```

```
C:\Cbook\ch9\ch9_13.exe
请输入 1 或 2 选择计算方式
1 : 加法运算
2 : 乘法运算
=> 2
请输入两数值 : 6 9
6 * 9 = 54
请按任意键继续. . .
```

```
C:\Cbook\ch9\ch9_13.exe
请输入 1 或 2 选择计算方式
1 : 加法运算
2 : 乘法运算
=> 0
请输入两数值 : 3 5
计算方式选择错误
请按任意键继续. . .
```

上述程序第 4 行和第 5 行是 add( ) 和 mul( ) 函数原型的声明,因为同样是整数形态,所以在设计时,也可以使用设置变量方式处理函数原型的声明,也就是将函数原型设置在同一行,彼此用逗号 (,) 隔开,然后最右边加上分号 (;),可以参考下列实例。

程序实例 ch9_14.c:重新设计程序实例 ch9_13.c,将函数原型设置声明在同一行。

```
1   /*    ch9_14.c                    */
2   #include <stdio.h>
3   #include <stdlib.h>
4   int add(int, int), mul(int, int);
5
6   int main()
```

执行结果 与程序实例 ch9_13.c
执行结果相同。

9-4-2 函数间的调用

一个函数也可以调用另外一个函数，这一节将使用 2-9-2 节和 6-9-4 节所讲的莱布尼兹公式计算圆周率。在 6-9-4 节笔者所列出的莱布尼兹计算圆周率公式如下：

$$4 \sum_{i=1}^{n} \frac{(-1)^{i+1}}{2i-1}$$

如果 $i+1$ 是奇数分子结果是 -1
如果 $i+1$ 是偶数分子结果是 1

程序实例 ch9_15.c：依莱布尼兹公式计算圆周率，这个程序会计算到 $i = 100000$，其中每当 i 是整万时，列出圆周率。

```
1   /*    ch9_15.c                    */
2   #include <stdio.h>
3   #include <stdlib.h>
4   float mypow(int, int);
5   double PI(int);
6   float mypow(int base, int n)
7   {
8       float val = 1.0;
9       int i;
10      for ( i = 1; i <= n; i++)
11          val *= base;
12      return val;
13  }
14  double PI(int n)
15  {
16      double pi;
17      int i;
18      for ( i = 1; i <= n; i++ )
19          pi += 4*( mypow(-1,(i+1)) / (2*i-1));
20      return pi;
21  }
22  int main()
23  {
24      int loop = 100000;
25      int i;
26
27      for ( i = 1; i <=  loop; i++)
28          if (i % 10000 == 0)
29              printf("当 i = %6d时, PI = %20.19lf\n",i, PI(i));
30      system("pause");
31      return 0;
32  }
```

执行结果

```
 C:\Cbook\ch9\ch9_15.exe
当 i =  10000时, PI = 3.1414925947901793000
当 i =  20000时, PI = 3.1415425957238767000
当 i =  30000时, PI = 3.1415592621633550000
当 i =  40000时, PI = 3.1415675956413907000
当 i =  50000时, PI = 3.1415725956430833000
当 i =  60000时, PI = 3.1415759289848211000
当 i =  70000时, PI = 3.1415783099218970000
当 i =  80000时, PI = 3.1415800956565363000
当 i =  90000时, PI = 3.1415814845786372000
当 i = 100000时, PI = 3.1415825956883054000
请按任意键继续. . .
```

注 上述程序第 9 行和第 17 行皆设定了变量 i，其中第 9 行的变量 i 属于 mypow( ) 函数，第 17 行的变量 i 属于 PI( ) 函数，C 语言允许不同函数有相同的变量名称，这些变量只影响各自的函数区间，彼此没有干扰，更多细节将在 9-6 节解说。

上述程序有 3 个重点，第 1 个是 main( ) 内第 27 行～第 29 行的 for 循环，这个循环每当 i 是 10000 或 10000 的整数倍时，会执行调用计算 PI 的函数，然后打印 PI 值。

第 2 个重点是第 14 行～第 21 行的 PI( ) 函数，这个函数主要是第 19 行使用莱布尼兹公式计算圆周率，但是这个程序需要调用 mypow( ) 函数。

第 3 个重点是第 6 行～第 13 行的 mypow( ) 函数，这个函数基本上是计算下列值：

$$(-1)^{i+1}$$

如果执行上述程序，因为每次皆要执行第 10 行和第 11 行的循环，会花费许多时间，因此速度变得比较慢，我们也可以简化设计，直接设定当 i 是奇数时设定回传 val = 1.0，当 i 是偶数时回传 val = -1，这样整个程序会比较顺畅，这将是读者的习题。

注 这里说的 i，在 PI( ) 函数调用 mypow( ) 时是用 $(i+1)$。

9-4-3　函数是另一个函数的参数

设计比较复杂的程序时，有时候会将一个函数当作另一个函数的参数。

程序实例 ch9_15_1.c：这个程序会调用下列函数：

```
comment_weather(weather( ));
```

其中 weather( ) 函数是整数函数，由此可以读取现在温度。然后此温度当作 comment_weather( ) 函数的参数，最后输出温度评论。

```
1   /*    ch9_15_1.c                */
2   #include <stdio.h>
3   #include <stdlib.h>
4   int weather();
5   void comment_weather(int);
6   int main()
7   {
8       comment_weather(weather());
9       system("pause");
10      return 0;
11  }
12  int weather()
13  {
14      int temperature;
15      printf("请输入现在温度 : ");
16      scanf("%d",&temperature);
17      return temperature;
18  }
19  void comment_weather(int t)
20  {
21      if (t >= 26)
22          printf("现在天气很热\n");
23      else if (t > 15)
24          printf("这是舒适的温度\n");
25      else if (t > 5)
26          printf("天气有一点冷\n");
27      else
28          printf("酷寒的天气\n");
29  }
```

执行结果

```
C:\Cbook\ch9\ch9_15_1.exe
请输入现在温度 : 27
现在天气很热
请按任意键继续. . .
```

```
C:\Cbook\ch9\ch9_15_1.exe
请输入现在温度 : 20
这是舒适的温度
请按任意键继续. . .
```

```
C:\Cbook\ch9\ch9_15_1.exe
请输入现在温度 : 10
天气有一点冷
请按任意键继续. . .
```

```
C:\Cbook\ch9\ch9_15_1.exe
请输入现在温度 : 0
酷寒的天气
请按任意键继续. . .
```

9-5　递归函数的调用

坦白地说，递归概念很简单，但是不容易学习，本节将从最简单说起。一个函数本身可以调用本身的动作，称递归式调用，递归函数调用有下列特性。

（1）递归函数在每次处理时，都会使问题的范围缩小。

（2）必须有一个终止条件来结束递归函数。

递归函数可以使程序本身变得很简洁，但是设计这类程序很容易掉入无限递归的陷阱中，所以使用这类函数时一定要特别小心。

9-5-1　从掉入无限递归的陷阱说起

如前所述一个函数可以调用自己，这个工作称递归，设计递归最容易掉入无限递归的陷阱。

程序实例 ch9_16.c：设计一个递归函数，因为这个函数没有终止条件，所以变成一个无限循环，这个程序会一直输出 5, 4, 3, … 。为了让读者看到输出结果，这个程序每隔 1 秒会输出一次数字。

```
1   /*    ch9_16.c                    */
2   #include <stdio.h>
3   #include <stdlib.h>
4   #include <windows.h>
5   int recur(int i)
6   {
7       printf("%d ",i);
8       sleep(1);
9       return recur(i-1);
10  }
11  int main()
12  {
13      recur(5);
14      system("pause");
15      return 0;
16  }
```

执行结果 读者可以看到数字递
减在屏幕输出。

C:\Cbook\ch9\ch9_16.exe
5 4 3 2 1 0 -1 -2 -3 -4

上述程序实例第 8 行虽然是用 recur(i-1) 让数字范围缩小，但是最大的问题是没有终止条件，所以造成了无限递归。为此，我们在设计递归时需要使用 if 条件语句，注明终止条件。

程序实例 ch9_16_1.c：这是最简单的递归函数，列出 5, 4, … , 1 的数列结果，这个问题的结束条件是 1，所以可以在 recur( ) 函数内撰写结束条件。

```
1   /*    ch9_16_1.c                 */
2   #include <stdio.h>
3   #include <stdlib.h>
4   #include <windows.h>
5   int recur(int i)
6   {
7       printf("%d\n",i);
8       sleep(1);
9       if (i <= 1)              /* 结束条件 */
10          return 0;
11      else
12          return recur(i-1);   /* 每次调用让自己减 1 */
13  }
14  int main()
15  {
16      recur(5);
17      system("pause");
18      return 0;
19  }
```

执行结果

C:\Cbook\ch9\ch9_16_1.exe
5
4
3
2
1
请按任意键继续. . .

上述程序实例第 12 行的 recur(i-1)，当参数 i-1=1 时，会执行 return 0，所以递归条件就结束了。

程序实例 ch9_16_2.c：设计递归函数输出 1, 2, …, 5 的结果。

```
1   /*    ch9_16_2.c                 */
2   #include <stdio.h>
3   #include <stdlib.h>
4   int recur(int i)
5   {
6       if (i < 1)              /* 结束条件 */
7           return 0;
8       else
9           recur(i-1);         /* 每次调用让自己减 1 */
10      printf("%d\n",i);
11  }
12  int main()
13  {
14      recur(5);
15      system("pause");
16      return 0;
17  }
```

执行结果

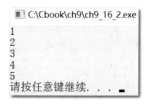

C:\Cbook\ch9\ch9_16_2.exe
1
2
3
4
5
请按任意键继续. . .

C 语言或是说一般有提供递归功能的程序语言，是采用堆栈方式存储递归期间尚未执行的指令，所以上述程序在每一次递归期间皆会将第 10 行先存储在堆栈，一直到递归结束，再一一取出堆栈的数据执行。

这个程序第 1 次进入 recur( ) 函数时，因为 i 等于 5，所以会先执行第 9 行 recur(i-1)，这时会将尚未执行的第 10 行 printf( ) 推入 (push) 堆栈。第 2 次进入 recur( ) 函数时，因为 i 等于 4，所以会先执行第 9 行 recur(i-1)，这时会将尚未执行的第 10 行 printf( ) 推入堆栈。其他以此类推，所以可以得到下列图形。

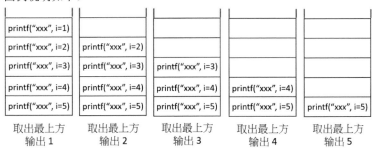

这个程序第 6 次进入 recur( ) 函数时，i 等于 0，因为 $i < 1$ 这时会执行第 7 行 return 0，这时函数会终止。接着函数会将存储在堆栈的指令一一取出执行，执行时是采用后进先出，也就是从上往下取出执行，整个图例说明如下。

注 ① 上图取出英文是 pop。

注 ② C 语言编译程序实际是使用栈处理递归问题，本书将在第 22 章介绍栈的概念，当读者了解栈问题时，笔者还会以栈图一步一步绘制调用递归时，内存存储栈数据的原理，尝试更细致解说递归完整执行方式。

上述由左到右可以得到 1, 2, ···, 5 的输出。下一个实例是计算累加总和，比上述实例稍微复杂，读者可以逐步推导，累加的基本概念如下：

$$\text{sum}(n) = \underbrace{1 + 2 + \dots + (n\text{-}1)}_{\text{sum}(n\text{-}1)} + n = n + \text{sum}(n\text{-}1)$$

将上述公式转成递归公式概念如下：

$$\text{sum}(n) = \begin{cases} 1 & n = 1 \\ n + \text{sum}(n\text{-}1) & n \geq 1 \end{cases}$$

程序实例 ch9_16_3.c：使用递归函数计算 $1 + 2 + \cdots + 5$ 之和。

```
1   /*    ch9_16_3.c                  */
2   #include <stdio.h>
3   #include <stdlib.h>
4   int sum(int n)
5   {
6       if (n <= 1)                /* 结束条件 */
7           return 1;
8       else
9           return n + sum(n-1);
10  }
11  int main()
12  {
13      printf("total = %d\n",sum(5));
14      system("pause");
15      return 0;
16  }
```

执行结果

C:\Cbook\ch9\ch9_16_3.exe

total = 15
请按任意键继续. . .

9-5-2 非递归设计阶乘数函数

本节将以阶乘数做解说，阶乘数概念是由法国数学家克里斯蒂安·克兰普 (Christian Kramp, 1760—1826) 所发表，他学医但同时也对数学感兴趣，发表了许多数学文章。

在数学中，正整数的阶乘 (factorial) 是所有小于或等于该数的正整数的积，n 的阶乘表达式如下：

$n!$

同时也定义 0 和 1 的阶乘是 1：

$0! = 1$

$1! = 1$

实例：列出 5 的阶乘的结果。

$5! = 5 \times 4 \times 3 \times 2 \times 1 = 120$

我们可以使用下列定义阶乘公式。

$$factorial(n) = \begin{cases} 1 & n = 0 \\ 1 \times 2 \times \ldots \times n & n \neq 1 \end{cases}$$

程序实例 ch9_16_4.c：设计非递归式的阶乘函数，计算当 $n = 5$ 的值。

```
1   /*    ch9_16_4.c                  */
2   #include <stdio.h>
3   #include <stdlib.h>
4   int factorial(int n)
5   {
6       int fact = 1;
7       int i;
8       for ( i = 1; i <= n; i++)
9       {
10          fact *= i;
11          printf("%d! = %d\n", i, fact);
12      }
13      return fact;
14  }
15  int main()
16  {
17      int n = 5;
18      int i;
19
20      printf("factorial(%d) = %d\n",n, factorial(n));
21      system("pause");
22      return 0;
23  }
```

执行结果

C:\Cbook\ch9\ch9_16_4.exe

1! = 1
2! = 2
3! = 6
4! = 24
5! = 120
factorial(5) = 120
请按任意键继续. . .

9-5-3　从一般函数进化到递归函数

如果针对阶乘数 $n \geq 1$ 的情况，我们可以将阶乘数用下列公式表示：

$$\text{factorial}(n) = \underbrace{1 \times 2 \times \ldots \times (n\text{-}1)}_{\text{factorial}(n\text{-}1)} \times n = n \times \text{factorial}(n\text{-}1)$$

有了上述概念后，可以将阶乘公式改成下列公式。

$$\text{factorial}(n) = \begin{cases} 1 & n = 0 \\ n \times \text{factorial}(n\text{-}1) & n \geq 1 \end{cases}$$

上述每一步骤传递 fcatorial(n-1)，会将问题变小，这就是递归式的概念。

程序实例 ch9_17.c：设计递归式的阶乘函数。

```
1   /*   ch9_17.c                  */
2   #include <stdio.h>
3   #include <stdlib.h>
4   int factriol(int n)
5   {
6       int fact;
7
8       if ( n == 0 )                   /* 终止条件    */
9         fact = 1;
10      else
11        fact = n * factriol(n - 1);   /* 递归调用    */
12      return fact;
13  }
14  int main()
15  {
16      int x = 3;
17
18      printf("%d!  =  %d \n",x,factriol(x));
19      x = 5;
20      printf("%d!  =  %d \n",x,factriol(x));
21      system("pause");
22      return 0;
23  }
```

执行结果

```
C:\Cbook\ch9\ch9_17.exe
3!  =   6
5!  =   120
请按任意键继续. . .
```

上述程序笔者介绍了递归式调用 (Recursive Call) 计算阶乘问题，上述程序中虽然没有很明显地说明内存存储中间数据，不过实际上是有使用内存，笔者将详细解说，下列是递归式调用的过程。

3 的阶乘递归过程　　　　　　3 的阶乘回归过程

编译程序时使用堆栈 (stack) 处理上述递归式调用，这是一种后进先出 (Last In First Out) 的数据结构，下列是编译程序实际使用堆栈方式使用内存的情形。

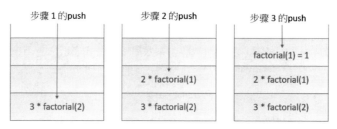

阶乘计算使用栈(stack)的说明, 这是由左到右进入栈push操作过程

在计算器术语中又将数据放入堆栈称为推入 (push)。上述 3 的阶乘, 编译程序实际回归处理过程, 其实就是将数据从堆栈中取出, 此动作在计算器术语中称为取出 (pop), 整个概念如下：

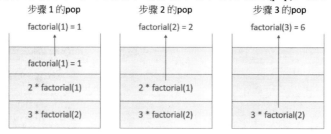

阶乘计算使用栈(stack)的说明, 这是由左到右离开栈pop操作过程

阶乘数的概念, 最常应用的是业务员旅行问题。业务员旅行是算法里面一个非常著名的问题, 许多人在思考业务员如何从拜访不同的城市中, 找出最短的拜访路径, 下列将逐步分析。

❑ 2 个城市。

假设有新竹、竹东两个城市, 拜访方式有两种选择。

❑ 3 个城市。

假设现在多了一个城市竹北, 从竹北出发去往 2 个城市可以知道有两条路径。从新竹或竹东出发也可以有两条路径, 所以可以有 6 种拜访方式。

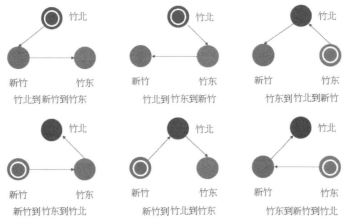

如果再细想，2 个城市的拜访路径有 2 种，3 个城市的拜访路径有 6 种，其实符合阶乘公式：

2! = 1 × 2 = 2

3! = 1 × 2 × 3 = 6

❑ 4 个城市。

比 3 个城市多了一个城市，所以拜访路径选择总数如下：

4! = 1 × 2 × 3 × 4 = 24

总共有 24 条拜访路径，如果有 5 个或 6 个城市要拜访，拜访路径选择总数如下：

5! = 1 × 2 × 3 × 4 × 5 = 120

6! = 1 × 2 × 3 × 4 × 5 × 6 = 720

相当于假设拜访 N 个城市，业务员旅行的算法时间复杂度是 $N!$，N 值越大拜访路径就越多，而且以阶乘方式成长。假设当拜访城市达到 30 个，假设超级计算机每秒可以处理 10 兆个路径，若想计算每种可能路径需要 8411 亿年，读者可能会觉得不可思议，C 语言对整数大小有一定限制，如果改用对整数大小没有限制的 Python，则可以用简单的程序验证 8411 亿年的真实性。

9-5-4　使用递归建立输入字符串的回文字符串

请设计一个函数 Palindrome(n)，这个函数可以读取输入字符串，然后反向输出。所谓的回文 (Palindrome) 字符串，是指从左边读或是从右边读，内容皆相同。例如，bb,aba,aabbaa, …，皆算是回文字符串。

程序实例 ch9_18.c：以递归函数调用方式，这个程序将输入设为 5 个字符，以相反顺序打印出来。

```
2   #include <stdio.h>
3   #include <stdlib.h>
4   void palindrome(int n);
5   int main()
6   {
7       int i = 5;      /* 设定输入 5 个字符 */
8
9       printf("请输入含 5 个字符的字符串\n");
10      palindrome(i);
11      printf("\n");
12      system("pause");
13      return 0;
14  }
15  /* 读取字符和反向输出字符 */
16  void palindrome(int n)
17  {
18      char next;
19
20      if ( n <= 1 )   /* 读到最后 1 个字符此条件会成立  */
21      {
22          next = getche();
23          printf("\n");
24          putchar(next);
25      }
26      else
27      {
28          next = getche();       /* 读字符   */
29          palindrome(n-1);       /* 调用自己 */
30          putchar(next);
31      }
```

执行结果

```
C:\Cbook\ch9\ch9_18.exe
请输入含 5 个字符的字符串
abcde
edcba
请按任意键继续. . .
```

程序实例第 10 行第 1 次调用 palindrom( ) 时，参数值 n 是 5，假设依次输入是 abcde，则整个流程说明如下：

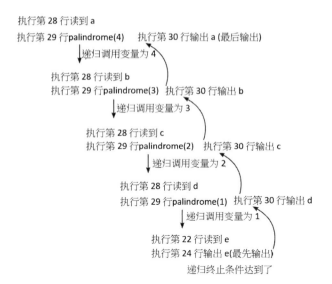

9-5-5 递归后记

坦白地说，递归函数设计对初学者不容易懂，但是递归概念在计算机领域是非常重要的，且有很广泛的应用，一些经典算法如河内塔 (Tower of Hanoi)、八皇后问题、遍历二叉树、VLSI 设计皆会使用递归，所以彻底了解递归设计很重要。

9-6 变量的等级

C 语言可以将变量依照执行时的生命周期和影响范围，分为 3 类。
（1）局部变量 (local variable)：生命周期只在此区段内的执行期间，同时只影响此区段。
（2）全局变量 (global variable)：生命周期在程序执行期间，同时可影响全部程序。
（3）静态变量 (static variable)：影响声明的函数，有固定内存保留内容，直到程序结束。

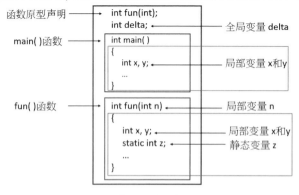

局部变量与全局变量图

至今本书所述的所有变量皆是局部变量，这一节将分成 3 个小节解说局部变量、全局变量和静态变量。最后笔者也会增加一小节说明 register 变量。

9-6-1 局部变量

在设计函数时，另一个重点是适当地使用变量名称，某个变量只能在该区段内使用，影响范围限定在该区段内，这个变量称为局部变量 (Local Variable)，至今我们所有的变量皆是局部变量。早期 C 语言程序设计师又称局部变量为 auto 变量，也就是设置数据形态前需加上 auto 关键词，例如，整数 x 的设置方式如下：

```
auto int x;
```

上述 auto 可以省略，现代大多数的程序设计师设计程序设置变量时也省略 auto，因此许多年轻的 C 语言设计师是不知道 auto 关键词的意义的。

局部变量是用堆栈 (stack) 方式占用内存空间，当执行此区段时，系统会立刻为这个变量配置内存空间，而程序执行完后，这个堆栈空间立即被系统收回，因此这个变量就消失了。

注 所谓的区段指的就是左大括号 "{" 和右大括号 "}" 内的程序片段。如果一个函数只有一个左大括号 "{" 和右大括号 "}"，则可以称区段是函数区段，下面解释皆采取此概念。

若是以局部变量与全局变量图解说，在 main( ) 函数内有 x 和 y 声明，x 和 y 就是 main( ) 函数的局部变量，所以这两个变量内容只在 main( ) 函数内有效。

若是以局部变量与全局变量图解说，因为 fun( ) 函数的传递参数内有变量 n，这是应用在 fun( ) 函数的局部变量，在 fun( ) 函数内有 x 和 y，所以 n、x 和 y 是 fun( ) 函数的局部变量，这些变量内容只在 fun( ) 函数内有效，同时当 fun( ) 函数执行结束，此函数的局部变量 n、x 和 y 所占用的内存也会归还给系统，所以数据会消失。

我们可以看到 main( ) 函数和 fun( ) 函数有相同的变量 x 和 y，在 C 语言这是允许的，因为是使用不同的内存空间，彼此内容没有干扰，其实在本章前面许多程序实例中，可以看到相同的变量名称在不同的函数中重复出现。

局部变量只在各自影响段段运作，其他函数无法引用该变量，例如，在 fun( ) 函数内有局部变量 n，在 main( ) 函数内的语句不能引用 fun( ) 函数的局部变量 n。

程序实例 ch9_19.c：加深认识局部变量，在不同函数显示局部变量内容。

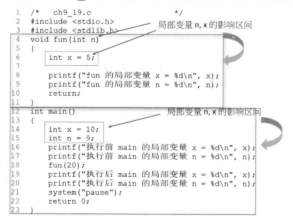

```
1   /*  ch9_19.c            */
2   #include <stdio.h>
3   #include <stdlib.h>
4   void fun(int n)
5   {
6       int x = 5;
7
8       printf("fun 的局部变量 x = %d\n", x);
9       printf("fun 的局部变量 n = %d\n", n);
10      return;
11  }
12  int main()
13  {
14      int x = 10;
15      int n = 9;
16      printf("执行前 main 的局部变量 x = %d\n", x);
17      printf("执行前 main 的局部变量 n = %d\n", n);
18      fun(20);
19      printf("执行后 main 的局部变量 x = %d\n", x);
20      printf("执行后 main 的局部变量 n = %d\n", n);
21      system("pause");
22      return 0;
23  }
```

局部变量 n, x 的影响区间

局部变量 n, x 的影响区间

执行结果

```
C:\Cbook\ch9\ch9_19.exe
执行前 main 的局部变量 x = 10
执行前 main 的局部变量 n = 9
fun 的局部变量 x = 5
fun 的局部变量 n = 20
执行后 main 的局部变量 x = 10
执行后 main 的局部变量 n = 9
请按任意键继续. . .
```

上述 main( ) 函数和 fun( ) 函数皆有局部变量 n 和 x，可以看到彼此内容没有干扰。

上述程序解说如下：

（1）第 14 行和第 15 行，声明和设定 main( ) 的局部变量 x 和 n，同时设定初值。

（2）第 16 行和第 17 行，输出 main( ) 的局部变量 x 和 n。

（3）第 18 行，进入 fun( ) 函数。

（4）第 4 行，建立 fun( ) 函数的局部变量 n，存储 main( ) 所传来的值。

（5）第 6 行，在 fun( ) 函数内声明和设定局部变量 x。

（6）第 8 行和第 9 行，输出 fun( ) 的局部变量 x 和 n。

（7）返回 main( )，返回前，将局部变量 x 和 n 所占的内存返回给系统。

（8）第 19 行和第 20 行，输出 main( ) 的局部变量 x 和 n。

（9）main( ) 结束后，将 main( ) 的局部变量 x 和 n 所占的内存返回给系统。

此外，在相同的函数内，可以使用左右大括号 "｛" 和 "｝" 建立局部变量，这时所建立的局部变量只能影响大括号内的区间。

程序实例 ch9_20.c：在 main( ) 函数内建立两个局部变量 i，区域 1 是第 10 行～第 14 行，区域二是第 5 行～第 18 行。

```
1   /*   ch9_20.c                    */
2   #include <stdio.h>
3   #include <stdlib.h>
4   int main()
5   {
6       int i;  ←——— 局部变量i的影响区间
7
8       i = 5;
9       printf("执行for循环前 i = %d\n", i);
10      {
11          int i;  ←——————————— 局部变量i的影响区间
12          for (i = 1; i <= 3; i++)
13              printf("i = %d\n",i);
14      }
15      printf("执行for循环后 i = %d\n", i);
16      system("pause");
17      return 0;
18  }
```

执行结果

```
C:\Cbook\ch9\ch9_20.exe
执行for循环前 i = 5
i = 1
i = 2
i = 3
执行for循环后 i = 5
请按任意键继续. . .
```

从上述实例可以看到 main( ) 函数内有两个局部变量 i，其中第 11 行的变量 i 所影响范围只限第 10 行～第 14 行。而第 6 行所声明的局部变量 i 影响范围是在第 5 行～第 18 行，但是不包括第 10 行～第 14 行。

程序实例 ch9_20_1.c：验证局部变量，即使名称相同也会有不同的地址。

```
1   /*   ch9_20_1.c                  */
2   #include <stdio.h>
3   #include <stdlib.h>
4   int main()
5   {
6       int i;
7
8       i = 5;
9       printf("外层变量 i=%d 的地址 i=%p\n",i,&i);
10      printf("执行for循环前 i = %d\n", i);
11      {
12          int i = 1;
13          printf("内层变量 i=%d 的地址 i=%p\n",i,&i);
14          for ( ; i <= 3; i++)
15              printf("i = %d\n",i);
16      }
17      printf("执行for循环后 i = %d\n", i);
18      system("pause");
19      return 0;
20  }
```

执行结果

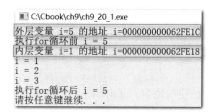

注　读者须留意第 9 行和第 13 行，变量地址取得的格式符号是用 "%p"，变量名称左边要加 "&"，上述程序的内存图示如下 (读者计算机可能会有不同的内存地址)。

62FE18	1	内层变量 i
62FE1C	5	外层变量 i

　　地址　　内存内容

因为每个整数占据 4 个字节，所以变量数据是连续放置的。

程序实例 ch9_20_2.c：不同函数区间有相同名称的局部变量，观察并输出内存。

```
1   /*    ch9_20_2.c                    */
2   #include <stdio.h>
3   #include <stdlib.h>
4   void fun(int n)
5   {
6       n = 3;
7       printf("fun 的局部变量 n=%d 的地址 n=%p\n",n,&n);
8       return;
9   }
10  int main()
11  {
12      int n = 9;
13
14      printf("main的局部变量 n=%d 的地址 n=%p\n",n,&n);
15      fun(n);
16      system("pause");
17      return 0;
18  }
```

执行结果

上述局部变量位于不同函数，虽有相同名称 n，内存地址则是不同的，内存图示如下。

62FDF0	3	fun局部变量 n
...	...	
62FE1C	9	main局部变量 n

　　地址　　内容

9-6-2 全局变量

如果某个变量的影响范围是整个程序，则这个变量称为全局变量 (Global Variable)，因为编译程序是从上往下编译，变量必须在使用前声明，所以必须将全局变量声明在函数前面。由于它具有可同时被其他函数引用的特性，而且在程序执行期间，永不消失，所以我们也常利用它来做函数数据的传递。

程序实例 ch9_21.c：全局变量的使用说明，从所输出的变量地址可以看到全局变量在不同的函数中有相同的地址。

```
1   /*   ch9_21.c              */
2   #include <stdio.h>
3   #include <stdlib.h>
4   int x = 10;            /* global variable x */
5   void fun(void)
6   {
7       printf("fun()  x=%d\taddress=%p\n", x,&x);
8       x = 30;
9       return;
10  }
11  int main()
12  {
13      printf("main() x=%d\taddress=%p\n", x,&x);
14      x = 20;
15      printf("main() x=%d\taddress=%p\n", x,&x);
16      fun();
17      printf("main() x=%d\taddress=%p\n", x,&x);
18      system("pause");
19      return 0;
20  }
```

执行结果

```
 C:\Cbook\ch9\ch9_21.exe
main() x=10     address=0000000000403010
main() x=20     address=0000000000403010
fun()   x=20    address=0000000000403010
main() x=30     address=0000000000403010
请按任意键继续. . .
```

上述程序第 4 行设置全局变量 x，同时设置初值为 10，因为全局变量可以被所有函数引用，读者可以看到 fun( ) 函数和 main( ) 函数皆有引用全局变量 x，同时也更改此全局变量内容。下列是 x 的变化与输出过程。

（1）第 4 行设置全局变量 x 是 10。

（2）第 13 行输出 x = 10。

（3）第 14 行设置 x = 20。

（4）第 15 行输出 x = 20。

（5）第 16 行进入 fun( ) 函数。

（6）第 8 行输出 x = 20。

（7）第 9 行设置 x = 30。

（8）回到 main( ) 函数。

（9）第 17 行输出 30。

从这个实例读者可以了解，全局变量可以在所有程序设定和引用。程序设计时，如果设计一个变量想要供所有函数共享，这就是一个很好的使用时机，例如，假设有计算圆面积的函数和圆周长的函数，这时皆要使用到圆周率 PI，我们可以将 PI 设为全局变量所有的函数使用。

程序实例 ch9_22.c：全局变量使用时机的解说，这个程序会将圆周率 PI 设为全局变量，不同函数可以直接被调用。

```
1   /*    ch9_22.c                    */
2   #include <stdio.h>
3   #include <stdlib.h>
4   double PI = 3.1415926;        /* global variable x */
5   double area(float r)
6   {
7       return PI * r * r;
8   }
9   double circumference(float r)
10  {
11      return 2 * PI * r;
12  }
13  int main()
14  {
15      double r;
16      printf("请输入圆半径 = ");
17      scanf("%lf", &r);
18      printf("圆面积 = %lf\n", area(r));
19      printf("圆周长 = %lf\n", circumference(r));
20      system("pause");
21      return 0;
22  }
```

执行结果

```
C:\Cbook\ch9\ch9_22.exe
请输入圆半径 = 10
圆面积 = 314.159260
圆周长 = 62.831852
请按任意键继续. . .
```

```
C:\Cbook\ch9\ch9_22.exe
请输入圆半径 = 3.0
圆面积 = 28.274333
圆周长 = 18.849556
请按任意键继续. . .
```

注 上述程序笔者使用全局变量 PI 定义圆周率，因为圆周率是固定变量，其实更好的设计是使用前端处理器 #define 定义 PI，更多细节会在 10-2-1 节解说。

使用全局变量时，可能会碰到的另一个问题：这些全局变量可能会在某区域 (或某函数) 内被重新定义。碰上这种情形时，在这个段落内的变量值以该区域的变量为参考值，而其他区域的值仍以外在变量为参考值。

程序实例 ch9_23.c：重新设计程序实例 ch9_22.c，在 area( ) 函数内也有设定 PI = 3.14，因为有高优先，所以读者可以比较执行结果。

```
1   /*    ch9_23.c                    */
2   #include <stdio.h>
3   #include <stdlib.h>
4   double PI = 3.1415926;        /* global variable x */
5   double area(float r)
6   {
7       double PI = 3.14;         /* local variable x */
8       return PI * r * r;
9   }
10  double circumference(float r)
11  {
12      return 2 * PI * r;
13  }
14  int main()
15  {
16      double r;
17      printf("请输入圆半径 = ");
18      scanf("%lf", &r);
19      printf("圆面积 = %lf\n", area(r));
20      printf("圆周长 = %lf\n", circumference(r));
21      system("pause");
22      return 0;
23  }
```

执行结果

```
C:\Cbook\ch9\ch9_22.exe
请输入圆半径 = 10
圆面积 = 314.159260
圆周长 = 62.831852
请按任意键继续. . .
```

```
C:\Cbook\ch9\ch9_23.exe
请输入圆半径 = 10
圆面积 = 314.000000
圆周长 = 62.831852
请按任意键继续. . .
```

程序实例 ch9_23_1.c：通过全局变量将函数运算结果，回传调用程序。

```
1   /*    ch9_23_1.c                  */
2   #include <stdio.h>
3   #include <stdlib.h>
4   int val;                 /* 声明全局变量 */
5   void max(int a, int b)
6   {
7       val = ( a > b ) ? a : b;
8   }
9   int main()
10  {
11      int c = 5;
12      int d = 6;
13
14      max( c, d );
15      printf("较大值 = %d \n",val);
16      system("pause");
17      return 0;
18  }
```

执行结果

```
■ C:\Cbook\ch9\ch9_23_1.exe
较大值 = 6
请按任意键继续. . .
```

9-6-3　静态变量

静态变量 (Static Variable) 和局部变量最大的不同在于，C 编译程序是以固定地址存放这个变量，而不是使用堆栈方式存放这个数据。因此，只要整个程序仍然继续执行工作，这个变量不会随着执行区域结束，就消失了。

静态变量声明方式是在数据形态前增加 static 关键词，如下所示：

```
static 数据形态 变量名称;
```

实例：假设要设置 x 为整数的静态变量，设置方式如下：

```
static int x;
```

程序实例 ch9_24.c：观察静态变量的变化。

```
1   /*    ch9_24.c                    */
2   #include <stdio.h>
3   #include <stdlib.h>
4   void varfunction()
5   {
6       int var = 0;
7       static int static_var = 0;
8
9       printf("var = %d \n",var);
10      printf("静态 static static_var = %d \n",static_var);
11      var++;
12      static_var++;
13  }
14  int main()
15  {
16      int  i;
17
18      for ( i = 0; i < 3; i++ )
19          varfunction();
20      system("pause");
21      return 0;
22  }
```

执行结果

```
■ C:\Cbook\ch9\ch9_24.exe
var = 0
静态 static static_var = 0
var = 0
静态 static static_var = 1
var = 0
静态 static static_var = 2
请按任意键继续. . .
```

9-6-4　register

使用 register（缓存器）声明数据的主要目的，是将所声明的变量放入缓存器内，如此可以加快程序的执行速度。

但是各位在使用这种方式声明时，不一定可以得到较快的执行速度，因为有时系统的缓存器已经被操作系统占据了，碰上这种情形时，系统会自动配置局部变量。事实上，这个指令只对设计操作系统的程序设计师有用，对于一般的程序设计师是没用的。

实例：如果将 i 声明为 register 整数变量，可以用下列方式声明：

```
register int i;
```

程序实例 ch9_24_1.c：register 声明变量的说明。

```
1   /*    ch9_24_1.c                 */
2   #include <stdio.h>
3   #include <stdlib.h>
4   int main()
5   {
6       register  int  i;    /* 声明 register 变量 */
7       int   tmp = 0;
8
9       for ( i = 1; i <= 100; i++ )
10          tmp += i;
11      printf("总和 = %d\n",tmp);
12      system("pause");
13      return 0;
14  }
```

执行结果

```
C:\Cbook\ch9\ch9_24_1.exe
总和 = 5050
请按任意键继续. . .
```

9-7　数组数据的传递

9-7-1　传递数据的基础概念

一般变量在调用函数的传递过程是使用传值的概念，在传值的时候，可以很顺利将数据传递给目标函数，然后可以利用 return，回传数据，整个概念如下。

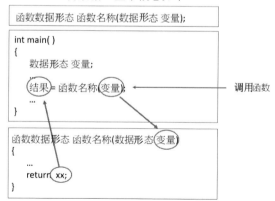

从上图可以看到调用方可以利用参数传递数据给目标函数，目标函数则使用 return 回传数据给原始函数，如下所示：

```
return xx;
```

目前流行的 Python 语言，return 可以一次回传多个值：

```
return xx, yy
```

如果想要使用 C 语言回传多个数值，就我们目前所学的确不太便利，不过下一小节和下一章笔者会说明 C 语言的处理方式。

9-7-2　数组的传递

第 7 章笔者说明了数组的概念，如果想要传递多笔变量数据可以将多笔变量以数组方式表达。主程序在调用函数时，将整个数组传递给函数的基础概念如下：

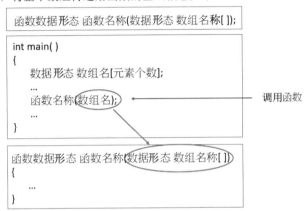

C 语言在传递数组时和传递一般变量不同。一般变量在调用函数的传递过程是使用传值调用 (call by value) 的概念，也就是采用将变量内容复制到函数所属变量内存中，在传值的时候，可以很顺利将数据传递给目标函数，但是无法取得回传结果。

在函数调用传递数组时是使用传递数组地址调用 (Call by Address)，这种方式的好处是可以有比较好的效率。假设一个数组很大，有 1000 多笔数据，如果采用传值方式处理，会需要较多的内存空间，同时也会耗用 CPU 时间。如果采用复制地址，则可以很简单处理。传递数组到别的函数后，这时可以在函数处理数组内容，更新此数组内容后，未来回到调用位置，可以从数组地址获得新的结果。

程序实例 ch9_25.c：设计 display( ) 函数可以输出数组内容，主程序则是将数组名与数组长度传给输出函数 display( )。

```
1   /*   ch9_25.c                */
2   #include <stdio.h>
3   #include <stdlib.h>
4   void display(int num[], int len)
5   {
6       int i;
7       printf("num 数组地址 = %p\n",num);
8       for ( i = 0; i < len; i++ )
9           printf("%d\n", num[i]);
10  }
11  int main()
12  {
13      int data[] = {5, 6, 7, 8, 9};
14
15      int len = sizeof(data) / sizeof(data[0]); /* 数组长度 */
16      printf("data数组地址 = %p\n",data);
17      printf("输出数组内容\n");
18      display(data,len);
19      system("pause");
20      return 0;
21  }
```

执行结果

```
C:\Cbook\ch9\ch9_25.exe
data数组地址 = 000000000062FE00
输出数组内容
num 数组地址 = 000000000062FE00
5
6
7
8
9
请按任意键继续. . .
```

上述程序表面上指引了我们学习将数组数据传递给函数，同时也验证了将数组传递给函数时传送的是地址，所以 main( ) 函数的 data 数组和 display( ) 函数的 num 数组有相同的位置，而这相同的位置是指 data[0] 和 num[0] 的地址，下列实例将验证此概念。

程序实例 ch9_26.c：扩充程序实例 ch9_25.c，同时列出在 main( ) 函数和 display( ) 函数数组元素的地址。

```
1   /*   ch9_26.c                  */
2   #include <stdio.h>
3   #include <stdlib.h>
4   void display(int num[], int len)
5   {
6       int i;
7       printf("display函数输出\n");
8       printf("num 数组地址 = %p\n",num);
9       for ( i = 0; i < len; i++ )
10          printf("num[%d]=%d \t address=%p\n",i,num[i],&num[i]);
11  }
12  int main()
13  {
14      int data[] = {5, 6, 7, 8, 9};
15      int i;
16
17      int len = sizeof(data) / sizeof(data[0]); /* 数组长度 */
18      printf("main函数输出\n");
19      printf("data数组地址 = %p\n",data);
20      for ( i = 0; i < len; i++ )
21          printf("data[%d]=%d \t address=%p\n",i,data[i],&data[i]);
22      display(data,len);
23      system("pause");
24      return 0;
25  }
```

执行结果

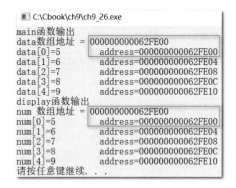

从上图除了获得 main( ) 函数和 display( ) 函数每个数组元素地址皆相同，同时也获得 data 所代表的地址是 data[0] 的地址，num 所代表的是 num[0] 的地址。整个内存图形如下。

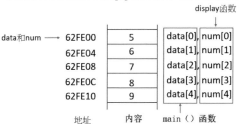

9-7-3 数据交换

假设现在要设计将 x 和 y 的数据交换函数 swap( )，在没有地址概念前，可能会设计下列程序，而获得失败的结果。

程序实例 ch9_27.c：设计数据交换函数 swap( )，而获得失败的结果。这一节笔者也列出 main( ) 函数和 swap( ) 函数相同名称变量 x 和 y 的地址，由执行结果可知，虽然名称相同但地址不同，可以知道无法执行数据交换。

```
1   /*   ch9_27.c                  */
2   #include <stdio.h>
3   #include <stdlib.h>
4   void swap(int x, int y)
5   {
6       int tmp;
7       printf("swap函数 x 地址 %p\n",&x);
8       printf("swap函数 y 地址 %p\n",&y);
9       tmp = x;
10      x = y;
11      y = tmp;
12  }
13  int main()
14  {
15      int x = 5;
16      int y = 1;
17      printf("main函数 x 地址 %p\n",&x);
18      printf("main函数 y 地址 %p\n",&y);
19      printf("执行对调前\n");
20      printf("x = %d \t y = %d\n",x,y);
21      swap(x, y);
22      printf("执行对调后\n");
23      printf("x = %d \t y = %d\n",x,y);
24      system("pause");
25      return 0;
26  }
```

执行结果

```
C:\Cbook\ch9\ch9_27.exe
main函数 x 地址 000000000062FE1C
main函数 y 地址 000000000062FE18
执行对调前
x = 5     y = 1
swap函数 x 地址 000000000062FDF0
swap函数 y 地址 000000000062FDF8
执行对调后
x = 5     y = 1
请按任意键继续. . .
```

上述因为第 21 行 main( ) 内调用函数 swap( ) 时，是使用传值调用 (Call by Value)，所以产生交换失败的结果。而 return 的回传值也只能回传一个值，以目前我们所学的 C 语言，对于上述简单的数据交换程序，使用 C 语言设计似乎变得很困难，当我们学会数组知识后，其实可以使用数组存储两个要交换的值，虽然不是很完美，但是终究可以完成数据交换。

注 第 10 章笔者会介绍使用 #define 设计宏解决这方面的应用，另外在第 11 章会说明指标，数据交换将变得很容易。

程序实例 ch9_28.c：使用数组执行数据交换。

```
1   /*   ch9_28.c                  */
2   #include <stdio.h>
3   #include <stdlib.h>
4   void swap(int data[])
5   {
6       int tmp;
7       tmp = data[0];
8       data[0] = data[1];
9       data[1] = tmp;
10  }
11  int main()
12  {
13      int num[2];
14      int x = 5;
15      int y = 1;
16      num[0] = x;
17      num[1] = y;
18      printf("执行对调前\n");
19      printf("x = %d \t y = %d\n",x,y);
20      swap(num);
21      x = num[0];
22      y = num[1];
23      printf("执行对调后\n");
24      printf("x = %d \t y = %d\n",x,y);
25      system("pause");
26      return 0;
27  }
```

执行结果

```
C:\Cbook\ch9\ch9_28.exe
执行对调前
x = 5     y = 1
执行对调后
x = 1     y = 5
请按任意键继续. . .
```

上述我们完成了数据交换的目的，坦白说有一点笨拙，不过下一章就会提出更好的设计方法。

9-7-4　传递字符数组或字符串的应用

在执行函数调用时，也可以传递字符数组。在 C 语言的赋值 (=) 概念中，我们可以很容易执行下列整数设定工作。

```
int x = 10;
int y;
y = x;
```

上述我们获得了 y = 10 的结果。读者可能会思考可不可以执行下列字符数组的赋值设定。

```
char x[ ] = {'a', 'b', 'c'};
char y[3];
y = x;
```

上述会有错误产生，但是我们可以使用下列实例，完成字符数组的赋值，或称为内容复制。

程序实例 ch9_29.c：设计字符数组复制函数，将所接收的字符数组复制一份。

```
1   /*   ch9_29.c              */
2   #include <stdio.h>
3   #include <stdlib.h>
4   void strcopy(char src[], char dst[], int n)
5   {
6       int i;
7       for ( i = 0; i < n; i++ )
8           dst[i] = src[i];   /* 将 src 数组内容放至 dst */
9   }
10  int main()
11  {
12      char str1[] = {'D','e','e','p','M','i','n','d','\0'};
13      char str2[10];
14      int  len;
15
16      len = sizeof(str1);   /* 因为是字符数组所以直接就是元素数量 */
17      strcopy(str1,str2,len);
18      printf("来源字符数组 : %s\n",str1);
19      printf("目的字符数组 : %s\n",str2);
20      system("pause");
21      return 0;
22  }
```

执行结果

```
C:\Cbook\ch9\ch9_29.exe
来源字符数组 : DeepMind
目的字符数组 : DeepMind
请按任意键继续. . .
```

9-7-5　使用函数计算输入字符串的长度

这个程序基本上是仿真 C 语言的内建函数 strlen( )，传递字符串给函数，然后使用字符串末端字符是 "\0" 特性，响应字符串长度。

程序实例 ch9_30.c：输入字符串，这个程序会响应所输入字符串的长度。

```
1   /*   ch9_30.c              */
2   #include <stdio.h>
3   #include <stdlib.h>
4   int str_len(char s[]);   /* 声明函数原型 */
5   int str_len(char s[])
6   {
7       int i = 0;           /* 设定字符串长度变量 */
8
9       while ( s[i] != '\0' )
10          i++;
11      return i;
12  }
13  int main()
14  {
15      char str[80];
16      int  len;
17
18      printf("请输入字符串 : ");
19      scanf("%s", &str);
20      len = str_len(str);
21      printf("字符串 长度 : %d\n",len);
22      system("pause");
23      return 0;
24  }
```

执行结果

```
C:\Cbook\ch9\ch9_30.exe
请输入字符串 : abc
字符串 长度 : 3
请按任意键继续. . .
```

```
C:\Cbook\ch9\ch9_30.exe
请输入字符串 : Python
字符串 长度 : 6
请按任意键继续. . .
```

9-7-6 泡沫排序法

程序实例 ch9_31.c：程序实例 ch7_20.c 是一个泡沫排序法，这一节将依该实例概念，使用函数方式设计泡沫排序函数。

```c
1    /*   ch9_31.c                    */
2    #include <stdio.h>
3    #include <stdlib.h>
4    int len;                             /* 全局变量    */
5    void sort(int []), display(int []); /*声明函数原型 */
6    int main()
7    {
8        int  data[] = {3, 6, 7, 5, 9};  /* 欲排序数字 */
9
10       len = sizeof(data) / sizeof(data[0]);
11       printf("排序前 : ");
12       display(data);
13       sort(data);                      /* 执行排序    */
14       printf("排序后 : ");
15       display(data);
16       system("pause");
17       return 0;
18   }
19   void sort(int num[])
20   {
21       int i, j, flag, tmp;
22
23       for ( i = 1; i < len; i++ )
24       {
25          flag = 1;
26          for ( j = 0; j < (len-1); j++ )
27             if ( num[j] > num[j+1] )
28             {
29                tmp = num[j];
30                num[j] = num[j+1];
31                num[j+1] = tmp;
32                flag = 0;
33             }
34          if ( flag )
35             break;
36       }
37   }
38   void display(int arr[])
39   {
40       int i;
41
42       for (i = 0; i < len; i++)
43          printf("%d\t",arr[i]);
44       printf("\n");
45   }
```

执行结果

```
 C:\Cbook\ch9\ch9_31.exe
排序前 : 3        6         7         5         9
排序后 : 3        5         6         7         9
请按任意键继续. . .
```

9-7-7 传递二维数组数据

主程序在调用函数时，将整个数组传递给函数的基础概念如下。

```
函数数据形态 函数名称(数据形态 数组名[ ][列数]);

int main( )
{
    数据形态 数组名称[行数][列数];
    ...
    函数名称(数组名);
    ...
}

函数数据形态 函数名称(数据形态 数组名[ ][列数])
{
    ...
}
```

程序实例 ch9_31_1.c：基本二维数组数据传送的应用。本程序的函数会将二维数组各行 (row) 的前三个元素的平均值，平均分数取整数，放在最后一个元素位置。

```
1   /*   ch9_31_1.c                */
2   #include <stdio.h>
3   #include <stdlib.h>
4   void average(int [][4],int);
5   int main()
6   {
7       int num[3][4] = {
8                         { 88, 79, 91, 0 },
9                         { 86, 84, 90, 0 },
10                        { 77, 65, 70, 0 } };
11      int i, j, rows;
12
13      rows = sizeof(num) / sizeof(num[0]);
14      average(num,rows);
15      for ( i = 0; i < 3; i++ )   /* 打印新的数组 */
16      {
17          for ( j = 0; j < 4; j++ )
18              printf("%5d",num[i][j]);
19          printf("\n");
20      }
21      system("pause");
22      return 0;
23  }
24  void average(int sc[][4],int rows)
25  {
26      int sum,i,j;
27
28      for ( i = 0; i < rows; i++ )
29      {
30          sum = 0;
31          for ( j = 0; j < 4; j++ )
32              sum += sc[i][j];
33          sc[i][3] = sum /  3;   /* 平均值放入各列最右 */
34      }
35  }
```

执行结果

```
■ C:\Cbook\ch9\ch9_31_1.exe
   88    79    91    86
   86    84    90    86
   77    65    70    70
请按任意键继续. . .
```

对上述程序逻辑而言不会太复杂，读者所需了解的是第 4 行函数原型声明方式。第 14 行调用 average( ) 函数，可以使用二维数组名 num 传递二维数组数据。第 24 行 average( ) 函数的参数设计，此例使用 sc[ ][4] 接收参数。

9-8 专题实操：抽奖程序 / 递归 / 数组与递归 / 欧几里得算法

9-8-1 计算加总值的函数

程序实例 ch9_32.c：设计加总函数，请输入 n，这个程序会输出 $1 + 2 + \cdots + n$ 之加总结果。

```
1   /*   ch9_32.c                */
2   #include <stdio.h>
3   #include <stdlib.h>
4   int sum(int n)
5   {
6       int i, sum;
7
8       sum = 0;
9       for ( i = 1; i <= n; i++ )
10          sum += i;
11      return sum;
12  }
13  int main()
14  {
15      int n;
16
17      printf("请输入系列加总值 : ");
18      scanf("%d",&n);
19      printf("从 1 加到 %d = %d\n",n,sum(n));
20      system("pause");
21      return 0;
22  }
```

执行结果

```
■ C:\Cbook\ch9\ch9_32.exe
请输入系列加总值 : 5
从 1 加到 5 = 15
请按任意键继续. . .
```

```
■ C:\Cbook\ch9\ch9_32.exe
请输入系列加总值 : 10
从 1 加到 10 = 55
请按任意键继续. . .
```

9-8-2　设计质数测试函数

质数测试的逻辑如下：

❏　2 是质数。

❏　n 不可以被 2 ~ n-1 的数字整除。

程序实例 ch9_33.c：输入大于 1 的整数，本程序会输出此数是否质数。

```
1   /*    ch9_33.c                    */
2   #include <stdio.h>
3   #include <stdlib.h>
4   int isPrime(int n)
5   {
6       int i;
7       for (i = 2; i < n; i++)
8           if (n % i == 0)
9               return 0;
10      return 1;
11  }
12  int main()
13  {
14      int num;
15
16      printf("请输入大于 1 的整数做测试 = ");
17      scanf("%d",&num);
18      if (isPrime(num))
19          printf("%d 是质数\n", num);
20      else
21          printf("%d 不是质数\n", num);
22      system("pause");
23      return 0;
24  }
```

执行结果

```
■ C:\Cbook\ch9\ch9_33.exe
请输入大于 1 的整数做测试 = 2
2 是质数
请按任意键继续. . .
```

```
■ C:\Cbook\ch9\ch9_33.exe
请输入大于 1 的整数做测试 = 12
12 不是质数
请按任意键继续. . .
```

```
■ C:\Cbook\ch9\ch9_33.exe
请输入大于 1 的整数做测试 = 23
23 是质数
请按任意键继续. . .
```

```
■ C:\Cbook\ch9\ch9_33.exe
请输入大于 1 的整数做测试 = 49
49 不是质数
请按任意键继续. . .
```

9-8-3　抽奖程序设计

程序实例 ch9_34.c：设计抽奖程序，这个程序的奖号与奖品可以参考程序实例第 20 行 ~ 第 36 行，如果抽中 6 号 ~ 10 号奖项则响应 "谢谢光临"。

```
1   /*    ch9_34.c                    */
2   #include <stdio.h>
3   #include <stdlib.h>
4   #include <time.h>
5   int lottery( )
6   {
7       int n;
8       srand(time(NULL));
9       n = rand() % 10;
10      return n + 1;
```

```
11     }
12     int main()
13     {
14         int n;
15
16         n = lottery();
17         printf("您抽中奖号是 %d\n", n);
18         switch (n)
19         {
20             case 1:
21                 printf("汽车一辆\n");
22                 break;
23             case 2:
24                 printf("60寸液晶电视一台\n");
25                 break;
26             case 3:
27                 printf("iPhone 14 一台\n");
28                 break;
29             case 4:
30                 printf("现金三万元\n");
31                 break;
32             case 5:
33                 printf("现金一万元\n");
34                 break;
35             default:
36                 printf("谢谢光临\n");
37         }
38         system("pause");
39         return 0;
40     }
```

执行结果

```
C:\Cbook\ch9\ch9_34.exe
您抽中奖号是 7
谢谢光临
请按任意键继续. . .
```

```
C:\Cbook\ch9\ch9_34.exe
您抽中奖号是 4
现金三万元
请按任意键继续. . .
```

9-8-4　使用递归方式设计斐波那契数列

7-5-1 节笔者已经说明了斐波那契数列，我们可以将该数列改写成下列适合递归函数概念的公式。

$$fib(n) = \begin{cases} 1 & n=1或2 \\ fib(n-1)+fib(n-2) & n \geq 3 \end{cases}$$

再复习一次 7-5-1 节，斐波那契数列上述相当于下列公式：

fib[0] = 0　　　　　　/* 使用递归设计时，为了简化设计可以忽略 */

fib[1] = 1

fib[2] = 1

fib[n] = fib[n-1] + fib[n-2], for $n \geq$ 2

程序实例 ch9_35.c：使用递归函数计算 1 – 5 的斐波那契数列值。

```
1    /*   ch9_35.c                    */
2    #include <stdio.h>
3    #include <stdlib.h>
4    int fib(int n)
5    {
6        if (n == 1 || n == 2)
7            return 1;
8        else
9            return (fib(n-1)+fib(n-2));
10   }
11   int main()
12   {
13       int i;
14       int max = 10;         /* 计算前10个斐波那契数列 */
15       printf("斐波那契数列 1 - 10 如下 :\n");
16       for (i = 1; i <= max; i++)
17           printf("fib[%d] = %d\n", i, fib(i));
18       system("pause");
19       return 0;
20   }
```

执行结果

```
C:\Cbook\ch9\ch9_35.exe
斐波那契数列 1-10如下：
fib[1] = 1
fib[2] = 1
fib[3] = 2
fib[4] = 3
fib[5] = 5
fib[6] = 8
fib[7] = 13
fib[8] = 21
fib[9] = 34
fib[10] = 55
请按任意键继续. . .
```

上述程序执行结果的递归流程说明图可以参考下图。

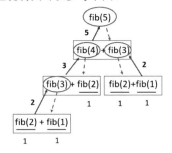

9-8-5　数组与递归

这一节讲解了许多递归的知识，主要是递归是 C 语言中非常重要的概念，也是迈向算法非常重要的基石，最后笔者将数组与递归结合，用简单的实例解说，读者应该可以很容易理解。

程序实例 ch9_35_1.c：使用递归方式，由大的索引值到小的索引值，输出数组数据。

```
1   /*   ch9_35_1.c                 */
2   #include <stdio.h>
3   #include <stdlib.h>
4   int display(int n[], int len)
5   {
6       printf("%d\n", n[len]);
7       if (len <= 0)
8           return;
9       else
10          display(n, len-1);
11  }
12  int main()
13  {
14      int x[] = {3, 4, 2, 5, 7};
15      int len;
16      len = sizeof(x) / sizeof(x[0]);
17      display(x, len-1);
18      system("pause");
19      return 0;
20  }
```

执行结果

```
C:\Cbook\ch9\ch9_35_1.exe
7
5
2
4
3
请按任意键继续. . .
```

9-8-6　欧几里得算法

欧几里得是古希腊的数学家，在数学中欧几里得算法主要是求最大公因子，这个方法就是我们在中学时期所学的辗转相除法，这个算法最早出现在欧几里得的几何原本。这一节笔者除了解释此算法也将使用 Python 完成此算法。

1. 土地区块划分

假设有一块土地长是 40 米，宽是 16 米，如果我们想要将此土地划分成许多个正方形，同时不要浪费土地，则最大的正方形土地边长是多少？

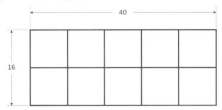

其实这类问题在数学中就是最大公约数的问题，土地的边长就是任意 2 个要计算最大公约数的数值，最大边长的正方形边长 8 就是 16 和 40 的最大公约数。

2. 最大公约数 (Greatest Common Divisor)

在 6-9-3 节已经有描述最大公约数的概念了，有两个数字分别是 $n1$ 和 $n2$，所谓的公约数是可以被 $n1$ 和 $n2$ 整除的数字，1 是它们的公约数，但不是最大公约数。假设最大公约数是 gcd，找寻最大公约数可以从 $n=2, 3, \cdots$ 开始，每次找到比较大的公约数时将此 n 设给 gcd，直到 n 大于 $n1$ 或 $n2$，最后的 gcd 值就是最大公约数。

程序实例 ch9_36.c：设计最大公约数 gcd( ) 函数，然后输入 2 笔数字做测试。

```
1   /*    ch9_36.c                  */
2   #include <stdio.h>
3   #include <stdlib.h>
4   int gcd(int, int);
5   int main()
6   {
7       int x, y;
8       int gc;
9
10      printf("请输入 2 个正整数 \n==> ");
11      scanf("%d %d",&x,&y);
12      gc = gcd(x,y);
13      printf("最大公约数是 %d \n",gc);
14      system("pause");
15      return 0;
16  }
17  int gcd(int x, int y)
18  {
19      int tmp;
20      while (y != 0)
21      {
22          tmp = x % y;
23          x = y;
24          y = tmp;
25      }
26      return x;
27  }
```

执行结果

```
C:\Cbook\ch9\ch9_36.exe
请输入 2 个正整数
==> 16 40
最大公约数是 8
请按任意键继续. . .
```

```
C:\Cbook\ch9\ch9_36.exe
请输入 2 个正整数
==> 99 33
最大公约数是 33
请按任意键继续. . .
```

3. 递归函数设计处理欧几里得算法

其实如果读者更熟练 C 和递归概念，可以使用递归函数设计，函数只要一行。

程序实例 ch9_37.c：使用递归函数设计欧几里得算法。

```
1   /*    ch9_37.c                  */
2   #include <stdio.h>
3   #include <stdlib.h>
4   int gcd(int, int);
5   int main()
6   {
7       int x, y;
8       int gc;
9
10      printf("请输入 2 个正整数 \n==> ");
11      scanf("%d %d",&x,&y);
12      gc = gcd(x,y);
13      printf("最大公约数是 %d \n",gc);
14      system("pause");
15      return 0;
16  }
17  int gcd(int x, int y)
18  {
19      return (y == 0) ? x : gcd(y, x % y);
20  }
```

执行结果 与程序实例 ch9_36.c 执行结果相同。

9-9 习题

一、是非题

( ) 1. 函数必须放在主程序 main( ) 的前方，否则编译时会有错误信息产生。(9-1 节)

( ) 2. 函数原型 (prototype) 声明时必须声明变量名称，否则会有编译错误。(9-1 节)

( ) 3. 函数若有回传值时，可以使用 return 回传。(9-3 节)

( ) 4. 函数 return( ) 最多可以回传 3 个值。(9-3 节)

( ) 5. 非 main( ) 的函数间不可以互相调用。(9-4 节)

( ) 6. 递归函数在设计时必须要使问题范围缩小。(9-5 节)

( ) 7. 局部变量声明是使用队列方式占用记忆空间。(9-6 节)

( ) 8.C 编译程序是以固定地址存放 static 的变量声明。(9-6 节)

( ) 9. 局部变量最大特色是不会随着程序区域结束，变量随即消失。(9-6 节)

( ) 10. 使用 register(整存器) 声明数据的主要目的是加快程序的执行速度。(9-6 节)

( ) 11.C 语言在函数调用传递数组时是使用传递数组地址调用 (Call by Address)。(9-7 节)

二、选择题

( ) 1.C 语言对所建立的非 main( ) 函数进行声明，此函数声明称为 (A) 函数原型 (B) 区域函数 (C) 外部函数 (D) 子函数。(9-1 节)

( ) 2. 一个函数如果没有回传值可以使用哪一种声明？ (A) int (B) float (C) void (D) double。(9-2 节)

( ) 3. 函数的 return 最多可以回传几个值？ (A) 0 (B) 1 (C) 2 (D) 3。(9-3 节)

( ) 4. 一个函数调用本身的动作称为 (A) ANSI 标准调用 (B) 递归式调用 (C) 阶乘调用 (D) 自动调用。(9-5 节)

( ) 5. 下列哪一个形态的变量，若程序区段结束后，此变量仍然存在？ (A) auto (B) static (C) 全局变量 (D) register。(9-6 节)

( ) 6. 下列哪一个变量可供所有其他函数或程序区域引用？ (A) auto (B) static (C) 全局变量 (D) register。(9-6 节)

( ) 7. 下列哪一个形态的变量可加快程序的执行速度？ (A) auto (B) 全局变量 (C) external (D) register。(9-6 节)

( ) 8. 局部变量的区间标记是 (A) 大括号 (B) 中括号 (C) 小括号 (D) 函数名称。(9-6 节)

三、填充题

1. 函数由 ( ) 和 ( ) 组成。(9-1 节)

2. 设计某一个函数，若有回传值，可用 ( ) 回传。(9-3 节)

3. 递归函数设计时必须具备两个特色，分别是 ( ) 和 ( )。(9-5 节)

4. 局部变量声明是使用 ( ) 方式占用内存空间。(9-6 节)

5.C 编译程序是以固定地址存放 ( ) 变量，只要程序仍然继续执行工作，这个变量将持续存在。(9-6 节)

6.( ) 变量可加快程序的执行速度。(9-6 节)

四、实操题

1. 重新设计程序实例 ch9_4.c，然后告诉你较小值，要是两数值相等，则告诉你两数值相等。(9-2 节)

```
■ C:\Cbook\ex\ex9_1.exe          ■ C:\Cbook\ex\ex9_1.exe
请输入两数值                      请输入两数值
==> 9 3                          ==> 5 5
较小值是 3                        两数值相等
请按任意键继续. . .              请按任意键继续. . .
```

2. 改良程序实例 ch9_4.c，将函数改为 max(int x, int y)，回传较大值。(9-3 节)

```
■ C:\Cbook\ex\ex9_2.exe          ■ C:\Cbook\ex\ex9_2.exe
请输入两数值 : 43 88             请输入两数值 : 35 35
较大值 = 88                       较大值 = 35
请按任意键继续. . .              请按任意键继续. . .
```

3. 设计 min(int x, int y) 函数，回传较小值。(9-3 节)

```
■ C:\Cbook\ex\ex9_3.exe          ■ C:\Cbook\ex\ex9_3.exe
请输入两数值 : 46 25             请输入两数值 : 25 25
较小值 = 25                       较小值 = 25
请按任意键继续. . .              请按任意键继续. . .
```

4. 设计绝对值函数，回传绝对值。(9-3 节)

```
■ C:\Cbook\ex\ex9_4.exe          ■ C:\Cbook\ex\ex9_4.exe
请输入一个数值 : -50            请输入一个数值 : 35
绝对值 = 50                       绝对值 = 35
请按任意键继续. . .              请按任意键继续. . .
```

5. 重新设计程序实例 ch9_15.c 的 mypow( ) 函数，重点是传入值是偶数则回传 1，如果传入值是奇数则回传 -1，这样整个程序就会很顺畅。(9-4 节)

```
■ C:\Cbook\ex\ex9_5.exe
当 i =  10000时, PI = 3.1414925947901793000
当 i =  20000时, PI = 3.1415425957238767000
当 i =  30000时, PI = 3.1415592621633550000
当 i =  40000时, PI = 3.1415675956413907000
当 i =  50000时, PI = 3.1415725956430833000
当 i =  60000时, PI = 3.1415759289848211000
当 i =  70000时, PI = 3.1415783099218970000
当 i =  80000时, PI = 3.1415800956565363000
当 i =  90000时, PI = 3.1415814845786372000
当 i = 100000时, PI = 3.1415825956883054000
请按任意键继续. . .
```

6. 使用递归设计，计算次方的函数，次方公式的函数非递归概念如下：(9-5 节)

$$b^n = \begin{cases} 1 & n = 0 \\ \underbrace{b \times b \times ... \times b}_{\text{乘法执行 } n \text{ 次}} & n \geq 1 \end{cases}$$

次方公式的递归概念如下：

$$b^n = \begin{cases} 1 & n = 0 \\ b \times (b^{n-1}) & n \geq 1 \end{cases}$$

套上 power( ) 函数，整个递归公式概念如下：

$$power(b,n) = \begin{cases} 1 & n = 0 \\ b \times power(b, n-1) & n \geq 1 \end{cases}$$

```
■ C:\Cbook\ex\ex9_6.exe
2 的 5 次方 = 32
请按任意键继续. . .
```

7. 请设计递归函数计算下列数列的和。(9-5 节)

    f(i) = 1 + 1/2 + 1/3 + … + 1/n

    请输入 n，然后列出 n = 1 … n 的结果。

```
■ C:\Cbook\ex\ex9_7.exe
请输入整数 : 5
f(1) = 1.00000
f(2) = 1.50000
f(3) = 1.83333
f(4) = 2.08333
f(5) = 2.28333
请按任意键继续. . .
```

8. 请设计递归函数计算下列数列的和。(9-5 节)

    f(i) = 1/2 + 2/3 + … + n/(n+1)

    请输入 n，然后列出 n = 1 … n 的结果。

```
■ C:\Cbook\ex\ex9_8.exe
请输入整数 : 5
f(1) = 0.50000
f(2) = 1.16667
f(3) = 1.91667
f(4) = 2.71667
f(5) = 3.55000
请按任意键继续. . .
```

9. 请设计 main( ) 函数内有外大括号和内大括号，两个区域有 num 语句，基本设计概念如下：(9-6 节)

```
int main( )
{
    int i, num;
        xxx;
    for ( … )
    {
        int num;
        xxx;
    }
}
```

可以得到下列结果。

10. 输入 n，本程序会输出 $1 + 2 + \cdots + n$ 之值，请设计加总的函数。(9-7 节)

11. 计算数组的平均值函数设计。这个程序会要求输入数组元素，然后将这些元素传给函数，经函数运算后，会将平均值回传调用程序。(9-7 节)

12. 求数组最小值的程序设计。这个程序会要求输入数组元素，然后将这些元素传给函数，经函数运算后，会将最小值回传调用程序。(9-7 节)

13. 仿真字符串结合程序，这个程序会要求输入两个字符串，然后将字符串结合。(9-7 节)

14. 最小公倍数计算，其实就是两数相乘除以最大公约数，公式如下：
$$x \times y / gcd$$
请设计程序要求输入两个数值，然后输出最小公倍数。(9-8 节)

15. 请设计程序输出 2 ～ 100 的所有质数。(9-8 节)

```
C:\Cbook\ex\ex9_15.exe
列出所有2 ～ 100 的所有质数
2        3        5        7        11
13       17       19       23       29
31       37       41       43       47
53       59       61       67       71
73       79       83       89       97
2 至 100 之间共有 25 个质数
请按任意键继续. . .
```

16. 重新设计程序实例 ch9_35_1.c，将数组由小索引到大索引顺序输出。(9-8 节)

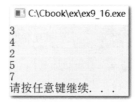

```
C:\Cbook\ex\ex9_16.exe
3
4
2
5
7
请按任意键继续. . .
```

17. 使用程序实例 ch9_35_1.c 的数组，用递归方式加总数组数据。(9-8 节)

```
C:\Cbook\ex\ex9_17.exe
total = 21
请按任意键继续. . .
```

18. 使用递归函数重新设计 pow( ) 函数，也就是可以回传特定数的某次方值，请分别输入底数和指数做测试。(9-8 节)

```
C:\Cbook\ex\ex9_18.exe
请输入底数：2
请输入指数：5
2 的 5 次方 = 32
请按任意键继续. . .
```

```
C:\Cbook\ex\ex9_18.exe
请输入底数：3
请输入指数：4
3 的 4 次方 = 81
请按任意键继续. . .
```

第 1 0 章

C 语言前端处理器

C 语言的另一个特色是前端处理器 (Preprocessor)，这个功能将使程序员在撰写 C 语言时，更感觉得心应手，这也是 C 语言在 20 世纪 90 年代取代 Pascal，成为计算机重要程序语言的原因。

前端处理器主要有三项：

（1）包含文件 #include 指令。

（2）宏 #define 指令。

（3）条件式编译。

在本章，我们将一一探讨上述功能。

10-1 认识"#"符号和前端处理器

在 C 语言中，以"#"符号开头的指令会在编译程序前先进行处理，再将处理结果和后面的程序代码交给编译程序编译，所以我们称以"#"开头的指令为前端处理器。

在 1-3 节笔者有介绍 #include 指令，同时在 C 语言程序前面我们会加上下列指令。

```
#include <stdio.h>
#include <stdlib.h>
```

上述前端处理程序主要是将 stdio.h 和 stdlib.h 头文件载入，然后 C 语言编译程序再一起编译，可以参考下图，所以我们将 #include 称为前端处理器。

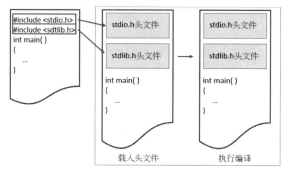

C 语言编译过程

所以编译程序其实分两阶段工作：

（1）载入头文件。

（2）程序编译。

10-2 #define 前端处理器

10-2-1 基础概念

一般 #define 前端处理器，又称作宏，常用的功能有下列 3 项：

（1）常数的代换。

（2）字符串的代换。

（3）定义简易的函数。

它的语法格式如下：

#define　　　　标识符　　代换物件

代换对象可以是常数、字符串或函数。请注意，代换对象末端不加分号（；）。当使用 #define 定义标识符后，未来凡是程序中所使用的标识符，皆会被所指定的常数、字符串或函数取代。

注 1　经过 #define 定义后的标识符，未来是不可在函数内重新定义使用。

注 2　标识符也可以称为宏名称。

标识符 (宏名称) 的命名规则和变量相同，为了和一般变量有区隔，程序设计师习惯用大写字母定义标识符 (宏名称)。

10-2-2　#define 定义宏常数

在 C 语言的程序设计中，我们会定义一个数值，这个数值可能会被许多函数调用，同时此数值是固定的不会更改，这就是使用 #define 定义常数的好时机。例如，在执行数学运算时，常需要定义圆周率 PI 值，我们可以先使用 #define 前端处理器定义 PI，未来就可以在所有函数使用，这可以增进程序设计效率。

在程序实例 ch9_22.c 中，笔者使用了全局变量定义 PI 值，其实更好的设计是使用 #define 前端处理器定义 PI 值。

程序实例 ch10_1.c：重新设计程序实例 ch9_22.c，计算圆面积和圆周长，但是将第 4 行的 PI 由全局变量改为使用 #define 定义值。

```
1  /*   ch10_1.c                    */
2  #include <stdio.h>
3  #include <stdlib.h>
4  #define PI 3.1415926
5  double area(float r)
6  {
7      return PI * r * r;
8  }
9  double circumference(float r)
10 {
11     return 2 * PI * r;
12 }
13 int main()
14 {
15     double r;
16     printf("请输入圆半径 = ");
17     scanf("%lf", &r);
18     printf("圆面积 = %lf\n", area(r));
19     printf("圆周长 = %lf\n", circumference(r));
20     system("pause");
21     return 0;
22 }
```

执行结果

```
C:\Cbook\ch10\ch10_1.exe
请输入圆半径 = 10
圆面积 = 314.159260
圆周长 = 62.831852
请按任意键继续. . .
```

使用 #define 的宏方式定义常数最大的好处是，如果要更改常数内容，可以只更改一个地方，不用每个函数皆要更改。例如，若是以程序实例 ch10_1.c 为例，如果在 area( ) 函数和 circumference( ) 函数内分别定义 PI，假设我们想要更精确地定义 PI 值，则要改两个地方，当将 PI 定义为宏之后，只要修改一个地方即可。

10-2-3　宏常数相关的关键词 const

上一节我们了解可以使用 #define 的宏方式定义常数，C 语言提供另一种定义常数的关键词 const，经过此关键词定义后，未来此值将不可更改，此关键词的语法如下：

```
const 数据形态 变量名称 = xxx;
```

 注 上述右边需有分号 ";"。

实例：定义圆周率。

```
const double PI = 3.1415926;
```

程序实例 ch10_2.c：使用 const 关键词，重新设计程序实例 ch10_1.c。

```
1   /*     ch10_2.c                    */
2   #include <stdio.h>
3   #include <stdlib.h>
4   const double PI=3.1415926;
5   double area(float r)
6   {
7       return PI * r * r;
8   }
9   double circumference(float r)
10  {
11      return 2 * PI * r;
12  }
13  int main()
14  {
15      double r;
16      printf("请输入圆半径 = ");
17      scanf("%lf", &r);
18      printf("圆面积 = %lf\n", area(r));
19      printf("圆周长 = %lf\n", circumference(r));
20      system("pause");
21      return 0;
22  }
```

执行结果 与程序实例 ch10_1.c 执行结果相同。

现在我们了解了两种定义常数的方法，其实使用 #define 和 const，虽目的相同，但是仍有下列区别。

（1）编译程序处理时期不同，#define 定义的是编译程序的前端预处理将宏名称替换。const 则是需要声明数据形态，同时编译过程时要进行数据形态检查。

（2）#define 定义的宏常数是存储在程序代码中，没有内存空间。const 常数则是需要配置内存空间。

（3）虽然程序实例 ch10_1.c，笔者将 #define 写在所有函数的前面，但是也可以写在特定函数内，例如，可以写在 area( ) 函数内，只要在使用前声明即可，读者可以参考程序实例 ch10_3.c。const 定义的常数如果需要被所有函数调用，则必须定义在所有函数前面。

（4）使用 #define 定义的宏可以使用 #undef 取消定义，经过 const 定义的常数无法更改。

至于未来使用哪一种方式读者可以依个人喜好，笔者则比较喜欢 #define 定义。

程序实例 ch10_3.c：在 area( ) 函数内定义 PI，此程序仍可以正常执行。

```
1   /*     ch10_3.c                    */
2   #include <stdio.h>
3   #include <stdlib.h>
4   double area(float r)
5   {
6       #define PI 3.1415926
7       return PI * r * r;
8   }
9   double circumference(float r)
10  {
11      return 2 * PI * r;
12  }
13  int main()
14  {
15      double r;
16      printf("请输入圆半径 = ");
17      scanf("%lf", &r);
18      printf("圆面积 = %lf\n", area(r));
19      printf("圆周长 = %lf\n", circumference(r));
20      system("pause");
21      return 0;
22  }
```

执行结果 与程序实例 ch10_1.c 执行结果相同。

读者须留意，编译程序在处理程序实例 ch10 3.c 时，会由上往下编译，如果读者将 #define 定义在第一次使用 PI 的后面，也就是第 7 行的后面，会造成编译程序编译到第 7 行时，无法识别 PI，产生编译的错误。所以即使不将 #define 定义在所有函数之前，也必须定义在第一次使用前。

10-2-4　#define 定义字符串

#define 也可用于定义字符串，可以参考下列实例。

实例：假设有一段指令如下：

```
#define  FMT  "x = %d\n"
    ...

printf(FMT, x);
```

则在执行时，FMT 会自动被 #define 中的字符串取代，所以实际 printf(FMT, x) 指令会被下列指令取代。

```
printf("x = %d\n", x);
```

程序实例 ch10_4.c：使用 #define 定义字符串的应用。

```
1   /*   ch10_4.c                   */
2   #include <stdio.h>
3   #include <stdlib.h>
4   #define FMT "x = %d\n"
5   void add(int x, int y)
6   {
7       printf(FMT,x+y);
8       return;
9   }
10  void sub(int x, int y)
11  {
12      printf(FMT,x-y);
13      return;
14  }
15  int main()
16  {
17      add(1,2);
18      sub(1,2);
19      system("pause");
20      return 0;
21  }
```

执行结果

```
C:\Cbook\ch10\ch10_4.exe
x = 3
x = -1
请按任意键继续. . .
```

在 1980 — 2000 年，程序语言 Pascal 也曾经红极一时，这是一个结构化的程序语言，这个语言是使用 BEGIN 取代 C 的左大括号 "{"，使用 END 取代 C 的右大括号 "}"，下列将使用 C 模拟 Pascal 程序语言。

程序实例 ch10_5.c：仿真 Pascal 的 BEGIN 和 END 的程序应用。

```
1   /*   ch10_5.c                   */
2   #include <stdio.h>
3   #include <stdlib.h>
4   #define   BEGIN   {
5   #define   END     }
6   int main()
7   BEGIN
8       int i;
9
10      for ( i = 0; i < 3; i++ )
11      BEGIN
12        printf("模拟 Pascal begin 和 end.\n");
13        printf("BEGIN 是 { \n");
14        printf("END   是 } \n");
15      END
16      system("pause");
17      return 0;
18  END
```

执行结果

```
C:\Cbook\ch10\ch10_5.exe
模拟 Pascal begin 和 end.
BEGIN 是 {
END   是 }
模拟 Pascal begin 和 end.
BEGIN 是 {
END   是 }
模拟 Pascal begin 和 end.
BEGIN 是 {
END   是 }
请按任意键继续. . .
```

10-2-5 #define 定义函数

#define 也可以用于定义函数，在许多程序语言称此为宏，笔者将从不带参数的函数说起，可以参考下列实例。

实例 1：使用 #define 定义函数 SQUARE，计算平方值的应用。

```
#define  SQUARE  x*x
      ...
x = 3;
y = SQUARE;
```

运算后 y 值等于 9，因为这个宏定义 SQUARE，因为 SQUARE 定义是 x*x，所以先设定 x 值后，调用 SQUARE 就可以得到 x*x 平方的结果，然后将结果回传调用指令。

程序实例 ch10_6.c：利用 #define 扩充 TRUE 和 FALSE 功能的应用，这个程序会利用 #define SQ 功能，计算输入数值的平方值，然后将它列出来，若要结束此程序只要输入小于 50 的值就可以了。

```
1   /*   ch10_6.c              */
2   #include <stdio.h>
3   #include <stdlib.h>
4   #define  TRUE   1
5   #define  FALSE  0
6   #define  SQUARE  n*n
7   int main()
8   {
9       int n;
10      int again = TRUE;
11
12      printf("如果输入大于 50 程序将自动结束 \n");
13      while ( again )   /* 如果小于或等于 50 程序继续 */
14      {
15          printf("请输入数值 ==> ");
16          scanf("%d",&n);
17          if ( n <= 50 )
18              printf("平方值是 = %d\n", SQUARE);
19          else
20          {
21              again = FALSE;  /* 输入大于 50 则设定 */
22              printf("程序结束\n");
23          }
24      }
25      system("pause");
26      return 0;
27  }
```

执行结果

```
 C:\Cbook\ch10\ch10_6.exe
如果输入大于 50 程序将自动结束
请输入数值 ==> 30
平方值是 = 900
请输入数值 ==> 50
平方值是 = 2500
请输入数值 ==> 51
程序结束
请按任意键继续. . .
```

上述定义虽然可以使用，但是限制是调用 SQUARE 前要先设定 n 的值，比较不方便，C 语言提供设计宏函数时可以传递参数，这可以让程序设计师更加活用宏函数。

程序实例 ch10_7.c：改写程序实例 ch10_6.c，设计传递参数方式，处理平方值的宏。

```
1   /*   ch10_7.c              */
2   #include <stdio.h>
3   #include <stdlib.h>
4   #define  TRUE   1
5   #define  FALSE  0
6   #define  SQUARE(x)  x*x
7   int main()
8   {
9       int n;
10      int again = TRUE;
11
12      printf("如果输入大于 50 程序将自动结束 \n");
13      while ( again )   /* 如果小于或等于 50 程序继续 */
14      {
15          printf("请输入数值 ==> ");
16          scanf("%d",&n);
17          if ( n <= 50 )
18              printf("平方值是 = %d\n", SQUARE(n));
19          else
20          {
21              again = FALSE;  /* 输入大于 50 则设定 */
22              printf("程序结束\n");
23          }
24      }
25      system("pause");
26      return 0;
27  }
```

执行结果 与程序实例 ch10_6.c 执行结果相同。

上述使用参数调用宏，可以不用要求变量与宏变量有相同的名称。有了上述概念，就可以设计更有用的宏了。

程序实例 ch10_8.c：使用宏定义配合 e1 ? e2 : e3 语法，设计求较大值。

```
1  /*   ch10_8.c              */
2  #include <stdio.h>
3  #include <stdlib.h>
4  #define  MAX(a,b)  ( a > b ) ? a : b
5  int main()
6  {
7      int x, y;
8
9      printf("请输入 2 个值 : ");
10     scanf("%d %d",&x, &y);
11     printf("较大值 = %d\n",MAX(x,y));
12     system("pause");
13     return 0;
14 }
```

执行结果

```
C:\Cbook\ch10\ch10_8.exe
请输入 2 个值 : 5 10
较大值 = 10
请按任意键继续. . .
```

```
C:\Cbook\ch10\ch10_8.exe
请输入 2 个值 : 20 9
较大值 = 20
请按任意键继续. . .
```

10-2-6　#define 定义宏常发生的错误

使用 C 语言首先读者须了解宏只是字符串的替代，不会对宏内的参数进行运算，因此无法像处理函数一样，将表达式当作参数传递，一般人没有特别留意会常常发生错误。

程序实例 ch10_9.c：设计一个平方宏，结果因为参数变量问题有错误。

```
1  /*   ch10_9.c                */
2  #include <stdio.h>
3  #include <stdlib.h>
4  #define  SQ(n) n*n
5  int main()
6  {
7      int x = 9;
8
9      printf("x * x = %d\n", SQ(x+1));
10     system("pause");
11     return 0;
12 }
```

执行结果

```
C:\Cbook\ch10\ch10_9.exe
x * x = 19
请按任意键继续. . .
```

在一般理解的程序设计概念里，x = 9，SQ(x+1) 相当于是将 10(9+1) 代入第 4 列的 SQ( ) 宏，所以可以得到 100。但是上述结果是 19，原因是使用 SQ(x+1) 时，x+1 会被视为宏的 n，所以宏收到的信息如下 :

```
x + 1 * x + 1
```

因为 x = 9，所以整个宏处理方式如下 :

```
9 + 1 * 9 + 1
```

所以得到输出 19。如果要改良这个现象，设计宏时，需要为参数变量加上小括号。

程序实例 ch10_10.c：改良程序实例 ch10_9.c，为宏的参数变量加上括号，最后获得正确的结果。

```
1  /*   ch10_10.c              */
2  #include <stdio.h>
3  #include <stdlib.h>
4  #define  SQ(n) (n)*(n)
5  int main()
6  {
7      int x = 9;
8
9      printf("x * x = %d\n", SQ(x+1));
10     system("pause");
11     return 0;
12 }
```

执行结果

```
C:\Cbook\ch10\ch10_10.exe
x * x = 100
请按任意键继续. . .
```

10-2-7 #define 宏定义程序代码太长的处理

在 2-6-4 节笔者有介绍，设计 C 语言时，单一程序代码指令太长，可以在该行尾端增加 "\"
符号，编译程序会由此符号判别下一列与此列是相同的程序代码指令。这个概念可以同时应用在
#define 所定义的宏中，#define 也允许有包含两道以上指令的情形，此时必须要在每一行的最右边加
上 "\" 符号，此符号表示下一行的指令是属于此宏定义。至于宏的最后一行则可省略此 "\" 符号。

程序实例 ch10_11.c：设计一个宏 swap，此宏可执行数据对调。

```
1    /*     ch10_11.c                    */
2    #include <stdio.h>
3    #include <stdlib.h>
4    #define exchange(a,b) {              \
5                          int t;\
6                          t = a;\
7                          a = b;\
8                          b = t;\
9                          }
10   int main()
11   {
12       int x = 10;
13       int y = 20;
14
15       printf("执行对调前\n");
16       printf("x = %d \t y = %d\n",x,y);
17       exchange(x,y);
18       printf("执行对调后\n");
19       printf("x = %d \t y = %d\n",x,y);
20       system("pause");
21       return 0;
22   }
```

执行结果

```
C:\Cbook\ch10\ch10_11.exe
执行对调前
x = 10    y = 20
执行对调后
x = 20    y = 10
请按任意键继续. . .
```

10-2-8 #undef

#undef 指令和 #define 指令完全相反，也就是说，这个指令会将已经定义的常数、字符串或函
数，改成没有定义，也就是取消定义。

10-2-9 函数或宏

现在读者已经了解了函数与宏的概念了，彼此的主要优缺点如下。

	优点	缺点
函数	节省内存空间	执行速度比较慢
宏	执行速度比较快	占用比较多的内存空间

首先读者需要了解宏是在编译程序前即执行字符串的替换，然后才执行编译程序。而函数是程
序执行时，有调用产生才去执行，因此，宏比较占用编译的时间，函数则是比较占用执行的时间。

如果一个程序调用多次宏时，这些调用宏部分会变成程序代码的一部分，如果调用 5 次则会有
5 份程序代码出现，因此会占据比较多的内存空间，但是因为宏已经成为程序代码的一部分，所以
程序可以顺序往下执行，所以宏可以比较节省运行时间。

对于函数而言，当有函数调用时，程序会传递参数，然后转至指定函数进行数据处理，执行完
成再返回原先调用的下一道指令，因此执行时会花费比较多的时间。但是编译函数时，只需一份程

序代码，假设调用函数 5 次，程控只需转至程序代码地址执行，执行后再回到原先调用的下一道指令即可。因此，函数比较节省内存，但是需要比较多的运行时间。

对于读者而言，未来程序设计是使用哪一种方式，其实没有一定规则，简单地说就是在内存空间和 CPU 时间之间的取舍。

10-3　#include 前端处理器

#include 指令主要目的是将头文件包含在目前的文件内工作，头文件的扩展名是 ".h"。#include 指令有两个指令格式：

（1）#include ＜头文件路径＞

（2）#include "头文件路径"

第一个指令格式＜头文件路径＞，告诉系统去指定的 include 文件夹内找寻这个文件，然后将这个文件包含在目前程序文件内。

第二个指令格式"头文件路径"，告诉系统在目前的工作文件夹下找寻这个文件，如果找不到，则去系统指定的 include 文件夹找寻这个文件，然后将这个文件包含在目前程序文件内。

注　自己设计的头文件可以放在任意文件夹位置，如果不是放在目前文件所在的文件夹或是 include 文件夹，则在使用 #include 时，需要加上文件夹路径。

10-3-1　认识头文件的文件夹

以 Dev C++ 编译程序而言，不同版本的头文件可能会在不同位置，假设 Dev C++ 软件是安装在 C 磁盘，在 Dev C++ 4.x 版中，读者可以在 C:\Dev-Cpp 文件夹内找到 include 文件夹，头文件就在此文件夹内。

在 Dev C++ 5.x 版则比较复杂，笔者是进入下列文件夹找到 include 文件夹。

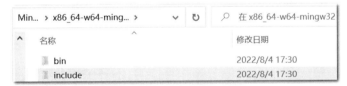

点选进入后，可以看到有 200 多个头文件，细看可以看到我们熟知的 math.h、stdio.h 和 stdlib.h 头文件，如下所示。

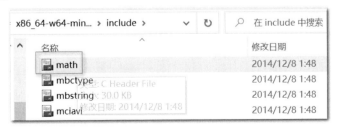

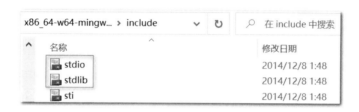

10-3-2 认识头文件

我们可以使用 Dev C++ 的编辑窗口开启头文件，假设要开启 math.h 头文件，将鼠标光标移至此文件，单击鼠标右键，然后执行开启 /Dev C++ IDE，就可以开启所选的 math.h 头文件。

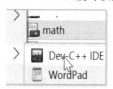

下列是适度卷动看到 #define 的窗口画面。

```
39    #if !defined( __STRICT_ANSI__ ) || defined(_XOPEN_SOURCE)
40    #define M_E        2.7182818284590452354      ← 定义 e
41    #define M_LOG2E    1.4426950408889634074
42    #define M_LOG10E   0.43429448190325182765
43    #define M_LN2      0.69314718055994530942
44    #define M_LN10     2.30258509299404568402
45    #define M_PI       3.14159265358979323846     ← 定义 π
46    #define M_PI_2     1.57079632679489661923
47    #define M_PI_4     0.78539816339744830962
48    #define M_1_PI     0.31830988618379067154
49    #define M_2_PI     0.63661977236758134308
50    #define M_2_SQRTPI 1.12837916709551257390
51    #define M_SQRT2    1.41421356237309504880     ← 定义 √2
52    #define M_SQRT1_2  0.70710678118654752440
53    #endif
```

从上述可以看到原来 C 语言使用 M_PI 定义圆周率，同时定义到小数点第 20 位，程序实例 ch10_1.c 中，笔者使用 #define 定义了 PI 是 3.1415926，现在可以使用 math.h 头文件重新处理圆周率，同时观察执行结果。

程序实例 ch10_12.c：使用 math.h 内建的 M_PI，重新设计程序实例 ch10_1.c，同时也尝试用格式 2 导入头文件。

```
1   /*   ch10_12.c            */
2   #include <stdio.h>
3   #include <stdlib.h>
4   #include "math.h"
5   double area(float r)
6   {
7       return M_PI * r * r;
8   }
9   double circumference(float r)
10  {
11      return 2 * M_PI * r;
12  }
13  int main()
14  {
15      double r;
16      printf("请输入圆半径 = ");
17      scanf("%lf", &r);
18      printf("圆面积 = %15.10lf\n", area(r));
19      printf("圆周长 = %15.10lf\n", circumference(r));
20      system("pause");
21      return 0;
22  }
```

执行结果

```
C:\Cbook\ch10\ch10_12.exe
请输入圆半径 = 10
圆面积 =    314.1592653590
圆周长 =     62.8318530718
请按任意键继续. . .
```

若是和程序实例 ch10_1.c 比较，因为 M_PI 值更精确，我们获得了更精确的结果。如果将 math.h 头文件往下移动可以看到数学函数原型声明，如下所示。

```
138    double __cdecl sin(double _X);
139    double __cdecl cos(double _X);
140    double __cdecl tan(double _X);
141    double __cdecl sinh(double _X);
142    double __cdecl cosh(double _X);
143    double __cdecl tanh(double _X);
144    double __cdecl asin(double _X);
145    double __cdecl acos(double _X);
146    double __cdecl atan(double _X);
147    double __cdecl atan2(double _Y,double _X);
148    double __cdecl exp(double _X);
149    double __cdecl log(double _X);
150    double __cdecl log10(double _X);
151    double __cdecl pow(double _X,double _Y);
152    double __cdecl sqrt(double _X);
153    double __cdecl ceil(double _X);
154    double __cdecl floor(double _X);
```

上述是 C 语言标准数学函数库的原型声明，在 4-1-1 节笔者说明 pow( ) 函数声明，读者可以在上方看到该函数。在 4-2 节笔者介绍了 pow10( ) 函数，读者应该发现上述找不到 pow10( )，这也是为何笔者说 pow10( ) 不是标准函数。另外上述声明可以看到 __cdecl 字符串，这是 C Declaration 的缩写，用于注明所有参数从右到左依次进入堆栈。

第 4 章介绍的标准数学函数皆是包含在 match.h 内，所以该章节的程序实例前面，皆加了下列指令：

```
#include <math.h>
```

10-3-3　设计自己的头文件

C 语言系统，也允许我们设计自己的头文件，此文件的扩展名是 .h。最简单方式是放在目前程序所在文件夹，如果要放在其他文件夹则需加上文件夹路径。

程序实例 ch10_13.c：自行设计 include 文件的程序应用。本程序是由两个文件组成。

（1）test.h 这个文件包含了一些常用 C 语言运算符号的定义，请将本程序放在与本程序相同目录内。

```
1    /* 测试 #include 文件 */
2    #define BEGIN    {
3    #define END      }
4    #define LAG      >
5    #define SMA      <
6    #define EQ       ==
```

（2）程序实例 ch10_13.c 是程序核心，由于很多常用的运算符号皆已被字符串重新定义了，所以和原来 C 语言比较，它有一点不同。

```
1    /*   ch10_13.c                */
2    #include <stdio.h>
3    #include <stdlib.h>
4    #include "test.h"
5
6    int main()
7    BEGIN
8        int i = 10;
9        int j = 20;
10
11       if ( i LAG j )
12         printf("%d 大于 %d \n",i,j);
13       else if ( i EQ j )
14         printf("%d 等于 %d \n",i,j);
15       else if ( i SMA j )
16         printf("%d 小于 %d \n",i,j);
17       system("pause");
18       return 0;
19   END
```

执行结果

```
C:\Cbook\ch10\ch10_13.exe
10 小于 20
请按任意键继续. . .
```

10-4　条件式的编译

条件式的编译程序，通常使用于较大的程序区块中，如下是这些指令的基本定义。

10-4-1　#if

假设语态的条件表达式，它类似于一般指令 if，两者之间最大的不同在于 if 只能用于程序区段；而 #if 不仅可用在程序区块，同时，也能将它使用在前端处理程序上，不过一般人都习惯将它用在前端处理程序上。

10-4-2　#endif

#endif 指令代表条件运算的结束，一般都和 #if 配合使用。例如：

```
#if （条件判断）
    …
#endif
```

如果 #if 的条件判断是真 (True)，则执行 #if 和 #endif 之间的指令。

10-4-3　#else

#else 指令类似于 else，一般均和 #if 和 #endif 指令配合使用。例如：

```
#if （条件判断）
    区段指令 1
#else
    区段指令 2
#endif
```

如果 #if 的条件判断是真 (True)，则执行区段指令 1，否则执行区段指令 2。

10-4-4　#ifdef

#ifdef 指令的意义为"如果有定义"（if define）。它的使用语法如下：

```
#ifdef 标识符
    区段指令
#endif
```

如果上述标识符有定义，则执行区段指令，同样上述指令也可以配合 #else 使用。

10-4-5　#ifndef

#ifndef 指令的意义为"如果没有定义" (if not define)，它的使用语法如下：

```
#ifndef 标识符
    区段指令 1
```

```
#else
    区段指令 2
#endif
```

在上述指令中，如果标识符没有定义，则执行区段指令 1，否则执行区段指令 2。

程序实例 ch10_14.c：#if、#ifdef 和 #ifndef 的综合应用，在这个实例中，我们几乎列出所有可能发生条件编译的使用情形，读者应该彻底了解本程序。

执行结果

```
C:\Cbook\ch10\ch10_14.exe
较大值是 = 20
较小值是 = 10
较小值是 = 10
较大值是 = 20
请按任意键继续. . .
```

10-5 习题

一、是非题

(　　) 1. 凡是前端处理器，前面一定要加上"#"。(10-1 节)

(　　) 2. 前端处理器的末端与一般指令一样要加上";"。(10-2 节)

(　　) 3.#define 宏定义最多只能定义一行。(10-2 节)

(　　) 4. 执行 #define 定义的宏将成为程序代码的一部分。(10-2 节)

(　　) 5.#undefine 可以取消宏定义。(10-2 节)

(　　) 6. 使用 #define 定义的常数可以取消定义，使用 const 定义的常数则不可取消定义。(10-2 节)

(　　) 7. 宏是在程序编译前处理。(10-2 节)

(　　) 8.#include 主要将头文件包含在目前的文件内工作。(10-3 节)

(　　) 9.if 和 #if 最大的不同在于，#if 不仅可以用在程序区块，同时也可以使用在前端处理程序上。(10-4 节)

二、选择题

( ) 1. 凡是前端处理器，前面一定要加上 (A) # (B) $ (C) @ (D) $ 符号。(10-1 节)

( ) 2. 以下哪一项不属于前端处理程序的功能？ (A) #include (B) #define (C) 建立宏 (D) 循环。(10-2 节)

( ) 3. 哪一项适用于设定求某数值 3 次方的宏？ (A) #include (B) #define (C) 条件式编程 (D) 以上皆可。(10-2 节)

( ) 4. 哪一个符号可以让 #define 定义多行的宏？ (A) ! (B) \ (C) / (D) &。(10-2 节)

( ) 5. 哪一项主要是将头文件包含在目前的文件内工作？ (A) #include (B) #define (C) #macro (D) #if。(10-3 节)

( ) 6. 头文件的扩展名是 (A) .c (B) .py (C) .h (D) .cpp。(10-3 节)

( ) 7. 哪一项可以用于取消 #define 所定义的宏名称？ (A) #undefine (B) #undef (C) #unif (D) #cancel。(10-4 节)

三、填充题

1. 请列出三种常用的头文件 : (　　)、(　　)、(　　)。(10-1 节)

2. 请列出三种 #define 前端处理器的功能 : (　　)、(　　)、(　　)。(10-2 节)

3. 凡是前端处理器前面一定有 (　　) 符号，如果一行写不下要出现另一行时，前一行末端要加上 (　　) 符号。(10-2 节)

4. (　　) 可以用于取消 #define 所定义的宏名称。(10-2 节)

5. 假设所设计的头文件 test.h 放在 C:\Cbook 文件夹，应该使用 (　　) 导入此头文件。(10-3 节)

6. 前端处理器没有定义的语法是 (　　)。(10-4 节)

四、实操题

1. 使用 #define 定义 PI 为 3.14，和圆形 CIRCLE 宏，然后用 5 和 10 测试。(10-2 节)

```
■ C:\Cbook\ex\ex10_1.exe
半径 r = 5       圆面积 = 78.500000
半径 r = 10      圆面积 = 314.000000
请按任意键继续. . .
```

2. 使用 #define 定义计算矩形面积，此程序需要输入整数的矩形宽 (width) 和高 (height)。(10-2 节)

```
■ C:\Cbook\ex\ex10_2.exe
请输入矩形宽度 : 10
请输入矩形高度 : 6
矩形面积 = 60
请按任意键继续. . .
```

3. 更改程序实例 ch10_8.c 的设计，改为输出较小值。(10-2 节)

```
■ C:\Cbook\ex\ex10_3.exe
请输入 2 个值 : 8 6
较小值 = 6
请按任意键继续. . .
```

4. 扩充设计 ex10_1.c 和 ex10_2.c，将所有的 #define 定义在头文件 test.h 内，然后分别输入圆半径、矩形宽和高，最后输出圆面积和矩形面积。(10-3 节)

```
■ C:\Cbook\ex\ex10_4.exe
请输入圆半径 : 10
半圆面积 = 314.000000
请输入矩形宽度 : 10
请输入矩形高度 : 6
矩形面积 = 60
请按任意键继续. . .
```

11

第 11 章

指针

对于初学 C 语言的人而言，最困难的部分就是指针 (pointer) 了，然而指针却是 C 语言的灵魂，指针也是 C 语言和其他语言最大差异的地方，所以本章将详细讲解变量、指针内存。

11-1 认识地址

在讲解指针前，要先认识地址 (address)，计算机的内存是用地址做编号区隔，每一个地址有 1 个字节空间 (byte)，一个字节空间有 8 个位 (bit)，同时每个地址编号均是唯一的，有唯一的编号数据存储才不会错乱。读者也可以将地址想成是住址，因为每个住址皆是唯一的，邮差才可以将信件送达指定地点。读者可以使用下列图示想象地址，同时因为每一个地址是唯一的，我们才可以知道某一个地址存储什么数据。

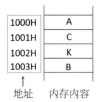

从上图可以知道 1000H 地址存储数据 "A"，1001H 地址存储数据 "B"。

第 2 章有说明，每一种数据类型所占据的内存空间不一样，例如，字符占据一个字节，整数占据 4 个字节，浮点数占据 4 个字节。

程序实例 ch11_1.c：认识不同数据类型所占据的内存空间与数量。

```
1  /*   ch11_1.c                    */
2  #include <stdio.h>
3  #include <stdlib.h>
4  int main()
5  {
6      int a;
7      float b;
8      char c;
9      printf(" a 的 address = %p\n", &a);
10     printf("sizeof(a) = %d\n",sizeof(a));
11     printf(" b 的 address = %p\n", &b);
12     printf("sizeof(b) = %d\n",sizeof(b));
13     printf(" c 的 address = %p\n", &c);
14     printf("sizeof(c) = %d\n",sizeof(c));
15     system("pause");
16     return 0;
17 }
```

执行结果

```
C:\Cbook\ch11\ch11_1.exe
 a 的 address = 000000000062FE1C
sizeof(a) = 4
 b 的 address = 000000000062FE18
sizeof(b) = 4
 c 的 address = 000000000062FE17
sizeof(c) = 1
请按任意键继续. . .
```

我们可以用下列内存图形描述上述结果。

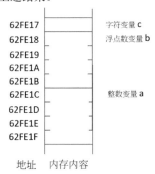

在上述执行结果中，我们可以看到浮点数变量 b 所占的内存空间是 62FE18 至 62FE1B，但是输出标记变量 b 的地址是 62FE18，在 C 语言中，是用内存空间的起始地址，当作变量 b 的地址，这个概念对于未来使用指针很重要。

程序实例 ch11_2.c：现在继续扩充上述程序，设定 a、b 和 c 的值，然后观察执行结果。

```
1   /*   ch11_2.c                    */
2   #include <stdio.h>
3   #include <stdlib.h>
4   int main()
5   {
6       int a = 6;
7       float b = 3.14;
8       char c = 'K';
9       printf(" a = %d 的 address = %p\n",a, &a);
10      printf("sizeof(a) = %d\n",sizeof(a));
11      printf(" b = %f 的 address = %p\n",b, &b);
12      printf("sizeof(b) = %d\n",sizeof(b));
13      printf(" c = %c 的 address = %p\n",c, &c);
14      printf("sizeof(c) = %d\n",sizeof(c));
15      system("pause");
16      return 0;
17  }
```

执行结果

```
C:\Cbook\ch11\ch11_2.exe
 a = 6 的 address = 000000000062FE1C
sizeof(a) = 4
 b = 3.140000 的 address = 000000000062FE18
sizeof(b) = 4
 c = K 的 address = 000000000062FE17
sizeof(c) = 1
请按任意键继续. . .
```

我们可以用下列内存图形描述上述结果。

地址　　内存内容

C 语言读取数据有两种方式：

（1）直接存取：也就是依据变量的值直接存取，这也是前 10 章内容的方式。

（2）间接存取：这时需要另一个变量，这个新的变量的内容是一个地址，此内容内含是一个指向，也就是指向一个变量的内存地址。假设我们要取得浮点数 b 的内容，假设有一个变量是 ptr，则需要设定 ptr 的内容是 62FE18，这样就可以存取变量 b 的内容，可以参考下图。

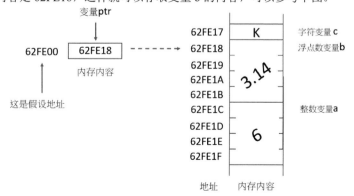

地址　　内存内容

11-2 认识指针

指针可以想成是一个特殊的变量，我们可以称指针变量，它的内容是一个普通变量的内存地址，这个地址含有指向的意味，通过此地址可以存取普通变量的内容。假设指针变量 ptr 内容存储的是变量 b 的地址，我们可以使用下图更明确地表达指针变量 ptr。

通过指针 ptr，程序可以存取变量 b 的内容，这个概念可以应用在存取 C 语言所有数据形态。也就是只要是 C 语言的数据形态，皆可以使用指针变量指向它。

11-3 使用指针变量

11-3-1 声明指针变量

使用指针变量和使用其他变量一样，必须要先声明，除了指针变量前面要加上 "*" 外，声明方法也和声明其他类型的变量相同，指针声明的语法如下：

数据形态　* 指针变量 ;

上述数据形态就是指针所指变量的数据类型。

实例 1：声明 ptr 为指针变量，所指变量的数据形态是整数。

```
int *ptr;
```

声明指针变量后，假设想要将指针指向变量，有两种方法，一是赋值语句的方法，另一是指针变量初始化方法。可以参考下列实例。

实例 2：赋值语句的方法，声明 x 值是整数 6 和 ptr 为指针变量，然后将 x 地址赋给指针变量 ptr。

```
int x = 6;
int *ptr;
ptr = &x;                  /* 设定 ptr 是整数变量 x 的地址，相当于将 ptr 指向 x */
```

C 语言也允许声明指针变量时，直接初始化。

实例 3：指针变量初始化方法，声明 x 值是整数 6 和将 ptr 直接指向变量 x。

```
int x = 6;
int *ptr = &x;             /* 声明指针变量时直接指向变量 x */
```

有关指针有一个需要了解的符号是 "&"，"&" 是一个特殊单元运算符 (Unary Operator)，主要作用是回传右边变量的地址。在先前第 3 章基本的输入与输出中，我们已经用过 "&" 符号许多次了。在当时我们规定凡是 scanf( ) 内的整数、浮点数及字符变量一定要在左边加上 "&" 符号，因为

C 语言在执行 scanf( ) 自变量传送时，并没有办法直接将某一数值赋给某一变量，只好借着将某个数值存入某个指定的地址了。这也是为什么 scanf( ) 的自变量是地址的原因。

程序实例 ch11_3.c：赋值语句的方法实例，声明 x 值是整数 6 和 ptr 为指针变量，然后将指针变量 ptr 的地址内容设为 x 地址，这样就可以完成将 ptr 指针指向 x 变量地址的内容。

```
1   /*    ch11_3.c                  */
2   #include <stdio.h>
3   #include <stdlib.h>
4   int main()
5   {
6       int x = 6;
7       int *ptr;
8
9       ptr = &x;
10      printf("%d\n", x);
11      printf("%d\n", *ptr);
12      system("pause");
13      return 0;
14  }
```

执行结果

```
 C:\Cbook\ch11\ch11_3.exe
6
6
请按任意键继续. . .
```

在上述程序中，我们必须了解指针变量左边的 "*" 符号，这不是乘法符号，当指针变量有这个符号后，例如，"*ptr"，所代表意义是取得指针 ptr 所指地址的内容，上述因为 ptr 所指地址是 x 的地址，所以第 11 行 *ptr 的输出也是 6。

注 "*" 是单元运算符 (Unary Operator)，右边接着的必须是指针变量。

程序实例 ch11_4.c：指针变量初始化方法，重新设计程序实例 ch11_3.c，在声明指针变量 ptr 时就直接赋值。

```
1   /*    ch11_4.c                  */
2   #include <stdio.h>
3   #include <stdlib.h>
4   int main()
5   {
6       int x = 6;
7       int *ptr = &x;
8
9       printf("%d\n", x);
10      printf("%d\n", *ptr);
11      system("pause");
12      return 0;
13  }
```

执行结果　与程序实例 ch11_3.c 执行结果相同。

11-3-2　从认识到精通 "&" 和 "*" 运算符

其实从前一小节，读者应该可以理解 "&" 和 "*" 的基本概念了，有时候我们可以看到上述运算符结合使用，例如："&*" 或是 "*&"，"&*" 结合的是指针变量，"*&" 结合的是一般变量。

"&" 和 "*" 执行的优先级相同，在应用时是从右到左解析。

实例 1：假设 ptr 是指针变量，有一系列指令如下：

```
int x;

int *ptr;

ptr = &x;
```

有了上述指令片段后，请解释下列表达式的意义。

```
&*ptr
```

上述我们需要先解析 *ptr，这相当于变量 x 的内容，然后再进行"&"解析，所以可以得到变量 x 的地址。

实例 2：参考实例 1 的指令片段，然后解释下列表达式的意义。

*&x

上述我们需要先解析 &x，这相当于变量 x 的地址，然后再进行"*"解析，实际这就是变量 x 的内容。

程序实例 ch11_5.c："&*"表达式的实例解说，这相当于可以得到变量的地址，读者可以比较第 14 行和第 15 行，以及第 17 行和第 18 行。

```
1   /*     ch11_5.c                  */
2   #include <stdio.h>
3   #include <stdlib.h>
4   int main()
5   {
6       int a, b;
7       int *i, *j;
8
9       printf("请输入 a, b 的值 : ");
10      scanf("%d %d",&a, &b);
11      i = &a;
12      j = &b;
13      printf("变量 a 的值 = %d\n", a);
14      printf("变量 a 的地址 = %d\n", &*i);
15      printf("变量 a 的地址 = %d\n", &a);
16      printf("变量 b 的值 = %d\n", b);
17      printf("变量 b 的地址 = %d\n", &*j);
18      printf("变量 b 的地址 = %d\n", &b);
19      system("pause");
20      return 0;
21  }
```

执行结果

```
C:\Cbook\ch11\ch11_5.exe
请输入 a, b 的值 : 5 8
变量 a 的值 = 5
变量 a 的地址 = 6487564
变量 a 的地址 = 6487564
变量 b 的值 = 8
变量 b 的地址 = 6487560
变量 b 的地址 = 6487560
请按任意键继续. . .
```

注 上述实例的内存地址输出的格式符号是"%d"，如果改成"%X"，就可以用十六进制方式输出。上述实例是告诉读者"&*"的混合用法，当然程序设计时可以用第 15 行和第 18 行。

程序实例 ch11_6.c："*&"表达式的实例解说，这相当于可以得到变量的值。

```
1   /*     ch11_6.c                  */
2   #include <stdio.h>
3   #include <stdlib.h>
4   int main()
5   {
6       int x;
7       int *ptr;
8
9       x = 10;
10      ptr = &x;
11      printf("变量 x 的值 = %d\n", x);
12      printf("变量 x 的值 = %d\n", *&x);
13      system("pause");
14      return 0;
15  }
```

执行结果

```
C:\Cbook\ch11\ch11_6.exe
变量 x 的值 = 10
变量 x 的值 = 10
请按任意键继续. . .
```

上述实例是告诉读者"*&"的混合用法，当然程序设计时读者只要使用第 11 行即可。

11-3-3　指针变量的地址

指针变量也可以有自己的地址，假设指针变量是 ptr，可以使用 &ptr 获得指针变量的地址。

程序实例 ch11_7.c：变量值、变量地址与指针地址的实例解说。

```
1   /*    ch11_7.c                    */
2   #include <stdio.h>
3   #include <stdlib.h>
4   int main()
5   {
6       int x;
7       int *ptr;
8
9       x = 10;
10      ptr = &x;
11      printf("内容 x=%-10d \t *ptr=%-10d\n", x, *ptr);     /* 变量 x 值   */
12      printf("地址 &x=%-10X \t ptr=%-10X\n", &x, ptr);     /* 变量 x 地址 */
13      printf("地址 ptr=%X\n", &ptr);                       /* ptr 地址    */
14      system("pause");
15      return 0;
16  }
```

执行结果

下列是上述程序的内存图形解说。

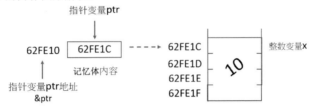

上述右边整数变量的内存图形其实可以简化为用一个地址代表，然后将整个内存组合，可以得到下列结果。

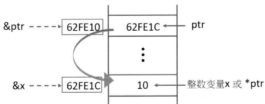

注　上述笔者是用内存空间的起始地址，当作变量 x 的地址。

所以学到这里，我们可以将指针做一个总整理，当设定指针变量 *ptr 后，指针变量可以有 3 种呈现方式。

ptr：指针变量地址的内容，这个内容会引导指针指向。

&ptr：指针变量所在地址。

*ptr：指针变量指向地址的内容。

下列是适度调整上述内存图形的指针结果图。

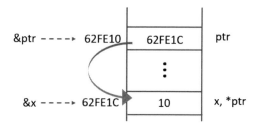

从上述可以得到下列结果。

```
ptr = 62FE1C
&ptr = 62FE10
*ptr = 10
```

11-3-4 指针变量的长度

指针变量的内容是内存地址，不论指针变量所指的数据形态如何，它的长度皆是固定的，这个长度会随个人计算机系统不同而有差异，早期的个人计算机在 C 语言环境皆是用 4 个字节存储指针变量，现在 64 位计算机则以 8 个字节存储指针变量。

程序实例 ch11_8.c：列出自己系统指针变量的长度。

```
 1   /*    ch11_8.c                    */
 2   #include <stdio.h>
 3   #include <stdlib.h>
 4   int main()
 5   {
 6       int x = 6;
 7       int *ptrint = &x;
 8       char ch = 'K';
 9       char *ptrchar = &ch;
10
11       printf("整数指标长度 %d\n", sizeof(ptrint));
12       printf("字符指针长度 %d\n", sizeof(ptrchar));
13       system("pause");
14       return 0;
15   }
```

执行结果

```
C:\Cbook\ch11\ch11_8.exe
整数指标长度 8
字符指针长度 8
请按任意键继续. . .
```

上述指针变量 ptrint 所存的是整数变量 x 的地址，可以看到是使用 8 个字节存储此指针变量内容。指针变量 ptrchar 所存的是字符变量 ch 的地址，可以看到也是使用 8 个字节存储此指针变量内容。

11-3-5 简单指针实例

现在读者应该已经了解指针的基本操作了，接下来笔者设计一个简单的数据交换程序，读者需彻底了解内存的变化，这是奠定精通指针的基石。不过本小节会先从简单的数据设定，使用指针说起。

程序实例 ch11_9.c：基本指针的运算，这个程序的基本步骤如下：

（1）将 i、val 设定成整数，将 ptr 设定成指针。

（2）将 i 值设定成 20。

（3）设定指针 ptr 所指的地址等于 i 的地址。

（4）读取 ptr 所指地址的内含是 20，且将它设定给 val。

（5）输出 *ptr 和 val 值。

（6）输出 i、val 和 ptr 地址。

```
1   /*   ch11_9.c                    */
2   #include <stdio.h>
3   #include <stdlib.h>
4   int main()
5   {
6       int val, i;
7       int *ptr;
8
9       i = 20;
10      ptr = &i;
11      val = *ptr;
12      printf("*ptr=%d\t val=%d\n", *ptr, val);
13      printf("&i=%X\t &val=%X\t &ptr=%X\n",&i, &val, &ptr);
14      system("pause");
15      return 0;
16  }
```

执行结果

```
C:\Cbook\ch11\ch11_9.exe
*ptr=20   val=20
&i=62FE18        &val=62FE1C        &ptr=62FE10
请按任意键继续. . .
```

上述程序执行完第 7 行之后，内存内容可以参考下方左图。执行完第 9 行后，内存内容可以参考下方右图。

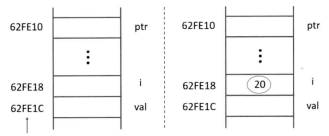

记忆体地址由第13列得知，只是先填上

执行完第 10 行后，内存内容可以参考下方左图。执行完第 11 行后，内存内容可以参考下方右图，所以第 12 行输出的结果是 20。

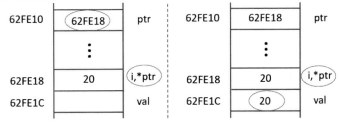

执行完第 13 行后，则是输出 &i、&val 和 &ptr 的地址信息。

程序实例 ch11_10.c：基本指针运算，这个程序会输出指针所指地址的内容、指针内容，也将指针地址打印出来，同时本程序使用两种变量内容设定给指针的方法。

注 读者需特别留意第 15 行，很容易犯错，这是更改指针所指地址的内容为 k，许多初学者会误认这个指定是将指针指向变量 k 地址的内容，笔者年轻时也曾经犯了此错误。

```
1    /*    ch11_10.c                    */
2    #include <stdio.h>
3    #include <stdlib.h>
4    int main()
5    {
6        int i, k;
7        int *ptr;
8
9        printf("&i=%X \t &k=%X \t &ptr=%X\n",&i,&k,&ptr);
10       i = 5;
11       printf("执行前 i=%d\n",i);
12       ptr = &i;
13       printf("*ptr=%d\t ptr=%X\t &ptr=%X\n", *ptr, ptr, &ptr);
14       k = 10;
15       *ptr = k;                /* 这是更改指针所指地址的内容 */
16       printf("*ptr=%d\t ptr=%X\t &ptr=%X\n", *ptr, ptr, &ptr);
17       printf("执行后 i=%d\n",i);
18       system("pause");
19       return 0;
20   }
```

执行结果

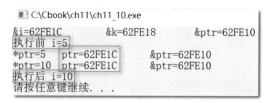

```
C:\Cbook\ch11\ch11_10.exe
&i=62FE1C          &k=62FE18          &ptr=62FE10
执行前 i=5
*ptr=5   ptr=62FE1C        &ptr=62FE10
*ptr=10  ptr=62FE1C        &ptr=62FE10
执行后 i=10
请按任意键继续. . .
```

上述执行完第 9 行后，可以得到下方左图的内存图形，执行完第 10 行后，可以得到下方右图的内存图形。

62FE10		ptr	62FE10		ptr
	⋮			⋮	
62FE18		k	62FE18		k
62FE1C		i	62FE1C	5	i

所以执行第 11 行可以输出 5。执行第 12 行后，可以得到下方左图的内存图形。执行第 13 行，可以输出指针变量地址所指内容、指针变量的内容和指针变量的地址。执行完第 14 行可以到下方右图的内存图形。

62FE10	62FE1C	ptr	62FE10	62FE1C	ptr
	⋮			⋮	
62FE18		k	62FE18	10	k
62FE1C	5	i,*ptr	62FE1C	5	i,*ptr

执行第 15 行后，其实是更改 *ptr 所指的内容，也就是变量 i 的内容被更改，这时可以得到下列结果。

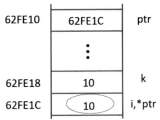

第 16 行则是验证指针变量地址所指内容指针变量的内容和指针变量的地址。第 17 行则是验证变量 i 的内容被更改了。

程序实例 ch11_11.c：数据交换的实例，这个程序会将 x 和 y 的值对调。

```
1   /*    ch11_11.c                    */
2   #include <stdio.h>
3   #include <stdlib.h>
4   int main()
5   {
6       int x = 10;
7       int y = 20;
8       int tmp;
9       int *ptrx;
10      int *ptry;
11
12      printf("&x=%X\t &y=%X\t &tmp=%X\t &ptrx=%X\t &ptry=%X\n" \
13             ,&x,&y,&tmp,&ptrx,&ptry);
14      printf("数据交换前\n");
15      printf("x = %d,\t y = %d\n",x, y);
16      ptrx = &x;
17      ptry = &y;
18      tmp = *ptrx;          /* 暂时储存 *ptr       */
19      *ptrx = *ptry;        /* 设定 *ptry 给 *ptrx */
20      *ptry = tmp;          /* 设定 tmp 给 *ptry    */
21      printf("数据交换后\n");
22      printf("x = %d,\t y = %d\n",x, y);
23      system("pause");
24      return 0;
25  }
```

执行结果

```
■ C:\Cbook\ch11\ch11_11.exe
&x=62FE1C        &y=62FE18        &tmp=62FE14        &ptrx=62FE08        &ptry=62FE00
数据交换前
x = 10,   y = 20
数据交换后
x = 20,   y = 10
请按任意键继续. . .
```

注　笔者在 11-3-4 节有说明指针变量的长度是 8，所以可以看到 &ptrx 和 &ptry 之间相隔 8 个字节。

上述执行完第 10 行后，相当于变量设定完成。第 12 行至第 13 行则是输出正确的变量内存地址，这时可以看到下方左图的内存图形。第 14 行至第 15 行是告知交换前的 x 和 y 的数据输出。第 16 行是设定指针变量 ptrx 的内容，可以参考下方右图。

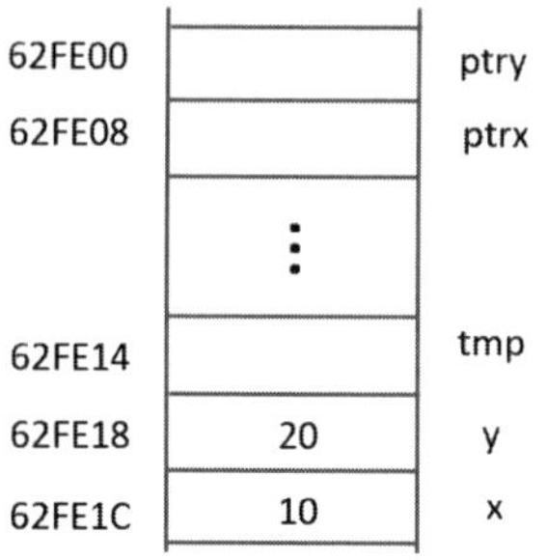

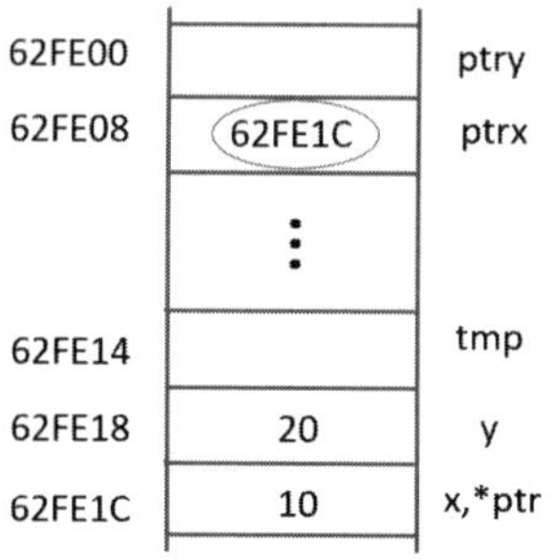

62FE00		ptry
62FE08		ptrx
	⋮	
62FE14		tmp
62FE18	20	y
62FE1C	10	x

62FE00		ptry
62FE08	(62FE1C)	ptrx
	⋮	
62FE14		tmp
62FE18	20	y
62FE1C	10	x,*ptr

第 17 行是设定指针变量 ptry 的内容，可以参考下方左图。第 18 行是设定变量 tmp 的内容，可以参考下方右图。

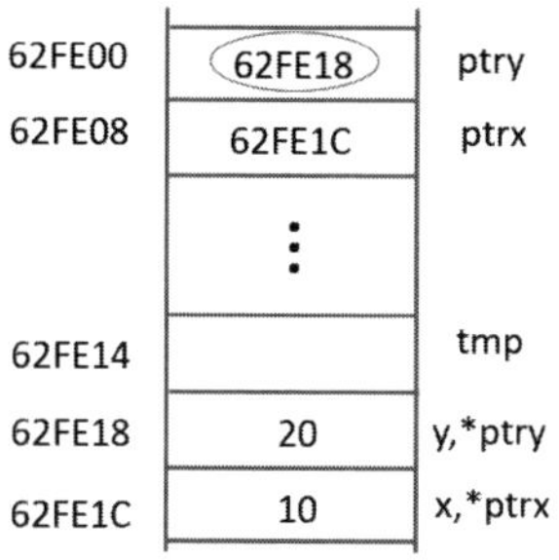

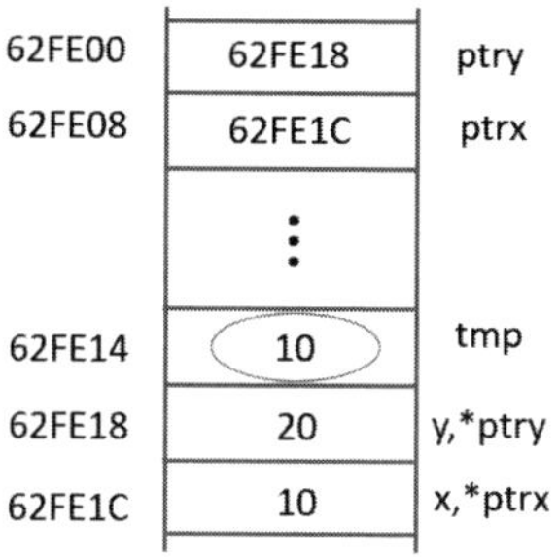

62FE00	(62FE18)	ptry
62FE08	62FE1C	ptrx
	⋮	
62FE14		tmp
62FE18	20	y,*ptry
62FE1C	10	x,*ptrx

62FE00	62FE18	ptry
62FE08	62FE1C	ptrx
	⋮	
62FE14	(10)	tmp
62FE18	20	y,*ptry
62FE1C	10	x,*ptrx

第 19 行是设定 *ptrx 的内容，可以参考下方左图。第 20 行是设定 *ptry 的内容，可以参考下方右图。

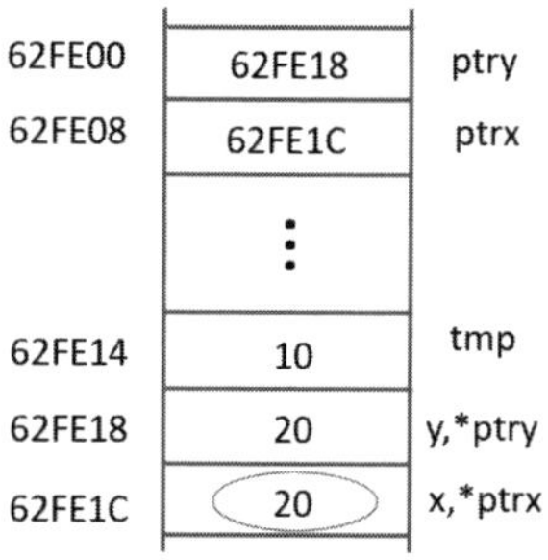

62FE00	62FE18	ptry
62FE08	62FE1C	ptrx
	⋮	
62FE14	10	tmp
62FE18	20	y,*ptry
62FE1C	(20)	x,*ptrx

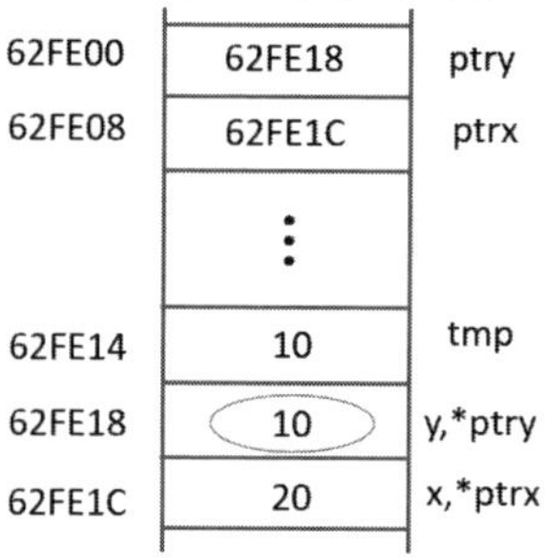

62FE00	62FE18	ptry
62FE08	62FE1C	ptrx
	⋮	
62FE14	10	tmp
62FE18	(10)	y,*ptry
62FE1C	20	x,*ptrx

第 21 行至第 22 行是输出交换后的 x 和 y。

11-3-6　指针常发生的错误：指针没有指向地址

初学者使用指针最常发生的错误是，声明完指针，没有给指针指向地址而直接赋值，可以参考下列实例。

常见指针错误 1

程序实例 ch11_12.c：声明完指针直接赋值。

```
1  /*    ch11_12.c              */
2  #include <stdio.h>
3  #include <stdlib.h>
4  int main()
5  {
6      int *ptr;
7
8      *ptr = 10;
9      system("pause");
10     return 0;
11 }
```

执行结果

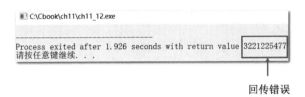

回传错误

上述错误发生在第 8 行，原因是当声明完指针变量 ptr 后，内存图形如下。

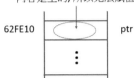

因为 ptr 地址内容是空的，这时无法赋值。

常见指针错误 2

程序实例 ch11_13.c：声明完指针变量和一般变量，然后赋值一般变量给指针变量。

```
1   /*    ch11_13.c                    */
2   #include <stdio.h>
3   #include <stdlib.h>
4   int main()
5   {
6       int x;
7       int *ptr;
8
9       *ptr = x;
10      system("pause");
11      return 0;
12  }
```

执行结果　与程序实例 ch11_12.c
执行结果相同。

上述错误发生在第 9 行，原因是当声明完一般变量 x 和指针变量 ptr 后，内存图形如下。

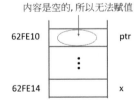

常见指针错误 3

程序实例 ch11_14.c：声明完指针变量和一般变量，一般变量赋值后，再赋值一般变量给指针变量。

```
1   /*    ch11_14.c                    */
2   #include <stdio.h>
3   #include <stdlib.h>
4   int main()
5   {
6       int x = 10;
7       int *ptr;
8
9       *ptr = x;
10      system("pause");
11      return 0;
12  }
```

执行结果　与程序实例 ch11_12.c
执行结果相同。

上述错误发生在第 9 行，原因是当声明完一般变量 x 和指针变量 ptr 后，即使一般变量已经赋值，但是指针变量尚未指定地址，故内容为空值，无法赋值。内存图形如下。

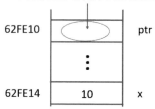

常见指针错误 4

在 11-3-1 节的程序实例 ch11_4.c 的第 6 行和第 7 行内容如下：

```
6       int x = 6;
7       int *ptr = &x;
```

上述在声明时直接将指针变量指向变量 x，上述是可以的，可是如果是将上述第 7 行，改完先声明指针变量，再设定指标变量地址就会有错误，可以参考下列实例第 7 和第 9 行。

程序实例 ch11_15.c：常见指针错误 4，声明指标变量后，采用 *ptr=&x。

```
1   /*    ch11_15.c              */
2   #include <stdio.h>
3   #include <stdlib.h>
4   int main()
5   {
6       int x = 10;
7       int *ptr;
8
9       *ptr = &x;
10      system("pause");
11      return 0;
12  }
```

执行结果 与程序实例 ch11_12.c 执行结果相同。

上述第 6 行和第 7 行声明变量完成后，内存内容如下。

内容是空的，所以无法赋值

62FE10   ⬭   ptr

62FE14   10   x

至于上述错误的修正将是读者的习题，其实如果读者已经彻底了解至此的内容，也容易修订上述错误。

11-3-7 用指针读取输入数据

相信读者一定已经熟练使用一般变量读取屏幕输入，接下来我们要讲解使用指针读取屏幕输入。

程序实例 ch11_15_1.c：用指针概念读取输入数据

```
1   /*    ch11_15_1.c                    */
2   #include <stdio.h>
3   #include <stdlib.h>
4   int main()
5   {
6       int x;
7       int *ptr;
8
9       ptr = &x;
10      printf("请输入数据 : ");
11      scanf("%d", ptr);
12      printf("你的输入是 : %d\n", *ptr);
13      system("pause");
14      return 0;
15  }
```

执行结果

```
C:\Cbook\ch11\ch11_15_1.exe
请输入数据 ： 8
你的输入是 ： 8
请按任意键继续. . .
```

11-3-8　指针的运算

指针也可以如一般变量那样进行加 1 或减 1 的运算，但是和普通变量不一样的是，指针加 1 或减 1 与指针变量所指数据类型所占字节数有关，例如，如果是整数的指针变量，因为整数长度是 4 个字节，加 1 可以获得指针内容加 4，减 1 可以获得指针内容减 4。

程序实例 ch11_16.c：整数指针变量加 1 与减 1 的操作，观察指针内容的变化。

```
1   /*    ch11_16.c                      */
2   #include <stdio.h>
3   #include <stdlib.h>
4   int main()
5   {
6       int x = 10;
7       int *ptr;
8
9       ptr = &x;
10      printf("现在指针地址   = %X\n",ptr);
11      ptr++;
12      printf("加 1 后指针地址 = %X\n",ptr);
13      ptr--;
14      printf("减 1 后指针地址 = %X\n",ptr);
15      system("pause");
16      return 0;
17  }
```

执行结果

```
C:\Cbook\ch11\ch11_16.exe
现在指针地址    = 62FE14
加 1 后指针地址 = 62FE18
减 1 后指针地址 = 62FE14
请按任意键继续. . .
```

从执行结果可以看到对于整数指针变量，指针加 1 可以让指针增加 4，减 1 可以让指针减 4。下列是其他常见数据类型指针加 1 或减 1 的影响。

字符 (char)：1

短整数 (short)：2

浮点数 (float)：4

双倍精度浮点数 (double)：8

程序实例 ch11_17.c：了解 double 指针变量，对加 1 和减 1 的影响，可以看到影像值是 8。

```
6       double x = 10.0;
7       double *ptr;
```

执行结果

```
C:\Cbook\ch11\ch11_17.exe
现在指针地址    = 62FE10
加 1 后指针地址 = 62FE18
减 1 后指针地址 = 62FE10
请按任意键继续. . .
```

现在读者应该已经了解指针变量加 1 或减 1 的运算了，假设现在执行指针变量加 3，可能影响为何？假设目前指针地址是 1000，其影响如下：

字符 (char)：1000 + 3 * 字符长度 (1) = 1003

短整数 (short)：1000 + 3 * 短整数长度 (2) = 1006

整数 (int)：1000 + 3 * 整数长度 (4) = 1012

浮点数 (float)：1000 + 3 * 浮点数长度 (4) = 1012

双倍精度浮点数 (double)：1000 + 3 * 双倍精度浮点数长度 (8) = 1024

程序实例 ch11_18.c：计算整数指针变量加 3 与减 3 的影响。

```
1    /*   ch11_18.c                */
2    #include <stdio.h>
3    #include <stdlib.h>
4    int main()
5    {
6        int x = 10;
7        int *ptr;
8
9        ptr = &x;
10       printf("现在指针地址     = %X\n",ptr);
11       ptr += 3;
12       printf("加 3 后指针地址 = %X\n",ptr);
13       ptr -= 3;
14       printf("减 3 后指针地址 = %X\n",ptr);
15       system("pause");
16       return 0;
17   }
```

执行结果

```
C:\Cbook\ch11\ch11_18.exe
现在指针地址     = 62FE14
加 3 后指针地址 = 62FE20
减 3 后指针地址 = 62FE14
请按任意键继续. . .
```

需留意上述执行结果是十六进制显示，所以 14 加 12 等于 20。

其实指针的加减可以视为移动指针，在处理指针移动时，常常会碰到以下两种情况：

（1）指针相减：如果两个指针指向同一组数组，指针相减再除以数组元素长度，就是两个指针在数组的距离。

（2）指针比较：如果两个指针指向同一组数组，由指针比较可以判断两个指针的对应顺序。

11-3-9　指针数据形态不可变更

在声明指针变量的数据形态后，这个指针所指向内容的数据形态就被固定了，是不可更改的，如果更改会造成不可预期的错误。

例如，读者可以思考，整数指针变量所指内存会取 4 个字节内容，如果改为指向字符、浮点数或双倍精度浮点数，在编译程序时会有警告信息，最后会造成数据错乱。

程序实例 ch11_19.c：将整数指针变量指向字符、浮点数造成数据错乱的实例，本程序编译时会有警告信息。

[Warning] assignment from incompatible pointer type

[Warning] assignment from incompatible pointer type

```
1   /*    ch11_19.c                      */
2   #include <stdio.h>
3   #include <stdlib.h>
4   int main()
5   {
6       int x = 10;
7       int *ptr;
8       char ch = 'K';
9       float y = 10.0;
10
11      ptr = &x;
12      printf("整数    = %d\n",*ptr);
13      ptr = &ch;
14      printf("字符    = %c\n",*ptr);
15      ptr = &y;
16      printf("浮点数 = %f\n",*ptr);
17      system("pause");
18      return 0;
19  }
```

执行结果

```
C:\Cbook\ch11\ch11_19.exe
整数    = 10
字符    = K
浮点数 = 0.000000
请按任意键继续. . .
```

11-3-10　再谈指针声明方式

本章前面的内容在声明指针时所采用的方法如下：

```
int *ptr;                    /* 第一种方法 */
```

在 11-3-1 节有说过 "*" 是单元运算符，右边接着是指针变量，我们可以将上述解释为，因为左边是 "*"，所以 ptr 是指针变量，由于数据形态是 int，所以可以知道这是指向整数的指针 ptr。

另外，也可以采用下列方式声明指针变量：

```
int* ptr;                    /* 第二种方法 */
```

或是将 "*" 单元运算符置中：

```
int * ptr;                   /* 第三种方法 */
```

上述三种方法皆可以，其中第二种方法，可以将 int* 称为指向指数的指针形态，ptr 就是这类数据的变量。本书则是采用第一种声明方式，这种声明方式还有一个好处，可以直接声明多个指针变量，如下所示：

```
int *p1, *p2;
```

如果采用第二种声明方式则会有错误。

```
int* p1, p2;                 /* 会有错误 */
```

程序实例 11_20.c：采用第二种和第三种方法声明指针变量。

```
1   /*    ch11_20.c                      */
2   #include <stdio.h>
3   #include <stdlib.h>
4   int main()
5   {
6       int x;
7       int* ptr1;
8       int * ptr2;
9
10      x = 10;
11      ptr1 = &x;
12      printf("变量 x 的值 = %d\n", x);
13      printf("*ptr1 的值  = %d\n", *ptr1);
14      ptr2 = &x;
15      printf("*ptr2 的值  = %d\n", *ptr2);
16      system("pause");
17      return 0;
18  }
```

执行结果

```
C:\Cbook\ch11\ch11_20.exe
变量 x 的值 = 10
*ptr1 的值  = 10
*ptr2 的值  = 10
请按任意键继续. . .
```

11-3-11 空指针 NULL

在声明指针变量时，如果还没有特定空间，可以先设定为 NULL，如下：

```
int *ptr = NULL;
```

NULL 是零值，表面上看空指针指向任何数据，不过有些 C 语言的函数库看到空指针会没有任何作用或是给提示，避免错误，这可以提醒程序设计师。

程序实例 ch11_21.c：空指针 NULL 的应用。

```
 1  /*    ch11_21.c                */
 2  #include <stdio.h>
 3  #include <stdlib.h>
 4  int main()
 5  {
 6      int *ptr=NULL;
 7
 8      gets(ptr);
 9      printf("@%s@\n",ptr);
10      system("pause");
11      return 0;
12  }
```

执行结果

```
C:\Cbook\ch11\ch11_21.exe
@(null)@
请按任意键继续. . .
```

从上述执行结果可以看到 gets( ) 函数对空指针不会有任何读取，printf( ) 函数对空指针会输出 (null)。如果上述程序省略空指针 NULL，gets( ) 函数在读取时就会产生错误。

11-4 指针与一维数组

相同形态数据组织起来可以形成数组 (array)，在学会使用指针前我们是用索引来存取数组内容，其实数组的索引就是起始位置的偏移量。因为数组是由相同形态的数据组成，从 11-3-7 节指针的运算可知，指针加 1 或减 1 可以有相同元素类似位移的效果，因此这也相当符合使用指针来存取数组内容，这一节将从更进一步认识数组说起。

11-4-1 认识数组名和数组的地址

其实指针与数组是有关的，甚至我们可将数组名想成是一个指针常数，也就是说数组名在 C 编译程序内是一个符号表的值，此值不可更改，而内容是一个地址，此地址就是存放数组元素内容，假设有一个数组声明如下：

```
int num[5] = {3,6,7,5,9};
```

可以用如下内存图形表达。

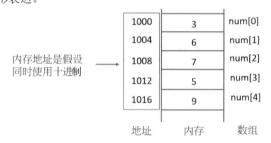

266

事实上，C 的编译程序在编译期间是将数组名设成一个指针常数，以上述为例，num 本身是一个指针常数，这个指针常数所含的是一个内存地址，因为是指针常数所以此值不可更改，此例是 1000，如下图所示。

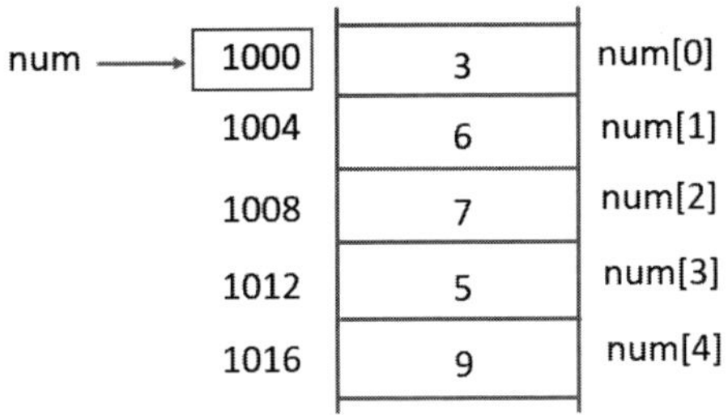

num ⟶ 1000

地址	值	
1000	3	num[0]
1004	6	num[1]
1008	7	num[2]
1012	5	num[3]
1016	9	num[4]

程序实例 ch11_22.c：认识数组名的值 (指针常数) 和数组元素地址。

```
1   /*    ch11_22.c              */
2   #include <stdio.h>
3   #include <stdlib.h>
4   int main()
5   {
6       int num[] = {3, 6, 7, 5, 9};
7       int i;
8
9       printf("num内容 = %X\n",num);
10      for (i = 0; i < 5; i++)
11          printf("num[%d]  = %X\n",i, &num[i]);
12      system("pause");
13      return 0;
14  }
```

执行结果

```
C:\Cbook\ch11\ch11_22.exe
num内容  = 62FE00
num[0]   = 62FE00
num[1]   = 62FE04
num[2]   = 62FE08
num[3]   = 62FE0C
num[4]   = 62FE10
请按任意键继续...
```

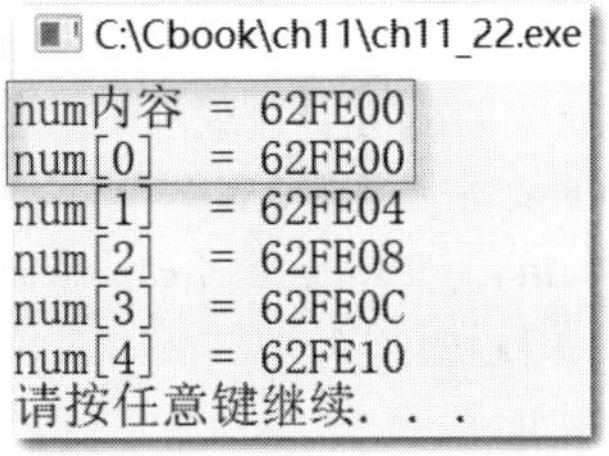

有了上述执行结果，我们可以用下列图形表达 num 数组。

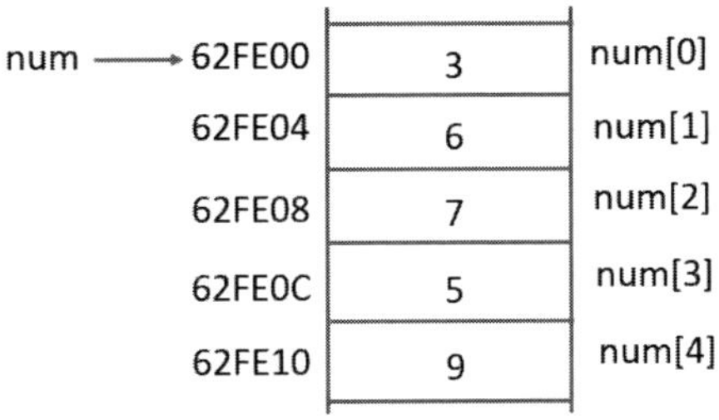

num ⟶ 62FE00

地址	值	
62FE00	3	num[0]
62FE04	6	num[1]
62FE08	7	num[2]
62FE0C	5	num[3]
62FE10	9	num[4]

11-4-2　数组名不是指针常数的场合

11-4-1 节说了数组名是指针常数，但是在 C 语言编译程序中，数组名其实是一个指针，但是以下场合数组名不是指针常数，下列假设 num 是数组变量。

场合 1

```
sizeof(num);                        /* num 延续前一小节实例，代表数组名 */
```

如果 num 是指针常数，则回传的是指针常数的长度。因为这个场合 num 不是指针常数，事实上，上述会回传数组的长度。

场合 2

```
&num;
```

如果 num 是指针常数，则回传的是指针常数的地址。因为这个场合 num 不是指针常数，&num 会回传指向数组的指针。虽然 num 和 &num 的地址一样，但是数据形态不一样，程序实例 ch11_24.c 会说明。注：如果 num 是一般变量，则回传的是变量地址。

程序实例 ch11_23.c：数组名不是指针常数的场合实例验证。

```
1   /*   ch11_23.c              */
2   #include <stdio.h>
3   #include <stdlib.h>
4   int main()
5   {
6       int num[] = {3, 6, 7, 5, 9};
7       int len;        /* 数组长度 */
8
9       printf("数组长度 = %d\n",sizeof(num));
10      len = sizeof(num) / sizeof(num[0]);
11      printf("数组元素个数 = %d\n",len);
12      printf("数组的地址  = %X\n",num);
13      system("pause");
14      return 0;
15  }
```

执行结果

```
C:\Cbook\ch11\ch11_23.exe
数组长度 = 20
数组元素个数 = 5
数组的地址    = 62FE00
请按任意键继续. . .
```

下列是说明 num 和 &num 的地址相同，但是在数据形态上是不一样的。num 内容是指向第一个元素的指针，当有指针加或减时，是以元素大小为单位。&num 则是指向整个数组的指针，当有指针加或减时，是以数组大小为单位。

程序实例 ch11_24.c：验证加或减时 num 指针以数组元素大小为单位执行，&num 指针是以数组大小为单位执行。

```
1   /*   ch11_24.c              */
2   #include <stdio.h>
3   #include <stdlib.h>
4   int main()
5   {
6       int num[] = {3, 6, 7, 5, 9};
7
8       printf("num       = %X\n",num);
9       printf("num + 1   = %X\n",num+1);
10      printf("&num      = %X\n",&num);
11      printf("&num + 1  = %X\n",&num+1);
12      system("pause");
13      return 0;
14  }
```

执行结果

```
C:\Cbook\ch11\ch11_24.exe
num        = 62FE00
num + 1    = 62FE04
&num       = 62FE00
&num + 1   = 62FE14
请按任意键继续. . .
```

因为 num 是指针常数，整数是 4 个字节大小，所以当 num 是 62FE00 时，num+1 可以得到 62FE04。

因为数组元素是整数，同时有 5 个元素，所以数组大小是 20 个字节，因此当 &num 是 62FE10 时，&num + 1 的结果会是 62FE14。

11-4-3 数组索引与数组名

第 7 章学习数组时知道可以使用数组索引存取数组内容，现在我们知道数组名是指针常数，内容是数组地址，所以我们可以得到下列等价关系。

&num[0] 相当于 num

&num[1] 相当于 num+1

...

&num[n] 相当于 num+n

程序实例 ch11_24_1.c：验证上述等价关系。

```
1   /*    ch11_24_1.c                  */
2   #include <stdio.h>
3   #include <stdlib.h>
4   int main()
5   {
6       int num[3];
7
8       printf("%X \t %X \t %X\n",&num[0],&num[1],&num[2]);
9       printf("%X \t %X \t %X\n",num,num+1,num+2);
10      system("pause");
11      return 0;
12  }
```

执行结果

```
C:\Cbook\ch11\ch11_24_1.exe
62FE10    62FE14              62FE18
62FE10    62FE14              62FE18
请按任意键继续. . .
```

了解上述等价关系后，下列实例是更进一步使用上述概念读取和输出数组内容，以便验证上述解说。

程序实例 ch11_24_2.c：读取与输出数组元素。

```
1   /*    ch11_24_2.c                  */
2   #include <stdio.h>
3   #include <stdlib.h>
4   int main()
5   {
6       int num[3];
7       int i;
8
9       printf("请输入 3 个整数\n");
10      for (i = 0; i < 3; i++)
11      {
12          printf("输入数字 %d = ", i);
13          scanf("%d", num+i);
14      }
15      for (i = 0; i < 3; i++)
16      {
17          printf("输出数字 %d = %d\n", i, num[i]);
18      }
19      system("pause");
20      return 0;
21  }
```

执行结果

```
C:\Cbook\ch11\ch11_24_2.exe
请输入 3 个整数
输入数字 0 = 10
输入数字 1 = 20
输入数字 2 = 30
输出数字 0 = 10
输出数字 1 = 20
输出数字 2 = 30
请按任意键继续. . .
```

程序实例 ch7_8.c 第 15 行，我们曾经使用索引方式 &score[i] 读取输入。上述第 13 行我们使用 num+i 当作地址，将数据读入此地址。

11-4-4　数组名就是一个指针

先前我们已经说明数组名就是一个指针，指向数组第一个元素地址，如果我们要用指针获得数组内容，可以使用下列方式：

```
*(num)              /* 第1个元素内容，相当于索引的 num[0] */
*(num+1)            /* 第2个元素内容，相当于索引的 num[1] */
    …
```

程序实例 ch11_25.c：扩充程序实例 ch11_22.c，用指针列出数组内容。

```
1   /*   ch11_25.c                */
2   #include <stdio.h>
3   #include <stdlib.h>
4   int main()
5   {
6       int num[] = {3, 6, 7, 5, 9};
7       int len;
8       int i;
9
10      len = sizeof(num) / sizeof(num[0]);
11      for (i = 0; i < len; i++)
12          printf("num[%d]=%d \t*(num+%d)=%d\n",i,num[i],i,*(num+i));
13      system("pause");
14      return 0;
15  }
```

执行结果

```
C:\Cbook\ch11\ch11_25.exe
num[0]=3        *(num+0)=3
num[1]=6        *(num+1)=6
num[2]=7        *(num+2)=7
num[3]=5        *(num+3)=5
num[4]=9        *(num+4)=9
请按任意键继续. . .
```

整个数组使用索引或指针存取对照方式，可以用下列内存表示。

索引		指针
num	3	*(num)
num[1]	6	*(num+1)
num[2]	7	*(num+2)
num[3]	5	*(num+3)
num[4]	9	*(num+4)

读者可能会想是否将第 12 行 *(num+i) 改为 *num++，其实是不可以的，因为 num 是指针常数，其值不可更改。

11-4-5 定义和使用数组指针变量

定义数组指针变量概念和定义变量概念相同，例如，下列是定义整数数组指针变量方法。

```
int x[5];
int *ptr;
ptr = x;            /* 或使用 ptr = &x[0]; */
```

或是：

```
int x[5];
int *ptr=x;
```

当定义数组指针完成后，就可以使用 *ptr 取得数组元素，取得所有数组元素，可以使用 for 循环，这时数组指针的应用有两种方法。

方法 1：数组指针随着 for 循环的索引值移动，如下所示：

```
*ptr++;
```

方法 2：数组指针不动，假设索引值是 i，如下所示：

```
*(ptr+i);
```

细节可以参考下列实例。

程序实例 ch11_26.c：使用数组指针执行数组数据加总。

```
1   /*   ch11_26.c                */
2   #include <stdio.h>
3   #include <stdlib.h>
4   int main()
5   {
6       int num[] = {3, 6, 7, 5, 9};
7       int *ptr;
8       int i, len;
9       int sum = 0;
10
11      ptr = num;
12      printf("num地址 = %X\n", num);
13      printf("ptr地址 = %X\n", ptr);
14      len = sizeof(num) / sizeof(num[0]);
15      for (i = 0; i < len; i++)
16          sum += *ptr++;          /* 方法 1 加总 */
17      printf("方法 1 数组总和 = %d\n",sum);
18      printf("num地址 = %X\n", num);
19      printf("ptr地址 = %X\n", ptr);
20      ptr = num;
21      for (i = 0; i < len; i++)
22          sum += *(ptr + i);      /* 方法 2 加总 */
23      printf("方法 2 数组总和 = %d\n",sum);
24      printf("num地址 = %X\n", num);
25      printf("ptr地址 = %X\n", ptr);
26      system("pause");
27      return 0;
28  }
```

执行结果

```
■ C:\Cbook\ch11\ch11_26.exe
num地址 = 62FDF0
ptr地址 = 62FDF0
方法 1 数组总和 = 30
num地址 = 62FDF0
ptr地址 = 62FE04
方法 2 数组总和 = 60
num地址 = 62FDF0
ptr地址 = 62FDF0
请按任意键继续. . .
```

上述声明数组后内存内容如下。

地址	值
62FDF0	3
62FDF4	6
62FDF8	7
62FDFC	5
62FE00	9
62FE04	

经过第 11 行的数组指针设定后，第 12 行和第 13 行会输出 62FDF0 地址。第 15 行和第 16 行的 for 循环内的第 16 行是使用方法 1 移动数组指针的方式取得每个数组元素，因为采用 "*ptr++" 方法，所以每次执行第 16 行加总后，可以将指针移至下一个地址，元素有 5 个，相当于移动 5 次，当数组加总完成，可以得到数组指针移至 62FE04，这也是为何第 18 行和第 19 行输出地址可以得到指针地址如下：

```
num 地址 = 62FDF0
ptr  地址 = 62FE04
```

程序第 20 行调整 ptr 地址至 num 地址，第 21 行和第 22 行的 for 循环内，第 22 行是使用方法 2 数组取得每个数组元素，采用指针位置不变的方式 *(ptr+i)，加总完成后 num 和 ptr 的地址相同。

11-4-6 移动指针读取输入数组数据

请参考前一个程序实例方式设定数组指针 ptr，在循环中如果使用 scanf( ) 函数读取输入时，可以使用下列指令。

```
ptr++;                      /* 读完移到下一个地址 */
```

程序实例 ch11_27.c：使用移动指针读取输入数组元素，这个实例会要求输入数组元素个数，然后要求输入元素，经过 scanf( ) 读取后，最后输出数组。

```
1   /*    ch11_27.c            */
2   #include <stdio.h>
3   #include <stdlib.h>
4   int main()
5   {
6       int num[10];
7       int *ptr;
8       int i, count;
9
10      ptr = num;
11      printf("请输入数组元素个数 : ");
12      scanf("%d", &count);
13      for (i = 0; i < count; i++)
14      {
15          printf("输入数组元素内容 : ");
16          scanf("%d", ptr++);
17      }
18      ptr = num;         /* 将指针移回数组起始位置 */
19      for (i = 0; i < count; i++)
20          printf("输出[%d] : %d\n", i, *(ptr+i));
21      system("pause");
22      return 0;
23  }
```

执行结果

```
■ C:\Cbook\ch11\ch11_27.exe
请输入数组元素个数 : 3
请输入数组元素内容 : 10
请输入数组元素内容 : 20
请输入数组元素内容 : 30
输出[0] : 10
输出[1] : 20
输出[2] : 30
请按任意键继续. . .
```

上述程序实例第 16 行使用 ptr++ 读取数组元素时，指针会移动，所以输出数组前在第 18 行需要将指针移回数组起始地址。

11-4-7   使用指针读取和加总数组元素

程序实例 ch11_28.c：读取数组输入，然后输出加总结果，这一实例采用简化数组指针声明方式。

```
1   /*    ch11_28.c                */
2   #include <stdio.h>
3   #include <stdlib.h>
4   int main()
5   {
6       int num[10];
7       int *ptr = num;
8       int i, count;
9       int sum = 0;
10
11      printf("请输入数组元素个数 : ");
12      scanf("%d", &count);
13      for (i = 0; i < count; i++)
14      {
15          printf("请输入数组元素内容 : ");
16          scanf("%d", ptr++);
17      }
18      ptr = num;         /* 将指针移回数组启始位置 */
19      for (i = 0; i < count; i++)
20          sum += *ptr++;
21      printf("总和 = %d\n", sum);
22      system("pause");
23      return 0;
24  }
```

执行结果

```
■ C:\Cbook\ch11\ch11_28.exe
请输入数组元素个数 : 3
请输入数组元素内容 : 10
请输入数组元素内容 : 20
请输入数组元素内容 : 30
总和 = 60
请按任意键继续. . .
```

读者可以留意第 7 行使用简化方式声明数组指针变量，书籍的撰写重点是让读者了解有哪些方式可以完成工作需要，读者熟悉后，未来可以选择自己喜欢的方式完成工作。

11-5　指针与二维数组

11-5-1　认识二维数组的元素地址

与一维数组概念一样，我们可以将二维数组名想成是一个指针常数。7-2 节笔者介绍了二维数组，在正式介绍指针与二维数组的关联之前，我们可以先用图形表示二维数组的地址概念，假设有一个二维数组声明如下：

```
int n[ ][3] = {{1, 2, 3},
               {4, 5, 6}};
```

可以用下列内存相关图形，是表达此 2 × 3 数组。

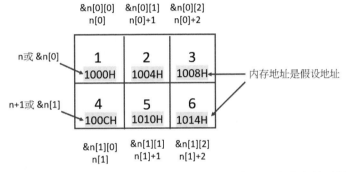

为了容易了解，上述内存地址使用 1000H 当作二维数组安置元素的起始地址，因为是整数数组，每隔 4 个字节存储新的元素，可以得到上述结果，下列程序可以验证上述图形。

程序实例 ch11_28_1.c：验证上述图表的内存地址关系。

```
1   /*   ch11_28_1.c                    */
2   #include <stdio.h>
3   #include <stdlib.h>
4   int main()
5   {
6       int n[][3] = {{1,2,3},
7                     {4,5,6}};
8       int rows, cols;
9       int i, j;
10
11      rows = sizeof(n) / sizeof(n[0]);            /* 计算 rows 数 */
12      cols = sizeof(n[0]) / sizeof(n[0][0]);      /* 计算 cols 数 */
13      printf("rows=%d \t cols=%d\n", rows, cols);
14      printf("n[i][j]格式的内存地址\n");
15      for (i = 0; i < rows; i++)
16      {
17          for (j = 0; j < cols; j++)
18              printf("n[i][j]=%X\t",&n[i][j]);    /* 输出内存地址 */
19          printf("\n");
20      }
21      printf("n[i]+j 格式的内存地址\n");
22      for (i = 0; i < rows; i++)
23      {
24          for (j = 0; j < cols; j++)
25              printf("n[i]+j=%X\t",n[i]+j);       /* 输出内存地址 */
26          printf("\n");
27      }
28      system("pause");
29      return 0;
30  }
```

执行结果

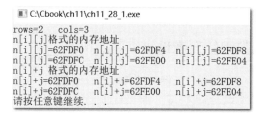

我们可以使用下列图表解释上述实例的执行结果。

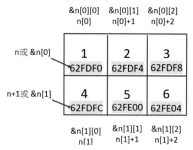

有了上述执行结果，我们可以用下列图形表达 *n* 数组。

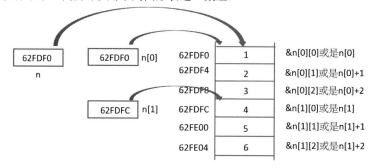

在上述实例，当将 n 声明为二维数组时，可以使用如下命令得到二维数组的总长度。

```
sizeof(n)                    /* 二维数组的总长度      */
```

下列可以得到二维数组中第 0 行的数组长度。

```
sizeof(n[0])                 /* 二维数组第 0 行的长度 */
```

有了上述概念，所以程序第 11 行可以得到此二维数组的行数 rows。

```
rows = sizeof(n) / sizeof(n[0]);
```

在二维数组中可以使用下列方式获得二维数组元素的长度。

```
sizeof(n[0][0])              /* 二为数组元素的长度    */
```

所以可以使用下列方式获得二维数组的列数 cols。

```
cols = sizeof(n[0]) / sizeof(n[0][0]);
```

11-5-2　二维数组名是一个指针

对于一个二维数组 n，其实 n 代表二维数组的起始地址，n[0] 代表二维数组第 0 行起始地址，n[1] 代表二维数组第 1 行的起始地址。使用指针时可以使用下列方式获得第 0 行和第 1 行的起始地址的元素内容。

*(n[0]+0)：第 0 行起始地址的元素内容。

*(n[1]+0)：第 1 行起始地址的元素内容。

如果要用指针获得每一行不同列地址的元素内容，概念如下：

*(n[0]+j)：第 0 行第 j 列的元素内容。

*(n[i]+j)：第 i 行第 j 列的元素内容。

更多细节可以参考下图。

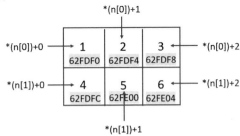

程序实例 ch11_28_2.c：输出二维数组的内容。

```
1   /*   ch11_28_2.c              */
2   #include <stdio.h>
3   #include <stdlib.h>
4   int main()
5   {
6       int n[][3] = {{1,2,3},
7                     {4,5,6}};
8       int rows, cols;
9       int i, j;
10
11      rows = sizeof(n) / sizeof(n[0]);          /* 计算 rows 数 */
12      cols = sizeof(n[0]) / sizeof(n[0][0]);    /* 计算 cols 数 */
13      for (i = 0; i < rows; i++)
14      {
15          for (j = 0; j < cols; j++)
16              printf("n[i][j]=%d\t", *(n[i]+j));
17          printf("\n");
18      }
19      system("pause");
20      return 0;
21  }
```

执行结果

```
■ C:\Cbook\ch11\ch11_28_2.exe
n[i][j]=1        n[i][j]=2        n[i][j]=3
n[i][j]=4        n[i][j]=5        n[i][j]=6
请按任意键继续. . .
```

11-5-3　建立指针遍历二维数组

在 n[2][3] 的二维数组中，n[0] 代表第 0 行起始地址，所回传的是 n[0][0] 的地址，可以建立指针地址指向 n[0]，然后用 ++ 方式就可以遍历此二维数组。

程序实例 ch11_28_3.c：使用指针遍历二维数组，然后列出数组内容。

```
1   /*    ch11_28_3.c          */
2   #include <stdio.h>
3   #include <stdlib.h>
4   int main()
5   {
6       int n[][3] = {{1,2,3},
7                     {4,5,6}};
8       int rows, cols;
9       int i, j;
10      int *ptr;
11
12      ptr = n[0];
13      rows = sizeof(n) / sizeof(n[0]);          /* 计算 rows 数 */
14      cols = sizeof(n[0]) / sizeof(n[0][0]);    /* 计算 cols 数 */
15      for (i = 0; i < rows; i++)
16      {
17          for (j = 0; j < cols; j++)
18              printf("n[i][j]=%X \t n[i][j]=%d\n", ptr, *ptr++);
19          printf("\n");
20      }
21      system("pause");
22      return 0;
23  }
```

执行结果

```
C:\Cbook\ch11\ch11_28_3.exe
n[i][j]=62FDF4    n[i][j]=1
n[i][j]=62FDF8    n[i][j]=2
n[i][j]=62FDFC    n[i][j]=3

n[i][j]=62FE00    n[i][j]=4
n[i][j]=62FE04    n[i][j]=5
n[i][j]=62FE08    n[i][j]=6
请按任意键继续. . .
```

注 上述程序实例第 18 行，ptr 没有 ++，*ptr++，这是因为要输出完二维数组元素后才要将指针移至下一个元素。

11-5-4 双重指针

指针本身的内容是一个内存地址，由于这个内存内容所指的地址是一个变量的内容，因此我们可以由指针取得该变量的内容。在 C 语言中，指针也可以指向另一个指针，然后再取得变量的内容，这种将指针指向另一个指针称为双重指针。

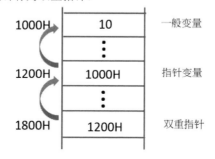

注 上述内存地址是假设地址。从上图可以得到双重指针变量的内容是一个使标变量的地址，双重指针就是使用这个通过另一个指针变量方式获得想要的变量内容。假设双重指针是 ptr，则此双重指针变量的声明语法如下：

数据类型 **ptr;

也就是说两个 "*" 符号，就是一个双重指针变量，例如，假设要声明指向整数的双重指针，声明方式如下：

int **ptr;

声明时也可以在两个 "*" 间加上小括号，如下所示：

int *(*ptr);

程序实例 ch11_28_4.c：简单双重指针的应用。

```
1  /*    ch11_28_4.c                    */
2  #include <stdio.h>
3  #include <stdlib.h>
4  int main()
5  {
6      int x = 10;
7      int *p, **ptr;
8
9      p = &x;
10     ptr = &p;
11     printf("x=%d \t\t &x=%X\n", x, &x);
12     printf("p=%X \t &p=%X \t *p=%d\n", p, &p, *p);
13     printf("ptr=%X \t &ptr=%X \t *ptr=%X \t **ptr=%d\n", \
14            ptr, &ptr, *ptr, **ptr);
15     system("pause");
16     return 0;
17 }
```

执行结果

```
 C:\Cbook\ch11\ch11_28_4.exe
x=10                &x=62FE1C
p=62FE1C            &p=62FE10            *p=10
ptr=62FE10          &ptr=62FE08          *ptr=62FE1C          **ptr=10
请按任意键继续. . .
```

如下是这个程序的内存说明。

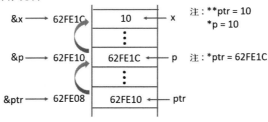

注　上述读者可以忽略内存是由上往下递增，或是由下往上递增。经过上述实例与图解，我们可以获得下列双重指针的 4 种呈现方式。

ptr：双重指针变量地址的内容，这个内容会引导指针指向。

&ptr：双重指针变量所在地址。

*ptr：双重指针的内部指针变量指向地址的内容。

**ptr：双重指针变量所指向的内容，对上述实例而言相当于变量 x 的内容。

11-5-5　双重指针与二维数组

现在回到二维数组的声明，如下：

```
int n[ ][3] = {{1, 2, 3},
               {4, 5, 6}};
```

对上述 2×3 的二维数组而言，数组名 n 是 C 语言在编译时，为二维数组建立的指针常数，原先 11-5-2 节的二维数组每个元素地址公式如下：

```
*(n[i]+j)            /* 11-5-2 节第 i 行 j 列的地址 */
```

这时可以改写如下：

`*(n+i) + j`   /* 第 i 行 j 列的地址 */

可以参考下图。

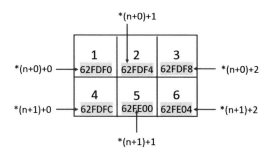

所以可以使用下列双重指针取得每一行与每一列的元素值。

`*(*(n+i) + j)`   /* 第 i 行 j 列的元素内容 */

可以参考下图。

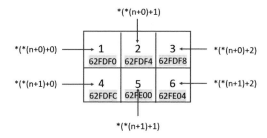

程序实例 ch11_28_5.c：使用双重指针输出二维数组所有内容，同时列出每个元素的地址。

```
1   /*      ch11_28_5.c                */
2   #include <stdio.h>
3   #include <stdlib.h>
4   int main()
5   {
6       int n[][3] = {{1,2,3},
7                     {4,5,6}};
8       int rows, cols;
9       int i, j;
10
11      rows = sizeof(n) / sizeof(n[0]);
12      cols = sizeof(n[0]) / sizeof(n[0][0]);
13      for (i = 0; i < rows; i++)
14          for (j = 0; j < cols; j++)
15              printf("n[%d][%d]=%d\t 地址=%X\n",i,j, \
16                  *(*(n+i)+j), *(n+i)+j);
17      system("pause");
18      return 0;
19  }
```

执行结果

```
C:\Cbook\ch11\ch11_28_5.exe
n[0][0]=1        地址=62FDF0
n[0][1]=2        地址=62FDF4
n[0][2]=3        地址=62FDF8
n[1][0]=4        地址=62FDFC
n[1][1]=5        地址=62FE00
n[1][2]=6        地址=62FE04
请按任意键继续. . .
```

上述读者了解了使用双重指针存取二维数组元素的方式，我们已经了解建立二维数组 n 之后，可以使用下列方式获得元素地址与内容。

`*(n+i) + j`   /* 第 i 行 j 列的地址 */

`*(*(n+i) + j)`   /* 第 i 行 j 列的元素值 */

如果我们想获得第 0 行第 0 列的地址与内容，可以使用下列方式。

`*n`：因为 `*(n+i) + j`，其中 i 和 j 皆为 0

**n：因为 *(*(n+i) + j)，其中 i 和 j 皆为 0

程序实例 ch11_28_6.c：列出二维数组 n 的起始地址和内容。

```
1   /*    ch11_28_6.c              */
2   #include <stdio.h>
3   #include <stdlib.h>
4   int main()
5   {
6       int n[][3] = {{1,2,3},
7                     {4,5,6}};
8
9       printf("*n  = %X\n", *n);
10      printf("**n = %X\n", **n);
11      system("pause");
12      return 0;
13  }
```

执行结果

```
C:\Cbook\ch11\ch11_28_6.exe
*n  = 62FE00
**n = 1
请按任意键继续. . .
```

11-6 将指针应用在字符串

11-6-1 认识与建立字符指针

从第 8 章的字符串内容可知，我们可以使用下列方式定义字符串：

`char name[ ] = "Hung";`

经过上述定义后，内存图形如下。

name →	62FE00	h	name[0]
	62FE01	u	name[1]
	62FE02	n	name[2]
	62FE03	g	name[3]
	62FE04	'\0'	name[4]

建立字符指针方法如下：

`char *ptr;`

当建立字符指针后，我们可以使用遍历数组方式，遍历字符串的字符然后输出字符串。

程序实例 ch11_29.c：建立字符指针，遍历字符串，最后输出字符串。

```
1   /*    ch11_29.c               */
2   #include <stdio.h>
3   #include <stdlib.h>
4   int main()
5   {
6       char name[] = "Hung";
7       char *ptr = name;
8
9       while ( *ptr != '\0' )
10          printf("%c", *ptr++);
11      printf("\n");
12      system("pause");
13      return 0;
14  }
```

执行结果

```
C:\Cbook\ch11\ch11_29.exe
Hung
请按任意键继续. . .
```

上述程序实例第 7 行 ptr 是指向字符串常数 name 的起始地址，所以可以使用遍历字符串的字符方式输出字符串。建立字符指针除了有上述优点，此外，我们可以直接使用赋值运算符将一个字符串赋值给字符指针。

程序实例 ch11_29_1.c：更改与扩充程序实例 ch11_29.c，用赋值概念将字符指针指向新的字符串。

```
 1   /*  ch11_29_1.c              */
 2   #include <stdio.h>
 3   #include <stdlib.h>
 4   int main()
 5   {
 6       char name[] = "Hung";
 7       char *ptr = name;
 8
 9       puts(ptr);
10       printf("执行前的地址 %X\n",ptr);
11       ptr = "Jiin-Kwei";
12       puts(ptr);
13       printf("执行后的地址 %X\n",ptr);
14       system("pause");
15       return 0;
16   }
```

执行结果

```
 C:\Cbook\ch11\ch11_29_1.exe
Hung
执行前的地址 62FE10
Jiin-Kwei
执行后的地址 404011
请按任意键继续. . .
```

从上述程序实例可以得到 ptr 指针已经移至新的内容所在地址了。

注 上述程序实例不可使用如下命令更改 name 的内容。

name = "Jiin-Kwei"；

如果要将新字符串设定 name，需使用 strcpy( ) 函数。

11-6-2 字符指针

操作字符串比较方便的方式当然是使用字符指针，建立字符指针的语法如下：

```
char *ptr = "Ming Chi";
```

经过上述定义后，内存图形如下。

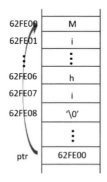

上述使用指针 ptr 建立字符串，与前一小节最大差异是，ptr 是指针变量，因此 ptr 可以更改地址。此外可以使用下列方式输出字符串。

```
puts(ptr);                    /* 输出完整的字符串 */
printf("%s",ptr);             /* 输出完整的字符串 */
puts(ptr+5);                  /* 从字符串的索引 5 开始输出字符串 */
printf("%s",ptr+5);           /* 从字符串的索引 5 开始输出字符串 */
```

此外，也可以更改指针 ptr 然后输出字符串，可以参考下列实例。

```
ptr += 5;
puts(ptr);                          /* 从字符串的索引 5 开始输出字符串 */
printf("%s",ptr);                   /* 从字符串的索引 5 开始输出字符串 */
```

程序实例 ch11_30.c：设定字符指针、移动字符指针、输出字符串。

```
1   /*    ch11_30.c                */
2   #include <stdio.h>
3   #include <stdlib.h>
4   int main()
5   {
6       char *ptr = "Ming Chi";
7
8       puts(ptr);
9       puts(ptr+5);
10      printf("%s\n",ptr);
11      printf("%s\n",ptr+5);
12      printf("移动 ptr 后\n");
13      ptr += 5;
14      puts(ptr);
15      printf("%s\n",ptr);
16      system("pause");
17      return 0;
18  }
```

执行结果

```
C:\Cbook\ch11\ch11_30.exe
Ming Chi
Chi
Ming Chi
Chi
移动 ptr 后
Chi
Chi
请按任意键继续. . .
```

11-6-3　将指针指向字符串

当我们设计程序时，有些字符串不是一开始就已经设定，这时可以先声明字符串名称，然后再设定指针指向字符串。例如，下列是先声明字符串变量与字符串指针。

```
char name[15];
char *ptr=name;
```

或是：

```
char name[15];
char *ptr;
    ...
ptr = name;
```

有了上述设定，未来有输入 name 字符串时，就可以用指针输出。

程序实例 ch11_31.c：读取输入字符串，然后输出。

```
1   /*    ch11_31.c                */
2   #include <stdio.h>
3   #include <stdlib.h>
4   int main()
5   {
6       char name[15];
7       char *ptr1=name;
8
9       printf("请输入账号 : ");
10      gets(name);
11      printf("Hi %s 欢迎进入系统\n",ptr1);
12      system("pause");
13      return 0;
14  }
```

执行结果

```
C:\Cbook\ch11\ch11_31.exe
请输入账号 : Hung
Hi Hung 欢迎进入系统
请按任意键继续. . .
```

11-7 指针与字符串数组

11-7-1 字符串数组

8-6 节笔者介绍过字符串数组，这一节则讲解将指针应用在字符串数组，将指针应用在字符串数组声明如下：

`char * 字符串数组名 [ 系列字符串内容 ];`

参考程序实例 ch8_20.c 的字符串数组声明，下列是改为指针字符串数组声明：

```
char *fruit[3]= {"Apple",
                 "Banana",
                 "Grapes"};
```

注 上述声明中括号的索引 3，可以省略，改为 *fruit[ ]。

使用二维字符串数组声明与使用指针字符串数组声明最大的差异是：二维字符串数组声明会为每个元素预留指定长度的内存空间，假设声明字符串长度是 10，所以编译程序会预留 10 个字符的内存空间。

fruit[0]	A	p	p	l	e	\0				
fruit[1]	B	a	n	a	n	a	\0			
fruit[2]	G	r	a	p	e	s	\0			

当改为指针字符串数组声明时，编译程序会依据字符串长度自动预留刚好的空间，可以参考下图。

fruit[0]	A	p	p	l	e	\0
fruit[1]	B	a	n	a	n	a	\0
fruit[2]	G	r	a	p	e	s	\0

程序实例 ch11_32.c：使用字符串数组列出字符串和每个字符串所在的起始地址。

```
1  /*   ch11_32.c          */
2  #include <stdio.h>
3  #include <stdlib.h>
4  #include <string.h>
5  int main()
6  {
7      char *fruit[] = {"Apple",
8                       "Banana",
9                       "Grapes"};
10     int i;
11
12     for ( i = 0; i < 3; i++ )
13     {
14         printf("字符串内容 %s\n",fruit[i]);    /* 输出字符串内容 */
15         printf("字符串地址 %X\n",fruit[i]);    /* 输出字符串地址 */
16     }
17     system("pause");
18     return 0;
19  }
```

执行结果

```
C:\Cbook\ch11\ch11_32.exe
字符串内容 Apple
字符串地址 404000
字符串内容 Banana
字符串地址 404006
字符串内容 Grapes
字符串地址 40400D
请按任意键继续. . .
```

下列是上述执行结果的内存图形。

fruit[0] 404000	A	p	p	l	e	'\0'	
fruit[1] 404006	B	a	n	a	n	a	'\0'
fruit[2] 40400D	G	r	a	p	e	s	'\0'

下列实例使用指针方式改写原第 14 行和第 15 行，读者可以自己体会。

程序实例 ch11_32_1.c：使用双层指针取得字符串数组内容方式，重新设计程序实例 ch11_32.c。

```
1   /*   ch11_32_1.c                  */
2   #include <stdio.h>
3   #include <stdlib.h>
4   #include <string.h>
5   int main()
6   {
7       char *fruit[] = {"Apple",
8                        "Banana",
9                        "Grapes"};
10      int i;
11      char **ptr;
12
13      ptr = fruit;
14      for ( i = 0; i < 3; i++ )
15      {
16          printf("字符串内容 %s\n",*ptr);      /* 输出字符串内容 */
17          printf("字符串地址 %X\n",ptr++);     /* 输出字符串地址 */
18      }
19      system("pause");
20      return 0;
21  }
```

执行结果　字符串内容与程序实例 ch11_32.c 相同 (内存地址可能不相同)。

11-7-2　二维的字符串数组

当声明二维的字符串数组后，每个元素皆是指针，可以指向字符串常数。

程序实例 ch11_32_2.c：二维字符串数组数据的设定与输出。

```
1   /*   ch11_32_2.c                  */
2   #include <stdio.h>
3   #include <stdlib.h>
4   int main()
5   {
6       char *str[][2] = {"China", "Beijing",
7                         "Japan", "Tokyo",
8                         "France", "Paris"};
9       int i;
10
11      for (i = 0; i < 3; i++)
12          printf("%s : %s\n", str[i][0], str[i][1]);
13      system("pause");
14      return 0;
15  }
```

执行结果

```
 C:\Cbook\ch11\ch11_32_2.exe
China : Beijing
Japan : Tokyo
France : Paris
请按任意键继续. . .
```

11-7-3　字符串内容的更改与指针内容的更改

我们可能会常看到下列语句。

```
char *str1[ ] = {"China", "Japan", "France"};
char str2[3][10] = {"Beijing", "Tokyo", "Paris"};
```

上述 str1 使用指针数组，每个指针数组元素指向一个字符串常数，如果指定新的字符串常数给该指针，则该指针的内存地址就会不一样，可以参考程序实例 ch11_32_3.c。

上述 str2 是声明和配置 3 × 10 的字符数组内存，字符串存储在这个内存中，每个字符串的位置是固定的，同时使用的空间也是固定的。

程序实例 ch11_32_3.c：先设定字符串数组内容，然后更改索引 1 的内容，可以得到字符串指针指向新的内容，但是不是原先内容被更改，其实所更改的是指针数组的地址。

```c
1   /*    ch11_32_3.c                    */
2   #include <stdio.h>
3   #include <stdlib.h>
4   int main()
5   {
6       char *str[] = {"China",
7                      "Japan",
8                      "France"};
9       int i;
10
11      for (i = 0; i < 3; i++)
12          printf("%X : %s\n", str[i], str[i]);
13      str[1] = "Germany";
14      for (i = 0; i < 3; i++)
15          printf("%X : %s\n", str[i], str[i]);
16      system("pause");
17      return 0;
18  }
```

执行结果

```
C:\Cbook\ch11\ch11_32_3.exe
404000 : China
404006 : Japan
40400C : France
404000 : China
40401C : Germany
40400C : France
请按任意键继续. . .
```

赋予新内容后更改的是指针数组的地址

11-7-4 声明空字符串

在程序设计时，如果我们还不知道字符串数组的内容，可以先建立指向空字符串的指针数组，这时指针数组会指向空字符串，语法如下：

```c
char *str[LEN] = { };                    /* LEN 代表字符串的数量 */
```

上述声明后，未来我们就可以随时读取字符串内容，然后指针就会指向所读取的字符串常数。

程序实例 ch11_32_4.c：观察指针数组指向空字符串。

```c
1   /*   ch11_32_4.c                    */
2   #include <stdio.h>
3   #include <stdlib.h>
4   #define LEN 5
5   int main()
6   {
7       char *str[LEN] = {};
8       int i;
9
10      for (i = 0; i < LEN; i++)
11          printf("%X : %s\n", str[i], str[i]);
12      system("pause");
13      return 0;
14  }
```

执行结果

```
C:\Cbook\ch11\ch11_32_4.exe
0 : (null)
0 : (null)
0 : (null)
0 : (null)
0 : (null)
请按任意键继续. . .
```

注 许多常犯的错误是漏了声明为空字符串，就想直接使用。

```c
char *str[LEN];
```

程序实例 ch11_32_5.c：声明字符串指针指向空字符串，设定字符串指针指向字符串，然后输出字符串指针所指字符串。

```
1   /*   ch11_32_5.c              */
2   #include <stdio.h>
3   #include <stdlib.h>
4   #define LEN 3
5   int main()
6   {
7       char *str[LEN] = {};
8       char s[80];
9       int i;
10
11      for (i = 0; i < LEN; i++)
12          printf("%X : %s\n", str[i], str[i]);
13      str[0] = "China";
14      str[1] = "Japan";
15      str[2] = "France";
16      for (i = 0; i < LEN; i++)
17          printf("%X : %s\n", str[i], str[i]);
18      system("pause");
19      return 0;
20  }
```

执行结果

```
■ C:\Cbook\ch11\ch11_32_5.exe
0 : (null)
0 : (null)
0 : (null)
404009 : China
40400F : Japan
404015 : France
请按任意键继续. . .
```

从上述可以看到将指针指向字符串后，指针数组就好像复活了。

11-8　专题实操：4×4 魔术方块 / 奇数魔术方块

11-8-1　使用指针执行数组元素相加

如下程序实例与程序实例 ch11_28.c 类似，但是使用指针的方法有差异。

程序实例 ch11_33.c：利用指针将数组元素相加。本程序实例会要求输入一个数组，然后将它们相加，最后将结果打印出来。

```
1   /*   ch11_33.c               */
2   #include <stdio.h>
3   #include <stdlib.h>
4   int main()
5   {
6       int array[5];
7       int *ptr, sum, i;
8
9       printf("请输入 5 个整数 \n : ");
10      for ( i = 0; i <= 4; i++ )
11          scanf("%d",&array[i]);
12      sum = 0;
13      for ( ptr = array; ptr <= &array[4]; ptr++ )
14          sum += *ptr;
15      printf("数组整数和是 %d\n",sum);
16      system("pause");
17      return 0;
18  }
```

执行结果

```
■ C:\Cbook\ch11\ch11_33.exe
请输入 5 个整数
 : 5 6 88 10 2
数组整数和是 111
请按任意键继续. . .
```

上述程序实例最重要是第 13 行和第 14 行，只要指针在数组 &array[4](含)，就继续执行累加动作，所以最后会得到加总结果。

11-8-2　使用双重指针输出二维数组"洪"

程序实例 ch11_34.c：用双重指针概念绘制图案"洪"。

```
1   /* ch11_34.c                    */
2   #include <stdio.h>
3   #include <stdlib.h>
4   int main()
5   {
6       int num[9][16] = {
7           { 1,1,0,0,0,0,0,1,1,0,0,0,1,1,0,0 },
8           { 0,1,1,0,0,0,0,1,1,0,0,0,1,1,0,0 },
9           { 0,0,1,1,0,1,1,1,1,1,1,1,1,1,1,1 },
10          { 0,0,0,0,0,0,0,1,1,0,0,0,1,1,0,0 },
11          { 1,1,1,1,0,0,0,1,1,0,0,0,1,1,0,0 },
12          { 0,0,0,0,0,1,1,1,1,1,1,1,1,1,1,1 },
13          { 0,0,1,1,0,0,0,0,1,1,0,0,1,1,0,0 },
14          { 0,1,1,0,0,0,0,1,1,0,0,0,1,1,0 },
15          { 1,1,0,0,0,0,1,1,0,0,0,0,0,1,1 } };
16
17      int i,j;
18
19      for ( i = 0; i < 9; i++ )
20      {
21          for ( j = 0; j < 16; j++ )
22              if ( *(*(num+i)+j) == 1 )
23                  printf("#");
24              else
25                  printf(" ");
26          printf("\n");
27      }
28      system("pause");
29      return 0;
30  }
```

执行结果

```
C:\Cbook\ch11\ch11_34.exe
##       ##    ##
 ##      ##    ##
  ## ###########
        ##    ##
####     ##    ##
     ###########
   ##    ##  ##
 ##      ##    ##
##     ##        ##
请按任意键继续...
```

11-8-3 使用指针设计 4 x 4 魔术方块

程序实例 ch11_35.c：有关 4 × 4 魔术方块的原理读者可以参考程序实例 ch7_23.c，下列是将该程序实例改为使用指针概念重新设计。

```
1   /*    ch11_35.c                */
2   #include <stdio.h>
3   #include <stdlib.h>
4   int main()
5   {
6       int magic[4][4] = {{4, 6, 8, 10},
7                           {12,14,16,18},
8                           {20,22,24,26},
9                           {28,30,32,34}};
10      int sum;              /* 最小值与最大值之和     */
11      int i,j;
12
13      sum = **magic + *(*(magic+3)+3);
14      for ( i = 0, j = 0; i < 4; i++, j++ )
15          *(*(magic+i)+j) = sum - *(*(magic+i)+j);
16      for ( i = 0, j = 3; i < 4; i++, j-- )
17          *(*(magic+i)+j) = sum - *(*(magic+i)+j);
18      printf("最后的魔术方块如下 \n");
19      for ( i = 0; i < 4; i++ )
20      {
21          for ( j = 0; j < 4; j++ )
22              printf("%5d",*(*(magic+i)+j));
23          printf("\n");
24      }
25      system("pause");
26      return 0;
27  }
```

执行结果

```
C:\Cbook\ch11\ch11_35.exe
最后的魔术方块如下
   34    6    8   28
   12   24   22   18
   20   16   14   26
   10   30   32    4
请按任意键继续...
```

11-9　习题

一、是非题

(　　) 1. 指针是间接存取变量内容的方法。(11-1 节)

(　　) 2. 若某个变量所含的是一个内存地址，则这个变量我们称指针变量。(11-2 节)

(　　) 3. 有一个指针变量 *ptr，有一个一般变量 n，若想将 n 的地址给指针变量，可以使用 "ptr = n"。(11-3 节)

(　　) 4. 有一个指针变量 *ptr，有一个一般变量 n，若想将 n 值设定给指针变量，可以使用 "*ptr = n"。(11-3 节)

(　　) 5. 指针变量的长度与所指的变量内容有关。(11-3 节)

(　　) 6. 指针变量的长度和所指的变量有关。(11-3 节)

(　　) 7. 事实上，C 的编译程序在编译期间是将数组名设成一个指针变量。(11-4 节)

(　　) 8. 指针常数的值不可更改。(11-4 节)

(　　) 9. 数组名使用时一定是指针常数。(11-4 节)

(　　) 10. 假设 n 是数组名，sizeof(n) 可以回传数组长度。(11-4 节)

(　　) 11. 假设 n 是数组名，i 是整数，*(num+i) 和 *num++ 意义是相同的。(11-4 节)

(　　) 12. 在二维数组指针的使用中，&n[i][j] 和 n[i]+j 意义相同。(11-5 节)

(　　) 13. 假设 n 是一个 2 × 3 的整数数组，假设 n[0] 是 1000H，则 n[1] 是 1004H。(11-5 节)

(　　) 14. 一个指针可以指向另一个指针称为双重指针。(11-5 节)

(　　) 15. 指针字符串数组优点是执行速度快，缺点是比较占用内存空间。(11-7 节)

二、选择题

(　　) 1. 下列哪一种数据形态占据最小内存空间？ (A) 字符 (B) 整数 (C) 浮点数 (D) 双倍精度浮点数。(11-1 节)

(　　) 2. 有一个整数占据 62FE18 ～ 62FE1B，我们通常称此变量的地址是 (A) 62FE18 (B) 62FE19 (C) 62FE1A (D) 62FE1B。(11-2 节)

(　　) 3. 下列哪一个不是单元运算符？ (A) & (B) * (C) + (D) ++。(11-3 节)

(　　) 4：指针变量左边必须加上什么运算符，就可以取得指针所指地址的内容？ (A) & (B) * (C) + (D) ++。(11-3 节)

(　　) 5. 假设 x 是整数变量，下列哪一个指令可以取得 x 的内容？ (A) &x (B) x (C)&*x (D) *&x。(11-3 节)

(　　) 6. 假设 ptr 是指针，下列哪一项可以获得指针 ptr 的内容？ (A) ptr (B) &ptr (C) *ptr (D) **ptr。(11-3 节)

(　　) 7. 假设 ptr 是整数指针，则 ptr++ 可以让指针地址增加多少？ (A) 1 (B) 2 (C) 3 (D) 4。(11-3 节)

(　　) 8. 有一个 2 × 3 的整数数组 n，sizeof(n[0]) 的回传值是 (A) 4 (B) 8 (C) 12 (D) 16。(11-5 节)

(　　) 9. 有一个二维数组如下：(11-5 节)

int num[][3] = {{5, 6,7},{8,9,10}};

*(*num + 1) + 1 值是 (A) 7 (B) 8 (C) 9 (D) 10

(　　) 10. *(*(num + i) + j) 代表 (A) 第 i 行第 j 列的地址 (B) 第 i 行第 j 列的内容 (C) 第 j 行第 i 列的地址 (D) 第 j 行第 i 列的内容。(11-5 节)

( ) 11. 有一个字符串声明如下：(11-6 节)

　　char *ptr = "DeepMind"；

　　则 "puts(ptr+4);" 可以输出 (A) DeepMind (B) Deep (C) Mind (D) 语法错误。

( ) 12. 下列哪一项目对于声明指针数组指向字符串数组是多余的？ (A) char (B) 字符串的字符数 (C) 字符串变量名称 (D) 系列字符串内容。(11-7 节)

三、填充题

1. 字符所占的内存空间是 ( ) 字节，整数所占的内存空间是 ( ) 字节，浮点数所占的内存空间是 ( ) 字节。(11-1 节)

2. 若某个变量所含的是一个内存地址，通过此地址可以存取普通变量的内容，则这个变量我们称为 ( )。(11-2 节)

3. 当设定指针变量 *ptr 后，指针变量可以有 3 种呈现方式。(11-3 节)

　　( )：指针变量地址的内容，这个内容会引导指针指向。

　　( )：指针变量所在地址。

　　( )：指针变量指向地址的内容。

4. 下列语法的错误原因是 ( )。(11-3 节)

　　int *ptr;

　　*ptr = 10;

5. 设定空指针的符号是 ( )。(11-3 节)

6. 假设 num 是一维数组，*(num+1) 相当于索引的 ( )。(11-4 节)

7. 双重指针的 4 种呈现方式。(11-5 节)

　　( )：双重指针变量地址的内容，这个内容会引导指针指向。

　　( )：双重指针变量所在地址。

　　( )：双重指针的内部指针变量指向地址的内容。

　　( )：双重指针变量所指向的内容，对上述实例而言相当于变量 x 的内容。

8. 双重指针可以获得第 i 行第 j 列的地址通式 ( )。(11-5 节)

9. 双重指针可以获得第 i 行第 j 列的内容通式 ( )。(11-5 节)

10. 假设 char *ptr= "Japan"，puts(ptr+2) 可以输出 ( )。(11-6 节)

四、实操题

1. 扩充程序实例 ch11_2.c，增加列出双倍精度浮点数的长度，和相关内存地址信息。(11-1 节)

```
C:\Cbook\ex\ex11_1.exe
a = 6 的 address = 000000000062FE1C
sizeof(a) = 4
b = 3.140000 的 address = 000000000062FE18
sizeof(b) = 4
c = K 的 address = 000000000062FE17
sizeof(c) = 1
d = 3.140000 的 address = 000000000062FE08
sizeof(d) = 8
请按任意键继续. . .
```

2. 修订程序实例 ch11_12.c 的错误和列出结果。(11-3 节)

```
C:\Cbook\ex\ex11_2.exe
*ptr = 10
请按任意键继续. . .
```

3. 修订程序实例 ch11_13.c 的错误和列出结果。(11-3 节)

```
■ C:\Cbook\ex\ex11_3.exe
*ptr = 10
请按任意键继续. . .
```

4. 建立 num 数组，内容是 1 ··· 6，然后输出此数组内容和数组地址。(11-4 节)

```
■ C:\Cbook\ex\ex11_4.exe
num[0]=1          num[0]地址=62FE04
num[1]=2          num[1]地址=62FE08
num[2]=3          num[2]地址=62FE0C
num[3]=4          num[3]地址=62FE10
num[4]=5          num[4]地址=62FE14
num[5]=6          num[5]地址=62FE18
请按任意键继续. . .
```

5. 建立 3 × 5 的 num 数组，内容是 1 ··· 15，然后输出此数组内容和数组地址。(11-5 节)

```
■ C:\Cbook\ex\ex11_5.exe
num[0][0]= 1       num[0][0]地址=62FDD0
num[0][1]= 2       num[0][1]地址=62FDD4
num[0][2]= 3       num[0][2]地址=62FDD8
num[0][3]= 4       num[0][3]地址=62FDDC
num[0][4]= 5       num[0][4]地址=62FDE0
num[1][0]= 6       num[1][0]地址=62FDE4
num[1][1]= 7       num[1][1]地址=62FDE8
num[1][2]= 8       num[1][2]地址=62FDEC
num[1][3]= 9       num[1][3]地址=62FDF0
num[1][4]= 10      num[1][4]地址=62FDF4
num[2][0]= 11      num[2][0]地址=62FDF8
num[2][1]= 12      num[2][1]地址=62FDFC
num[2][2]= 13      num[2][2]地址=62FE00
num[2][3]= 14      num[2][3]地址=62FE04
num[2][4]= 15      num[2][4]地址=62FE08
请按任意键继续. . .
```

6. 声明 3 × 4 的整数数组 num，请输入 12 笔数字，每个数字之间用空格隔开，然后输出此 num 数
   组。注 : 请不要声明 *ptr 指针变量，完成此程序实例。(11-5 节)

```
■ C:\Cbook\ex\ex11_6.exe
请输入 12 笔数字
: 11 22 33 44 55 66 77 88 99 15 25 36
二维数组输出结果
   11      22      33      44
   55      66      77      88
   99      15      25      36
请按任意键继续. . .
```

7. 请声明 *ptr 指针变量，在 scanf( ) 读入时使用 ptr++，在 printf( ) 输出时使用 *ptr++，重新设计
   ex11_6.c。(11-5 节)

```
■ C:\Cbook\ex\ex11_7.exe
请输入 12 笔数字
: 11 22 33 44 55 66 77 88 99 15 18 20
二维数组输出结果
   11      22      33      44
   55      66      77      88
   99      15      18      20
请按任意键继续. . .
```

8. 请参考 11-5-5 节双重指针概念，然后将此概念应用在 ex11_7.c。(11-5 节)

```
C:\Cbook\ex\ex11_8.exe
请输入 12 笔数字
: 11 22 33 44 55 66 77 88 99 50 60 70
二维数组输出结果
    11    22    33    44
    55    66    77    88
    99    50    60    70
请按任意键继续. . .
```

9. 请声明 src[80] 和 dst[80] 字符串变量，同时声明 *ptr1 指向 src，*ptr2 指向 dst，请输入 src 字符串内容，然后使用 *ptr1 和 *ptr2 将字符逐步复制至 dst 字符串。(11-6 节)

```
C:\Cbook\ex\ex11_9.exe
请输入来源字符串内容 : I love C language.

拷贝结果 : I love C language.
请按任意键继续. . .
```

10. 使用指针字符串数组输出四季的英文 (11-7 节)

```
C:\Cbook\ex\ex11_10.exe
Spring
Autumn
Fall
Winter
请按任意键继续. . .
```

11. 使用指针字符串数组输出英文的 12 个月份，同时会要求输入阿拉伯数字的月份，然后输出该月份的英文，如果输入 1 ～ 12 范围外，则输出 "输入错误"。 (11-7 节)

```
C:\Cbook\ex\ex11_11.exe
January
February
March
Winter
May
June
July
August
Sepetember
October
November
December
请输入阿拉伯数字月份 : 8
你的输入是 August
请按任意键继续. . .
```

```
C:\Cbook\ex\ex11_11.exe
January
February
March
Winter
May
June
July
August
Sepetember
October
November
December
请输入阿拉伯数字月份 : 15
输入错误
请按任意键继续. . .
```

12. 用指针方式重新设计 ex7_14.c，4 × 4 魔术方块。或可以说读者扩充设计 ch11_35.c，增加输入起始值和差值。 (11-8 节)

```
C:\Cbook\ex\ex11_12.exe
输入 4 * 4 魔术方块起始值
  ===> 5
输入差值
  ==> 2
起初的魔术方块如下
    5     7     9    11
   13    15    17    19
   21    23    25    27
   29    31    33    35
最后的魔术方块如下
   35     7     9    29
   13    25    23    19
   21    17    15    27
   11    31    33     5
请按任意键继续. . .
```

```
C:\Cbook\ex\ex11_12.exe
输入 4 * 4 魔术方块起始值
  ===> 4
输入差值
  ==> 4
起初的魔术方块如下
    4     8    12    16
   20    24    28    32
   36    40    44    48
   52    56    60    64
最后的魔术方块如下
   64     8    12    52
   20    44    40    32
   36    28    24    48
   16    56    60     4
请按任意键继续. . .
```

13. 使用指针方式重新设计 ex7_15.c，奇数魔术方块边的元素数量从屏幕输入。(11-8 节)

12

第 1 2 章

指针与函数

第 9 章介绍了函数的概念，第 11 章介绍了指针，本章主要介绍将指针当作函数的参数传送，优点是可以简化程序设计，同时可以通过地址传递和接收数据，本章所述通过内存传递数据称为传址调用（Call by Address）。

12-1　函数参数是指针变量

第 9 章介绍函数章节，我们可以将变量数据传递给函数，但是回传值只能有一个，使用上不是太便利，这一节开始将讲解 C 语言将变量地址传递给函数的方法。一个函数若是想接收指针变量当作参数，函数语法如下：

函数形态　函数名称 (数据形态　* 指针变量 1，… ，数据形态　* 指针变量 n)

{

　　　函数主体；

}

调用上述函数，传递指针或地址即可，上述函数接收到所传来的地址后，可以依据需要取得此变量的地址与内容，细节可以参考下列实例。

程序实例 ch12_1.c：函数传递指针的应用。

```
1  /*   ch12_1.c              */
2  #include <stdio.h>
3  #include <stdlib.h>
4  void info(int *);
5  int main()
6  {
7      int x = 10;
8      int *ptr = &x;
9
10     printf("x    address = %X\n", &x);
11     printf("ptr address = %X\n", ptr);
12     printf("调用 address\n");
13     info(ptr);            /* 传递指针 */
14     info(&x);             /* 传递地址 */
15     system("pause");
16     return 0;
17 }
18 void info(int *p)
19 {
20     printf("address=%X \t val=%d\n", p, *p);
21 }
```

执行结果

```
C:\Cbook\ch12\ch12_1.exe
x    address = 62FE14
ptr address = 62FE14
调用 address
address=62FE14    val=10
address=62FE14    val=10
请按任意键继续. . .
```

上述程序实例第 18 ~ 21 行是 info( ) 函数，因为没有回传值，所以可以设为 void 数据形态，第 4 行是函数原型声明，对于 *ptr 参数，因为可以省略指针名称，所以声明如下：

```
void info(int *);
```

对于调用 info( ) 函数，传递的参数是地址数据，所以可以使用下列方式调用：

```
info(ptr);
```

```
Info(&x);
```

整个调用 info( ) 前和调用 info( ) 后的内存图形如下：

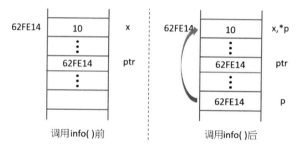

调用info( )前		调用info( )后

从上述我们也可以获得结论,应用传递变量指针时,在 main( ) 调用函数时是传递变量的地址,但是在 info( ) 函数,却可以使用变量的地址和内容信息,这也是 C 语言指针最大的特色。

12-1-1 加法运算

程序实例 ch12_2.c:设计加法函数 add( ),函数参数是使用 *p1 和 *p2,加法函数的函数形态是 int。

```
1   /*    ch12_2.c              */
2   #include <stdio.h>
3   #include <stdlib.h>
4   int add(int *, int *);
5   int main()
6   {
7       int x = 10;
8       int y = 5;
9       int sum;
10
11      sum = add(&x, &y);
12      printf("sum = x + y = %d\n", sum);
13      system("pause");
14      return 0;
15  }
16  int add(int *p1, int *p2)
17  {
18      return *p1 + *p2;
19  }
```

执行结果

C:\Cbook\ch12\ch12_2.exe
sum = x + y = 15
请按任意键继续. . .

12-1-2 使用地址回传数值的平方

程序实例 ch12_3.c:设计平方的函数,同时所计算的平方值是使用地址回传。

```
1   /*    ch12_3.c              */
2   #include <stdio.h>
3   #include <stdlib.h>
4   void square(int *);
5   int main()
6   {
7       int x = 10;
8
9       printf("执行 square 前 = %d\n", x);
10      square(&x);
11      printf("执行 square 后 = %d\n", x);
12      system("pause");
13      return 0;
14  }
15  void square(int *ptr)
16  {
17      *ptr *= *ptr;
18      return;
19  }
```

执行结果

C:\Cbook\ch12\ch12_3.exe
执行 square 前 = 10
执行 square 后 = 100
请按任意键继续. . .

整个调用 square( ) 前和调用 square( ) 后的内存图形如下：

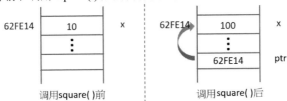

因为 square( ) 函数会将平方的结果存入原地址，所以第 11 行输出可以得到 x 值是 100。

12-1-3　数据交换函数

C 语言书籍讲到指针与函数最经典的实例就是设计数据交换函数 swap( )，9-7-3 节笔者有介绍设计 swap( ) 函数但是失败的实例，主要是当时使用传值 (Call by Value) 方式调用函数，所以数据虽然在 swap( ) 函数交换成功，但是回到 main( ) 函数，因为原变量内存地址的数据没有改变，所以整个数据交换是失败的。

程序实例 ch12_4.c：设计 swap( ) 函数执行数据交换，这个实例的数据交换采用传址调用 (Call by Address)。

```
1   /*    ch12_4.c                */
2   #include <stdio.h>
3   #include <stdlib.h>
4   void swap(int *, int *);
5   int main()
6   {
7       int j, i;
8
9       i = 5;
10      j = 6;
11      printf("i address=%X\n",&i);
12      printf("j address=%X\n",&j);
13      printf("调用 swap 前\n");
14      printf("i = %d,    j = %d \n",i,j);
15      swap(&i,&j);
16      printf("调用 swap 后\n");
17      printf("i = %d,    j = %d \n",i,j);
18      system("pause");
19      return 0;
20  }
21  void swap(int *x, int *y)
22  {
23      int tmp;
24
25      tmp = *x;
26      *x = *y;
27      *y = tmp;
28  }
```

执行结果

```
C:\Cbook\ch12\ch12_4.exe
i address=62FE18
j address=62FE1C
调用 swap 前
i = 5,     j = 6
调用 swap 后
i = 6,     j = 5
请按任意键继续. . .
```

上述程序实例执行完第 10 行后，内存图形可以参考下方左图。

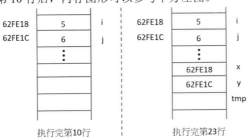

　　执行第 15 行调用 swap( ) 函数，执行完第 23 行后内存图形可以参考上方右图。执行完第 25 行后的内存图形可以参考下方左图。

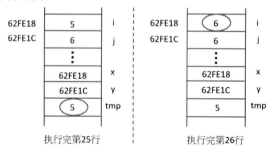

　　执行完第 26 行后的内存图形可以参考上方右图，执行完第 27 行可以得到下图，从下图可以得到变量 i 和 j 的数据已经交换成功了。

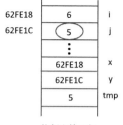

执行完第27行

12-2 传递混合参数

　　设计函数时，也可以部分参数是传递值 (Call by Value)，部分参数是传递地址 (Call by Address)，程序设计概念则类似。

程序实例 ch12_5.c：计算圆面积和圆周长，其中需传递半径，因为半径数据不需回传所以可以使用传递值方式当作参数。然后需要得到圆面积和圆周长，所以用传递地址方式当作参数。

```
1   /*   ch12_5.c              */
2   #include <stdio.h>
3   #include <stdlib.h>
4   #define PI 3.1415926
5   void circle(int, float *, float *);
6   int main()
7   {
8       int r = 5;
9       float area, circumference;
10
11      circle(r, &area, &circumference);
12      printf("r=%d 圆面积是 %f\n", r, area);
13      printf("r=%d 圆周长是 %f\n", r, circumference);
14      system("pause");
15      return 0;
16  }
17  void circle(int r, float *area, float *circum)
18  {
19      *area = PI * r * r;
20      *circum = 2 * PI * r;
21  }
```

执行结果

```
C:\Cbook\ch12\ch12_5.exe
r=5 圆面积是 78.539818
r=5 圆周长是 31.415926
请按任意键继续. . .
```

上述程序实例执行完第 9 行后，内存图形可以参考下方左图。执行完第 11 行调用 circle( ) 函数，执行完第 17 行后，内存图形可以参考下方右图。

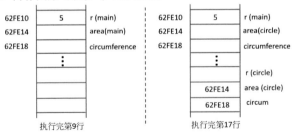

执行完第 19 行后，内存图形可以参考下方左图。执行完第 20 行后，内存图形可以参考下方右图。

所以第 12 行和第 13 行可以输出圆面积与圆周长的结果。

12-3　用指针当作函数参数接收一维数组数据

我们先复习一下前一章的内容，C 的编译程序在编译期间是将数组名设成一个指针常数，因为数组名就是指针常数，代表一个地址，所以可以将数组名传递给函数。

程序实例 ch12_6.c：找出数组的最大值。

```
1   /*   ch12_6.c                    */
2   #include <stdio.h>
3   #include <stdlib.h>
4   int getmax(int *, int);
5   int main()
6   {
7       int n[] = {5, 8, 4, 10, 2};
8       int len;
9       int max;
10
11      len = sizeof(n) / sizeof(n[0]);
12      max = getmax(n, len);
13      printf("max = %d\n", max);
14      system("pause");
15      return 0;
16  }
17  int getmax(int *ptr, int length)
18  {
19      int i, max;
20      max = *ptr;
21      for (i = 0; i < length; i++)
22      {
23          if (max < *ptr)
24              max = *ptr;
25          *ptr++;
26      }
27      return max;
28  }
```

执行结果

```
C:\Cbook\ch12\ch12_6.exe
max = 10
请按任意键继续. . .
```

C 语言王者归来

上述程序实例的程序逻辑其实很简单，更重要的是读者要学习函数原型声明 (第 4 行)，读者可以留意用 int * 声明数组参数。数组声明 (第 7 行)，这个概念和以前声明方式相同。调用函数 (第 12 行)，可以只传递数组名。函数参数设计 (第 17 行)，可以设定指针即可存取此数组内容。

也就是 getmax( ) 函数只是取得数组的地址，然后配合第 2 个参数的数组长度，就可以遍历数组，最后获得最大值。

其实我们也可以使用第 9 章所讲的传递数组方式传递数据，然后在 getmax( ) 函数应用索引或指针取得数组的最大值。

程序实例 ch12_7.c：取得数组的最大值。

```
1   /*    ch12_7.c                    */
2   #include <stdio.h>
3   #include <stdlib.h>
4   int getmax(int [], int);
5   int main()
6   {
7       int n[] = {5, 8, 4, 10, 2};
8       int len;
9       int max;
10
11      len = sizeof(n) / sizeof(n[0]);
12      max = getmax(n, len);
13      printf("max = %d\n", max);
14      system("pause");
15      return 0;
16  }
17  int getmax(int p[], int length)
18  {
19      int i, max;
20      max = *p;
21      for (i = 0; i < length; i++)
22          if (max < *(p+i))
23              max = *(p+i);
24      return max;
25  }
```

执行结果 与程序实例 ch12_6.c 执行结果相同。

12-4 用指针当作函数参数接收二维数组数据

用指针当作函数参数接收二维数组数据，最关键是所设计的函数要如何接收二维数组数据，若是以下列实例的 n × 5 的数组而言，参数设计方式如下：

函数名称 (int (*p)[5], int length)

或是：

函数名称 (int p[ ][5], int length)

上述 p 就是未来可以使用的二维数组指针，至于函数原型声明方式与 9-7-6 节的概念相同。

298

程序实例 ch12_8.c：计算二维数组每一行的最大值，然后将这些最大值加总。

```
 1   /*    ch12_8.c                   */
 2   #include <stdio.h>
 3   #include <stdlib.h>
 4   int max_sum(int [][5], int);
 5   int main()
 6   {
 7       int n[][5] = {{5, 8, 4, 10, 2},
 8                     {11, 18, 17, 16, 19},
 9                     {26, 23, 29, 27, 20}};
10       int rows;
11       int total;
12
13       rows = sizeof(n) / sizeof(n[0]);
14       total = max_sum(n, rows);
15       printf("最大值加总  = %d\n", total);
16       system("pause");
17       return 0;
18   }
19   int max_sum(int (*p)[5], int length)
20   {
21       int i, j, max;
22       int sum = 0;
23       for (i = 0; i < length; i++)
24       {
25           max = *(*(p+i));
26           for (j = 0; j < 5; j++)
27           {
28               if (max < *(*(p+i)+j))
29                   max = *(*(p+i)+j);
30           }
31           printf("row%d 最大值 : %d\n", i, max);
32           sum += max;
33       }
34       return sum;
35   }
```

执行结果

```
C:\Cbook\ch12\ch12_8.exe
row0 最大值 : 10
row1 最大值 : 19
row2 最大值 : 29
最大值加总  = 58
请按任意键继续. . .
```

上述程序实例第 19 行也可以改写成下列比较容易懂的数组声明。

```
19   int max_sum(int p[][5], int length)
```

读者可以参考 ch12 文件夹的程序实例 ch12_8_1.c。

12-5　字符串指针当作函数参数

字符串指针也可以当作函数的参数，假设函数名称是 sort( )，没有回传值，则此函数原型声明如下：

```
void sort(char *[ ]);
```

字符串数组的声明方式可以参考 11-7 节指针与字符串数组，调用方式可以用字符串数组的名称传递字符串数组的地址，如下：

```
sort(season);      /* 可参考第 15 行 */
```

所设计的函数可以用下列方式接收此字符串数组。

```
void sort(char *[ ])
{
    char *tmp;
    ...

}
```

上述 sort( ) 函数内当声明 *tmp 指针时，未来可以用此指针指向字符串，这样在做字符串对调时，可以暂存字符串地址。

程序实例 ch12_9.c：将字符串数组的字符串依字母排序。

```c
 1  /*    ch12_9.c                    */
 2  #include <stdio.h>
 3  #include <stdlib.h>
 4  #include <string.h>
 5  #define LEN 4
 6  void sort(char *[]);
 7  int main()
 8  {
 9      char *season[] = {"Spring",
10                        "Summer",
11                        "Autumn",
12                        "Winter"};
13      int i;
14
15      sort(season);
16      for (i = 0; i < LEN; i++ )
17          printf("%s\n",season[i]);    /* 输出字符串内容 */
18      system("pause");
19      return 0;
20  }
21  void sort(char *str[])
22  {
23      char *tmp;
24      int i, j;
25
26      for (i = 1; i < LEN; i++)
27      {
28          for (j = 0; j < (LEN - 1); j++)
29          {
30              if (strcmp(str[j], str[j+1]) > 0)
31              {
32                  tmp = str[j];
33                  str[j] = str[j+1];
34                  str[j+1] = tmp;
35              }
36          }
37      }
38  }
```

执行结果

```
■ C:\Cbook\ch12\ch12_9.exe
Autumn
Spring
Summer
Winter
请按任意键继续. . .
```

上述程序调用了 strcmp( ) 函数，这个函数可以比较字符串的字符值，此函数使用细节可以参考 8-5-2 节。上述数据形态是字符串数组，我们也可以用双层指针方式完成工作。

程序实例 ch12_10.c：使用双层指针方式重新处理 main( ) 函数，重新设计程序实例 ch12_9.c，下列只列出 main( ) 部分，同时标注双重指针部分。

```c
 7  int main()
 8  {
 9      char *season[] = {"Spring",
10                        "Summer",
11                        "Autumn",
12                        "Winter"};
13      char **ptr;
14      int i;
15
16      ptr = season;
17      sort(ptr);
18      for (i = 0; i < LEN; i++ )
19          printf("%s\n",*ptr++);    /* 输出字符串内容 */
20      system("pause");
21      return 0;
22  }
```

执行结果　与程序实例 ch12_9.c 执行结果相同。

12-6　回传函数指针

一个函数可以有整数、浮点数、字符等回传值，也可以回传不同数据类型的指针，简称回传函数指针，这时整个函数语法如下：

```
函数类型　* 函数名称（ 参数 ）
{
    函数主体 ；
}
```

因为函数是回传指针，所以在 main( ) 内调用此函数前，必须先声明指针变量，细节可以参考下列实例。

程序实例 ch12_11.c：回传函数指针的实例，这个程序会回传较小值。

```
1   /*   ch12_11.c                    */
2   #include <stdio.h>
3   #include <stdlib.h>
4   int *min(int *, int *);
5   int main()
6   {
7       int x = 10;
8       int y = 5;
9       int *minval;
10
11      minval = min(&x, &y);
12      printf("min = %d\n", *minval);
13      system("pause");
14      return 0;
15  }
16  int *min(int *px, int *py)
17  {
18      if (*px > *py)
19          return py;
20      else
21          return px;
22  }
```

执行结果

```
■ C:\Cbook\ch12\ch12_11.exe
min = 5
请按任意键继续. . .
```

上述由于 min( ) 是回传整数的函数指针，所以第 4 行函数原型声明如下：

```
int *min(int *, int *);
```

上述程序在调用 min( ) 函数时，所传递的参数是地址数据，因为指针是通过地址回传，可以参考第 11 行。

```
minval = min(&x, &y);
```

当然上述 minval 是指针变量，在第 9 行声明。有关上述程序的执行内存图形可以参考下列说明，当执行第 11 行后，内存图形可以参考下方左图。

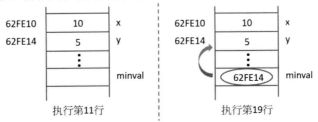

在第 16 行进入 min( ) 函数后，因为 *px 大于 *py，所以会执行第 19 行回传 px 地址，所以最后可以得到上方右图的执行结果。此外，第 4 行也可以采用下列方式声明函数原型。

```
int* min(int*, int*);
```

上述可以称作指向整数的函数指针，程序设计细节可以参考下列实例。

程序实例 ch12_11_1.c：更改指针设定方式，读者可以细看框起来的程序代码。

```
1   /*    ch12_11_1.c                */
2   #include <stdio.h>
3   #include <stdlib.h>
4   int* min(int*, int*);
5   int main()
6   {
7       int x = 10;
8       int y = 5;
9       int *minval;
10
11      minval = min(&x, &y);
12      printf("min = %d\n", *minval);
13      system("pause");
14      return 0;
15  }
16  int* min(int* px, int* py)
17  {
18      if (*px > *py)
19          return py;
20      else
21          return px;
22  }
```

执行结果 与程序实例 ch12_11.c 执行结果相同。

12-7 main( ) 函数的命令行的参数

所谓命令行，指的是当你执行某个程序时所输入的一系列命令。

在先前所有的程序实例中，我们一律通过 C 的标准输入函数读取键盘输入的参数。其实也可以在调用这个程序时，直接将所要输入的参数放在命令行中。

此时必须把 main( ) 函数改写如下：

```
int main(int argc, char *argv[ ])
```

其中，argc 代表下达命令时，在命令行中参数的个数。argv 则是命令行中字符串所构成的字符串数组。

假设在 DOS 环境的命令行输入下列信息：

```
ch12_12 echo hello! world
```

则在真正执行程序时，argc 和 argv 的值如下：

```
argc = 4
argv[0] = "ch12_12"
argv[1] = "echo"
argv[2] = "hello!"
argv[3] = "world"
```

程序实例 ch12_12.c：main( ) 函数命令行参数的应用。

```
1    /*    ch12_12.c                */
2    #include <stdio.h>
3    #include <stdlib.h>
4    #include <string.h>
5    int main(int argc, char *argv[])
6    {
7        int i;
8
9        puts("输出如下");
10       printf("argc = %d\n", argc);
11       for ( i = 0; i < argc; i++ )
12           puts(argv[i]);
13       system("pause");
14       return 0;
15   }
```

执行结果

```
 C:\Cbook\ch12\ch12_12.exe
输出如下
argc = 1
C:\Cbook\ch12\ch12_12.exe
请按任意键继续. . .
```

```
C:\Cbook\ch12>ch12_12 echo hello! world
输出如下
argc = 4
ch12_12
echo
hello!
world
请按任意键继续. . .
```

上述左边是在 Dec C++ 编辑环境的执行结果，上述右边是在 DOS 环境执行的结果。

12-8　回顾字符串处理函数

在 8-5-1 节笔者介绍了 8 个字符串处理函数，当时尚未介绍指针的知识，所以笔者省略了函数原型声明有关指针部分的概念，下表右侧是完整字符串指针的语法说明。

第 8 章字符串声明方式	完整字符串声明方式
char strcat(str1, str2);	char *strcat(char *str1, char *str2);
int strcmp(str1, str2);	int *strcmp(char *str1, char *str2);
char strcpy(str1, str2);	char *strcpy(char *str1, char *str2);
int strlen(str);	int *strlen(char *str);
char strncat(str1, str2, n);	char *strncat(char *str1, char *str2,int n);
int strncmp(str1, str2, n);	int *strncmp(char *str1, char *str2, int n);
char strncpy(str1, str2, n);	char *strncpy(char *str1, char *str2, int n);
char strupr(str);	char *strupr(char *str);
char strlwr(str);	char *strlwr(char *str);
char strrev(str);	char *strrev(char *str);

至于函数调用方式，可以使用 8-5-1 节的字符串，也可以使用指针方式。此外，从上述函数声明我们也可以了解上述每个函数皆有回传值，未来程序实例 ch12_15.c 会用实例解说，下列将说明用指针方式调用函数的方式。

程序实例 ch12_13.c：使用指针方式重新设计程序实例 ch8_17.c，将验证码中的字母由小写转成大写，然后由大写转成小写。

```
1   /*   ch12_13.c              */
2   #include <stdio.h>
3   #include <stdlib.h>
4   #include <string.h>
5   int main()
6   {
7       char code[] = "Ming52Chi";
8       char *ptr = code;
9
10      printf("原始验证码 = %s\n", ptr);
11      strupr(ptr);
12      printf("大写验证码 = %s\n", ptr);
13      strlwr(ptr);
14      printf("小写验证码 = %s\n", ptr);
15      system("pause");
16      return 0;
17  }
```

执行结果

```
C:\Cbook\ch12\ch12_13.exe
原始验证码 = Ming52Chi
大写验证码 = MING52CHI
小写验证码 = ming52chi
请按任意键继续. . .
```

12-9 专题实操：排序 / 字符串复制

12-9-1 输入 3 个数字从小到大输出

程序实例 ch12_14.c：输入 3 个数字，在不使用泡沫排序法的情况下，这个程序会从小到大输出。

```
1   /*   ch12_14.c              */
2   #include <stdio.h>
3   #include <stdlib.h>
4   void swap(int *, int *);
5   void exchange(int *, int *, int *);
6   int main()
7   {
8       int x, y, z;
9       int *px, *py, *pz;
10
11      px = &x;
12      py = &y;
13      pz = &z;
14      printf("请输入 3 个数字 : ");
15      scanf("%d %d %d", &x, &y, &z);
16      exchange(px, py, pz);
17      printf("%d \t %d \t %d \n", x, y, z);
18      system("pause");
19      return 0;
20  }
21  void exchange(int *p1, int *p2, int *p3)
22  {
23      if (*p1 > *p2)
24          swap(p1, p2);
25      if (*p1 > *p3)
26          swap(p1, p3);
27      if (*p2 > *p3)
28          swap(p2, p3);
29  }
30  void swap(int *x, int *y)
31  {
32      int tmp;
33
34      tmp = *x;
35      *x = *y;
36      *y = tmp;
37  }
```

执行结果

```
C:\Cbook\ch12\ch12_14.exe
请输入 3 个数字 : 9 6 8
6        8        9
请按任意键继续. . .
```

```
C:\Cbook\ch12\ch12_14.exe
请输入 3 个数字 : 18 15 12
12       15       18
请按任意键继续. . .
```

12-9-2　字符串的复制

strcpy( ) 函数执行字符串复制时是有回传字符串指针的，下列实例将做解说。

程序实例 ch12_15.c：使用指针概念配合 strcpy( ) 函数执行字符串复制，同时列出复制回传结果。

```
1   /*   ch12_15.c                 */
2   #include <stdio.h>
3   #include <stdlib.h>
4   #include <string.h>
5   int main()
6   {
7       char str1[80] = "Introduction to C";
8       char *str2 = "This is a good book for C";
9       char *s;
10
11      puts("调用  strcpy 前");
12      printf("str1 = %s\n",str1);
13      printf("str2 = %s\n",str2);
14      s = strcpy(str1,str2);
15      puts("调用  strcpy 后");
16      printf("str1 = %s\n",str1);
17      printf("str2 = %s\n",str2);
18      printf("s    = %s\n",s);
19      system("pause");
20      return 0;
21  }
```

执行结果

```
C:\Cbook\ch12\ch12_15.exe
调用 strcpy 前
str1 = Introduction to C
str2 = This is a good book for C
调用 strcpy 后
str1 = This is a good book for C
str2 = This is a good book for C
s    = This is a good book for C
请按任意键继续. . .
```

12-9-3　泡沫排序法

程序实例 ch12_16.c：泡沫排序法，这个程序会先要求输入数组元素个数，然后要求输入元素，最后将所输入的元素按从小到大排序。

```
1   /*   ch12_16.c                 */
2   #include <stdio.h>
3   #include <stdlib.h>
4   void sort(int *, int);
5   int main()
6   {
7       int n[10];
8       int i, num;
9
10      printf("请输入数组元素个数 : ");
11      scanf("%d", &num);
12      printf("请输入元素 : ");
13      for (i = 0; i < num; i++)
14          scanf("%d", n+i);          /* 用数组地址读取数字 */
15      sort(n, num);
16      printf("排序结果如下 : \n");
17      for (i = 0; i < num; i++)
18          printf("%d\t", n[i]);
19      printf("\n");
20      system("pause");
21      return 0;
22  }
23  void sort(int *ptr, int len)
24  {
25      int i, j, tmp;
26      for (i = 0; i < len - 1; i++)
27          for (j = 0; j < len -1; j++)
28              if (*(ptr + j) > *(ptr + j + 1))
29              {
30                  tmp = *(ptr + j);
31                  *(ptr + j) = *(ptr + j + 1);
32                  *(ptr + j + 1) = tmp;
33              }
34  }
```

执行结果

```
C:\Cbook\ch12\ch12_16.exe
请输入数组元素个数 : 5
请输入元素 : 9 7 2 5 1
排序结果如下 :
1       2       5       7       9
请按任意键继续. . .
```

本程序实例第 14 行读取数组元素时，是用数组地址方式读取的。

12-10 习题

一、是非题

(   ) 1. 函数参数是指针时，调用此函数需使用变量值传递数据。(12-1 节)

(   ) 2. 设计数据交换函数 swap( ) 时，需使用传递地址数据 (Call by Address) 方式设计与调用函数。(12-1 节)

(   ) 3. 设计函数参数可以接收数组数据，其实所接收的是数组指针。(12-3 节)

(   ) 4. 函数指针没有数据类型。(12-6 节)

(   ) 5.main( ) 函数无法传递任何参数。(12-7 节)

(   ) 6. 有一个函数如下，可以判对此函数不会有回传值。(12-8 节)
    char *strcpy(char *str1, char *str2);

二、选择题

(   ) 1. 有一个整数变量 x，如果要使用传递地址数据 (Call by Address) 方式，将变量 x 的信息传递给函数，则调用时的传递方法是 (A) x (B) *x (C) &x (D) 以上皆可。(12-1 节)

(   ) 2. 函数参数 "(*p)[5]" 可以用哪一个字符串取代？ (A) *p[5] (B) p[5] (C) *(p)[5] (D) p[ ][5]。(12-4 节)

(   ) 3. 下列哪一项不是回传函数指针的应用？ (A) 常数 (B) 整数 (C) 浮点数 (D) 字符串。(12-6 节)

(   ) 4.main( ) 函数第一个参数 argc 代表 (A) 命令字符串个数 (B) 命令行的第一个指令 (C) 命令行最后一道指令 (D) DOS 指令。(12-7 节)

(   ) 5. 有一个函数如下，可以判对此函数的回传值数据类型是 (A) 整数 (B) 浮点数 (C) 双倍精度浮点数 (D) 字符串。(12-8 节)
    char *strcpy(char *str1, char *str2);

三、填充题

1. 一个函数参数是指针变量时，调用此函数所传递的是 (   )。(12-1 节)

2. Call by Address 或 Call by Value 哪一项适合应用在数据交换函数设计 (   )。(12-1 节)

3. 函数参数 "(*p)[5]" 可以用 (   ) 取代。(12-4 节)

4. 假设要设计可以接收一个字符串指针的函数，此函数原型声明内容是 (   )。(12-5 节)

5. 在 DOS 环境执行 C 语言程序时，所输入的指令是被存储在 main( ) 函数的 (   ) 内。(12-7 节)

四、实操题

1. 设计乘以 10 的函数 mul10(int *ptr)，此函数的数据形态是 void，使用 x = 66 做测试。(12-1 节)

```
■ C:\Cbook\ex\ex12_1.exe
执行 mul10 前 = 66
执行 mul10 后 = 660
请按任意键继续. . .
```

2. 扩充设计程序实例 ch12_5.c，增加输入高度 10，可以同时输出体积，取到小数点第 2 位。(12-2 节)

```
■ C:\Cbook\ex\ex12_2.exe
r=5 圆面积是   78.54
r=5 圆周长是   31.42
r=5 height=10 圆柱体积 785.40
请按任意键继续. . .
```

3. 输入矩形的宽 (width) 和高 (height)，这个程序可以用传递地址方式回传矩形面积和周长。(12-2 节)

```
C:\Cbook\ex\ex12_3.exe
请输入矩形宽 : 9
请输入矩形高 : 6
width=9          height=6          矩形面积 54
width=9          height=6          矩形周长 30
请按任意键继续. . .
```

4. 设计输出最小值函数，数组个数与数字由屏幕输入。(12-3 节)

```
C:\Cbook\ex\ex12_4.exe
请输入数字个数 : 5
请输入数字 : 8
请输入数字 : 10
请输入数字 : 7
请输入数字 : 12
请输入数字 : 19
min = 7
请按任意键继续. . .
```

5. 重新设计程序实例 ch12_8.c，将最小值加总。(12-4 节)

```
C:\Cbook\ex\ex12_5.exe
row0 最小值 : 2
row1 最小值 : 11
row2 最小值 : 20
最小值加总  = 33
请按任意键继续. . .
```

6. 修订程序实例 ch12_8.c 的数组，将 3 × 5 数组改为 3 × 6 数组，其中每一行最右边元素补 0，然后计算每一行的平均值 (取整数)，将平均值填入每一行最右边元素。(12-4 节)

```
C:\Cbook\ex\ex12_6.exe
5      8      4      10     2      5
11     18     17     16     19     16
26     23     29     27     20     25
请按任意键继续. . .
```

7. 修订程序实例 ch12_9.c，建立 12 个月的英文字符串，然后依字符顺序由大到小排序。(12-5 节)

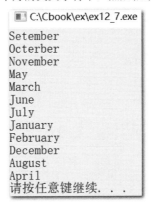

```
C:\Cbook\ex\ex12_7.exe
Setember
Octerber
November
May
March
June
July
January
February
December
August
April
请按任意键继续. . .
```

8. 请设计计算矩形面积的函数，函数参数是指针，回传结果使用指针方式回传，注：其实这一题可以不用指针方式就可以完成工作，只是笔者要读者熟悉这方面的设计。(12-6 节)

```
■ C:\Cbook\ex\ex12_8.exe
请输入矩形宽和高 : 10 20
area = 200
请按任意键继续. . .
```

9. 这个程序会先要求输入数组元素个数，然后要求输入元素，最后将所输入的元素回传平均值。(12-9 节)

```
■ C:\Cbook\ex\ex12_9.exe
请输入数组元素个数 : 5
请输入元素 : 8 10 12 20 5
average = 11.000000
请按任意键继续. . .
```

10. 设计函数可以找出数组最大值与最小值。(12-9 节)

```
■ C:\Cbook\ex\ex12_10.exe
请输入数组元素个数 : 5
请输入元素 : 33 55 95 48 12
max = 95
min = 12
请按任意键继续. . .
```

第 1 3 章

结构 struct 数据形态

C 语言除了提供用户基本数据形态之外，还可通过一些功能，例如，结构 (struct)，建立属于自己的数据形态。C 语言编译程序会将这个自建的结构数据形态，视为一般数据形态，也可以为此数据建立变量、数组、指针或是当作参数传递给函数，这将是本章的重点。

13-1 结构数据形态

C 语言提供一个 struct 关键词，可以将相关的数据组织起来，成为一组新的复合数据形态，这些相关的数据可以是不同类型。因为所使用的关键词是 struct，因此我们依据其中文译名称其为结构 (struct) 数据形态。声明 struct 的语法如下：

```
struct  结构名称
{
    数据形态  数据名称 1;
    ...                        } 结构成员
    数据形态  数据名称 n;
};
```

例如，我们可以将学生的名字、性别、成绩组成一个结构的数据形态。下面是声明结构 student，此结构内有 3 笔数据，分别是姓名 name、性别 gender、分数 score 等 3 个数据成员，它的声明方式与内存图形说明。

```
struct student
{
    char name[12];
    char gender;
    int score;
};
```

struct 结构声明   结构的内存内容

在上面的结构声明中使用的 struct 是系统关键词，告诉 C 语言编译程序，程序定义了一个结构的数据，结构数据名称是 student，结构的内容有字符串 name[12]、字符 gender(性别) 和整数 score。

注 虽然结构数据名称是 student，但是声明结构变量时需用 struct student。

13-2 声明结构变量

13-2-1 声明结构变量方法 1

建立好结构后，下一步是声明结构变量，声明方式如下：

struct 结构名称 结构变量 1，结构变量 2，…，结构变量 n;

若是以 13-1 节所建立的结构 struct student 为例，假设想要声明 stu1 和 stu2 变量，声明方式如下：

```
struct student stu1, stu2;
```

这时的程序代码如下：

```
struct student
{
    char name[12];
    char gender;
    int score;
};
struct student stu1, stu2;
```

13-2-2　声明结构变量方法 2

这个声明结构变量的方法是在声明结构时，同时在右大括号右边增加变量声明。

```
struct student
{
    char name[12];
    char gender;
    int score;
}stu1, stu2;
```

13-2-3　使用结构成员

从前面实例可以看到结构 struct 变量，如果想要存取结构成员的内容，其语法如下：

结构变量 . 成员名称 ；

结构变量和成员名称之间是 "."。

13-3　了解结构所占的内存空间

经过前面的声明，可以得到姓名 name[12] 有 12 个字节，性别 gender 有 1 个字节，分数 score 有 4 个字节，所以此结构大小总共是 17 个字节，是否整个结构大小是 17 个字节，可以用下列的实例验证。

程序实例 ch13_1.c：列出结构每个成员所占的内存空间，和整个结构所占的内存空间。

```
1   /*   ch13_1.c                    */
2   #include <stdio.h>
3   #include <stdlib.h>
4   int main()
5   {
6       struct student
7       {
8           char name[12];
9           char gender;
10          int score;
11      };
12      struct student stu1;
13      printf("成员 name    大小  = %d\n",sizeof(stu1.name));
14      printf("成员 gender  大小  = %d\n",sizeof(stu1.gender));
15      printf("成员 score   大小  = %d\n",sizeof(stu1.score));
16      printf("结构 student 大小  = %d\n",sizeof(stu1));
17      system("pause");
18      return 0;
19  }
```

执行结果

```
C:\Cbook\ch13\ch13_1.exe
成员 name    大小  = 12
成员 gender  大小  = 1
成员 score   大小  = 4
结构 student 大小  = 20
请按任意键继续. . .
```

从上述程序实例可以得到结构每个成员所占的内存空间是 17 个字节,但是整体 struct 所占的空间是 20 个字节,这是因为 C 的编译程序为了优化,会为 struct 多增加内存空间。

优化采用方式是扣除字符串外,找出需要占据最大内存空间的变量,然后用此变量长度的倍数当作结构内存空间的大小。因为 gender 需要 1 个字节,score 需要 4 个字节,所以整个结构用 4 的倍数处理,因此得到的结果是 20。

13-4 建立结构数据

自建结构数据可以分成用程序读取键盘输入,或是初始化数据,本节将分成两小节说明。

13-4-1 读取数据

程序实例 ch13_2.c:从键盘输入结构数据。

```
1   /*    ch13_2.c                    */
2   #include <stdio.h>
3   #include <stdlib.h>
4   int main()
5   {
6       struct student
7       {
8           char name[12];
9           char phone[10];
10          int math;
11      };
12      struct student stu;
13      printf("请输入姓名 : ");
14      gets(stu.name);
15      printf("请输入手机号码 : ");
16      gets(stu.phone);
17      printf("请输入数学成绩 : ");
18      scanf("%d", &stu.math);
19      printf("Hi %s 欢迎你\n", stu.name);
20      printf("手机号码 : %s\n", stu.phone);
21      printf("数学成绩 : %d\n", stu.math);
22      system("pause");
23      return 0;
24  }
```

执行结果

```
C:\Cbook\ch13\ch13_2.exe
请输入姓名 : Hung
请输入手机号码 : 0952111222
请输入数学成绩 : 90
Hi Hung 欢迎你
手机号码 : 0952111222
数学成绩 : 90
请按任意键继续. . .
```

注 使用 gets( ) 读取输入的字符串时不用 "&" 符号,但是使用 scanf( ) 读取输入时要加上 "&" 符号。上述 name 字符串长度预留 10 个字符空间,phone 字符串长度预留 10 个字符空间,输入时不可输入多于默认的内存空间,否则会有不可预期的错误。

13-4-2 初始化结构数据

初始化结构数据可以使用大括号包夹,大括号中间依据成员函数声明的顺序填入数据即可。初始化时字符串数据需用双引号,字符数据可以用单引号,数值数据可以直接输入数值。

程序实例 ch13_3.c：初始化结构数据，然后输出。

```
1   /*   ch13_3.c                    */
2   #include <stdio.h>
3   #include <stdlib.h>
4   int main()
5   {
6       struct student
7       {
8           char name[12];
9           char gender;
10          int math;
11      };
12      struct student stu = {"洪锦魁", 'M', 90};
13      printf("Hi %s 欢迎你\n", stu.name);
14      printf("性别 : %c\n", stu.gender);
15      printf("数学成绩 : %d\n", stu.math);
16      system("pause");
17      return 0;
18  }
```

执行结果

```
C:\Cbook\ch13\ch13_3.exe
Hi 洪锦魁 欢迎你
性别 : M
数学成绩 : 90
请按任意键继续. . .
```

在 ch13 文件夹有程序实例 ch13_3_1.c，这是另一种声明方式，执行结果一样，下列只列出结构的声明方式。

```
6       struct student
7       {
8           char name[12];
9           char gender;
10          int math;
11      } stu = {"洪锦魁", 'M', 90};
12
```

13-4-3　初始化数据碰上结构改变

前一小节介绍了初始化数据的方法，从实例可以看到是依据结构位置初始化数据，虽然方便，可是碰上未来程序扩充，结构内成员位置更改或是有增加，则原先初始化的数据就会错乱。例如，若是 struct student 结构在 name 成员下方增加 ID，则初始化的数据就会造成错误。

程序实例 ch13_3_2.c：更改程序实例 ch13_3.c 的结构，结果程序发生错乱。

```
1   /*   ch13_3_2.c                   */
2   #include <stdio.h>
3   #include <stdlib.h>
4   int main()
5   {
6       struct student
7       {
8           char name[12];
9           char ID[10];
10          char gender;
11          int math;
12      };
13      struct student stu = {"洪锦魁", 'M', 90};
14      printf("Hi %s 欢迎你\n", stu.name);
15      printf("性别 : %c\n", stu.gender);
16      printf("数学成绩 : %d\n", stu.math);
17      system("pause");
18      return 0;
19  }
```

执行结果

```
C:\Cbook\ch13\ch13_3_2.exe
Hi 洪锦魁 欢迎你
性别 :
数学成绩 : 0
请按任意键继续. . .
```

上述因为在 name 成员下方插入 ID 字段造成数据错乱。更严谨的初始化数据方法是，建立初始化数据的同时标注数据的字段，标注方式如下：

.域名 = 数据；

程序实例 ch13_3_3.c：初始化数据的同时标注数据字段，因此可以适应所有结构的改变。注：域名必须存在。

```
1   /*   ch13_3_3.c                  */
2   #include <stdio.h>
3   #include <stdlib.h>
4   int main()
5   {
6       struct student
7       {
8           char name[12];
9           char ID[10];
10          char gender;
11          int math;
12      };
13      struct student stu = {.name="洪锦魁", .gender='M', .math=90};
14      printf("Hi %s 欢迎你\n", stu.name);
15      printf("性别 : %c\n", stu.gender);
16      printf("数学成绩 : %d\n", stu.math);
17      system("pause");
18      return 0;
19  }
```

执行结果　与程序实例 ch13_3.c 执行结果相同。

上述程序实例第 13 行的初始化因为增加字段设定，所以建议每一行一笔数据，比较容易阅读。

读者可以参考 ch13 文件夹的程序实例 ch13_3_4.c，下列只列出容易阅读初始化的方法。

```
13      struct student stu = {.name="洪锦魁",
14                            .gender='M',
15                            .math=90};
```

13-5　设定结构对象的内容给另一个结构对象

如果有两个相同结构的对象，假设分别是 family 和 seven，可以使用赋值 "=" 号，将一个对象的内容赋值给另一个对象。

程序实例 ch13_4.c：建立一个 fruit 结构，这个结构有 family 和 seven 两个对象，其中先设定family 的对象内容，然后将 family 对象内容设定给 seven 对象。

```
1   /*   ch13_4.c                  */
2   #include <stdio.h>
3   #include <stdlib.h>
4   int main()
5   {
6       struct fruit
7       {
8           char name[10];
9           int price;
10          char origin[12];
11      } family = {"香蕉", 35, "高雄"};
12      struct fruit seven;
13      printf("family 超商品项表");
14      printf("品名 : %s\n", family.name);
15      printf("价格 : %d\n", family.price);
16      printf("产地 : %s\n", family.origin);
17      seven = family;
18      printf("seven  超商品项表");
19      printf("品名 : %s\n", seven.name);
20      printf("价格 : %d\n", seven.price);
21      printf("产地 : %s\n", seven.origin);
22      system("pause");
23      return 0;
24  }
```

执行结果

```
C:\Cbook\ch13\ch13_4.exe
family 超商品项表品名 : 香蕉
价格 : 35
产地 : 高雄
seven  超商品项表品名 : 香蕉
价格 : 35
产地 : 高雄
请按任意键继续. . .
```

上述程序实例最关键的是第 17 行，借由 "=" 号，就可以将已经设定的 family 对象内容全部转给 seven 对象。

13-6　嵌套的结构

13-6-1　设定嵌套结构数据

所谓的嵌套结构 (nested struct) 就是结构内某个数据形态是一个结构，如下图所示。

```
struct 结构A
{
    ...
};
struct 结构B
{
    数据形态    数据名称 1;
    ...
    struct 结构A    变量名称;
};
```

程序实例 ch13_5.c：使用结构数据建立数学成绩表，这个程序的 student 结构内有 score 结构。

```c
1   /*   ch13_5.c                   */
2   #include <stdio.h>
3   #include <stdlib.h>
4   #include <string.h>
5   int main()
6   {
7       struct score            /* 内层结构 */
8       {
9           int    sc;          /* 分数     */
10          char   grade;       /* 成绩     */
11      };
12      struct student          /* 外层结构 */
13      {
14          char name[12];      /* 名字     */
15          struct score math;  /* 数学成绩 */
16      } stu;
17      strcpy(stu.name,"洪锦魁");
18      stu.math.sc = 92;
19      stu.math.grade = 'A';
20      printf("姓名      ==> %s\n",stu.name);
21      printf("数学分数  ==> %d\n",stu.math.sc);
22      printf("数学成绩  ==> %c\n",stu.math.grade);
23      system("pause");
24      return 0;
25  }
```

执行结果

```
C:\Cbook\ch13\ch13_5.exe
姓名      ==> 洪锦魁
数学分数 ==> 92
数学成绩 ==> A
请按任意键继续. . .
```

上述程序有 3 个重点：

（1）设定结构内有结构的声明方式，读者可以参考第 15 行。

（2）设定字符串方式必须使用 strcpy( )，读者可以参考第 17 行。

（3）设定结构内有结构的数据方式，读者可以参考第 18 ～ 19 行。

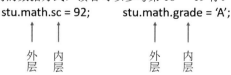

```
stu.math.sc = 92;        stu.math.grade = 'A';
       ↑   ↑                      ↑    ↑
       外  内                     外   内
       层  层                     层   层
```

13-6-2　初始化嵌套结构数据

初始化嵌套结构数据一样是使用大括号包夹，可以参考下列实例。

程序实例 ch13_6.c：使用初始化嵌套结构数据，重新设计程序实例 ch13_5.c。

```
1   /*   ch13_6.c                    */
2   #include <stdio.h>
3   #include <stdlib.h>
4   int main()
5   {
6       struct score              /* 内层结构 */
7       {
8           int   sc;             /* 分数    */
9           char  grade;          /* 成绩    */
10      };
11      struct student            /* 外层结构 */
12      {
13          char name[12];        /* 名字    */
14          struct score math;    /* 数学成绩 */
15      } stu = {"洪锦魁",{92, 'A'}};
16
17      printf("姓名      ==> %s\n",stu.name);
18      printf("数学分数 ==> %d\n",stu.math.sc);
19      printf("数学成绩 ==> %c\n",stu.math.grade);
20      system("pause");
21      return 0;
22  }
```

执行结果　与程序实例 ch13_5.c 执行结果相同。

上述程序实例的重点是第 15 行，我们使用内层的大括号处理内层的结构数据初始化。

13-7　结构数据与数组

13-7-1　基础概念

一个超商的商品有许多，如果有 100 件商品，使用先前的方法建立 100 个变量，这是不切实际的。幸好 C 语言提供了一个解决之道，那就是将结构数据形态和数组相结合。假设我们想将 100 件商品的数据声明成结构数据形态，可采用下列方法：

```
struct family                          struct family
{                                      {
    char title[12];                        char title[12];
    int  price;                            int  price;
    char supplier[12];                     char supplier[12];
};                                     } items[100];
struct family items[100];
```

如果我们想存取结构某一个字段的数据时，可用数组索引值来指明。例如：

```
items[n].price=80;
```

就是指将商品编号 n 的价格，设定成 80 。注：数组数据元素是从 0 开始使用，在此假设从 n 号开始。

程序实例 ch13_7.c：输入超商的商品名称、价格和供货商，然后输出商品内容。

```
1   /*   ch13_7.c                  */
2   #include <stdio.h>
3   #include <stdlib.h>
4   int main()
5   {
6       int i;
7       struct family
8       {
9           char title[12];       /* 商品名称    */
10          int price;            /* 价格        */
11          char supplier[12];    /* 供货商      */
12      } items[100];
13      for (i = 0; i < 2; i++)
14      {
15          printf("商品名称 : ");
16          gets(items[i].title);
17          printf("商品价格 : ");
18          scanf("%d",&items[i].price);
19          fflush(stdin);
20          printf("供货商   : ");
21          gets(items[i].supplier);
22      }
23      for (i = 0; i < 2; i++)
24          printf("%s 的价格是 %d, 供货商是 %s\n", \
25                  items[i].title, items[i].price, items[i].supplier);
26      system("pause");
27      return 0;
28  }
```

执行结果

C:\Cbook\ch13\ch13_7.exe
```
商品名称 : Coke
商品价格 : 25
供货商   : CoCa
商品名称 : iPhone
商品价格 : 10000
供货商   : Apple
Coke 的价格是 25, 供货商是 CoCa
iPhone 的价格是 10000, 供货商是 Apple
请按任意键继续. . .
```

这个程序虽然声明了含 100 品项的数组，因为篇幅限制，所以循环建立了两笔商品，然后也使用循环输出所建立的商品内容。上述程序比较特别的是第 19 行的 fflush(stdin) 函数，因为第 18 行使用 scanf( ) 函数读取数据后，内存的缓冲区会有按 Enter 键产生的残留信息，这时需要使用 fflush(stdin) 函数将缓冲区清空，否则会造成 gets( ) 函数读到 Enter 键信息产生错误。

注　读者也可复习 3-2-2 节，该节也介绍过此 fflush(stdin) 函数。

13-7-2　初始化结构数组数据

这一节主要是展示如何初始化结构数组数据，其概念和初始化二维数组数据类似。

程序实例 ch13_8.c：使用初始化结构数据方式重新设计程序实例 ch13_7.c。

```
1   /*   ch13_8.c                  */
2   #include <stdio.h>
3   #include <stdlib.h>
4   int main()
5   {
6       int i;
7       struct family
8       {
9           char title[12];       /* 商品名称    */
10          int price;            /* 价格        */
11          char supplier[12];    /* 供货商      */
12      } items[100] = {{"Coke",25,"太古"},{"泡面",17,"统一"}};
13      for (i = 0; i < 2; i++)
14          printf("%s 的价格是 %d, 供货商是 %s\n", \
15                  items[i].title, items[i].price, items[i].supplier);
16      system("pause");
17      return 0;
18  }
```

执行结果

C:\Cbook\ch13\ch13_8.exe
```
Coke 的价格是 25, 供货商是 太古
泡面 的价格是 17, 供货商是 统一
请按任意键继续. . .
```

上述程序实例重点是第 12 行的初始化数组数据方式。

13-8 结构的指针

13-8-1 将指针应用在结构数据

当我们建立了结构数据后，C 语言的编译程序就会将此结构视为一种数据类型，所以我们也可以建立指针指向结构数据，声明结构指针的语法如下：

```
struct 结构数据形态 * 结构指针;
```

假设我们建立一个结构如下：

```
struct company
{
    char name[12];
    int  book;
    int software;
} sales;
```

经过上述声明后，可以使用下列语法声明指针变量：

```
struct company *ptr;
```

然后将指针指向结构变量的地址：

```
ptr = &sales;
```

经过上述声明后，就可以使用 ptr 指向结构变量 sales。使用指针存取成员数据时使用 "->" 符号，例如，若是想设定成员 book 业绩，可以参考下列格式。

```
ptr->book = 50000;
```

程序实例 ch13_9.c：使用结构存取成员数据的应用，这个程序会要求输入业务员的名字、book 和 software 业绩，然后输出业绩总计。

```
1   /*  ch13_9.c                 */
2   #include <stdio.h>
3   #include <stdlib.h>
4   int main()
5   {
6       struct company
7       {
8           char name[12];        /* 业务姓名    */
9           int book;             /* 书籍业绩    */
10          int software;         /* 软件业绩    */
11      } sales;
12      struct company *ptr;
13      ptr = &sales;
14      printf("业务姓名       : ");
15      gets(ptr->name);
16      printf("book业绩       : ");
17      scanf("%d", &ptr->book);
18      printf("software业绩 : ");
19      scanf("%d", &ptr->software);
20  /* 输出 */
21      printf("%s 业绩说明\n",ptr->name);
22      printf("book业绩      = %d\n",ptr->book);
23      printf("software业绩 = %d\n",ptr->software);
24      printf("总业绩        = %d\n",ptr->book+ptr->software);
25      system("pause");
26      return 0;
27  }
```

执行结果

```
C:\Cbook\ch13\ch13_9.exe
业务姓名       : Hung
book业绩       : 50000
software业绩 : 68000
Hung  业绩说明
book业绩      = 50000
software业绩 = 68000
总业绩        = 118000
请按任意键继续. . .
```

对上述程序实例而言，读者需要留意的是输出时不需要指针前面加上"*"符号，读者可以参考第 22 行至第 24 行。此外，本书 ch13 文件夹有程序实例 ch13_9_1.c 文件，这个文件是另一种指针声明的方式，读者可以自己开启练习，下列是列出这种声明方式供读者参考。

```
 6      struct company
 7      {
 8          char name[12];      /* 业务姓名      */
 9          int book;           /* 书籍业绩      */
10          int software;       /* 软件业绩      */
11      } sales, *ptr;
12
13      ptr = &sales;
```

13-8-2　将指针应用在结构数组

在 C 编译程序中，结构数组名其实就是一个地址，假设结构变量名称是 items，要存取的成员是 sold，我们可以使用下列方式存取结构数组内容。

```
(items+i)->sold;
```

程序实例 ch13_10.c：列出最畅销的商品。

```
 1  /*   ch13_10.c                    */
 2  #include <stdio.h>
 3  #include <stdlib.h>
 4  int main()
 5  {
 6      int i, index, max;
 7      struct family
 8      {
 9          char title[12];     /* 商品名称      */
10          int revenue;        /* 销售总金额    */
11      } items[3] = {{"Coke",2000},{"泡面",1800},{"文具",3200}};
12      index = 0;              /* 假设索引 0 最畅销 */
13      max = items->revenue;   /* 假设索引 0 最畅销 */
14      for (i = 1; i < 3; i++)
15      {
16          if (max < (items+i)->revenue)
17          {
18              max = (items+i)->revenue;
19              index = i;      /* 更新最畅销索引   */
20          }
21      }
22      printf("最畅销商品 : %s\n",(items+index)->title);
23      printf("业绩总金额 : %d\n", (items+index)->revenue);
24      system("pause");
25      return 0;
26  }
```

执行结果

```
C:\Cbook\ch13\ch13_10.exe
最畅销商品 : 文具
业绩总金额 : 3200
请按任意键继续. . .
```

上述要留意的是第 13 行，虽然 items 是数组变量，但是 items->revenue 语法是正确的，这是指索引 0 的商品，有时候为了区隔，也可以写成 (items)->revenue。

13-9　结构变量是函数的参数

程序设计时可以将结构当作函数的参数传递，这时也有传递结构变量值和传递结构地址方式。

13-9-1　传递结构变量值

函数传递结构变量值的语法如下：

```
函数形态  函数名称( struct 结构名称   变量名称)
{
   ...
}
```

程序实例 ch13_11.c：main( ) 函数内建立结构，然后传递结构变量值给 show( ) 函数，此 show( )
函数会输出结果。

```
1    /*   ch13_11.c                    */
2    #include <stdio.h>
3    #include <stdlib.h>
4    #include <string.h>
5    struct Books
6    {
7        char title[20];                    结构原型声明
8        char author[20];
9        int price;
10   };
11   void show(struct Books);
12   int main()
13   {
14       struct Books book;
15
16       strcpy(book.title, "C 语言王者归来");
17       strcpy(book.author, "洪锦魁");
18       book.price = 620;
19       show(book);
20       system("pause");
21       return 0;
22   }
23   void show(struct Books bk)
24   {
25       printf("书籍名称 : %s\n", bk.title);
26       printf("作者     : %s\n", bk.author);
27       printf("定价     : %d\n", bk.price);
28   }
```

执行结果

```
 C:\Cbook\ch13\ch13_11.exe
书籍名称 ： C 语言王者归来
作者      ：洪锦魁
定价      ： 620
请按任意键继续. . .
```

上述程序实例为了让结构 struct Books 可以供所有的函数引用，所以在 main( ) 和函数原型声
明上方先做声明，如果在函数原型声明下方或 main( ) 函数内声明，此程序会有错误。此外，上述
show( ) 函数是用变量 bk 接收此 struct Books 结构，所以第 25 行至第 27 行可以输出结果。

13-9-2　传递结构地址

传递结构地址其实就是传递结构变量指针，函数传递结构变量指针的语法如下，需留意变量名
称前面要有"*"：

```
函数形态  函数名称( struct 结构名称  *变量名称)
{
   ...
}
```

如果采用与程序实例 ch13_11.c 相同的结构 struct Books，此时函数原型声明如下：

```
void show(struct Books *bk);
```

在 main( ) 函数调用 show( ) 函数时，需使用下列程序代码。

```
show(&book);
```

未来使用指针存取成员内容需使用 -> 运算符。

程序实例 ch13_12.c：使用传递结构变量指针方式重新设计程序实例 ch13_11.c。

```
1   /*   ch13_12.c                    */
2   #include <stdio.h>
3   #include <stdlib.h>
4   #include <string.h>
5   struct Books
6   {
7       char title[20];
8       char author[20];
9       int price;
10  };
11  void show(struct Books *bk);
12  int main()
13  {
14      struct Books book;
15
16      strcpy(book.title, "C 语言王者归来");
17      strcpy(book.author, "洪锦魁");
18      book.price = 620;
19      show(&book);
20      system("pause");
21      return 0;
22  }
23  void show(struct Books *bk)
24  {
25      printf("书籍名称 : %s\n", bk->title);
26      printf("作者     : %s\n", bk->author);
27      printf("定价     : %d\n", bk->price);
28  }
```

执行结果　与程序实例 ch13_11.c 执行如果相同。

13-9-3　传递结构数组

传递结构数组其实就是传递结构数组名，其他细节可以参考下列实例。

程序实例 ch13_13.c：传递学生的分数数组，然后输出结果。

```
1   /*   ch13_13.c                    */
2   #include <stdio.h>
3   #include <stdlib.h>
4   struct data
5   {
6       char name[20];
7       int score;
8   };
9   void show(struct data s[]);
10  int main()
11  {
12      int top;
13      int index;
14      struct data stu[5] = {{"洪锦魁", 90},
15                            {"洪冰儒", 95},
16                            {"洪雨星", 88},
17                            {"洪冰雨", 85},
18                            {"洪星宇", 92}};
19      show(stu);
20      system("pause");
21      return 0;
22  }
23  void show(struct data s[])
24  {
25      int i;
26      for (i = 0; i < 5; i++)
27          printf("%s %d\n", (s+i)->name, (s+i)->score);
28  }
```

执行结果

```
■ C:\Cbook\ch13\ch13_13.exe
洪锦魁 90
洪冰儒 95
洪雨星 88
洪冰雨 85
洪星宇 92
请按任意键继续. . .
```

上述程序实例读者需学习的是第 9 行的函数原型声明方式，第 19 行调用 show( ) 函数的方式，和第 23 行 show( ) 参数设计方式，最后要了解存取成员是使用"->"符号。

13-10 专题实操：找出最高分姓名和分数 / 输出学生数据

13-10-1 找出最高分姓名和分数

程序实例 ch13_14.c：修订程序实例 ch13_13.c，列出最高分的学生和分数。

```
1   /*    ch13_14.c                    */
2   #include <stdio.h>
3   #include <stdlib.h>
4   struct data
5   {
6       char name[20];
7       int score;
8   };
9   int max(struct data sc[]);
10  int main()
11  {
12      int index;
13
14      struct data stu[5] = {{"洪锦魁", 90},
15                            {"洪冰儒", 95},
16                            {"洪雨星", 88},
17                            {"洪冰雨", 85},
18                            {"洪星宇", 92}};
19      index = max(stu);
20      printf("最高分姓名 : %s\n", stu[index].name);
21      printf("最高  分数 : %d\n", stu[index].score);
22      system("pause");
23      return 0;
24  }
25  int max(struct data sc[])
26  {
27      int i, index;
28      int tmpmax = sc->score;
29      for (i = 1; i < 5; i++)
30          if (tmpmax < (sc+i)->score)
31          {
32              tmpmax = (sc+i)->score;
33              index = i;
34          }
35      return index;
36  }
```

执行结果

```
C:\Cbook\ch13\ch13_14.exe
最高分姓名 : 洪冰儒
最高  分数 : 95
请按任意键继续. . .
```

上述程序实例第 28 行相当于索引 0 是暂时最高分，第 30 行是判断其他索引分数有没有比暂时最高分的分数高，如果有则执行第 32 行设定暂时最高分，第 33 行记录最高分的索引，最后将这个最高分的索引回传。

13-10-2 列出完整学生数据

这是嵌套结构与数组的结合。

程序实例 ch13_15.c：建立 student 结构数据，此结构数据内有 date 结构，这个 date 结构有出生年、月和日数据。然后数组方式建立 3 笔数据，最后输出此数据。

```
1   /*    ch13_15.c                     */
2   #include <stdio.h>
3   #include <stdlib.h>
4   int main()
5   {
6       struct date              /* 内层结构 */
7       {
8           int year;            /* 出生年    */
9           int month;           /* 出生月    */
10              int day;         /* 出生日    */
11          };
12      struct student           /* 外层结构 */
13      {
14          char name[12];       /* 名字      */
15          int id;              /* 学号      */
16          char gender;         /* 性别      */
17          struct date birth;   /* 出生日期结构   */
18          };
19      struct student stu[3] = {{"John",20220501,'M',{2001,8,20}},
20                               {"Kevin",20220502,'M',{2001,3,19}},
21                               {"Christy",20220503,'F',{2001,5,6}}};
22      int i;
23
24      for (i = 0; i < 3; i++)
25      {
26          printf("姓名 : %s\n",stu[i].name);
27          printf("学号 : %d\n",stu[i].id);
28          printf("性别 : %c\n",stu[i].gender);
29          printf("出生日期 : %d\\%d\\%d\n",stu[i].birth.year,\
30                                          stu[i].birth.month,\
31                                          stu[i].birth.day);
32          printf("=====\n");
33      }
34      system("pause");
35      return 0;
36  }
```

执行结果

```
■ C:\Cbook\ch13\ch13_15.exe
姓名 : John
学号 : 20220501
性别 : M
出生日期 : 2001\8\20
=====
姓名 : Kevin
学号 : 20220502
性别 : M
出生日期 : 2001\3\19
=====
姓名 : Christy
学号 : 20220503
性别 : F
出生日期 : 2001\5\6
=====
请按任意键继续. . .
```

上述程序实例有两个重点，一个是第 19 行～第 21 行，初始化嵌套结构的数组数据。另一个是第 29 行～第 31 行，输出学生的出生日期。

13-10-3 平面坐标系统

结构 struct 的应用范围有许多，例如，可以建立坐标系统的 struct 结构，概念可以参考下列实例。

程序实例 ch13_16.c：计算两点间的距离。

```
1   /*    ch13_16.c                     */
2   #include <stdio.h>
3   #include <stdlib.h>
4   #include <math.h>
5   struct POINT
6   {
7     double x;
8     double y;
9   };
10  double distance(struct POINT, struct POINT);
11  int main()
12  {
13      double dist;
14      struct POINT a = {1, 1};
15      struct POINT b = {3, 5};
16      dist = distance(a, b);
17      printf("distance = %lf\n",dist);
18      system("pause");
19      return 0;
20  }
21
22  double distance(struct POINT p1, struct POINT p2)
23  {
24      double dist;
25      dist = pow(pow(p1.x-p2.x,2)+pow(p1.y-p2.y,2),0.5);
26      return dist;
27  }
```

执行结果

```
■ C:\Cbook\ch13\ch13_16.exe
distance = 4.472136
请按任意键继续. . .
```

13-10-4 计算两个时间差

程序实例 ch13_17.c：建立时间系统的 struct 结构，这个程序会要求输入起始时间和结束时间，然后输出时间差。

```
1  /*    ch13_17.c                    */
2  #include <stdio.h>
3  #include <stdlib.h>
4  struct TIME
5  {
6      int hours;        /* 时 */
7      int mins;         /* 分 */
8      int secs;         /* 秒 */
9  };
10 void timeperiod(struct TIME t1, struct TIME t2, struct TIME *diff);
11 int main()
12 {
13     struct TIME t_start, t_stop, diff;
14
15     printf("输入起始时间 (时 分 秒) : ");
16     scanf("%d %d %d", &t_start.hours, &t_start.mins, &t_start.secs);
17     printf("输入结束时间 (时 分 秒): ");
18     scanf("%d %d %d", &t_stop.hours, &t_stop.mins, &t_stop.secs);
19     timeperiod(t_start, t_stop, &diff);     /* 调用时间差函数 */
20     printf("时间差值 : %d:%d:%d\n", diff.hours, diff.mins, diff.secs);
21     system("pause");
22     return 0;
23 }
24 /* 计算时间差 */
25 void timeperiod(struct TIME start, struct TIME stop, struct TIME *diff)
26 {
27     if(start.secs > stop.secs)
28     {
29         stop.secs += 60;
30         --stop.mins;
31     }
32     diff->secs = stop.secs - start.secs;        /* 计算秒差 */
33     if(start.mins > stop.mins)
34     {
35         stop.mins += 60;
36         --stop.hours;
37     }
38     diff->mins = stop.mins - start.mins;        /* 计算分差 */
39     diff->hours = stop.hours - start.hours;     /* 计算时差 */
40 }
```

执行结果

```
C:\Cbook\ch13\ch13_17.exe
输入起始时间 (时 分 秒) : 8 10 20
输入结束时间 (时 分 秒): 9 20 10
时间差值 : 1:9:50
请按任意键继续. . .
```

这个程序实例需要留意的是第 27 行～第 31 行，当起始秒大于结束秒，必须将结束秒加 60(第 29 行)，结束分减 1(第 30 行)。第 33 行～第 37 行，当起始分大于结束分，必须将结束分加 60(第 35 行)，结束时减 1(第 36 行)。

13-11 习题

一、是非题

( ) 1. 建立结构数据形态所使用的关键词是 struct。(13-1 节)

( ) 2. 假设结构名称是 student，可以用下列语法声明结构 student 的变量 stu。(13-2 节)

```
student stu;
```

( ) 3. 要存取结构成员，在结构变量和成员名称间须使用 "," 符号。(13-2 节)

( ) 4. 假设结构内有一个整数成员，一个字符成员，则此结构所占的内存空间一定是 5 个字节。(13-3 节)

( ) 5. 初始化结构数据所使用的符号是中括号。(13-4 节)

( ) 6. 结构内某个数据形态是一个结构，我们称为嵌套结构。(13-6 节)

(　　) 7. 有一个结构数组的变量名称是 data，要存取索引 n 的 price 成员数据，可以使用下列语法。
(13-7 节)

```
data.price[n]
```

(　　) 8. 假设结构变量是 data，&data 是结构变量的地址。(12-8 节)

二、选择题

(　　) 1. 声明结构数据的关键词是 (A) struct (B) union (C) Record (D) while (13-1 节)

(　　) 2. 存取结构成员数据，在结构变量与成员之间用什么符号连接？ (A) = (B) . (C) -> (D) &。
(13-2 节)

(　　) 3. 初始化结构数据所使用的符号是 (A) 大括号 (B) 中括号 (C) 小括号 (D) 双引号。(13-4 节)

(　　) 4. 设定结构变量内容给另一个结构变量，可以使用的符号是 (A) = (B) EQ (C) != (D) &。(13-5
节)

(　　) 5. 使用指针存取成员数据，可以使用的符号是 (A) = (B) . (C) -> (D) &。(13-5 节)

三、填充题

1. (　　) 可将一些相关但不同的数据形态组织成一个新的数据形态。(13-1 节)

2. 存取结构成员时，结构变量和成员名称之间是 (　　) 连接。(13-2 节)

3. 初始化结构数据是用 (　　) 包夹。(13-4 节)

4. 一个结构内的数据是另一个结构称为 (　　)。(13-6 节)

5. 有一个结构数组的变量名称是 data，要存取索引 n 的 price 成员数据，可以使用 (　) 语法。(13-7 节)

6. 指针存取成员函数所使用的符号是 (　　)。(13-8 节)

四、实操题

1. 有一个 struct Score 定义如下。(13-4 节)

```
struct Score
{
    char name[10];
    int math;
    int english;
    int computer;
};
```

请建立一笔数据然后输出。

2. 有一个 struct Score 定义和预设初始化值如下。(13-7 节)

```
struct score        /* 定义结构数据名称 */
{
  int   math;       /* 数学 */
  int   english;    /* 英文 */
  int   computer;   /* 计算机*/
};
struct score test[5] = { /* 直接设定结构数据内容 */
      { 74, 80, 66 },
      { 72, 90, 77 },
      { 77, 65, 60 },
      { 65, 58, 74 },
      { 81, 79, 68 } };
```

请计算各科平均值然后输出。

```
■ C:\Cbook\ex\ex13_2.exe
数学平均 ==> 73.80
英文平均 ==> 74.40
计算机平均 ==> 69.00
请按任意键继续. . .
```

3. 扩充设计程序实例 ch13_10.c，增加输出商品销售总金额。(13-8 节)

```
■ C:\Cbook\ex\ex13_3.exe
最畅销商品 : 文具        销售金额=3200
全部商品销售总金额 : 7000
请按任意键继续. . .
```

4. 请用指针重新处理程序实例 ch13_14.c 的第 20 行和第 21 行，同时在本习题中列出最低分。
   (13-10 节)

```
■ C:\Cbook\ex\ex13_4.exe
最低分姓名 : 洪冰雨
最低  分数 : 85
请按任意键继续. . .
```

5. 请修改程序实例 ch13_15.c，将程序改为设计一个输出函数，传递结构到此数组然后输出。
   (13-10 节)

```
■ C:\Cbook\ex\ex13_5.exe
姓名 : John
学号 : 20220501
性别 : M
出生日期 : 2001\8\20
=====
姓名 : Kevin
学号 : 20220502
性别 : M
出生日期 : 2001\3\19
=====
姓名 : Christy
学号 : 20220503
性别 : F
出生日期 : 2001\5\6
=====
请按任意键继续. . .
```

14

第 1 4 章

union、enum 和 typedef

这一章其实是前一章结构 struct 的延伸，笔者将继续介绍用户自定义的数据形态。

14-1　union

关键词 union 可以翻译为共享体，主要功能是可以让不同类型的数据使用相同的内存空间。union 和 struct 最大差异是，结构 struct 内每个成员会占据不同的内存空间，而 union 是让每个成员占据相同的内存空间。

早期开发 C 语言时，因为内存不足，所以设计了 union 功能，让不同的变量可以占据相同的内存空间，可以节省内存。坦白地说，目前程序设计使用 union 的实例不会有很多，也许嵌入式单芯片设计内存比较少，所以用到的机会比较多。

14-1-1　定义 union 和声明变量

共享体 union 语法和结构 struct 非常类似。

```
union  共享体名称
{
    数据形态  数据名称 1;
    ...
    数据形态  数据名称 n;
};
```

（右侧大括号标注：共享体成员）

例如，下列是定义一个短整数 i 和一个字符 ch 的共享体 union，列举名称是 utype。

```
union  utype
{
    short i;
    char ch;
};
```

然后在使用时，可用下面方式声明共享体 union utype 的变量 test。

```
union utype test;
```

当然，我们也可以直接使用下面方式声明 union utype 的变量 test。

```
union  utype
{
    short i;
    char ch;
} test;
```

经过上述声明之后，变量 test 可以使用两种数据形态的变量运算，一个是短整数形态的变量 i，另一个是字符形态的变量 ch，C 语言编译程序在编译时，会使用占用最大内存空间的数据形态，配置该共享体 union 内存空间，字符所占据的内存空间是 1 个字节，短整数所占据的空间是 2 个字节，所以这个共享体 union test 所占的内存空间是 2 个位，下列是声明 test 变量时的内存图形。

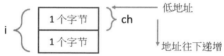

注　变量存储在内存空间时，是从低地址往高地址存放。

程序实例 ch14_1.c：列出短整数、字符和共享体所占的内存空间。

```
1   /*   ch14_1.c                    */
2   #include <stdio.h>
3   #include <stdlib.h>
4   int main()
5   {
6       union utype
7       {
8           short i;
9           char ch;
10      } data;
11
12      printf("内存空间 short = %d\n",sizeof(short));
13      printf("内存空间 char  = %d\n",sizeof(char));
14      printf("内存空间 data  = %d\n",sizeof(data));
15      system("pause");
16      return 0;
17  }
```

执行结果

```
■ C:\Cbook\ch14\ch14_1.exe
内存空间 short = 2
内存空间 char  = 1
内存空间 data  = 2
请按任意键继续. . .
```

14-1-2　使用共享体成员

从前面程序实例可以看到共享变量，如果想要存取共享体成员的内容，其语法如下：

共享体变量 . 成员名称 ；

共享体变量和成员名称之间是 "."。

程序实例 ch14_2.c：使用共享体成员概念，列出成员 i 和 ch 所占据的内存空间。

```
12      printf("内存空间 short = %d\n",sizeof(data.i));
13      printf("内存空间 char  = %d\n",sizeof(data.ch));
```

执行结果　与程序实例 ch14_1.c 执行结果相同。

14-1-3　认识共享体成员占据相同的内存

因为共享体 union 基本精神就是不同的成员会占据相同的内存空间，所以在使用时一次只有一个成员的内容是正确的。

程序实例 ch14_3.c：了解共享体 union 内，不同成员占据相同内存产生的影响。

```
1   /*   ch14_3.c                    */
2   #include <stdio.h>
3   #include <stdlib.h>
4   int main()
5   {
6       union utype
7       {
8           short i;
9           char ch;
10      } data;
11
12      data.i = 0x5EC6;
13      printf("data.i  = %X\n",data.i);
14      data.ch = 'A';
15      printf("data.ch = %c\n",data.ch);
16      printf("data.i  = %X\n",data.i);
17      system("pause");
18      return 0;
19  }
```

执行结果

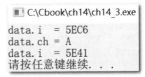

```
■ C:\Cbook\ch14\ch14_3.exe
data.i  = 5EC6
data.ch = A
data.i  = 5E41
请按任意键继续. . .
```

在上面程序实例中，程序实例执行完第 12 行时，内存内容如下所示。

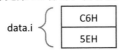

data.i {
C6H
5EH

所以第 13 行可以列出 5EC6 的结果。程序实例执行完第 14 行时，内存内容如下所示。

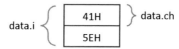

由于 A 的 ASCII 码值是 41H，所以 data.ch 内实际的码值是 41H，所以程序第 15 行的输出结果是 A。程序第 16 行的输出结果是 5E41，这是因为低地址部分已经存放 A，造成成员变量 data.i 的内容遭到破坏。

14-1-4　更多成员的共享体 union 实例

这一节将举更多成员的共享体实例，此外，声明共享 union 时也可以和结构 struct 一样，在 main( ) 上方声明，未来可以供其他函数调用。

程序实例 ch14_4.c：共享体 union 有 3 个成员的应用。

```
1   /*    ch14_4.c              */
2   #include <stdio.h>
3   #include <stdlib.h>
4   #include <string.h>
5   union utype
6   {
7       int i;
8       float f;
9       char str[15];
10  } data;
11  int main()
12  {
13      union utype data;
14      data.i = 10000;
15      data.f = 8888.666;
16      strcpy(data.str, "Programming C");
17      printf("data.i   = %d\n",data.i);
18      printf("data.f   = %f\n",data.f);
19      printf("data.str = %s\n",data.str);
20      system("pause");
21      return 0;
22  }
```

执行结果

```
■ C:\Cbook\ch14\ch14_4.exe
data.i   = 1735357008
data.f   = 1130754282837771100000000.000000
data.str = Programming C
请按任意键继续. . .
```

从上述程序实例可以看到第 15 行设定完 data.str 后，第 17 行和第 18 行再做输出时，原先 data.i 和 data.f 的成员数据已经被破坏了。

程序实例 ch14_5.c：扩充上述程序，更完整追踪各成员数据内容。

```
1   /*    ch14_5.c              */
2   #include <stdio.h>
3   #include <stdlib.h>
4   #include <string.h>
5   union utype
6   {
7       int i;
8       float f;
9       char str[15];
10  } data;
11  int main()
12  {
13      union utype data;
14      data.i = 10000;
15      printf("data.i   = %d\n",data.i);
16      printf("=====\n");
17      data.f = 8888.666;
18      printf("data.i   = %d\n",data.i);
19      printf("data.f   = %f\n",data.f);
20      printf("=====\n");
21      strcpy(data.str, "Programming C");
22      printf("data.i   = %d\n",data.i);
23      printf("data.f   = %f\n",data.f);
24      printf("data.str = %s\n",data.str);
25      system("pause");
26      return 0;
27  }
```

执行结果

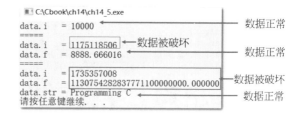

其实上述程序代码框起来的部分就是可以正常输出的内容，上述执行结果也列出哪些成员是数据正常输出，哪些成员是数据被破坏了。

14-2　enum

关键词 enum，可以翻译为列举，其实是英文 enumeration 的缩写，许多程序语言皆有这个功能，例如，Python、VBA 等。它的功能主要是使用有意义的名称来取代一组数字，这样可以让程序比较简洁，同时更容易阅读。

14-2-1　定义列举 enum 的数据形态声明变量

列举 enum 的定义和结构 struct 或是共享体 union 类似，如下所示：

```
enum  列举名称
{
    列举元素 1,
    ...                    这是有意义的名称取代一组数字
    列举元素 n
};
```

需留意的是列举 enum 元素间是用"，"（逗号）隔开，最后一笔不需要逗号。此外，也可以将上述定义用一行表示，如下：

```
enum  列举名称 { 列举元素 1 , ..., 列举元素 n };
```

或是用下列表示：

```
enum  列举名称
{
    列举元素 1 , ..., 列举元素 n
};
```

例如，如果我们不懂列举 enum 概念，想要定义星期几信息时，可以使用下列方法。

```
#define SUN   0
#define MON   1
#define TUE   2
#define WED   3
#define THU   4
#define FRI   5
#define SAT   6
```

上述使用英文字符串代表每个整数，缺点是程序代码比较多，如果要定义代表星期信息的列举名称 WEEK，可以用下列方式。

```
enum WEEK
{
    SUN, MON, TUE, WED, THU, FRI, SAT
};
```

上述使用了简单的列举 enum WEEK，方便易懂，就代替了需要个别定义星期字符串。声明列举变量方式与结构 struct 或是共享体 union 类似，下列是声明 enum WEEK 列举 day 变量的实例。

```
enum  WEEK
{
    SUN, MON, TUE, WED, THU, FRI, SAT
} day;
```

```
enum  WEEK
{
    SUN, MON, TUE, WED, THU, FRI, SAT
};
enum WEEK day;
```

如果要声明多个变量，只要各变量间加上逗号 "," 即可，下列是声明 3 个变量的实例。

```
enum  WEEK
{
    SUN, MON, TUE, WED, THU, FRI, SAT
} day1, day2, day3;
```

```
enum  WEEK
{
    SUN, MON, TUE, WED, THU, FRI, SAT
};
enum WEEK day1, day2, day3;
```

14-2-2 认识列举的预设数值

在 14-2 节有说明，列举 enum 元素所代表的是一组数字，默认情况下，元素第 1 个字符串代表 0，第 2 个字符串代表 1，其他以此类推。列举 enum WEEK 的内容如下：

```
enum  WEEK
{
    SUN, MON, TUE, WED, THU, FRI, SAT
} day;
```

上述可以知道 SUN 代表 0，MON 代表 1，其他以此类推。另外，我们需要注意如下两点：

（1）上述定义了 SUN … SAT 等列举 enum 元素，这些就变成了常数，不可以对它们赋值，但是可以将它们值赋给其他变量。

（2）不可以定义与列举 enum 元素相同名称的变量。

程序实例 ch14_6.c：输出列举的预设数值，同时验证笔者所述列举元素第 1 个字符串代表 0，第 2 个字符串代表 1，其他以此类推。

```c
1  /*   ch14_6.c                */
2  #include <stdio.h>
3  #include <stdlib.h>
4  int main()
5  {
6      enum WEEK
7      {
8          SUN, MON, TUE, WED, THU, FRI, SAT
9      } day;
10     printf("SUN = %d\n",SUN);
11     printf("MON = %d\n",MON);
12     printf("TUE = %d\n",TUE);
13     printf("WED = %d\n",WED);
14     printf("THU = %d\n",THU);
15     printf("FRI = %d\n",FRI);
16     printf("SAT = %d\n",SAT);
17     system("pause");
18     return 0;
19 }
```

执行结果

```
C:\Cbook\ch14\ch14_6.exe
SUN = 0
MON = 1
TUE = 2
WED = 3
THU = 4
FRI = 5
SAT = 6
请按任意键继续. . .
```

由于列举 enum 元素是连续的整数，所以也可以使用 for 循环列出列举 enum 元素的默认值。

程序实例 ch14_7.c：使用 for 循环，列出列举 enum 元素的默认值。

```
1   /*  ch14_7.c                */
2   #include <stdio.h>
3   #include <stdlib.h>
4   int main()
5   {
6       enum WEEK
7       {
8           SUN, MON, TUE, WED, THU, FRI, SAT
9       } day;
10      for (day = SUN; day <= SAT; day++)
11          printf("列举元素 = %d\n",day);
12      system("pause");
13      return 0;
14  }
```

执行结果

```
■ C:\Cbook\ch14\ch14_7.exe
列举元素 = 0
列举元素 = 1
列举元素 = 2
列举元素 = 3
列举元素 = 4
列举元素 = 5
列举元素 = 6
请按任意键继续. . .
```

14-2-3　定义列举 enum 元素的整数值

使用列举 enum 元素时，无须一定从 0 开始，可以从 1 开始。此外也不需要一定是连续的，使用时可以重新定义列举 enum 元素的值。

实例 1：下列是定义列举 enum 元素从 1 开始编号。

```
enum  WEEK
{
    MON=1, TUE, WED, THU, FRI, SAT, SUN
};
```

上述定义 MON 代表 1，TUE 代表 2，其他以此类推，SUN 代表 7。上述实例 1 列举 enum WEEK 也可以使用下列方式定义列举 enum 元素的值。

```
enum  WEEK
{
    MON=1, TUE=2, WED=3, THU=4, FRI=5, SAT=6, SUN=7
};
```

实例 2：定义列举 enum 元素数值不连续。

```
enum  SEASON
{
    Spring=10, Summer=20, Fall=30, Winter=40
};
```

注 不连续地列举 enum 元素是无法使用 for 循环遍历元素。

实例 3：不规则定义列举 enum 元素值。

```
enum  COLOR
{
    Red, Green, Blue=30, Yellow
};
```

上述 Red 代表 0，Green 代表 1，Blue 代表 30，Yellow 代表 31。

14-2-4　列举 enum 的使用目的

我们在程序设计时，假设要选择喜欢的颜色，记住 1 代表红色 (Red)，2 代表绿色 (Green)，3 代表蓝色 (Blue)，坦白说时间一久一定会忘记当初的数字设定，但是如果用 enum 处理，未来可以由 Red、Green 和 Blue 辨识颜色，这样时间再久也一定记得。

程序实例 ch14_8.c：请输入你喜欢的颜色。

```
1    /*    ch14_8.c                    */
2    #include <stdio.h>
3    #include <stdlib.h>
4    int main()
5    {
6        enum COLOR
7        {
8            Red = 1, Green, Blue
9        } mycolor;
10       printf("请选择喜欢的颜色 1:Red, 2:Green, 3:Blue = ");
11       scanf("%d",&mycolor);
12       switch (mycolor)
13       {
14           case Red:
15               printf("你喜欢红色\n");
16               break;
17           case Green:
18               printf("你喜欢绿色\n");
19               break;
20           case Blue:
21               printf("你喜欢蓝色\n");
22               break;
23           default:
24               printf("输入错误\n");
25       }
26       system("pause");
27       return 0;
28   }
```

执行结果

```
■ C:\Cbook\ch14\ch14_8.exe
请选择喜欢的颜色 1:Red, 2:Green, 3:Blue = 3
你喜欢蓝色
请按任意键继续. . .
```

上述使用了简单的数字输入，就可以判别所喜欢的颜色。

在百货公司结账时，常会因为所使用的卡片等级给予不同的折扣，这些折扣可能会在不同促销季节而调整，如果要让收银员记住折扣，可能会有困难，这时可以使用列举 enum 元素记录卡片等级，然后后台设定各卡片等级的折扣，就可以让规则简化许多。

程序实例 ch14_9.c：百货公司常针对消费者的卡片等级做折扣，假设折扣规则如下：

白金卡 (Platinum)：7 折

金卡 (Gold)：8 折

银卡 (Silver)：9 折

这个程序会要求输入消费金额和卡片等级，然后输出结账金额。

```
1    /*    ch14_9.c                    */
2    #include <stdio.h>
3    #include <stdlib.h>
4    int main()
5    {
6        float money;
7        enum CARD
8        {
9            Platinum = 1, Gold, Silver
10       } mycard;
11       printf("请输入卡片等级 1:Platinum, 2:Gold, 3:Silver = ");
12       scanf("%d",&mycard);
13       printf("请输入消费金额 = ");
14       scanf("%f",&money);
15       switch (mycard)
16       {
17           case Platinum:
18               printf("结账金额 = %-9.2f\n",money*0.7);
19               break;
20           case Gold:
21               printf("结账金额 = %-9.2f\n",money*0.8);
22               break;
23           case Silver:
24               printf("结账金额 = %-9.2f\n",money*0.9);
25               break;
26           default:
27               printf("结账金额 = %-9.2f\n",money);
28       }
29       system("pause");
30       return 0;
31   }
```

执行结果

```
■ C:\Cbook\ch14\ch14_9.exe
请输入卡片等级 1:Platinum, 2:Gold, 3:Silver =1
请输入消费金额 = 50000
结账金额 = 35000. 00
请按任意键继续. . .
```

这个程序实例第 7 行至第 10 行使用 enum CARD 定义了卡片的等级，第 12 行可以读取卡片等级，第 14 行读取消费金额，然后第 15 行至第 28 行会依据卡片等级和消费金额计算结账金额。

14-3　typedef

关键词 typedef（type definition）从字面上就可以看出是重新定义数据形态。主要功能是可以将某一个标识符定义成一种数据形态，然后将这个标识符当作该项形态使用。

这个指令 typedef 的使用语法如下所示：

```
typedef      数据形态    标识符；
```

上述数据形态是 C 语言原先的数据形态，此外，也可以是前一章介绍的结构 struct 或 enum 等。而标识符就变成了新的数据形态，我们也可以称这是用户自定义的数据形态。

实例 1：有一指令如下：

```
type int rect;
```

经上述定义后，rect 就可被视为整数 (int) 数据形态。假设另有一道指令如下：

```
rect width, height;
```

由于 rect 已经被定义成整数，所以上述声明表示 width 和 height 被声明成整数变量。

实例 2：有一指令如下：

```
typedef float temperature;
```

经上述定义后，temperature 就可被视为浮点数 (float) 数据形态。假设另有一道指令如下：

```
temperautre fahrenheit, celsius;
```

由于 temperature 已经被定义成浮点数，所以上述声明，表示 fahrenheit 和 celsius 被声明成整数浮点数。

这个用法的优点如下：

（1）可以让程序可读性更高。

（2）同时程序具有可移植性，若是我们想修改某一数据形态，以便从某一机器移至另一机器时，只要修改 typedef 这一行便可以了。

至于 typedef 所在位置可以放在 main( ) 或是其他函数内部，这时影响的范围就是该函数。也可以放在程序最前面，例如：main( ) 函数前面，这时就会影响全局。

程序实例 ch14_10.c：简易 typedef 指令运用。本程序会要求输入 fahrenheit(华氏温度)，然后将它转换成 celsius(摄氏温度) 输出。

```
1   /*   ch14_10.c              */
2   #include <stdio.h>
3   #include <stdlib.h>
4   typedef   float   temperature;
5   int main()
6   {
7       temperature   fahrenheit,celsius;
8
9       printf("输入华氏温度 \n==> ");
10      scanf("%f",&fahrenheit);
11      celsius = ( 5.0 / 9.0 ) * ( fahrenheit - 32.0 );
12      printf("输出摄氏温度 %6.2f \n",celsius);
13      system("pause");
14      return 0;
15  }
```

执行结果

```
C:\Cbook\ch14\ch14_10.exe
输入华氏温度
==> 103
输出摄氏温度   39.44
请按任意键继续. . .
```

程序实例 ch14_11.c：将 typedef 应用在 struct，主要是将 struct Books 重新定义标识符 BOOK。

```
 1    /*   ch14_11.c              */
 2    #include <stdio.h>
 3    #include <stdlib.h>
 4    typedef struct Books
 5    {
 6        char title[20];
 7        char author[20];
 8        int price;
 9    } BOOK;
10    void show(BOOK);
11    int main()
12    {
13        BOOK book={"C 语言王者归来","洪锦魁",620};
14        show(book);
15        system("pause");
16        return 0;
17    }
18    void show(BOOK bk)
19    {
20        printf("书籍名称 : %s\n", bk.title);
21        printf("作者    : %s\n", bk.author);
22        printf("定价    : %d\n", bk.price);
23    }
```

执行结果

```
 C:\Cbook\ch14\ch14_11.exe
书籍名称 : C 语言王者归来
作者    : 洪锦魁
定价    : 620
请按任意键继续. . .
```

此外，上述程序实例第 4 行至第 9 行是重新定义 struct Books 为标识符 BOOK。也可以定义结构 struct Books 完成后，再使用 typedef 重新定义 struct Books 为标识符 BOOS，本书 ch14 文件夹的程序实例 ch14_11_1.c 有实例解说，这两个实例的重点对于重新定义的区别内容如下：

```
 4   typedef struct Books        4   struct Books
 5   {                           5   {
 6       char title[20];         6       char title[20];
 7       char author[20];        7       char author[20];
 8       int price;              8       int price;
 9   } BOOK;                     9   };
                                10   typedef struct Books BOOK;
```

ch14_11.c   ch14_11_1.c

其实基本上就是 typedef 可以让整个程序比较容易阅读，同时提高程序的可移植性，当然这需要读者在长期使用 C 语言设计相关工作中逐步体会。

14-4 专题实操：打工薪资计算 / 回应机器运作状态

14-4-1 打工薪资计算

程序实例 ch14_12.c：假设星期一至星期五每天工作一小时可领取 160 元薪资，星期六每工作一小时可领取 180 元薪水，星期日每工作一小时可领 200 元薪水。请输入一周工作时数，本程序实例会列出你的周薪。

```
1   /*   ch14_12.c                  */
2   #include <stdio.h>
3   #include <stdlib.h>
4   int main()
5   {
6       enum week { SUN, MON, TUE, WED, THR, FRI, SAT };
7       enum week day;
8       int   total, pay, hour;
9
10      total = 0;
11      printf("请输入周日至周六的工作时数 \n");
12      for ( day = SUN; day <= SAT; day++ )
13      {
14          scanf("%d",&hour);
15          switch ( day )
16          {
17              case SUN : pay = hour * 200; /* 周日 */
18                         break;
19              case SAT : pay = hour * 180; /* 周六 */
20                         break;
21              default  : pay = hour * 160;  /* 周一至周五 */
22                         break;
23          }
24          total += pay;
25      }
26      printf("周薪是 : %d\n",total);
27      system("pause");
28      return 0;
29  }
```

执行结果

■ C:\Cbook\ch14\ch14_12.exe
请输入周日至周六的工作时数
6 6 10 8 6 4 6
周薪是 : 7720
请按任意键继续. . .

　　上述程序实例的重点是第 12 行至第 25 行，依次读入从周日到周六的工作时数，分别计算当天的薪资，第 24 行是加总周薪，第 26 行是输出周薪。

14-4-2　回应机器运作状态

程序实例 ch14_13.c：这个程序会依据输入，响应机器运作状态。

```
1   /*   ch14_13.c                  */
2   #include <stdio.h>
3   #include <stdlib.h>
4   int main()
5   {
6       enum Machine
7       {
8           running=1, maintenance, failed
9       } state;
10
11      printf("请输入机器生产状态 \n");
12      printf("1. 生产中\n");
13      printf("2. 维修中\n");
14      printf("3. 损坏\n= ");
15      scanf("%d",&state);
16      switch (state)
17      {
18          case running:
19              printf("机器正常生产中\n");
20              break;
21          case maintenance :
22              printf("机器正常维修中\n");
23              break;
24          case failed :
25              printf("机器损坏\n");
26              break;
27          default:
28              printf("输入错误\n");
29              break;
30      }
31      system("pause");
32      return 0;
33  }
```

执行结果

■ C:\Cbook\ch14\ch14_13.exe
请输入机器生产状态
1. 生产中
2. 维修中
3. 损坏
= 2
机器正常维修中
请按任意键继续. . .

■ C:\Cbook\ch14\ch14_13.exe
请输入机器生产状态
1. 生产中
2. 维修中
3. 损坏
= 3
机器损坏
请按任意键继续. . .

14-5 习题

一、是非题

(　　) 1. C 语言一个很重要的功能是，它除了提供基本数据形态外，用户还可通过一些功能，建立属于自己的数据形态。(14-1 节)

(　　) 2. 假设共享体 union 有 3 个成员，分别是整数、字符和短整数，此共享体所需空间是 7 个字节。

(　　) 3. C 语言中的 enum，可让不同的数据形态占用相同的内存位置。(14-2 节)

(　　) 4. typedef 可以用一个标识符代表一种数据形态。(14-3 节)

(　　) 5. typedef 只适用于 C 语言原有的数据形态，不可应用在用户自定义数据形态。(14-3 节)

二、选择题

(　　) 1. 哪一项可以让不同数据形态的数据占据相同的内存？ (A) struct (B) union (C) enum (D) typedef。(14-1 节)

(　　) 2. 哪一项可以让有意义的字符串取代一组数字？ (A) struct (B) union (C) enum (D) 以上皆是。(14-2 节)

(　　) 3. 声明列举 enum 时，最后一个元素需用什么符号做结束？ (A) ";" (B) "." (C) "&" (D) " "。(14-2 节)

(　　) 4. 声明列举 enum 时，各元素需用什么符号做区隔？ (A) ";" (B) "." (C) "," (D) " "。(14-2 节)

(　　) 5. 有一个声明如下，可以知道 Green 是代表 (A) 1 (B) 2 (C) 29 (D) 0。(14-2 节)

```
enum  COLOR
{
    Red, Green, Blue=30, Yellow
};
```

三、填充题

1.(　　) 可将一些相关但不同的数据形态，组织成一个新的数据形态，这些相关的数据会占据相同的内存空间。(14-1 节)

2. 请参考下列列举 enum 的声明，从此声明可以知道 basic、assembly、cobol 和 ada 各代表 (　　)、(　　)、(　　) 和 (　　)。

```
enum computer
{
  basic, assembly, cobol=50, ada
}language;
```

3.(　　) 可将某一个标识符定义成一种数据形态。(14-3 节)

四、实操题

1. 水果销售实例，假设香蕉（Banana）一斤 50 元，苹果（Apple）一斤 60 元，草莓（Strawberry）一斤 80 元，请设计系统要求选择水果，然后要求输入重量，最后输出结账金额。(14-2 节)

```
C:\Cbook\ex\ex14_1.exe
请输入水果 1:Banana, 2:Apple, 3:Strawberry = 2
请输入重量 = 5
结账金额 = 300.00
请按任意键继续. . .
```

```
■ C:\Cbook\ex\ex14_1.exe
请输入水果 1:Banana, 2:Apple, 3:Strawberry = 3
请输入重量 = 3
结账金额 = 240.00
请按任意键继续. . .
```

2. 电影售票系统设计，单张票售价是 300 元，这个程序会要求输入身份选项，不同身份售价不同，
   规则如下：(14-2 节)
   （1）Child：打 2 折。
   （2）Police：打 5 折。
   （3）Adult：不打折。
   （4）Elder：打 2 折。
   （5）Exit：程序结束，列出结账金额。
   （6）其他输入会列出选项错误。
   一个人可能会买多种票，所以这是一个循环设计，必须选 (5)，程序才会结束。

```
■ C:\Cbook\ex\ex14_2.exe
请输入身份 1:Child, 2:Police, 3:Adult, 4:Elder, 5:Exit = 2
请输入张数 = 2
请输入身份 1:Child, 2:Police, 3:Adult, 4:Elder, 5:Exit = 3
请输入张数 = 2
请输入身份 1:Child, 2:Police, 3:Adult, 4:Elder, 5:Exit = 1
请输入张数 = 1
请输入身份 1:Child, 2:Police, 3:Adult, 4:Elder, 5:Exit = 4
请输入张数 = 4
请输入身份 1:Child, 2:Police, 3:Adult, 4:Elder, 5:Exit = 5
结账金额 = 1200
请按任意键继续. . .
```

3. 有一个学生的结构数据如下：(14-3 节)

```
struct STUDENT
{
    char name[20];
    int age;
}
```

请使用 typedef 重新定义上述结构为 student，分别读取学生姓名和年龄，然后输出。

```
■ C:\Cbook\ex\ex14_3.exe
请输入学生数据
输入名字 : John
输入年龄 : 22
学生数据如下
学生名字 : John
学生年龄 : 22
请按任意键继续. . .
```

4. 请使用 typedef 概念重新设计程序实例 ch13_13.c。(14-3 节)

```
■ C:\Cbook\ex\ex14_4.exe
洪锦魁 90
洪冰儒 95
洪雨星 88
洪冰雨 85
洪星宇 92
请按任意键继续. . .
```

15

第 15 章

测试符号与符号转换函数

　　C 语言提供了许多字符函数，可让我们在使用字符时更具有弹性。由于这些字符函数的定义是包含在 ctype.h 内，所以在使用这些函数时，我们必须在程序前端加上下列 #include 指令。

```
#include   <ctype.h>
```

15-1　isalnum( ) 函数

　　测试函数内的参数是否为英文字母或阿拉伯数字，如果参数是英文字母或阿拉伯数字，则回传非零数值。如果参数不是英文字母，也不是阿拉伯数，则回传零。

程序实例 ch15_1.c：isalnum( ) 函数的基本应用，本程序会要求输入任意字符，然后输出是否为英文字母或阿拉伯数字。

```
1   /*   ch15_1.c                    */
2   #include <ctype.h>
3   #include <stdio.h>
4   #include <stdlib.h>
5   int main()
6   {
7       char ch;
8       printf("请输入任意字符 : ");
9       scanf("%c", &ch);
10      if ( isalnum(ch) )
11          printf("%c 属于英文字母或阿拉伯数字\n", ch);
12      else
13          printf("%c 不属于英文字母或阿拉伯数字\n", ch);
14      system("pause");
15      return 0;
16  }
```

执行结果

```
C:\Cbook\ch15\ch15_1.exe
请输入任意字符 : k
k 属于英文字母或阿拉伯数字
请按任意键继续. . .
```

```
C:\Cbook\ch15\ch15_1.exe
请输入任意字符 : #
# 不属于英文字母或阿拉伯数字
请按任意键继续. . .
```

15-2　isalpha( ) 函数

　　测试函数内的参数是否为英文字母，如果是英文字母 (a ～ z 或 A ～ – Z)，回传非零数值，否则回传零。

程序实例 ch15_2.c：isalpha( ) 函数基本应用，本程序会要求输入任意字符，然后输出是不是英文字母，如果不是则程序结束。

```
1   /*   ch15_2.c                 */
2   #include <ctype.h>
3   #include <stdio.h>
4   #include <stdlib.h>
5   int main()
6   {
7       char ch;
8
9       while ( 1 )
10      {
11          printf("请输入任意字符 : ");
12          scanf(" %c", &ch);
13          if ( isalpha(ch) )
14              printf("'%c' 属于英文字母\n", ch);
15          else
16          {
17              printf("'%c' 不属于英文字母\n", ch);
18              break;
19          }
20      }
21      system("pause");
22      return 0;
23  }
```

执行结果

```
C:\Cbook\ch15\ch15_2.exe
请输入任意字符 : i
'i' 属于英文字母
请输入任意字符 : K
'K' 属于英文字母
请输入任意字符 : 0
'0' 不属于英文字母
请按任意键继续. . .
```

15-3 isascii( ) 函数

测试函数内的参数是否为 ASCII 字符 (以八进制而言是 0 ～ 0177，以十进制而言是 0 ～ 127)。如果是，则回传非零数值；如果不是，则回传值是零。

程序实例 ch15_3.c：isascii( ) 函数的应用，本程序测试 0 ～ 129 哪些值不是 ASCII 字符值。

```
1   /*   ch15_3.c                    */
2   #include <ctype.h>
3   #include <stdio.h>
4   #include <stdlib.h>
5   int main()
6   {
7       int i;
8
9       for ( i = 0; i < 130 ; i++ )
10      {
11          if ( isascii(i) == 0 )
12              printf("i = %d 不是 ASCII 码值\n",i);
13      }
14      system("pause");
15      return 0;
16  }
```

执行结果

```
C:\Cbook\ch15\ch15_3.exe
i = 128 不是 ASCII 码值
i = 129 不是 ASCII 码值
请按任意键继续. . .
```

15-4 iscntrl( ) 函数

测试函数内的参数是否为控制字符，以十进制而言，指的是 0 ～ 31 和 127，如果是则回传非零数值，如果不是则回传值是零。

程序实例 ch15_4.c：iscntrl( ) 函数的应用，本程序会要求输入任意字符。如果输入的是控制字符，则可继续输入；如果输入的不是控制字符，则程序结束。如果输入的是一般字母字符，则程序会将此字符打印在屏幕上，然后程序结束。

```
1   /*   ch15_4.c                    */
2   #include <stdio.h>
3   #include <stdlib.h>
4   #include <ctype.h>
5   int main()
6   {
7       char ch;
8
9       do
10      {
11          ch = getche();
12          if ( isalpha(ch) )   /* 输入是一般字符 */
13          {
14              putchar(ch);     /* 打印 */
15              printf("\n");
16          }
17      } while ( iscntrl(ch) );
18      system("pause");
19      return 0;
20  }
```

执行结果

```
C:\Cbook\ch15\ch15_4.exe
ww
请按任意键继续. . .
```

15-5 isdigit( ) 函数

测试函数内的参数是否为数字字符，即 0 ～ 9 的阿拉伯数字，如果是则回传非零数值，如果不是则回传值是零。

程序实例 ch15_5.c：isdigit( ) 函数的应用。请输入一个字符，如果这个字符是数字字符，则输出此字符，然后程序结束。如果输入字符不是数字字符，则程序自动结束。

```
1   /*    ch15_5.c              */
2   #include <stdio.h>
3   #include <stdlib.h>
4   #include <ctype.h>
5   int main()
6   {
7       char ch;
8
9       ch = getche();
10      if ( isdigit(ch) )
11      {
12          putchar(ch);      /* 打印数字 */
13          printf("\n");
14      }
15      else
16          printf("\n");
17      system("pause");
18      return 0;
19  }
```

执行结果

```
C:\Cbook\ch15\ch15_5.exe
66
请按任意键继续. . .
```

```
C:\Cbook\ch15\ch15_5.exe
k
请按任意键继续. . .
```

执行结果上方是输入 6 之后，同时输出 6 的情形。下方是输入 k 之后，程序立刻结束的情形。

15-6 isxdigit( ) 函数

本功能主要用于测试函数内的参数是否为十六进制数字元 (0 ～ 9 或 A ～ F)，如果是则回传非零数值，否则回传值是零。

程序实例 ch15_6.c：isxdigit( ) 函数的应用。请输入字符，如果是 16 进位字符则将它打印出来，否则程序结束。

```
1   /*    ch15_6.c              */
2   #include <stdio.h>
3   #include <stdlib.h>
4   #include <ctype.h>
5   int main()
6   {
7       char ch;
8
9       while ( ch = getche() )
10      {
11          if ( isxdigit(ch) == 0 )
12              break;
13          putchar(ch);
14          printf("\n");
15      }
16      system("pause");
17      return 0;
18  }
```

执行结果

```
C:\Cbook\ch15\ch15_6.exe
88
aa
p
请按任意键继续. . .
```

15-7 isgraph( ) 函数

此函数主要用于测试函数内的参数，是否为图形字符 (ASCII 码中 33 ~ 126 的字符)，如果是则回传非零数值，如果不是则回传值是零。对于计算机而言，在显示器上可以看到的字符，其实都是图形字符，而空格、换行、Tab 等字符只会占用输出位置，所以不是图形字符。

程序实例 ch15_7.c：测试 0 ~ 255 的值，如果属于可显示字符，则将它输出。

```
1   /*   ch15_7.c                  */
2   #include <ctype.h>
3   #include <stdio.h>
4   #include <stdlib.h>
5   int main()
6   {
7       int i;
8
9       for ( i = 0; i < 256; i++ )
10          if ( isgraph(i) != 0 )        /* 是否可显示字符 */
11              printf("%4d %c\t",i,i);    /* 予以显示 */
12      system("pause");
13      return 0;
14  }
```

执行结果

```
 C:\Cbook\ch15\ch15_7.exe                                                          —    □

 33 !    34 "    35 #    36 $    37 %    38 &    39 '    40 (    41 )    42 *    43 +    44 ,    45 -    46 .    47 /
         48 0    49 1    50 2    51 3    52 4    53 5    54 6    55 7    56 8    57 9    58 :    59 ;    60 <    61 =
         62 >    63 ?    64 @    65 A    66 B    67 C    68 D    69 E    70 F    71 G    72 H    73 I    74 J    75 K
         76 L    77 M    78 N    79 O    80 P    81 Q    82 R    83 S    84 T    85 U    86 V    87 W    88 X    89 Y
         90 Z    91 [    92 \    93 ]    94 ^    95 _    96 `    97 a    98 b    99 c   100 d   101 e   102 f   103 g
        104 h   105 i   106 j   107 k   108 l   109 m   110 n   111 o   112 p   113 q   114 r   115 s   116 t   117 u
        118 v   119 w   120 x   121 y   122 z   123 {   124 |   125 }   126      请按任意键继续. . .
```

15-8 isprint( ) 函数

测试函数内的参数是否为可打印字符 (ASCII 码中 32 ~ 126 的字符)，如果是则回传非零数值，否则回传值是零。上一节所述的图形字符皆是可打印字符，另外，ASCII 码的 32，虽然是空格，也是可打印字符。

程序实例 ch15_8.c：isprint( ) 函数的应用。请输入一系列字符，如果输入是可打印字符，则输出此系列字符。如果输入是不可打印字符，则本程序将不予输出。按 Enter 键可以结束本程序。

```
1   /*   ch15_8.c                  */
2   #include <stdio.h>
3   #include <stdlib.h>
4   #include <ctype.h>
5   int main()
6   {
7       int ch;
8
9       while ( ( ch = getche() ) != '\r' )
10          if ( isprint(ch) )   /* 是否可打印 */
11          {
12              putchar(ch);        /* 打印 */
13              printf("\n");
14          }
15      system("pause");
16      return 0;
17  }
```

执行结果

```
 C:\Cbook\ch15\ch15_8.exe

 rr                              ← 按空格(Space)键

 tt

 ww
 请按任意键继续. . .
```

按 Enter 键 →

15-9　ispunct( ) 函数

本功能主要是测试函数内的参数是否为特别符号 (除了字母、数字和 Space 以外的可打印字符)，如果是则回传非零数值，否则回传值是零。

程序实例 ch15_9.c：ispunct( ) 函数的应用。请输入一系列字符，如果是特别符号则将它打印，如果不是则程序结束。

```
1   /*   ch15_9.c                    */
2   #include <stdio.h>
3   #include <stdlib.h>
4   #include <ctype.h>
5   int main()
6   {
7       int ch;
8
9       for ( ;  ; )
10      {
11          ch = getche();
12          if ( ispunct(ch) )
13          {
14              putchar(ch);
15              printf("\n");
16          }
17          else
18              break;       /* 跳出 for 循环 */
19      }
20      system("pause");
21      return 0;
22  }
```

执行结果

```
 C:\Cbook\ch15\ch15_9.exe
!!
@@
##
$$
%%
请按任意键继续. . .
```

15-10　isspace( ) 函数

测试函数内的参数是否为 blank、newline、horizontal or vertical tab 或 form-feed （0x09 ～ 0D，0x20）。如果是则回传非零数值，否则回传值是零。

程序实例 ch15_10.c：isspace( ) 函数的应用。请输入字符，如果字符是上述特殊字符，则程序结束，否则字符会被打印出来。

```
1   /*   ch15_10.c                   */
2   #include <stdio.h>
3   #include <stdlib.h>
4   #include <ctype.h>
5   int main()
6   {
7       char ch;
8
9       while ( ch = getche() )
10      {
11          if ( isspace(ch) )
12              break;
13          putchar(ch);
14          printf("\n");
15      }
16      system("pause");
17      return 0;
18  }
```

执行结果

```
 C:\Cbook\ch15\ch15_10.exe
rr
tt
yy
请按任意键继续. . .
```

15-11 islower( ) 函数

测试函数内的参数是否为英文字母小写字符，如果是则回传非零数值，否则回传值是 0。

程序实例 ch15_11.c：islower( ) 函数的应用。请输入一段英文句子，欲结束本程序请按 Enter 键。本程序会统计输入的英文句子有几个是小写字母字符，并输出。

```
1   /*    ch15_11.c              */
2   #include <ctype.h>
3   #include <stdio.h>
4   #include <stdlib.h>
5   int main()
6   {
7       int count = 0;
8       int ch;
9
10      while ( ( ch = getche() ) != '\r' )
11         if ( islower(ch) )  /* 如果是小写字符 */
12            count++;         /* 累计次数 */
13      printf("\n小写字符个数 = %d\n",count);
14      system("pause");
15      return 0;
16  }
```

执行结果

```
C:\Cbook\ch15\ch15_11.exe
Deepmind Co.
小写字符个数 = 8
请按任意键继续. . .
```

15-12 isupper( ) 函数

本功能主要用于测试函数内的参数是否为大写字符 (A ~ Z)，如果是则回传非零数值，否则回传值是零。

程序实例 ch15_12.c：isupper( ) 函数的应用。请输入字符，如果是大写字符则输出此字符，否则程序结束。

```
1   /*    ch15_12.c              */
2   #include <stdio.h>
3   #include <stdlib.h>
4   #include <ctype.h>
5   int main()
6   {
7       char ch;
8
9       while ( ch = getche() )
10      {
11         if ( isupper(ch) == 0 )
12            break;
13         putchar(ch);
14         printf("\n");
15      }
16      system("pause");
17      return 0;
18  }
```

执行结果

```
C:\Cbook\ch15\ch15_12.exe
TT
YY
d
请按任意键继续. . .
```

15-13　tolower( ) 函数

测试函数内的参数，如果是大写字符，则将它改成小写字符。如果是其他字符，则不改变其值。

15-14　toupper( ) 函数

测试函数的参数，如果是小写字符，则将它改成大写字符。如果是其他字符，则不改变其值。

程序实例 ch15_13.c：tolower( ) 函数和 toupper( ) 函数的应用。本程序会将所输入的大写字符改成小写字符，且将小写字符改成大写字符，其他字符不予理会。要结束本程序，请按 Enter 键。

```
1   /*   ch15_13.c               */
2   #include <stdio.h>
3   #include <stdlib.h>
4   #include <ctype.h>
5   int main()
6   {
7       char ch;
8
9       while ( (ch = getche()) != '\r' )
10      {
11          if ( islower(ch) != 0 )
12              putchar(toupper(ch));
13          else
14              if ( isupper(ch) != 0 )
15                  putchar(tolower(ch));
16          printf("\n");
17      }
18      system("pause");
19      return 0;
20  }
```

执行结果

```
C:\Cbook\ch15\ch15_13.exe
rR
tT
kK
@
请按任意键继续. . .
```

15-15　专题实操：计算英文字母的数量

15-15-1　判断字符数组内的每个字符

程序实例 ch15_14.c：判断字符数组内的每个字符是否属于英文字母或阿拉伯数字。

```
1   /*    ch15_14.c                    */
2   #include <stdio.h>
3   #include <stdlib.h>
4   #include <ctype.h>
5   int main()
6   {
7       char ch[] = {'!','7','@','A','&','p'};
8       int bool[7];
9       int i, size;
10
11      size = sizeof(ch) / sizeof(ch[0]);
12      for (i = 0; i < size; i++)
13          bool[i] = isalnum(ch[i]);
14      for (i = 0; i < size; i++)
15      {
16          if (bool[i] != 0)
17              printf("'%c' 属于英文字母或阿拉伯数字\n", ch[i]);
18          else
19              printf("'%c' 不属于英文字母或阿拉伯数字\n", ch[i]);
20
21      }
22      system("pause");
23      return 0;
24  }
```

执行结果

```
 C:\Cbook\ch15\ch15_14.exe
'!' 不属于英文字母或阿拉伯数字
'7' 属于英文字母或阿拉伯数字
'@' 不属于英文字母或阿拉伯数字
'A' 属于英文字母或阿拉伯数字
'&' 不属于英文字母或阿拉伯数字
'p' 属于英文字母或阿拉伯数字
请按任意键继续. . .
```

15-15-2　计算句子内的英文字母数量

程序实例 ch15_15.c：这个程序会要求输入英文句子，然后输出英文字母的数量。

```
1   /*    ch15_15.c                    */
2   #include <ctype.h>
3   #include <stdio.h>
4   #include <stdlib.h>
5   int main()
6   {
7       int c_alpha = 0;
8       int c_digit = 0;
9       char ch;
10
11      printf("请输入任意英文句子 : ");
12      while ( ( ch = getche() ) != '\r' )
13      {
14          isalpha(ch) ? (c_alpha++) : ( c_alpha=c_alpha );
15          isdigit(ch) ? (c_digit++) : ( c_digit=c_digit );
16      }
17      printf("\n英文字母个数    = %d\n",c_alpha);
18      printf("\n阿拉伯数字个数 = %d\n",c_digit);
19      system("pause");
20      return 0;
21  }
```

执行结果

```
 C:\Cbook\ch15\ch15_15.exe
请输入任意英文句子 : I like iPhone 18
英文字母个数    = 11

阿拉伯数字个数 = 2
请按任意键继续. . .
```

15-16　实操题

一、是非题

(   ) 1. isalpha( ) 函数的功能是测试函数内的参数是不是阿拉伯数字。(15-2 节)

(   ) 2. ASCII 码是指编号范围 0 ～ 255 的字符。(15-3 节)

(   ) 3. isdigit( ) 函数可以测试函数内的自变量是不是数字字符。(15-5 节)

(   ) 4. isgraph( ) 函数功能是测试函数内的参数是不是英文字母或是阿拉伯数字。(15-7 节)

(　　　) 5. 所有的图形字符皆是可打印字符。(15-8)

(　　　) 6. 空格符是可打印字符。(15-8 节)

二、选择题

(　　　) 1. 哪一项可以测试函数内的参数是否英文字母或阿拉伯数字？ (A) isalnum( ) (B) isalpha( )
(C) isascii( ) (D) isdigit( )。(15-1 节)

(　　　) 2. 哪一项可以测试函数内的参数是不是图形字符？ (A) isalnum( ) (B) isalpha( ) (C) isgraph( )
(D) isdigit( )。(15-7 节)

(　　　) 3. 哪一项可以测试函数内的参数是不是特别符号 (除了字母、数字和 Space 以外的可打印字
符)？ (A) isalnum( ) (B) isalpha( ) (C) isgraph( ) (D) ispunct( )。(15-9 节)

(　　　) 4. 哪一项可以测试函数内的参数是不是大写字符？ (A) islower( ) (B) isupper( ) (C) tolower( )
(D) toupper( )。(15-13 节)

(　　　) 5. 如果函数参数是小写字符哪一项可以转换成大写字符？ (A) islower( ) (B) isupper( )
(C) tolower( ) (D) toupper( )。(15-13 节)

三、填充题

1. 字符 "&" 经过 isalnum( ) 测试会回传 (　　　)。(15-1 节)

2. 字符 "\n" 经过 iscntrl( ) 测试会回传 (　　　)。(15-4 节)

3 . 字符 "E" 经过 isdigit( ) 测试会回传 (　　　)。(15-5 节)

4 . 字符 "E" 经过 isxdigit( ) 测试会回传 (　　　)。(15-6 节)

5. 函数 (　　　) 可以测试函数内的参数是不是十六进制数字。(15-6 节)

6. 字符 "A" 经过 ispunct( ) 函数测试，会回传 (　　　)。(15-9 节)

7. 函数 (　　　) 可以测试函数内的参数是不是小写英文字母。(15-11 节)

8. 函数 (　　　)，如果函数参数是大写字符可以转换成小写字符。(15-13 节)

四、实操题

1. isalnum( ) 函数的基本应用，本程序会要求输入任意英文句子，输入完成后请按 Enter 建，然后会
列出哪些属于英文字母或是阿拉伯数字。(15-1 节)

2. 请使用程序实例 ch15_14.c 的 ch[ ] 字符数组数据，然后使用 isalpha( ) 判断是不是属于英文字母。
(15-2 节)

3. 请使用程序实例 ch15_14.c 的 ch[ ] 字符数组数据，然后使用 isdigit( ) 判断是不是属于阿拉伯数字。
   (15-5 节)

```
■ C:\Cbook\ex\ex15_3.exe
'!' 不属于阿拉伯数字
'7' 属于阿拉伯数字
'@' 不属于阿拉伯数字
'A' 不属于阿拉伯数字
'&' 不属于阿拉伯数字
'p' 不属于阿拉伯数字
请按任意键继续...
```

4. 重新设计程序实例 ch15_6.c，每一列输出 10 个可显示字符。(15-6 节)

```
■ C:\Cbook\ex\ex15_4.exe
33 !     34 "     35 #     36 $     37 %     38 &     39 '     40 (     41 )     42 *
43 +     44 ,     45 -     46 .     47 /     48 0     49 1     50 2     51 3     52 4
53 5     54 6     55 7     56 8     57 9     58 :     59 ;     60 <     61 =     62 >
63 ?     64 @     65 A     66 B     67 C     68 D     69 E     70 F     71 G     72 H
73 I     74 J     75 K     76 L     77 M     78 N     79 O     80 P     81 Q     82 R
83 S     84 T     85 U     86 V     87 W     88 X     89 Y     90 Z     91 [     92 \
93 ]     94 ^     95 _     96 `     97 a     98 b     99 c     100 d    101 e    102 f
103 g    104 h    105 i    106 j    107 k    108 l    109 m    110 n    111 o    112 p
113 q    114 r    115 s    116 t    117 u    118 v    119 w    120 x    121 y    122 z
123 {    124 |    125 }    126 ~
请按任意键继续...
```

5. 统计 0 ～ 255 的 ASCII 有多少个可打印字符，同时输出这些字符，每一行最多输出 10 个字符。
   (15-8 节)

```
■ C:\Cbook\ex\ex15_5.exe
32       33 !     34 "     35 #     36 $     37 %     38 &     39 '     40 (     41 )
42 *     43 +     44 ,     45 -     46 .     47 /     48 0     49 1     50 2     51 3
52 4     53 5     54 6     55 7     56 8     57 9     58 :     59 ;     60 <     61 =
62 >     63 ?     64 @     65 A     66 B     67 C     68 D     69 E     70 F     71 G
72 H     73 I     74 J     75 K     76 L     77 M     78 N     79 O     80 P     81 Q
82 R     83 S     84 T     85 U     86 V     87 W     88 X     89 Y     90 Z     91 [
92 \     93 ]     94 ^     95 _     96 `     97 a     98 b     99 c     100 d    101 e
102 f    103 g    104 h    105 i    106 j    107 k    108 l    109 m    110 n    111 o
112 p    113 q    114 r    115 s    116 t    117 u    118 v    119 w    120 x    121 y
122 z    123 {    124 |    125 }    126 ~
总共有 95 个可打印字符
请按任意键继续...
```

6. 请输入英文句子，然后将大写字母改为小写字母，小写字母改为大写字母，其他字符则不更改输
   出。(15-14 节)

```
■ C:\Cbook\ex\ex15_6.exe
请输入任意句子 : I like Intel CPU
下列是大小写转换的结果 :
i LIKE iNTEL cpu
请按任意键继续...
```

第 16 章

文件的输入与输出

C 编译程序提供了许多文件的输入与输出函数，以方便读者设计与文件有关的操作，这一章将详细解说。

16-1 文件的输入与输出

基本上我们可以将文件输入与输出函数分成两大类。

（1）有缓冲区的输入与输出 (Buffered I/O)。

（2）无缓冲区的输入与输出 (Unbuffered I/O)。

所谓的有缓冲区的输入与输出是，当它在读取文件数据或将数据写入文件时，一定都先经过一个缓冲区。当读取文件数据时，先从缓冲区里面找寻是否还有数据，如果有则直接读取位于缓冲区的数据，如果没有则令系统读取磁盘的文件至缓冲区内。将数据写入缓冲区的方法，和读取数据的方法相反，先将数据写入缓冲区，当缓冲区内的数据满时，才将缓冲区数据写入磁盘内文件。

所谓的无缓冲区的输入与输出，表示输入与输出的动作是直接在磁盘内执行读取数据和写入数据的动作，如下图所示。

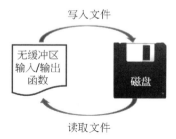

16-2 认识文本文件与二进制文件

在使用输入与输出函数时，会常常提到文本文件 (Text) 与二进制文件 (Binary)，供输入与输出函数使用。

所谓的文本文件是指以 ASCII 格式存储数据，每个字符占 1 个字节空间，一般文字处理软件或是最简单的记事本，皆以这种方式存储文件。例如，1985 若以文本文件存储共占 4 个字节，其内容如下。

至于二进制文件是将数据以二进制方式存储，由于一般的文字处理软件不能处理二进制文件，所以若以文字处理软件开启二进制文件，所看到的将是一系列的乱码。一般可执行文件（以 exe 或 com 为延伸档名）、声音文件、图像文件及图形文件皆是以二进制文件方式存储。这种方式存储另一个特色是较省空间。例如，以 1985 为例，其存储方式如下。

```
011111000001    占 3 个字节
 1   9   8  5
```

16-3　有缓冲区的输入与输出函数

本节将对有缓冲区的输入与输出函数做一说明，下表为这些有缓冲区的输入与输出函数表，至于文件类型则是依照函数参数设定。

函数名称	功能说明
fopen( )	开启一个文件
fclose( )	关闭一个文件
putc( )	写入一个字符到文件
fputs( )	写入字符串到文件
getc( )	从文件读取一个字符
fgets( )	从文件读取多个字符
fprintf( )	输出数据至某文件
fscanf( )	从某文件读取数据
feof( )	测试是否到了文件结束位置
ferror( )	测试文件操作是否正常
remove( )	文件的删除

注 文件操作完成后，需保持关闭文件的习惯，这样可以确保缓冲区的数据确实写入了文件。

由于上述有缓冲区的输入与输出函数是包含在 stdio.h 文件内，所以程序前面必须要包含下列指令。

```
#include <stdio.h>
```

16-3-1　fopen( )函数

fopen( ) 函数主要用于开启文件，文件在使用前需经过开启动作，它使用语法如下所示：

```
FILE *fopen (char *filename, char *mode);
```

上述 fopen( ) 开启文件成功会回传文件指针，如果开启失败则回传 NULL。上述使用指针方式的声明语法，各项数据的定义如下所示：

❑ *filename : 文件指针，指的是欲开启的文件名。

❑ *mode : 文件使用模式，指的是文件被开启之后，它的使用方式。

前述的 fopen( ) 函数的使用格式是以指针方式设计，文件指针的使用与一般变量指针相同，先将指针变量指向文件，未来文件开启后，就可以用这个指针处理该文件。

有时程序设计师也会直接以下列字符串方式设计此函数：

```
File *fopen ("filename","mode");
```

上述 fopen( ) 函数的第 2 个参数是 mode，这是配置文件的开启模式，文件开启模式基本参数是 "r" "w" "a"，其英文原意是 read(读取)、write(写入)、append(附加)。mode 参数的基本使用如下，预设情况是开启文本文件 (text)：

（1）"r"：开启一个文本文件 (text)，供程序读取。

（2）"w"：开启一个文本文件 (text)，供程序将数据写入此文件内。如果磁盘内不包含这个文件，则系统会自行建立这个文件。如果磁盘内包含这个文件，则原文件内容会被盖过而消失。

（3）"a"：开启一个文本文件 (text)，供程序将数据写入此文件的末端。如果此文件不存在，则系统会自行建立此文件。

如果要开启二进制文件，可以在 "r" "w" "a" 参数字符右边加上 "b"。

（1）"rb"：开启一个二进制文件（binary），供程序读取。

（2）"wb"：开启一个二进制文件，供程序数据写入此文件内。如果磁盘内不包含这个文件，则系统会自行建立这个文件。如果磁盘内包含这个文件，则此文件内容会被盖过而消失。

（3）"ab"：开启一个二进制文件，供程序将数据写入此文件末端，如果此文件不存在，则系统会自行建立此文件。

程序实例 ch16_1.c : fopen( ) 函数的应用。本程序会尝试开启 input1.txt 文件，如果开启成功，则列出下面信息：

文件开启 OK

如果开启失败，则列出下面信息：

文件开启失败

```
1   /*   ch16_1.c                */
2   #include <stdio.h>
3   #include <stdlib.h>
4   int main()
5   {
6       FILE *fp;
7
8       if ( ( fp = fopen("data1.txt","r") ) == NULL )
9         printf(" 文件开启失败 \n");
10      else
11        printf(" 文件开启OK \n");
12      system("pause");
13      return 0;
14  }
```

执行结果

C:\Cbook\ch16\ch16_1.exe
文件开启OK
请按任意键继续. . .

在前述程序实例第 8 行的文件开启指令内，如果文件开启失败，会回传零，在 stdio.h 内，零的定义是 NULL，所以文件开启失败后，会执行第 9 行输出 "文件开启失败"。因为文件夹有 data1.txt，所以上述输出 "文件开启 OK"。

16-3-2　fclose( ) 函数

fclose( ) 执行失败，它的回传值是非零值，如果 fclose( ) 执行成功，它的回传值是零。在 C 语言中关闭文件主要有两个目的：

（1）文件在关闭前会将文件缓冲区数据写入磁盘文件内，否则文件缓冲区数据会遗失。

（2）一个 C 语言程序，在同一时间可开启的文件数量有限，为了让内存可以有更好的应用，以及增加程序工作效率，建议将暂时不用的文件关闭。

程序实例 ch16_2.c：fclose( ) 函数的应用。本程序会尝试开启程序实例 ch16_1.c 文件，开启后立即将它关闭。

```
1   /*   ch16_2.c              */
2   #include <stdio.h>
3   #include <stdlib.h>
4   int main()
5   {
6       FILE *fp;
7       int ret_code;
8
9       if ( ( fp = fopen("ch16_1.c","r") ) == NULL )
10      {
11          printf("文件开启失败！\n");
12          system("pause");
13          exit(1);
14      }
15      else
16          printf("文件开启OK \n");
17      if ( (ret_code = fclose(fp))== 0 )
18          printf("文件关闭OK \n");
19      system("pause");
20      return 0;
21  }
```

执行结果

```
C:\Cbook\ch16\ch16_2.exe
文件开启OK
文件关闭OK
请按任意键继续. . .
```

16-3-3　putc( ) 函数

putc( ) 函数的主要功能是将一个字符写入某文件内，它的使用语法如下：

```
int putc (int ch, FILE *fp);
```

函数如果执行成功，它的回传值是 ch 字符值，如果执行失败，它的回传值是 EOF，且上述格式中，ch 代表所欲输出的字符，fp 则是文件指针。

程序实例 ch16_3.c：简单建立一个文件的程序应用。本程序会将所输入的某行数据，输出至 11 行所设定的 out3.txt 文件内

```
1   /*   ch16_3.c              */
2   #include <stdio.h>
3   #include <stdlib.h>
4   int main()
5   {
6       FILE *fp;
7       char ch;
8
9       fp = fopen("out3.txt","w");
10      printf("请输入文字按Enter键结束输入 \n");
11      while((ch = getche()) != '\r')
12          putc(ch,fp);
13      fclose(fp);            /* 关闭文件 */
14      system("pause");
15      return 0;
16  }
```

执行结果

```
C:\Cbook\ch16\ch16_3.exe
请输入文字按Enter键结束输入
This is a good C book.
```

```
out3 - 记事本
文件(F) 编辑(E) 格式(O) 查看(V) 帮助(H)
This is a good C books.
```

16-3-4　getc( ) 函数

getc( ) 函数的主要目的是从某一个文件中读取一个字符，它的使用语法如下：

```
int getc (FILE *fp);
```

当执行 getc( ) 函数成功时，回传值是所读取的字符，如果所读取的是文件终止符，则此值是 EOF，在 stdio.h 内，此值是 -1。

程序实例 ch16_4.c：TYPE 指令的设计，本程序的使用方式如下：

```
ch13_4 文件名
```

程序执行时，此文件内容会被打印出来。

```
1   /*    ch16_4.c                  */
2   #include <stdio.h>
3   #include <stdlib.h>
4   int main(int argc, char *argv[])
5   {
6       FILE *fp;
7       char ch;
8
9       if ( argc != 2 )
10      {
11          printf("指令错误 ");
12          exit(1);
13      }
14      fp = fopen(argv[1],"r");
15      while ( (ch = getc(fp)) != EOF )
16          printf("%c",ch);
17      fclose(fp);
18      system("pause");
19      return 0;
20  }
```

执行结果

```
data4 - 记事本
文件(F) 编辑(E) 格式(O) 查看(V) 帮助(H)
C Programming
By Jiin-Kwei Hung
```

```
C:\Cbook\ch16>ch16_4 data4.txt
C Programming
By Jiin-Kwei Hung
请按任意键继续. . .
```

程序实例 ch16_5.c：以开启文件的方式列出某文件所含的字符数，本程序的使用格式如下：

```
ch16_5 文件名
```

执行完后，此文件所含的字符数会被打印在屏幕上。

```
1   /*    ch16_5.c                  */
2   #include <stdio.h>
3   #include <stdlib.h>
4   int main(int argc, char *argv[])
5   {
6       FILE *fp;
7       int  count = 0;
8
9       if ( argc != 2 )
10      {
11          printf("指令错误 ");
12          exit(1);
13      }
14      fp = fopen(argv[1],"r");    /* 开启文件    */
15      /* 读到文件末端才结束 */
16      while ( getc(fp) != EOF )
17          count++;                /* 计算字符数 */
18      printf("%s文件的字符数是 %d\n",argv[1],count);
19      fclose(fp);                 /* 关闭文件    */
20      system("pause");
21      return 0;
22  }
```

执行结果

```
C:\Cbook\ch16>ch16_5 data4.txt
data4.txt文件的字符数是 32
请按任意键继续. . .
```

上述程序实例第 12 行的 exit( ) 函数可以让程序结束，用法如下：

exit(0)：程序正常结束。

exit(1)：程序异常结束。

执行结果中 data4.txt 从 dir 指令列出的字符数是 25 个，但是在程序实例 ch16_5.c 中，我们列出 data4.txt 的字符数是 32。为什么会这样？

原因很简单，C 语言开启文件时，每个换行字符是 "\n"，（ASCII 码的十进制值是 10），而在 DOS 内每个换行字符是由回车字符（ASCII 码的十进制值是 13）和换行字符（ASCII 码的十进制值是 10）所组成。上述 data4.txt 共有两行数据，所以当用 DOS 指令列出 data4.txt 文件时，可得到 25 个字符。

相同的概念也可以应用在开启二进制文件，不过这时处理的方式和 DOS 相同，所以可以获得 25 的结果，这将是读者的习题。

16-3-5 fprintf( ) 函数

fprintf( ) 函数主要目的是将数据以格式化方式写入某文件内。它的使用语法如下：

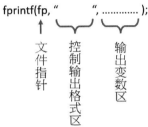

上述函数控制打印区和打印变量区的使用格式和 3-1 节的 printf( ) 函数使用格式相同，因此，fprintf( ) 函数和 printf( ) 函数两者唯一的差别是 printf( ) 会将数据打印在屏幕上，而 fprintf( ) 函数会将数据打印在某个文件指针所指的文件内。

程序实例 ch16_6.c：请输入 5 个数字，本程序会将此 5 个数字及此 5 个数字的平均值存至 out6.txt 文件内。

```
1   /*    ch16_6.c              */
2   #include <stdio.h>
3   #include <stdlib.h>
4   int main()
5   {
6       FILE *fp;
7       int  var,i;
8       int  sum = 0;
9       float average;
10
11      fp = fopen("out6.txt","w");     /* 开启文件 */
12      for ( i = 0; i < 5; i++ )
13      {
14          printf("请输入数据 %d ==>  ",i+1);
15          scanf("%d",&var);
16          sum += var;
17          fprintf(fp,"%d\n",var); /* 将数据写入文件 */
18      }
19      average = (float) sum / 5.0;    /* 求平均     */
20      fprintf(fp,"平均值是 %6.2f",average);
21      fclose(fp);                      /* 关闭文件 */
22      system("pause");
23      return 0;
24  }
```

执行结果

```
C:\Cbook\ch16\ch16_6.exe
请输入数据 1 ==> 88
请输入数据 2 ==> 76
请输入数据 3 ==> 55
请输入数据 4 ==> 67
请输入数据 5 ==> 92
请按任意键继续. . .
```

```
out6 - 记事本
文件(F) 编辑(E) 格式(O) 查看(V) 帮助(H)
88
76
55
67
92
平均值是 75.60
```

16-3-6 fscanf( )

fscanf( ) 函数主要作用是让我们从某个文件指针所指的文件读取数据，它的使用语法如下：

fscanf(fp, "   ", ...);

文件指针　控制输入格式区　输入变量区

fscanf( ) 函数和 scanf( ) 函数两者之间最大的差别在于 scanf( ) 函数主要用于读取键盘输入读取数据，fscanf( ) 函数则是从 fp 文件指针所指的文件读取数据。

程序实例 ch16_7.c：将 data 7.txt 文件所存的 ASCII 码值打印在屏幕上。假设 data7.txt 内容如下所示：

```
1   /*    ch16_7.c                  */
2   #include <stdlib.h>
3   #include <stdio.h>
4   int main()
5   {
6       FILE *fp;
7       int  i,j,var;
8
9       fp = fopen("data7.txt","r"); /* 开启文件 */
10      for ( i = 0; i < 5; i++ )
11      {
12          for ( j = 0; j < 5; j++ )
13          {
14              fscanf(fp,"%d",&var);
15              printf("%c",var);
16          }
17          printf("\n");
18      }
19      fclose(fp);   /* 关闭文件 */
20      system("pause");
21      return 0;
22  }
```

执行结果

data7 - 记事本
文件(F) 编辑(E) 格式(O)
65 66 67 68 69
70 71 72 73 74
75 76 77 78 79
80 81 82 83 84
85 86 87 88 89

C:\Cbook\ch16\ch16_7.exe
ABCDE
FGHIJ
KLMNO
PQRST
UVWXY
请按任意键继续. . .

16-3-7 feof( ) 函数

feof( ) 函数主要功能是测试在读取数据时，是否已经读到文件末端位置，它的使用语法如下：

```
int feof(fp);
```

上述 fp 是文件指针，如果目前所读取数据的位置是在文件末端，则回传非零数值，否则回传零。

程序实例 ch16_8.c：以 feof( ) 函数取代 EOF，读者可以参考第 17 行，重新设计程序实例 ch16_5.c。

```
1   /*    ch16_8.c                    */
2   #include <stdio.h>
3   #include <stdlib.h>
4   int main(int argc, char *argv[])
5   {
6       FILE *fp;
7       int   count = 0;
8       int   ch;
9
10      if ( argc != 2 )
11      {
12         printf("指令错误 ");
13         exit(1);
14      }
15      fp = fopen(argv[1],"r");     /* 开启文件    */
16      /* 读到文件末端才结束 */
17      while ( !feof(fp) )
18      {
19         ch = getc(fp);
20         count++;                 /* 计算字符数 */
21      }
22      printf("%s档案的字符数是 %d\n",argv[1],count);
23      fclose(fp);                  /* 关闭文件    */
24      system("pause");
25      return 0;
26  }
```

执行结果　与程序实例 ch16_5.c 执行结果相同。

16-3-8　ferror( ) 函数

ferror( ) 函数主要用于测试前一个有关文件指针的操作是否正确，本函数主要是供设计系统程序的人使用，它的使用语法如下：

```
int ferror(fp);
```

上述 fp 是文件指针，如果前一个函数对有关文件指针的操作有错误，则回传值是非零数值，否则回传值是 0。

程序实例 ch16_9.c：ferror( ) 函数的应用，本程序开启一个可写入文件，然后尝试去读取所开启可写入文件，当然这会造成程序读取数据错误。

```
1   /*    ch16_9.c                    */
2   #include <stdio.h>
3   #include <stdlib.h>
4   int main()
5   {
6       FILE *fp;
7       int   ch;
8
9       fp = fopen("data9.txt","w");     /* 开启可写入文件 */
10      ch = getc(fp);                   /* 尝试读取数据 */
11      if ( ferror(fp) != 0 )
12         printf("文件失败\n");
13      else
14         printf("文件OK\n");
15      fclose(fp);                      /* 关闭文件 */
16      system("pause");
17      return 0;
18  }
```

执行结果

■ C:\Cbook\ch16\ch16_9.exe
文件失败
请按任意键继续. . .

16-4 有缓冲区的输入与输出应用在二进制文件

下表是应用在二进制文件，有缓冲区的输入与输出函数列表。

函数名称	功能说明
fwrite( )	将缓冲区数据写入文件
fread( )	读取缓冲区数据
fseek( )	设定准备读取文件数据的位置
rewind( )	将准备读取文件数据位置，设定在文件起始位置

16-4-1 fwrite( ) 函数

fwrite( ) 函数的主要作用是能将某个数据缓冲区内容，写入文件指针所指的二进制文件内，本函数使用的语法如下所示：

```
int fwrite(void *ptr, int length, int count, FILE *stream)
```

上述各参数意义如下：

❑ ptr：要写入数据的指针。

❑ length：要写入元素的大小，以字节为单位。

❑ count：要写入元素的个数。

❑ stream：这是输出流。

程序实例 ch16_10.c：使用 fwrite( ) 函数将字符串数据写入文件 out10.txt。

```
1   /*   ch16_10.c              */
2   #include <stdio.h>
3   #include <stdlib.h>
4   int main()
5   {
6       FILE *stream;
7       char str[] = "DeepMind Co.";
8
9       stream = fopen("out10.txt","w");   /* 开启可写入文件 */
10      fwrite(str, sizeof(str), 1, stream);
11      fclose(stream);                    /* 关闭文件 */
12      system("pause");
13      return 0;
14  }
```

执行结果

```
out10 - 记事本
文件(F) 编辑(E) 格式(O)
DeepMind Co.
```

注 虽然上述是将字符串数据写入 out.txt，这是为了让读者了解工作原理，建议未来工作如果是写入文本文件，还是不要用上述 fwrite( ) 函数。

16-4-2 fread( ) 函数

fread( ) 函数的主要作用是能将某二元文件内的数据，读入数据缓冲区内，本函数使用的格式如下所示：

```
int fread(void *ptr, int length, int count, FILE *stream)
```

上述各参数意义如下：

❑ ptr：要写入数据的指针。

❑ length：要写入元素的大小，以字节为单位。

❑ count：要写入元素的个数。

❑ stream：这是输入流。

程序实例 ch16_11.c：读取程序实例 ch16_10.c 建立的 out10.txt，然后输出。

```
1   /*   ch16_11.c                    */
2   #include <stdio.h>
3   #include <stdlib.h>
4   int main()
5   {
6       FILE *stream;
7       char var;
8
9       stream = fopen("out10.txt","rb");
10      /* 若不是读到文件末端则继续读 */
11      while ( fread(&var,sizeof(var),1,stream) != 0 )
12          printf("%c",var);
13      printf("\n");
14      fclose(stream);
15      system("pause");
16      return 0;
17  }
```

执行结果

C:\Cbook\ch16\ch16_11.exe

DeepMind Co.
请按任意键继续. . .

16-4-3 fseek( ) 函数

fseek( ) 函数的主要作用是设定所要读取数据的位置，以达到随机读取文件的目的，此函数的使用语法如下所示：

```
int fseek(FILE *stream, long int offset, int origin)
```

上述各参数意义如下：

❑ stream：指向 FILE 的指针。

❑ offset：参照 origin 的偏移量，以字节为单位。

❑ origin：作用位置参考点。

上述使用格式中，origin 有三种格式：

SEEK_SET(0)：表示从文件开头位置。

SEEK_CUR(1)：表示从目前位置。

SEEK_END(2)：表示从文件末端位置。

程序实例 ch16_12.c：fseek( ) 函数的基础操作。

```
1   /*   ch16_12.c                    */
2   #include <stdio.h>
3   #include <stdlib.h>
4   int main()
5   {
6       FILE *stream;
7
8       stream = fopen("out12.txt","wb");
9       fputs("C Programming Book is a good book.", stream);
10      fseek(stream, 22, SEEK_SET );
11      fputs("By Jiin-Kwei Hung", stream);
12      fclose(stream);
13      system("pause");
14      return 0;
15  }
```

执行结果

out12 - 记事本

文件(F) 编辑(E) 格式(O) 查看(V) 帮助(H)

C Programming Book is By Jiin-Kwei Hung

16-4-4　rewind( ) 函数

rewind( ) 函数的主要作用是将欲读取文件数据的位置，移至所配置文件开头位置，本函数的使用格式如下：

```
void rewind(FILE *stream)
```

程序实例 ch16_13.c：使用可擦写方式开启二进制文件 out13.txt，然后将 A ~ Z 的英文字母写入 out13.txt，然后读取 out13.txt，最后将所读数据中的 A ~ Z 输出。

```
1   /*   ch16_13.c                */
2   #include <stdio.h>
3   #include <stdlib.h>
4   int main()
5   {
6       int n;
7       FILE *ptr;
8       char buffer[27];
9
10      ptr = fopen("out13.txt","rwb");
11      for ( n='A' ; n<='Z' ; n++)
12          fputc(n, ptr);
13      rewind(ptr);
14      fread(buffer, 1, 26, ptr);
15      fclose(ptr);
16      buffer[26]='\0';
17      puts(buffer);
18      system("pause");
19      return 0;
20  }
```

执行结果

```
C:\Cbook\ch16\ch16_13.exe
ABCDEFGHIJKLMNOPQRSTUVWXYZ
请按任意键继续. . .
```

上述第 13 行是将文件指针移到文件最前面，再重新读取（第 14 行），第 16 行是设定字符串末端是"\n"，第 17 行是输出字符串。

16-4-5　输出数据到二进制文件

本节将直接讲解输出数据到二进制文件。

程序实例 ch16_13_1.c：输出简单数据到二进制文件。

```
1   /*      ch16_13_1.c              */
2   #include <stdlib.h>
3   #include <stdio.h>
4   int main()
5   {
6       int x = 5;
7       float y = 10.5;
8       int z[] = {8, 10, 12, 14, 16};
9       FILE *stream;
10
11      stream = fopen("out13_1.bin","wb");
12      fwrite(&x, sizeof(int), 1, stream);      /* 写入变量 x */
13      fwrite(&y, sizeof(float), 1, stream);    /* 写入变量 b */
14      fwrite(z, sizeof(int), 5, stream);       /* 写入数组 z */
15      fclose(stream);
16      system("pause");
17      return 0;
18  }
```

执行结果　执行结果用 Notepad++ 编辑器开启，会看到下列画面。

因为整数和浮点数皆占 4 个字节，上述数组内有 5 笔数据，所以共有 7 笔数据，此 out13_1.bin 共占 28 个字节。

```
out13_1.bin
out17      类型: BIN 文件
out22      大小: 28 字节
           修改日期: 2022/8/8 17:30
```

上述由于是二进制文件，一般编辑器无法读取，不过我们可以使用 C 开启文件，可以参考下一小节。

16-4-6　读取二进制文件数据

本节将直接讲解读取前一小节所建立的二进制文件。

程序实例 ch16_13_2.c：读取前一小节所建立的二进制文件 out13_1.bin，然后输出。

```
1   /*       ch16_13_2.c            */
2   #include <stdlib.h>
3   #include <stdio.h>
4   int main()
5   {
6       int x;
7       float y;
8       int z[5];
9       FILE *stream;
10      int i;
11
12      stream = fopen("out13_1.bin","rb");
13      fread(&x, sizeof(int), 1, stream);      /* 读取变量 x */
14      fread(&y, sizeof(float), 1, stream);    /* 读取变量 b */
15      fread(z, sizeof(int), 5, stream);       /* 读取数组 z */
16      fclose(stream);
17      printf("x = %d\n", x);
18      printf("y = %f\n", y);
19      for (i = 0; i < 5; i++)
20          printf("z[%d] = %d\n", i, z[i]);
21      system("pause");
22      return 0;
23  }
```

执行结果

```
C:\Cbook\ch16\ch16_13_2.exe
x = 5
y = 10.500000
z[0] = 8
z[1] = 10
z[2] = 12
z[3] = 14
z[4] = 16
请按任意键继续. . .
```

16-5　C 语言默认的文件指针

C 语言内默认了 5 个标准文件指针可供我们处理文件时使用，如下表所示。

文件指针名称	功能说明
stdin	标准输入设备，指的是键盘
stdout	标准输出设备，指的是屏幕

C 语言王者归来

续表

文件指针名称	功能说明
stderr	标准错误流设备，记录错误或除错
stdaux	标准辅助设备，指的是串行埠
stdprn	标准打印设备，指的是打印机

由于上述文件指针，C 编译程序默认会先开启，所以在程序中，可以直接使用上述文件指针。

程序实例 ch16_14.c：使用 C 语言内建的标准输出设备，输出所读取的数据。

```
1   /*    ch16_14.c              */
2   #include <stdio.h>
3   #include <stdlib.h>
4   int main()
5   {
6       FILE *fp;
7       char ch;
8
9       fp = fopen("data14.txt","r");
10      while ( (ch = getc(fp)) != EOF )
11        putc(ch,stdout);        /* 打印数据到屏幕 */
12      fclose(fp);
13      system("pause");
14      return 0;
15  }
```

执行结果

```
C:\Cbook\ch16\ch16_14.exe
C Programming Book
By Jiin-Kwei Hung
请按任意键继续. . .
```

16-6 无缓冲区的输入与输出

无缓冲区的输入与输出的概念起源于 UNIX，笔者于 1990 年 8 月曾经出版一本《C 语言入门与应用彻底剖析》，该书适用于 UNIX 系统，在该书的第 17 章 UNIX 系统的文件管理内，笔者即对 UNIX 核心（kernel）程序文件输入与输出做了介绍。这类的输入与输出函数，由于是通过 UNIX 核心程序进行，因此这类函数可以没有缓冲区，而程序设计师必须自行控制数据的存取。

下列是无缓冲区的输入与输出，读取文件类型则依函数参数设定。

函数名称	功能说明
open( )	开启文件
close( )	关闭文件
read( )	读取特定文件代号的数据
CREAT( )	建立文件
write( )	将缓冲区数据，写入文件代号所指的文件

美国 Borland 公司在发展 Turbo C 软件时，所持的原则是除了发展适用于 DOS 系统的函数外，也尽可能地将 UNIX 系统内所想规范的各函数包含在其软件内。因此，Turbo/Visual/Dev C 除了拥有 16.3 节的输入与输出函数外，也包含本节所要讲解的无缓冲区的输入与输出函数。

本节的内容会介绍文件的属性，右击可以查看文件的属性，下列是 data1.txt 的实例。

由于本节所述函数皆是定义在 fcntl.h 内，同时文件属性的常数定义在 sys/stat.h 内，另外无缓冲区的输入与输出是定义在 io.h 内，所以必须在程序前方加上下列指令。

```
#include <fcntl.h>
#include <sys/stat.h>
#include <io.h>
```

16-6-1　open( )函数

open( ) 函数主要的功能是开启一个文件，它的使用语法如下：

```
int open (char *filename, int mode, int access);
```

上述各参数的意义如下所示：

❑　filename：文件名。

❑　mode：文件开启方式，可以参考下列解说。

O_APPEND：将文件指针指向文件尾，相当于将新内容加入内容结尾。

O_CREAT：产生一个供写入的文件，不过建议使用 creat( ) 函数取代。

O_RDONLY：产生一个只读文件。

O_RDWR：产生一个可读取和可写入的文件。

O_TRUNC：开启并设定一个已存在的文件为空白。

O_WRONLY：开启一个只能写入的文件。

O_BINARY：以二进制方式开启文件。

O_TEXT：以文字模态方式开启文件。

❑　access：存取属性，这是设定用户的存取属性，此部分主要用于模仿 UNIX 系统，对 DOS 用户而言，我们可以将它设为零，或是忽略此项，如果真的要设定，可以参考下列说明。

S_IREAD：开启可以读取的文件。

S_IWRITE：开启可以写入的文件。

S_IREAD | S_WRITE：开启可读取和写入的文件。

此外，在上述文件开启方式中，也可以同时开启两种特性以上的文件，彼此间用 "|" (or) 隔开。

如果文件开启成功，会回传一个整数值，这个整数值称为文件代号 (file handle)，在后面的程序设计中，我们可以利用这个文件代号，存取此文件内容。如果文件开启失败，则 C 语言会回传 -1。整个说明如下图所示。

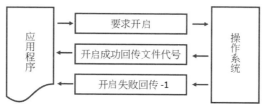

在 C 语言内，另有一个函数如下所示：

```
_open (char *filename, int mode);
```

它的功能和 open( ) 类似，但是此功能忽略 access 参数项。同样的，如果开启文件成功，它将回传一个整数值，此值称为文件代号，如果开启失败则回传 -1。

16-6-2　close( ) 函数

close( ) 函数的主要功能是关闭所开启的文件代号，它的使用语法如下：

```
int close ( 文件代号 );
```

如果文件关闭成功，回传值是 0，否则回传值是 -1。

程序实例 ch16_15.c：open( ) 函数和 close( ) 函数的应用，本函数会开启 data15.txt 文件，然后将该文件关闭。

```
1   /*   ch16_15.c                    */
2   #include <fcntl.h>
3   #include <io.h>
4   #include <sys/stat.h>
5   #include <stdlib.h>
6   #include <stdio.h>
7   int main()
8   {
9       int  fd;                  /* 文件代号 */
10
11      if ( (fd = open("data15.txt",O_RDONLY)) == -1 )
12      {
13          printf("开启文件失败 \n");
14          exit(1);
15      }
16      else
17          printf("开启文件 OK \n");
18
19      if ( close(fd) == -1 )
20          printf("关闭文件失败 \n");
21      else
22          printf("关闭文件 OK \n");
23      system("pause");
24      return 0;
25  }
```

执行结果

C:\Cbook\ch16\ch16_15.exe
开启文件OK
关闭文件OK
请按任意键继续. . .

16-6-3　read( ) 函数

read( ) 函数的主要作用是从特定的文件代号内读取数据，它的使用语法如下所示：

```
int read(int fd, void *buf, int size);
```

上述 read( ) 函数内，各参数的意义如下所示：

❑　fd：这是文件代号。

❑　buf：这是内存缓冲区，存储所要读取的数据。

❑　size：表示所要读取的字符数量。

上述 read( ) 函数如果读取数据成功，此函数会回传所读取的字符数量，如果读取数据失败，它的回传值是 -1。

程序实例 ch16_16.c：计算某个文件的字符数量。

```
1   /*    ch16_16.c                */
2   #include <fcntl.h>
3   #include <io.h>
4   #include <sys/stat.h>
5   #include <stdio.h>
6   #include <stdlib.h>
7   #define   size      512
8   int main()
9   {
10      int   fd;                  /* 文件代号 */
11      char buf[size];
12      int   count = 0;
13      int   i;
14      char fn[] = "data16.txt";
15
16      fd = open(fn ,O_RDONLY);
17      while ( ( i = read(fd,buf,size) ) > 0 )
18         count += i;
19      printf("%s 的字符数是 %d\n", fn, count);
20      close(fd);
21      system("pause");
22      return 0;
23  }
```

执行结果

```
C:\Cbook\ch16\ch16_16.exe
data16.txt 的字符数是 116
请按任意键继续. . .
```

16-6-4　creat( )

这个函数可以建立新的文件供写入，语法如下：

```
int creat(int fd, int access);
```

存取属性 access 内容如下：

S_IREAD：开启可以读取的文件。

S_IWRITE：开启可以写入的文件。

S_IREAD|S_WRITE：开启可读取和写入的文件。

16-6-5　write( ) 函数

write( ) 函数主要作用是将缓冲区数据写入文件代号所指的文件内,此函数的使用语法如下:

```
int write(int fd, void *buf, int size);
```

上述函数各参数的意义如下:

❏　fd:文件代号。

❏　buf:缓冲区,存储欲写入文件代号的数据。

❏　size:欲写入数据的字符数量。

如果 write( ) 函数执行成功,此函数会回传写入的字符数量。如果执行失败,回传值是 -1。

程序实例 ch16_17.c:COPY 指令的设计,本程序会将 data17.txt 复制至 out17.txt。

```
1   /*   ch16_17.c              */
2   #include <fcntl.h>
3   #include <io.h>
4   #include <sys/stat.h>
5   #include <stdlib.h>
6   #include <stdio.h>
7   #define  size    512
8   int main()
9   {
10      char buffer[size];
11      char fin[] = "data17.txt";
12      char fout[] = "out17.txt";
13      int src, dst;
14      int sizeread;
15
16      src = open(fin, O_RDONLY|O_TEXT);
17      dst = creat(fout, S_IWRITE);
18
19      if((src != -1) && (dst != -1))        /* 检查文件是否开启成功 */
20      {
21          while( !eof(src) )
22          {
23              sizeread = read(src, buffer, size);     /* 读取文件 */
24              write(dst, buffer, sizeread);           /* 写入文件 */
25          }
26          close(src);
27          close(dst);
28          printf("复制文件 OK\n");
29      }
30      else
31          printf("开启文件 Fail\n");
32      system("pause");
33      return 0;
34  }
```

执行结果

```
C:\Cbook\ch16\ch16_17.exe
复制文件 OK
请按任意键继续. . .
```

读者可以检查 out17.txt 与 data17.txt 的内容将会一样。

16-7　无缓冲区的输入与输出应用在二进制文件

这一节将建立结构 struct 数据,然后将此数据写入二进制文件,然后读取二进制文件验证所存储的二进制文件。

程序实例 ch16_18.c：将结构数据写入二进制文件 out18.bin。注：程序执行前文件夹内不可有 out18.bin 文件，否则会开启文件失败。

```
1   /*    ch16_18.c              */
2   #include <fcntl.h>
3   #include <io.h>
4   #include <sys/stat.h>
5   #include <stdlib.h>
6   #include <stdio.h>
7   int main()
8   {
9       int fd;
10      char fn[] = "out18.bin";
11      struct data
12      {
13          char name[10];
14          char gender;
15          int age;
16      } info = {"John", 'M', 20};
17
18      fd = open(fn, O_CREAT|O_WRONLY|O_BINARY,S_IREAD);
19      if((fd != -1))          /* 检测是否文件开启成功 */
20      {
21          printf("开启文件OK \n");
22          write(fd, &info, sizeof(info));
23          close(fd);
24          printf("写入 OK \n");
25      }
26      else
27          printf("开启文件失败\n");
28      system("pause");
29      return 0;
30  }
```

上述程序实例的重点其实就是第 18 行建立二进制文件 out18.bin，第 22 行是将所建立的结构 struct 数据写入 out18.bin。

程序实例 ch16_19.c：读取程序实例 ch16_18.c 所写入的 out18.bin 文件，然后输出。

```
1   /*    ch16_19.c              */
2   #include <fcntl.h>
3   #include <io.h>
4   #include <sys/stat.h>
5   #include <stdlib.h>
6   #include <stdio.h>
7   int main()
8   {
9       int fd;
10      char fn[] = "out18.bin";
11      struct data
12      {
13          char name[10];
14          char gender;
15          int age;
16      } info = {"John", 'M', 20};
17      fd = open(fn, O_RDONLY|O_BINARY);
18      if((fd != -1))          /* 检测是否文件开启成功 */
19      {
20          read(fd, &info, sizeof(info));
21          printf("info.name   = %s\n",info.name);
22          printf("info.gender = %c\n",info.gender);
23          printf("info.age    = %d\n",info.age);
24          close(fd);
25      }
26      else
27          printf("开启文件失败\n");
28      system("pause");
29      return 0;
30  }
```

16-8 专题实操：随机读取二进制文件数据 / 字符串加密

16-8-1 随机读取数据的应用

程序实例 ch16_20.c：以开启二进制文件方式，随机读取 data20.txt 文件中十六进制数据的应用，本程序在执行时，只要输入小于 0 的值，程序会立即结束执行。

```
1   /*    ch16_20.c                    */
2   #include <ctype.h>
3   #include <stdlib.h>
4   #include <stdio.h>
5   #include <math.h>
6   int main(int argc, char *argv[])
7   {
8       FILE *fp;
9       int  sector;
10      int  totalread,totaldigit,totalchar;
11      int  i,j;
12      char buffer[64];
13      char fn[] = "data20.txt";
14
15      fp = fopen(fn,"rb");
16      while ( 1 )
17      {
18          printf("输入扇区 : ");
19          scanf("%d",&sector);
20          if ( sector < 0 )
21          {
22              printf("结束随机读取数据 \n");
23              break;
24          }
25          if ( fseek(fp,sector*64,0) != 0 )
26          {
27              printf("随机读取数据错误 \n");
28              break;
29          }
30  /* 读取 64 字节数据, 如果读不到这么多表示已读到文件末端 */
31          if ( ( totalread = fread(buffer,1,64,fp) ) != 64 )
32              printf("end of file.... \n");
33          totalchar = totaldigit = totalread;
34          for ( i = 0; i < ceil((float)totalread / 16); i++ )
35          {
36              for ( j = 0; j < 16; j++ )
37              {
38                  totaldigit--;
39                  if ( totaldigit < 0 ) /* 无数据则列空白 */
40                      printf("   ");
41                  else            /* 否则输出十六进制值 */
42                      printf("%3x",buffer[i*16+j]);
43              }
44              printf("   "); /*十六进制值和字符间的空白 */
45              for ( j = 0; j < 16; j++ )
46              {
47                  totalchar--;
48                  if ( totalchar < 0 )
49                      printf(" ");   /* 输出完成后用空白取代 */
50                  else
51                      if ( isprint(buffer[i*16+j]) )
52                          printf("%c",buffer[i*16+j]);/*输出字符*/
53                      else        /* 非字符则用"."取代   */
54                          printf(".");
55              }
56              printf("\n");
57          }
58      }
59      fclose(fp);
60      system("pause");
61      return 0;
62  }
```

执行结果

```
C:\Cbook\ch16\ch16_20.exe
输入扇区 : 0
54 68 69 73 20 69 73 20 74 68 65 20 74 65 73 74      This is the test
69 6e 67 20 66 69 6c 65 20 66 6f 72 20 49 6e 74      ing file for Int
72 6f 64 75 63 74 69 6f 6e 20 74 6f 20 43 2e  d      roduction to C.
 a 41 6c 6c 20 6f 66 20 70 72 6f 67 72 61 6d 20      .All of program
输入扇区 : 1
end of file....
63 61 6e 20 62 65 20 72 75 6e 20 69 6e 20 44 65      can be run in De
63 2d 43 20 61 6e 64 20 56 69 73 75 61 6c 20 43      c-C and Visual C
2b 2b 2e  d  a 42 79 20 4a 69 69 6e 2d 4b 77 65      ++...By Jiin-Kwe
69 20 48 75 6e 67                                    i Hung
输入扇区 : -1
结束随机读取数据
请按任意键继续. . .
```

16-8-2　lseek( ) 函数

无缓冲区的输入与输出有一个 lseek( ) 函数，这个函数和 16-4-3 节 fseek( ) 函数功能类似，只不过一个是适用于无缓冲区的输入与输出，另一个是适用于有缓冲区的输入与输出。因此，lseek( ) 函数也用于设定随机读取文件的起始位置。它的使用语法如下：

```
int lseek (int fd, long num_byte, int origin);
```

上述函数各参数的意义如下：

（1）fd：文件代号。

（2）num_byte：表示所欲读取数据距离 origin 的差距位置，此差距位置最长不可超过 64k 字节。注意，这是长整数。

（3）origin：可以是下列三种值：

SEEK_SET：表示文件起始位置。

SEEK_CUR：表示目前位置。

SEEK_END：表示文件末端位置。

如果函数执行成功，则回传 num_byte 值，否则回传 -1。

程序实例 ch16_21.c：以无缓冲区 lseek( ) 函数，重新设计程序实例 ch16_20.c。

```
1  /*   ch16_21.c                */
2  #include <fcntl.h>
3  #include <stdio.h>
4  #include <stdlib.h>
5  #include <ctype.h>
6  #include <math.h>
7  int main(int argc, char *argv[])
8  {
9      long pos;
10     int  fd;
11     int  sector;
12     int  totalread,totaldigit,totalchar;
13     int  i,j;
14     char buffer[64];
15     char fn[] = "data20.txt";
16
17     fd = open(fn,O_RDONLY | O_BINARY);
18     while ( 1 )
19     {
20         printf("输入扇区 : ");
```

```
21          scanf("%d",&sector);
22          if ( sector < 0 )
23          {
24              printf("结束随机读取数据 \n");
25              break;
26          }
27          pos = (long) sector * 64;
28          if ( lseek(fd,pos,SEEK_SET) == -1 )
29          {
30              printf("随机读取数据错误 \n");
31              break;
32          }
33  /* 读取 64 字节数据, 如果读不到这么多表示已读到文件末端 */
34          if ( ( totalread = read(fd,buffer,64) ) != 64 )
35              printf("end of file.... \n");
36          totalchar = totaldigit = totalread;
37          for ( i = 0; i < ceil((float)totalread / 16); i++ )
38          {
39              for ( j = 0; j < 16; j++ )
40              {
41                  totaldigit--;
42                  if ( totaldigit < 0 ) /* 无数据则列空白 */
43                      printf("   ");
44                  else            /* 否则输出十六进制值 */
45                      printf("%3x",buffer[i*16+j]);
46              }
47              printf("   "); /*十六进制值和字符间的空白 */
48              for ( j = 0; j < 16; j++ )
49              {
50                  totalchar--;
51                  if ( totalchar < 0 )
52                      printf(" "); /* 输出完成后用空白取代 */
53                  else
54                      if ( isprint(buffer[i*16+j]) )
55                          printf("%c",buffer[i*16+j]);/*输出字符*/
56                      else            /* 非字符则用"."取代   */
57                          printf(".");
58              }
59              printf("\n");
60          }
61      }
62      close(fd);
63      system("pause");
64      return 0;
65  }
```

执行结果

```
C:\Cbook\ch16\ch16_21.exe
输入扇区 : 0
 54 68 69 73 20 69 73 20 74 68 65 20 74 65 73 74    This is the test
 69 6e 67 20 66 69 6c 65 20 66 6f 72 20 49 6e 74    ing file for Int
 72 6f 64 75 63 74 69 6f 6e 20 74 6f 20 43 2e  d    roduction to C..
  a 41 6c 6c 20 6f 66 20 70 72 6f 67 72 61 6d 20    .All of program
输入扇区 : 1
end of file....
 63 61 6e 20 62 65 20 72 75 6e 20 69 6e 20 44 65    can be run in De
 63 2d 43 20 61 6e 64 20 56 69 73 75 61 6c 20 43    c-C and Visual C
 2b 2b 2e  d  a 42 79 20 4a 69 69 6e 2d 4b 77 65    ++...By Jiin-Kwe
 69 20 48 75 6e 67                                  i Hung
输入扇区 : -1
结束随机读取数据
请按任意键继续. . .
```

16-8-3　字符串加密

最简单的字符串加密是将字符串的元素加上特定数字，这样就可以达到加密效果。

程序实例 ch16_22.c：使用字符值加 3 的方式执行字符串加密，这个程序会输出加密结果，同时会将加密结果的文件存入 out22.txt。

```c
1   /*    ch16_22.c              */
2   #include <stdio.h>
3   #include <stdlib.h>
4   #include <string.h>
5   int main()
6   {
7       FILE *fp;
8       char fn[] = "out22.txt";
9       int i;
10      int len;
11      char str[100];
12
13      printf("请输入要加密的字符串 : ");
14      gets(str);
15      len = strlen(str);
16      for(i = 0; (i < len && str[i] != '\0'); i++)
17          str[i] = str[i] + 3;
18      printf("加密结果 : %s\n", str);
19      fp = fopen(fn,"w");
20      fprintf(fp, "%s\n", str);
21      fclose(fp);
22      system("pause");
23      return 0;
24  }
```

执行结果

```
C:\Cbook\ch16\ch16_22.exe
请输入要加密的字符串 : I like it.
加密结果 : L#olnh#lw1
请按任意键继续. . .
```

```
out22 - 记事本
文件(F)  编辑(E)  格式(O)
L#olnh#lw1
```

16-9　习题

一、是非题

(　　) 1. 所谓的有缓冲区的输入与输出是，当它在读取文件数据或将数据写入文件时，一定都先经过一个缓冲区。(16-1 节)

(　　) 2. 有缓冲区的输入与输出函数是被定义在 stdio.h 文件内。(16-3 节)

(　　) 3. 如果 fclose( ) 执行失败，它的回传值是零。(16-3 节)

(　　) 4. fprint( ) 函数主要作用是将数据以格式化方式输出到屏幕。(16-3 节)

(　　) 5. fscanf( ) 主要是从屏幕输入读取数据。(16-3 节)

(　　) 6. fwrite( ) 函数主要作用是将缓冲区内的内容写入文件指针所指的二元文件内。(16-4 节)

(　　) 7. fread( ) 函数主要是将文本文件的数据读入缓冲区内。(16-4 节)

(　　) 8. rewind( ) 函数主要是将欲读取文件数据位置移至文件开头位置。(16-4 节)

(　　) 9. 无缓冲区的输入与输出函数是被定义在 stdio.h 文件内。(16-6 节)

(　　) 10. 使用 open( ) 函数开启文件成功时，会回传一个整数值，这个整数值称为文件代号，其值会从 1, 2, …, n 依次设定。

二、选择题

(　　) 1. 有缓冲区的输入与输出函数是被定义 (A) stdio.h (B) stdlib.h (C) fcntl.h (D) math.h。(16-3 节)

(　　) 2. 如果您想使用 fopen( ) 开启一个文本文件，同时未来数据可写入此文件末端，则第 2 个自变量需使用 (A) r (B) w (C) a (D) ab。(16-3 节)

(   ) 3. 如果您想使用 fopen( ) 函数开启一个二元文件，同时未来数据可写入此文件末端，则第 2 个自变量需使用 (A) r (B) w (C) a (D) ab。(16-3 节)

(   ) 4. 在 C 语言默认的文件指针中，哪一个指的是键盘？ (A) stdin (B) stdout (C) stdaux (D) stdprn。(16-5 节)

(   ) 5. 无缓冲区的输入与输出函数是被定义在 (A) studio.h (B) stdlib.h (C) fcntl.h (D) math.h。(16-6 节)

(   ) 6. 使用 open( ) 函数开启文件时，如果期待开启一个可供读取及写入的文件，则第 2 个自变量是 (A) O_APPEND (B) O_CREAT (C) O_RDONLY (D) O_RDWR。(16-6 节)

(   ) 7. 使用 open( ) 函数开启文件时，如果期待开启一个已存在的文件并将其设为空白，则第 2 个自变量是 (A) O_WRONLY (B) O_TRUNC (C) O_BINARY (D) O_TEXT。(16-6 节)

三、填充题

1. 有缓冲区的开启文件函数是 (   )。(16-3 节)

2. fprint( ) 和 printf( ) 两者唯一的差别是 (   ) 会将数据打印在屏幕上，而 (   ) 会将数据打印在某个文件指针所指的文件内。(16-3 节)

3. fscanf( ) 和 scanf( ) 两者的差别是 (   ) 函数读取键盘输入的数据，(   ) 则是从文件指针所指的文件读取数据。

4. (   ) 函数可用于设定有缓冲区随机读取文件的起始位置函数。(16-4 节)

5. (   ) 函数可将准备读取文件数据的位置，设定在文件起始位置。(16-4 节)

6. C 语言默认的文件指针中 (   ) 指的是键盘，(   ) 指的是屏幕，(   ) 指的是打印机。(16-5 节)

7. 无缓冲区的开启文件函数是 (   )。(16-6 节)

8. 函数 (   ) 可用于设定无缓冲区随机读取文件的起始位置。(16-8 节)

四、实操题

1. 文件复制的应用，本程序执行方式如下 : (16-3 节)

ex16_1 文件 1 文件 2

下列是执行 ex16_1 data16_1.txt out16_2.txt 的结果。

2. 文件连接程序设计，执行完后文件 1 的内容，会被接到文件 2 的末端，本程序的执行方式如下 : (16-3 节)

ex16_2 文件 1 文件 2

下列是执行 ex16_2 data16_1.txt data16_2.txt 的结果，读者可以比较下方左边执行前的 data16_2.txt 和下方右边执行后的 data16_2.txt。

3. 有一个答案文件 data16_3.txt，答案是 ABCDABCDAB，请读取字符，然后输出如下。(16-3 节)

```
■ C:\Cbook\ex\ex16_3.exe
第　1 答案是 A
第　2 答案是 B
第　3 答案是 C
第　4 答案是 D
第　5 答案是 A
第　6 答案是 B
第　7 答案是 C
第　8 答案是 D
第　9 答案是 A
第 10 答案是 B
请按任意键继续. . .
```

4. 使用开启二进制文件方式重新设计 ch16_5.c 计算文件的字符数。(16-4 节)

```
C:\Cbook\ex>ex16_4 data16_4.txt
data16_4.txt文件的字符数是 34
请按任意键继续. . .
```

5. 读取和写入二进制文件的实例，这个程序会要求输入手机号码，然后用手机号末 4 位当作快递号码，读者要先开启 out16_5.txt 文件存储所输入的手机号码，然后关闭此文件。接着再重新开启 out16_5.txt 文件，然后移动指针可以显示手机号码的末 4 位。(16-4 节)

```
■ C:\Cbook\ex\ex16_5.exe
请输入手机号码：0952123456
快递号码 3456 已经到了
请按任意键继续. . .
```

6. DOS 的 Type 指令设计，这个程序会将指定文件的内容输出。(16-6 节)

```
■ C:\Cbook\ex\ex16_6.exe
请输入要显示内容的文件：data16_6.txt
This is the testing file for Introduction to C.
All of program can be run in Dec-C and Visual C++.
By Jiin-Kwei Hungng
请按任意键继续. . .
```

7. 这是解密程序，请解开程序实例 ch16_22.c 的加密文件 out22.txt。(16-8 节)

```
■ C:\Cbook\ex\ex16_7.exe
I like it.
请按任意键继续. . .
```

17

第 1 7 章

文件与文件夹的管理

C 语言的函数库提供许多有价值的文件及文件夹 (也可称为目录) 的管理函数，以方便读者设计有用的系统程序，本节将介绍一些实用的文件及文件夹管理函数。

17-1　文件的删除

与文件删除有关的系统函数有两个，本节将分别介绍。

17-1-1　remove( ) 函数

remove( ) 函数主要用于删除文件，它的使用格式如下：

```
int remove(char *pathname);
```

如果文件删除成功它的回传值是 0，否则回传值是 -1。注：上述 pathname 可以是普通文件或文件路径名称。

程序实例 ch17_1.c：删除 data1.txt 文件的应用，在 ch17 文件夹内有 data1.txt 文件供测试。

```
1  /*   ch17_1.c                */
2  #include <stdio.h>
3  #include <stdlib.h>
4  int main()
5  {
6      int rtn;
7
8      rtn = remove("data1.txt");
9      if (rtn == 0)
10         printf("删除文件 OK\n");
11     else
12         printf("删除文件失败\n");
13     system("pause");
14     return 0;
15 }
```

执行结果　读者可以自行到 ch17 文件夹验证结果。

```
 C:\Cbook\ch17\ch17_1.exe
删除文件 OK
请按任意键继续. . .
```

17-1-2　unlink( ) 函数

unlink( ) 函数的主要目的是删除所指定的文件，它的使用格式如下：

```
int unlink(char *pathname);
```

如果文件删除成功回传值是 0，否则回传值是 -1。

程序实例 ch17_2.c：删除 data2.txt 文件的应用，在 ch17 文件夹内有 data2.txt 文件供测试。

```
1  /*   ch17_2.c                */
2  #include <stdio.h>
3  #include <stdlib.h>
4  int main()
5  {
6      int rtn;
7
8      rtn = unlink("data2.txt");
9      if (rtn == 0)
10         printf("删除文件 OK\n");
11     else
12         printf("删除文件失败\n");
13     system("pause");
14     return 0;
15 }
```

执行结果

```
 C:\Cbook\ch17\ch17_2.exe
删除文件 OK
请按任意键继续. . .
```

17-2 文件名的更改

rename( ) 函数主要是将某一个文件名改成另一个新的文件名，它的使用格式如下：

```
int rename(char *oldpathname, char *newpathname);
```

程序执行后，旧文件名 (或文件路径名称) 会被改成新文件名 (或文件路径名称)，如果上述函数执行成功回传值是 0，否则回传值 -1。

程序实例 ch17_3.c：更改文件名。

```
1   /*    ch17_3.c              */
2   #include <stdio.h>
3   #include <stdlib.h>
4   int main()
5   {
6       int rtn;
7       char src[] = "data3.txt";
8       char dst[] = "out3.txt";
9
10      rtn = rename(src, dst);
11      if (rtn == 0)
12          printf("更改名称 OK\n");
13      else
14          printf("更改名称失败\n");
15      system("pause");
16      return 0;
17  }
```

执行结果

```
C:\Cbook\ch17\ch17_3.exe
更改名称 OK
请按任意键继续. . .
```

17-3 文件长度计算

filelength( ) 函数的主要作用是供我们直接计算某个文件的长度，它的使用格式如下：

```
long filelength(int 文件代号 );
```

本函数若执行成功回传值是文件长度 (以长整数方式存储)，否则回传 -1。

程序实例 ch17_4.c：回传文件长度。

```
1   /*    ch17_4.c              */
2   #include <stdio.h>
3   #include <stdlib.h>
4   #include <fcntl.h>
5   #include <io.h>
6   int main()
7   {
8       char fn[] = "data4.txt";
9       int    fd;
10
11      fd = open(fn,O_RDONLY);
12      printf("%s 文件长度是 %d\n",fn,filelength(fd));
13      system("pause");
14      return 0;
15  }
```

执行结果

```
C:\Cbook\ch17\ch17_4.exe
data4.txt 文件长度是 41
请按任意键继续. . .
```

17-4　子文件夹的建立

mkdir( ) 函数主要是供我们建立一个子文件夹，它的使用格式如下：

```
int mkdir(char *path);
```

如果建立子文件夹成功，回传值是 0，否则回传值是 -1。注：如果所建立的文件夹已经存在，会回传建立子文件夹失败。

程序实例 ch17_5.c：建立一个子文件夹的程序设计。

```
1   /*    ch17_5.c                     */
2   #include <stdio.h>
3   #include <stdlib.h>
4   int main()
5   {
6       char subdir[] = "dir5";
7
8       if ( mkdir(subdir) == 0 )
9           printf("建立子文件夹 OK \n");
10      else
11          printf("建立子文件夹错误 \n");
12      system("pause");
13      return 0;
14  }
```

执行结果

C:\Cbook\ch17\ch17_5.exe
建立子文件夹 OK
请按任意键继续. . .

17-5　删除子文件夹

rmdir( ) 函数的主要目的是供我们删除一个子文件夹，它的使用格式如下：

```
int rmdir(char *path);
```

如果删除子文件夹成功，回传值是 0，否则回传值是 -1。

程序实例 ch17_6.c：删除子文件夹 dir5 的程序设计。

```
1   /*    ch17_6.c                     */
2   #include <stdio.h>
3   #include <stdlib.h>
4   int main()
5   {
6       char subdir[] = "dir5";
7       if ( rmdir(subdir) == 0 )
8           printf("删除子文件夹 OK \n");
9       else
10          printf("删除子文件夹错误 \n");
11      system("pause");
12      return 0;
13  }
```

执行结果

C:\Cbook\ch17\ch17_6.exe
删除子文件夹 OK
请按任意键继续. . .

C 语言王者归来

17-6 获得目前文件夹路径

getcwd( ) 函数的主要目的是列出目前的文件夹路径，它的使用格式如下：

```
char getcwd(char *pathbuffer, int numchars);
```

在上述使用语法中，pathbuffer 是存储获得文件夹路径的结果，numchars 则是代表 pathbuffer 缓冲区可存储多少字节数据。如果取得目前的文件夹路径失败，则回传值是 0。

程序实例 ch17_7.c：打印目前工作文件夹的程序设计。

```
1  /*    ch17_7.c                    */
2  #include <stdio.h>
3  #include <stdlib.h>
4  int main()
5  {
6      char pathname[80];
7
8      if ( getcwd(pathname,80) == 0 )
9      {
10         printf("获得目前文件夹路径错误 \n");
11         exit(1);
12     }
13     printf("目前文件夹路径是 %s\n",pathname);
14     system("pause");
15     return 0;
16 }
```

执行结果

```
C:\Cbook\ch17\ch17_7.exe
目前文件夹路径是 C:\Cbook\ch17
请按任意键继续. . .
```

17-7 习题

一、是非题

(　　) 1. remove( ) 函数可用于删除子目录。(17-1 节)

(　　) 2. 使用 unlink( ) 函数删除文件成功时，回传值是 0。(17-1 节)

(　　) 3. rename( ) 函数可将文件重新命名。(17-2 节)

(　　) 4. 使用 mkdir( ) 函数建立子文件夹成功时，回传值是 0。(17-4 节)

二、选择题

(　　) 1. 使用 remove( ) 函数删除文件失败时，回传值是 (A) 0 (B) 1 (C) -1 (D) 大于 0 之随机数。(17-1 节)

(　　) 2. 使用 rename( ) 函数更改文件名成功时，回传值是 (A) 0 (B) 1 (C) -1 (D) 大于 0 之随机数。(17-2 节)

(　　) 3. (A) unlink( ) (B) filelength( ) (C) getcwd( ) (D) chdir( ) 函数可直接计算文件的长度。(17-3 节)

(　　) 4. (A)unlink( ) (B) filelength( ) (C) getcwd( ) (D) chdir( ) 函数可获得目前的文件夹路径。(17-6 节)

三、填充题

1. (　　) 或 (　　) 函数可删除指定的文件。(17-1 节)

2. (　　) 函数可更改文件名。(17-2 节)

3. (　　) 函数可计算文件长度。(17-3 节)

4. (　　) 函数可建立子文件夹，(　　) 函数可删除子文件夹。(17-4 节和 17-5 节)

四、实操题

1. 请设计程序可以使用下列指令，删除一系列的文件，读者可以使用如下 3 个文件做测试。(17-1 节)

    ex17_1 data17_1_1.txt data17_1_2.txt data17_1_3.txt

    如下是执行画面。

```
C:\Cbook\ex>ex17_1 data17_1_1.txt data17_1_2.txt data17_1_3.txt
删除 data17_1_1.txt OK
删除 data17_1_2.txt OK
删除 data17_1_3.txt OK
请按任意键继续. . .
```

2. 请设计更改文件名程序，其中文件名需由键盘输入。(17-2 节)

```
■ C:\Cbook\ex\ex17_2.exe

请输入旧文件名：data17_2.txt
请输入新文件名：out17_2.txt
更改名称 OK
请按任意键继续. . .
```

3. 请重新设计程序实例 ch17_4.c，文件名改为由键盘输入。(17-3 节)

```
■ C:\Cbook\ex\ex17_3.exe

请输入文件名 : data17_3.txt
data17_3.txt 文件长度是 32
请按任意键继续. . .
```

4. 请重新设计程序实例 ch17_5.c，所建立的文件夹改为由键盘输入。(17-4 节)

```
■ C:\Cbook\ex\ex17_4.exe

请输入文件夹名称 : out17_4
建立子文件夹 OK
请按任意键继续. . .
```

5. 请重新设计程序实例 ch17_6.c，所删除的文件夹改为由键盘输入。(17-5 节)

```
■ C:\Cbook\ex\ex17_5.exe

请输入文件夹名称 : out17_4
删除子文件夹 OK
请按任意键继续. . .
```

第 18 章

数据转换函数

本章将针对一些较常用的函数做说明，重点是数据转换函数，这些数据转换函数皆包含在 stdlib.h 内，所以在程序前方请加上下列指令。

```
#include  <stdlib.h>
```

18-1 atof( ) 函数

atof( ) 函数可将字符串转换成浮点数，它的使用格式如下：

```
int atof(char *string);
```

此时有三种情形会发生：

（1）字符串是浮点数，则转换结果没有问题，如程序实例 ch18_1.c 第 7 行定义，第 11 行转换，第 12 行输出。

（2）浮点数右边是字母，则只转换到浮点数为止，如程序实例 ch18_1.c 第 8 行定义，第 13 行转换，第 14 行输出。

（3）浮点数左边是字母，则转换的结果是零，如程序实例 ch18_1.c 第 9 行定义，第 15 行转换，第 16 行输出。

程序实例 ch18_1.c：atof( ) 函数的应用。

```
1   /*    ch18_1.c                      */
2   #include <stdlib.h>
3   #include <stdio.h>
4   int main()
5   {
6       double value;
7       char *str1 = "123.43";
8       char *str2 = "123.43tre";
9       char *str3 = "r54.321";
10
11      value = atof(str1);
12      printf("%8.3f \n",value);
13      value = atof(str2);
14      printf("%8.3f \n",value);
15      value = atof(str3);
16      printf("%8.3f \n",value);
17      system("pause");
18      return 0;
19  }
```

执行结果

```
C:\Cbook\ch18\ch18_1.exe
 123.430
 123.430
   0.000
请按任意键继续. . .
```

18-2 atoi( ) 函数

atoi( ) 函数可将字符串转换成整数，它的使用格式如下：

```
int atoi(char *string);
```

此时也有类似 atoi( ) 函数的三种情形会发生，请参阅 18-1 节。

程序实例 ch18_2.c：atoi( ) 函数的应用。

```
1   /*    ch18_2.c                    */
2   #include <stdlib.h>
3   #include <stdio.h>
4   int main()
5   {
6       int  value;
7       char *str1 = "123";
8       char *str2 = "123tre";
9       char *str3 = "r541";
10
11      value = atoi(str1);
12      printf("%d \n",value);
13      value = atoi(str2);
14      printf("%d \n",value);
15      value = atoi(str3);
16      printf("%d \n",value);
17      system("pause");
18      return 0;
19  }
```

执行结果

```
C:\Cbook\ch18\ch18_2.exe
123
123
0
请按任意键继续. . .
```

18-3 atol( ) 函数

atol( ) 函数可将字符串转换成长整数，它的使用格式如下：

```
int atol(char *string);
```

此时也有类似 atof( ) 函数的三种情形会发生，请参阅 18-1 小节。

程序实例 ch18_3.c：atol( ) 函数的应用。

```
1   /*    ch18_3.c                    */
2   #include <stdlib.h>
3   #include <stdio.h>
4   int main(void)
5   {
6       long  value;
7       char *str1 = "1233421";
8       char *str2 = "123876tre";
9       char *str3 = "r541231";
10
11      value = atol(str1);
12      printf("%ld \n",value);
13      value = atol(str2);
14      printf("%ld \n",value);
15      value = atol(str3);
16      printf("%ld \n",value);
17      system("pause");
18      return 0;
19  }
```

执行结果

```
C:\Cbook\ch18\ch18_3.exe
1233421
123876
0
请按任意键继续. . .
```

18-4　gcvt( ) 函数

gcvt( ) 函数主要用于将双倍精度浮点数转换成字符串。它的使用格式如下：

```
char  *gcvt(double value,int digits,char *buffer);
```

上述格式的参数意义如下。

❑ value：欲转换的双倍精度浮点数。

❑ digits：欲存储及转换的有效位数。

❑ *buffer：存储转换的结果。

程序实例 ch18_4.c：gcvt( ) 函数的应用。

```
1   /*    ch18_4.c                  */
2   #include <stdlib.h>
3   #include <stdio.h>
4   int main()
5   {
6       int digits = 6;
7       double value1 = 432.1567;
8       double value2 = 1234.34567;
9       char str1[80];
10      char str2[80];
11
12      gcvt(value1,digits,str1);
13      gcvt(value2,digits,str2);
14      printf("%s \n",str1);
15      printf("%s \n",str2);
16      system("pause");
17      return 0;
18  }
```

执行结果

```
C:\Cbook\ch18\ch18_4.exe
432.157
1234.35
请按任意键继续. . .
```

18-5　itoa( ) 函数

itoa( ) 函数主要用于将整数转换成字符串，它的使用格式如下：

```
char itoa(int value, char *string, int radix);
```

上述格式的参数意义如下。

❑ value：欲转换成字符串的整数。

❑ string：存储转换后的字符串。

❑ radix：转换成字符串的底数。

C 语言王者归来

程序实例 ch18_5.c：itoa( ) 函数的应用，注：3445 的十六进制值是 d75。

```
1   /*    ch18_5.c                */
2   #include <stdlib.h>
3   #include <stdio.h>
4   int main()
5   {
6       int radix1 = 10;
7       int radix2 = 16;
8       int value1 = 1567;
9       int value2 = 3445;
10      char str1[80];
11      char str2[80];
12
13      itoa(value1,str1,radix1);
14      itoa(value2,str2,radix2);
15      printf("%s \n",str1);
16      printf("%s \n",str2);
17      system("pause");
18      return 0;
19  }
```

执行结果

```
C:\Cbook\ch18\ch18_5.exe
1567
d75
请按任意键继续. . .
```

18-6 ltoa( ) 函数

ltoa( ) 函数主要用于将长整数数据转换成字符串，它的使用格式如下：

```
char ltoa(long value, char *string,int radix);
```

上述格式的参数意义如下。

❑ value：欲转换字符串的长整数。
❑ string：存储转换的字符串。
❑ radix：转换成字符串的底数。

程序实例 ch18_6.c：ltoa( ) 函数的应用。

```
1   /*    ch18_6.c                */
2   #include <stdlib.h>
3   #include <stdio.h>
4   int main()
5   {
6       int radix1 = 10;
7       int radix2 = 16;
8       long value1 = 15677654;
9       long value2 = 7445321;
10      char str1[80];
11      char str2[80];
12
13      ltoa(value1,str1,radix1);
14      ltoa(value2,str2,radix2);
15      printf("%s \n",str1);
16      printf("%s \n",str2);
17      system("pause");
18      return 0;
19  }
```

执行结果

```
C:\Cbook\ch18\ch18_6.exe
15677654
719b49
请按任意键继续. . .
```

18-7 习题

一、是非题

(　　) 1. atof( ) 函数可将字符串转换成浮点数。(18-1 节)

(　　) 2. atoi( ) 函数可将字符串转换成整数。(18-2 节)

(　　) 3. gcvt( ) 函数主要是将整数转换成字符串。(18-4 节)

(　　) 4. itoa( ) 函数主要是将浮点数转换成字符串。(18-5 节)

二、选择题

(　　) 1. 有一字符串 "r54.298" 经 atof( ) 转换成浮点数后的值是 (A) 54.298 (B) 54 (C) 0 (D) 5。(18-1 节)

(　　) 2. 有一字符串 "123.43tre" 经 atof( ) 转换成浮点数后的值是 (A) 123.430 (B) 0 (C) 123 (D) 124。(18-1 节)

(　　) 3. itoa(3445,strl,16)，最后可得到 strl 的字符串是 (A) 3445 (B) d75 (C) 34 (D) 45。(18-5 节)

三、填充题

1. (　　) 函数可将字符串转换成浮点数。(18-1 节)

2. (　　) 函数可将字符串转换成整数。(18-2 节)

3. (　　) 函数可将字符串转换成长整数。(18-3 节)

4. (　　) 函数可将长整数转换成字符串。(18-4 节)

四、实操题

1. 请设计一个无限循环的程序，这个程序可以将所输入的字符串转换成整数，要结束此程序请输入 "bye"。(18-1 节)

```
 C:\Cbook\ex\ex18_1.exe
请输入字符串 : 55.98
55.98 = 55
请输入字符串 : 56pqr
56pqr = 56
请输入字符串 : qq99
qq99 = 0
请输入字符串 : bye
请按任意键继续. . .
```

2. 将输入的整数转换成字符串，输入 0 可以结束程序。(18-5 节)

```
 C:\Cbook\ex\ex18_2.exe
请输入整数 : 30
请输入底数 : 16
30 = 1e
请输入整数 : 10
请输入底数 : 8
10 = 12
请输入整数 : 9
请输入底数 : 2
9 = 1001
请输入整数 : 0
请输入底数 : 0
请按任意键继续. . .
```

19

第 19 章

基本位运算

所谓的位运算，其实就是一连串二进制数间的一种运算，坦白说这是比较高阶的 C 语言内容，一般常用在系统程序设计，或是用在执行 CPU 内的缓存器 (register)。在正式讲解位运算前，笔者想先更进一步讲解二进制的系统。

19-1　二进制系统

19-1-1　十进制转二进制

C 语言并没有二进制的格式符号，如果要将数值转换成二进制，必须自己编写函数。将十进制数值转换成二进制（假设数值是 13），过程如下。

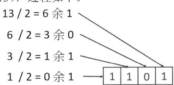

$$13 / 2 = 6 \text{ 余 } 1$$
$$6 / 2 = 3 \text{ 余 } 0$$
$$3 / 2 = 1 \text{ 余 } 1$$
$$1 / 2 = 0 \text{ 余 } 1 \longrightarrow \boxed{1\ |\ 1\ |\ 0\ |\ 1}$$

程序实例 ch19_1.c：输入十进制，本程序会转换成二进制输出。

```
1   /*    ch19_1.c                    */
2   #include <stdlib.h>
3   #include <stdio.h>
4   int decimalToBin(int);
5   int main()
6   {
7       int x;
8       printf("请输入十进制数字 : ");
9       scanf("%d", &x);
10      printf("十进制=%d 转二进制=%d\n", x, decimalToBin
11      system("pause");
12      return 0;
13  }
14  int decimalToBin(int n)
15  {
16      int binary = 0;         /* 记录二进制数字 */
17      int times = 1;          /* 每一次增加 10 倍*/
18      int rem;                /* 余数          */
19      int i = 1;              /* 求余数循环次数  */
20
21      while (n != 0)
22      {
23          rem = n % 2;            /* 计算 2 的余数    */
24          printf("loop %d: %3d/2, 余=%d, 商=%d\n",i++,n,rem,n/2);
25          n /= 2;                 /* 商             */
26          binary += rem*times;    /* 存储十进制 */
27          times *= 10;            /* 往左至下一笔    */
28      }
29      return binary;
30  }
```

执行结果

```
C:\Cbook\ch19\ch19_1.exe
请输入十进制数字 : 125
loop 1: 125/2, 余=1, 商=62
loop 2:  62/2, 余=0, 商=31
loop 3:  31/2, 余=1, 商=15
loop 4:  15/2, 余=1, 商=7
loop 5:   7/2, 余=1, 商=3
loop 6:   3/2, 余=1, 商=1
loop 7:   1/2, 余=1, 商=0
十进制=125 转二进制=1111101
请按任意键继续. . .
```

上述 loop 1 产生二进制最右边数值，第 27 行将 times 乘以 10，可以让下一次产生的数值往左移。

19-1-2　二进制转十进制

C 语言并没有提供格式符号读取二进制数据，使用程序要处理二进制，可以假设该整数每个位数值是 0 或 1，这样就可以设计转换程序。

程序实例 ch19_2.c：将读取的二进制数字转成十进制数字。

```
1    /*    ch19_2.c                    */
2    #include <stdlib.h>
3    #include <stdio.h>
4    #include <math.h>
5    int binToDecimal(int);
6    int main()
7    {
8        int x;
9        printf("请输入二进制数字 : ");
10       scanf("%d", &x);
11       printf("二进制=%d 转十进制=%d\n", x, binToDecimal(x));
12       system("pause");
13       return 0;
14   }
15   int binToDecimal(int n)
16   {
17       int number = 0;
18       int i = 0;                     /* 定义处理位数        */
19       int rem;
20       while (n != 0)
21       {
22           rem = n % 10;             /* 从右到左处理数字 */
23           n /= 10;
24           number += rem*pow(2,i);   /* 计算 i 位数的值   */
25           i++;
26       }
27       return number;
28   }
```

执行结果

```
C:\Cbook\ch19\ch19_2.exe
请输入二进制数字 : 11111101
二进制=11111101 转十进制=253
请按任意键继续. . .
```

19-2 位运算基础概念

所谓的位运算是指一连串二进制数间的一种运算，C 语言所提供的位运算符如下所示。

符号	意义
&	相当于 AND 运算
|	相当于 OR 运算
^	相当于 XOR 运算
~	求位补码运数
<<	位左移
>>	位右移

此外，我们也可以将下列特殊表达式应用在位运算上。

(e1) op= (e2);

实例 1：x &= y;

相当于

x = x & y;

实例 2：x >>= 5;

相当于

x = x >> 5;

注 5-2 节讲解了逻辑运算符，概念和本节所述相同，同时读者会发现符号类似。不过该节所述的运算是以变量为单位，本节所述是应用在变量的位运算。

19-3 & 运算符

在位运算符号的定义中，& 和英文 AND 意义是一样的，& 的基本位运算如下所示。

a	b	a & b
0	0	0
0	1	0
1	0	0
1	1	1

在上述表达式中，a 和 b 可以是短整数、整数、长整数或无号数整数。在一般的机器中，一般都是以 32 位代表整数，因此若是整数变量 a 的值是 25，则它在系统中真正的值如下所示：

a = 0000 0000 0000 0000 0000 0000 0001 1001

假设另一整数变量 b 的值是 77，则它在系统中真正的值是：

b = 0000 0000 0000 0000 0000 0000 0100 1101

实例：假设 a、b 的变量值如上所示，且有一指令如下：

a & b

可以得到如下结果。

```
a     0000 0000 0000 0000 0000 0000 0001 1001
b     0000 0000 0000 0000 0000 0000 0100 1101
a&b   0000 0000 0000 0000 0000 0000 0000 1001
```

最后的值是 9。

程序实例 ch19_3.c：& 位运算的基本应用。

```
1   /*    ch19_3.c                   */
2   #include <stdio.h>
3   #include <stdlib.h>
4   int main()
5   {
6       int   a, b;
7
8       a = 25;
9       b = 77;
10      printf("a & b = %d \n",a&b);
11      a &= b;
12      printf("a     = %d \n",a);
13      system("pause");
14      return 0;
15  }
```

执行结果

```
■ C:\Cbook\ch19\ch19_3.exe
a & b = 9
a     = 9
请按任意键继续. . .
```

程序实例 ch19_4.c：另一个简易 & 运算符的应用。在前面程序实例，所有的操作数皆以变量表示，其实我们也可以利用整数来当作操作数。

```
1   /*    ch19_4.c                    */
2   #include <stdio.h>
3   #include <stdlib.h>
4   int main()
5   {
6       int  a, b;
7
8       a = 35;
9       b = a & 7;
10      printf("a & b (十进制) = %d \n",b);
11      b &= 7;
12      printf("a & b (十进制) = %d \n",b);
13      system("pause");
14      return 0;
15  }
```

执行结果

```
C:\Cbook\ch19\ch19_4.exe
a & b (十进制) = 3
a & b (十进制) = 3
请按任意键继续. . .
```

上述程序执行说明如下。

```
a = 35    0000 0000 0000 0000 0000 0000 0010 0011
     7    0000 0000 0000 0000 0000 0000 0000 0111
b = a&7   0000 0000 0000 0000 0000 0000 0000 0011  =3
     7    0000 0000 0000 0000 0000 0000 0000 0111
b &= 7    0000 0000 0000 0000 0000 0000 0000 0011  =3
```

19-4 | 运算符

在位运算符号的定义中，| 和英文的 OR 意义是一样的，它的基本位运算如下所示。

a	b	a | b
0	0	0
0	1	0
1	0	0
1	1	1

实例：假设 a = 3、b = 8，则执行 a | b 之后结果如下所示。

```
a     0000 0000 0000 0000 0000 0000 0000 0011
b     0000 0000 0000 0000 0000 0000 0000 1000
a|b   0000 0000 0000 0000 0000 0000 0000 1011
```

可以得到执行结果是 11(十进制值)。

程序实例 ch19_5.c：基本 | 运算。

```
1   /*    ch19_5.c                    */
2   #include <stdio.h>
3   #include <stdlib.h>
4   int main()
5   {
6       int  a, b;
7
8       a = 32;
9       b = a | 3;
10      printf("a | b (十进制) = %d \n",b);
11      b |= 7;
12      printf("a | b (十进制) = %d \n",b);
13      system("pause");
14      return 0;
15  }
```

执行结果

```
C:\Cbook\ch19\ch19_5.exe
a | b (十进制) = 35
a | b (十进制) = 39
请按任意键继续. . .
```

上述程序执行说明如下。

```
a = 32    0000 0000 0000 0000 0000 0000 0010 0000
    3     0000 0000 0000 0000 0000 0000 0000 0011
b = a|7   0000 0000 0000 0000 0000 0000 0010 0011 =35
    7     0000 0000 0000 0000 0000 0000 0000 0111
b |= 7    0000 0000 0000 0000 0000 0000 0010 0111 =39
```

19-5　^ 运算符

在位运算符号的定义中，^ 和英文 XOR 的意义一样，基本位运算如下所示。

a	b	a ^ b
0	0	0
0	1	1
1	0	1
1	1	0

实例：假设 a = 3、b = 8，则执行 a ^ b 之后结果如下所示。

```
a    0000 0000 0000 0000 0000 0000 0000 0011
b    0000 0000 0000 0000 0000 0000 0100 1000
a^b  0000 0000 0000 0000 0000 0000 0000 1011
```

可以得到执行结果是 11(十进制值)。

程序实例 ch19_6.c：基本 ^ 运算符的程序应用。

```
1   /*    ch19_6.c              */
2   #include <stdio.h>
3   #include <stdlib.h>
4   int main()
5   {
6       int   a, b;
7
8       a = 31;
9       b = 63;
10      printf("a ^ b = %d \n",a^b);
11      system("pause");
12      return 0;
13  }
```

执行结果

```
C:\Cbook\ch19\ch19_6.exe
a ^ b = 32
请按任意键继续. . .
```

上述程序执行说明如下。

```
a = 31   0000 0000 0000 0000 0000 0000 0001 1111
b = 63   0000 0000 0000 0000 0000 0000 0011 1111
a^b      0000 0000 0000 0000 0000 0000 0010 0000 =32
```

19-6 ~ 运算符

~ 运算符相当于求 1 的补码，和其他运算符不同的是，它只需要一个运算符，它的基本运算格式如下所示。

a	~a
1	0
0	1

也就是说，这个运算符会将位 1 转变为 0，位 0 转变为 1。

实例：假设 a = 7，则执行 ~a 之后结果如下所示：

a	0000 0000 0000 0000 0000 0000 0000 0111
~a	1111 1111 1111 1111 1111 1111 1111 1000

程序实例 ch19_7.c：~ 运算符的基本运算。

```
1   /*    ch19_7.c                     */
2   #include <stdio.h>
3   #include <stdlib.h>
4   int main()
5   {
6       int   a, b;
7
8       a = 7;
9       b = ~a;
10      printf("a 的 1 补码 (十进制) = %d \n",b);
11      printf("a 的 1 补码 (十六进制) = %x \n",b);
12      system("pause");
13      return 0;
14  }
```

执行结果

```
C:\Cbook\ch19\ch19_7.exe
a 的 1 补码 (十进制) = -8
a 的 1 补码 (十六进制) = fffffff8
请按任意键继续. . .
```

19-7 << 运算符

<< 是位左移的运算符，它的执行情形如下所示。

位左移

位左移,造成移出数字   此处填 0

实例：假设有一个变量 a = 7，则执行 a << 1 之后结果如下所示。

a	0000 0000 0000 0000 0000 0000 0000 0111
a << 1	0000 0000 0000 0000 0000 0000 0000 1110

所以最后 a 的值是 14。从以上实例中，其实也可以看到，这个指令兼具将变量值乘 2 的功能。

程序实例 ch19_8.c：位左移的基本程序运算。

```
1    /*    ch19_8.c                */
2    #include <stdio.h>
3    #include <stdlib.h>
4    int main()
5    {
6        int   a, b;
7
8        a = 7;
9        b = a << 1;
10       printf("位左移 1 次 = %d \n",b);
11       b = a << 3;
12       printf("位左移 3 次 = %d \n",b);
13       system("pause");
14       return 0;
15   }
```

执行结果

```
C:\Cbook\ch19\ch19_8.exe
位左移 1 次 = 14
位左移 3 次 = 56
请按任意键继续. . .
```

上述左移 3 个位的说明如下。

a	0000 0000 0000 0000 0000 0000 0000 0111
a << 3	0000 0000 0000 0000 0000 0000 0011 1000 =56

19-8　>> 运算符

>> 是位右移的运算符，它的执行情形如下所示。

位右移,造成移出数字

1000 0000 0000 0000 0000 0000 0000 1111

0000 0000 0000 0000 0000 0000 0000 0111

此处填 0

实例：假设有一个变量 a = 14，则执行 a >> 1 之后结果如下所示。

a	0000 0000 0000 0000 0000 0000 0000 1110
a >> 1	0000 0000 0000 0000 0000 0000 0000 0111

所以最后 a 的值是 7。从以上实例中也可以看到，如果变量值是偶数，这个指令兼具将变量值除 2 的功能。

程序实例 ch19_9.c：位右移的基本程序运算。

```
1    /*    ch19_9.c                */
2    #include <stdio.h>
3    #include <stdlib.h>
4    int main()
5    {
6        int   a, b;
7
8        a = 14;
9        b = a >> 1;
10       printf("位右移 1 次 = %d \n",b);
11       b = a >> 3;
12       printf("位右移 3 次 = %d \n",b);
13       system("pause");
14       return 0;
15   }
```

执行结果

```
C:\Cbook\ch19\ch19_9.exe
位右移 1 次 = 7
位右移 3 次 = 1
请按任意键继续. . .
```

上述右移 3 个位的说明如下。

a	0000 0000 0000 0000 0000 0000 0000 1110
a >> 3	0000 0000 0000 0000 0000 0000 0000 0001 = 1

19-9 位字段

在 C 语言中，有一种特殊的结构声明，这种声明可以充分地利用每一个位字段 (Bit Field)，它的格式如下所示：

```
struct 位结构名称
{
    数据形态 域名 1：位长度；
    ...
    数据形态 域名 n：位长度；
}
```

在上述位字段结构的声明中，数据形态只能是无号整数 (unsigned integer) 或是整数 (integer)，不过程序设计师比较喜欢使用无号整数当作字段的数据形态。例如，个人数据的位字段结构，可以使用下列方式定义。

```
struct info
{
    unsigned int age : 7 ;
    unsigned int gender : 1 ;
};
```

在上述位结构中声明了 info，在这个位结构内有两个字段，其中 age 占了 7 个位，代表年龄，相当于可以存储 0 ~ 127 的年龄。同时设置了 age 字段，这个字段占了 1 个位，代表性别，一般 1 代表男，0 代表女。

设置位结构变量概念和第 13 章的 struct 相同，例如，可以声明变量如下：

```
struct info john;
```

经过上述设置后就可以使用下列方式存取位结构的内容。

```
john.age = 10;          /* 设定年龄是 10 岁   */
john.gender = 1;        /* 设定 1，代表男生 */
```

此外，也可以在设置的时候设定结构内容。

```
struct info john = {10, 1};
```

默认条件下，C 语言的位结构占有 4 个字节，相当于 32 个位，如果所设置的字段比较多，编译程序会多配置 32 个位，其概念可以此类推。

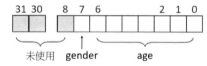

在 Intel CPU 架构下，先设置的位字段会被存储在内存的低地址，上述未使用的空间则是保留供未来使用。

程序实例 ch19_10.c：列出位结构的内存空间数，这也是验证位结构会配置 4 个字节的内存空间。

```
1   /*    ch19_10.c              */
2   #include <stdio.h>
3   #include <stdlib.h>
4   int main()
5   {
6       struct info
7       {
8           unsigned int age:7;
9           unsigned int gender:1;
10      };
11      struct info john;
12      printf("john所占的字节数 = %d\n",sizeof(john));
13      system("pause");
14      return 0;
15  }
```

执行结果

```
C:\Cbook\ch19\ch19_10.exe
john所占的字节数 = 4
请按任意键继续. . .
```

程序实例 ch19_11.c：设定位结构的值的应用。

```
1   /*    ch19_11.c              */
2   #include <stdio.h>
3   #include <stdlib.h>
4   int main()
5   {
6       struct info
7       {
8           unsigned int age:7;
9           unsigned int gender:1;
10      };
11      struct info john = {10, 1};
12      struct info mary;
13      if (john.gender == 1)
14          printf("John是男生, 今年 %d 岁\n",john.age);
15      else
16          printf("John是女生, 今年 %d 岁\n",john.age);
17      mary.age = 20;
18      mary.gender = 0;
19      if (mary.gender == 1)
20          printf("Mary是男生, 今年 %d 岁\n",mary.age);
21      else
22          printf("Mary是女生, 今年 %d 岁\n",mary.age);
23      system("pause");
24      return 0;
25  }
```

执行结果

```
C:\Cbook\ch19\ch19_11.exe
John是男生, 今年 10 岁
Mary是女生, 今年 20 岁
请按任意键继续. . .
```

除了上述设定位域值的概念，如果要从键盘读取值给位字段，必须用间接的方法，因为 scanf( ) 函数读取变量时，必须使用 & 符号，这时地址符号无法用在位运算，可以先将数据读入一般变量，然后再设定给位字段。

程序实例 ch19_12.c：从键盘读取数据，再设定给位字段的应用。

```
1   /*    ch19_12.c              */
2   #include <stdio.h>
3   #include <stdlib.h>
4   int main()
5   {
6       struct info
7       {
8           unsigned int age:7;
9           unsigned int gender:1;
10      };
11      struct info john;
12      int sex, ages;
13      printf("请输入年龄 : ");
14      scanf("%d",&ages);
15      john.age = ages;
16      printf("请输入性别 : ");
17      scanf("%d",&sex);
18      john.gender = sex;
19      struct info mary;
20      if (john.gender == 1)
21          printf("John是男生, 今年 %d 岁\n",john.age);
22      else
23          printf("John是女生, 今年 %d 岁\n",john.age);
24      system("pause");
25      return 0;
26  }
```

执行结果

```
C:\Cbook\ch19\ch19_12.exe
请输入年龄 : 15
请输入性别 : 1
John是男生, 今年 15 岁
请按任意键继续. . .
```

本书第 1 章就说明 C 语言具有高级语言及低级语言的特色，低级部分可以处理设计操作系统、CPU 缓存器控制、硬件控制或韧体控制，位字段或本章的位处理其实就是处理低级的部分，这部分的更多应用则超出本书的范围，读者可以参考相关书籍。

19-10 习题

一、是非题

( ) 1. C 语言二进制的输出格式符号是 "%b"。(19-1 节)

( ) 2. 位运算中 "&" 相当于 OR 运算。(19-3 节)

( ) 3. 位运算中 "|" 相当于 AND 运算。(19-4 节)

( ) 4. 位运算中 "^" 相当于 XOR 运算。(19-5 节)

( ) 5. 执行位左移时，最右边的位将填 "1"。(19-7 节)

( ) 6. 位运算中 ">>" 代表位右移。(19-8 节)

二、选择题

( ) 1. 二进制 "1110" 转成十进制是 (A) 8 (B) 10 (C) 12 (D) 14。(19-1 节)

( ) 2. (A) & (B) ^ (C) ~ (D) << 相当于 AND 运算。(19-3 节)

( ) 3. (A) & (B) ^ (C) ~ (D) << 相当于求位补码运算。(19-6 节)

( ) 4. 假设 a 值是 00001111，则 ~a 的结果是 (A) 00001111 （B）1 1 0 0 0 0 1 （C） 0 0 0 1 1 1 1 0 (D) 11110000。(19-6 节)

( ) 5. (A) &(B) ^ (C) >> (D) << 相当于求位左移。(19-7 节)

( ) 6. 假 设 a 值 是 00001111， 则 a<<3 的 结 果 是 (A) 00001111 (B) 01111000 (C) 00111100 (D)11110000。(19-7 节)

( ) 7. (A) &(B) ^ (C) >> (D) << 相当于求位右移。(19-8 节)

( ) 8. 位字段默认所占的内存空间是 (A) 1 个字节 (B) 2 个字节 (C) 3 个字节 (D) 4 个字节。(19-9 节)

三、填充题

1. 假设 a 值是 3，b 值是 2，执行完 a & b 是 ( )。(19-3 节)

2. 假设 a 值是 3，b 值是 4，执行完 a | b 是 ( )。(19-4 节)

3. 假设 a 值是 0，b 值是 1，执行完 a ^ b 是 ( )。(19-5 节)

4. 假设 a 值是 0，b 值是 0，执行完 a ^ b 是 ( )。(19-5 节)

5. 假设 a 值是 3，执行完 a << 1 后，结果是 ( )。(19-7 节)

6. 假设 a 值是 3，执行完 a >> 1 后，结果是 ( )。(19-8 节)

四、实操题

1. 输入二进制数字，然后转换成八进制输出。(19-1 节)

```
C:\Cbook\ex\ex19_1.exe

请输入二进制数字：101010
转换为八进制数字 = 52
请按任意键继续. . .
```

2. 输入八进制数字，然后转换成二进制输出。(19-1 节)

```
C:\Cbook\ex\ex19_2.exe
请输入八进制数字 : 52
转换为二进制数字 = 101010
请按任意键继续. . .
```

3. 请输入 2 个数字，然后执行"&"运算。(19-3 节)

```
C:\Cbook\ex\ex19_3.exe
请输入 2 个数字 : 25 77
a & b = 9
请按任意键继续. . .
```

4. 请输入数字和向左位移数，然后输出结果。(19-7 节)

```
C:\Cbook\ex\ex19_4.exe
请输入要处理数字 : 7
请输入向左位移数 : 3
a << b = 56
请按任意键继续. . .
```

5. 请输入数字和向右位移数，然后输出结果。(19-7 节)

```
C:\Cbook\ex\ex19_5.exe
请输入要处理数字 : 14
请输入向右位移数 : 3
a >> b = 1
请按任意键继续. . .
```

第 2 0 章

建立项目：适用大型程序

20-1　程序项目的缘由

前面 19 章内容所有的程序皆是单一程序，一个程序可以完成所需的工作，在职场碰到的问题可能较复杂，单一程序设计会让整个结构看起来很复杂，同时不容易分工。这时需要将程序功能模块化，也就是将程序依照功能需求分成许多小程序，由不同的程序设计师设计，最后再将这些小程序组织起来执行，C 语言可以使用项目概念，将这些小程序组织起来就是本章的主题。

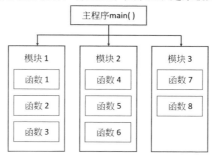

上述主程序 main( ) 是整个项目的入口，所谓的模块可以想成是一个功能，这个功能是由一个或多个函数组成。

注 预设 main( ) 是项目的入口，不过我们也可以更改项目入口的函数名称。

20-2　基础程序实操

这一节将使用含多个函数的实例做解说，这个程序功能尽量精简，方便读者理解，但又不失项目的精神。下一节会将这一节的实例拆解，然后组成项目。

程序实例 ch20_1.c：建立一个加法 add( )、减法 sub( ) 和乘法 mul( ) 的函数，然后给予数字，可以获得结果。

```
1   /*   ch20_1.c                */
2   #include <stdio.h>
3   #include <stdlib.h>
4   int add(int, int);
5   int sub(int, int);
6   int mul(int, int);
7   int main()
8   {
9       printf("2 + 5 = %d\n",add(2,5));
10      printf("9 - 3 = %d\n",sub(9,3));
11      printf("3 * 6 = %d\n",mul(3,6));
12      system("pause");
13      return 0;
14  }
15  int add(int x, int y)
16  {
17      return x + y;
18  }
19  int sub(int x, int y)
20  {
21      return x - y;
22  }
23  int mul(int x, int y)
24  {
25      return x * y;
26  }
```

执行结果

```
C:\Cbook\ch20\ch20_1.exe
2 + 5 = 7
9 - 3 = 6
3 * 6 = 18
请按任意键继续. . .
```

20-3 模块化程序

所谓的模块化其实就是将程序功能拆解，从程序实例 ch20_1.c 可以知道这个程序除了 main( ) 函数当作主程序外有 3 个功能：

```
int add( );                        /* 执行加法 */
int sub( );                        /* 执行减法 */
int mul( );                        /* 执行乘法 */
```

有了上述概念，我们可以将程序实例 ch20_1.c 拆解成 4 个程序，如下所示：

ch20_2.c：
```
1  /*    ch20_2.c              */
2  #include <stdio.h>
3  #include <stdlib.h>
4  int add(int, int);
5  int sub(int, int);
6  int mul(int, int);
7  int main()
8  {
9      printf("2 + 5 = %d\n",add(2,5));
10     printf("9 - 3 = %d\n",sub(9,3));
11     printf("3 * 6 = %d\n",mul(3,6));
12     system("pause");
13     return 0;
14 }
```

add.c：
```
1  /*   add.c                 */
2  int add(int x, int y)
3  {
4      return x + y;
5  }
```

sub.c：
```
1  /*    sub.c                */
2  int sub(int x, int y)
3  {
4      return x - y;
5  }
```

mul.c：
```
1  /*   mul.c                 */
2  int mul(int x, int y)
3  {
4      return x * y;
5  }
```

上述是非常简单的功能，所以每个模块程序都不需要 include 头文件，在实际的程序应用中，读者需要依功能需求导入头文件或是函数的原型声明。

20-4 建立项目与执行

本节将以 Dev C++ 环境讲解建立项目的方法，首先请执行 File/New/Project 指令。

这时会出现 "New Project" 对话框，然后请选择 "Console Application"，选择 "C Project"，同时输入项目名称 mypro20_2，如下所示。

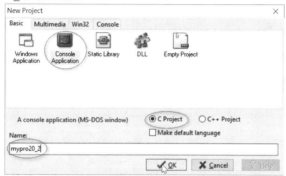

单击 "OK" 按钮，接着选择这个项目要存储的文件夹，笔者选择：

`c:\Cbook\ch20\ch20_2`

单击 "保存" 按钮。回到 Dev C++ 窗口可以看到 main.c 文件标签。

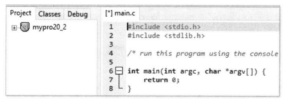

请将 20-3 节程序实例 ch20_2.c 文件内容复制至 main.c，可以得到下列结果。

```
Project  Classes  Debug     [*] main.c
⊞      mypro20_2      1    /*      ch20_2.c              */
                      2    #include <stdio.h>
                      3    #include <stdlib.h>
                      4    int add(int, int);
                      5    int sub(int, int);
                      6    int mul(int, int);
                      7    int main()
                      8    {
                      9        printf("2 + 5 = %d\n",add(2,5));
                     10        printf("9 - 3 = %d\n",sub(9,3));
                     11        printf("3 * 6 = %d\n",mul(3,6));
                     12        system("pause");
                     13        return 0;
                     14    }
```

单击 "保存" 按钮，这时文件名会出现 main，如果未来要由此 main.c 启动此项目，这时可以单击 "保存" 按钮。假设未来我想改成使用原先的程序实例 ch20_2.c 启动此项目，请将文件名改为 ch20_2，如下所示。

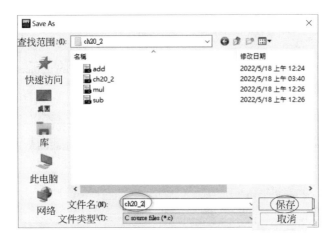

单击"保存"按钮，可以看到已经存在 ch20_2.c，请单击"是"按钮，可以得到下列结果。

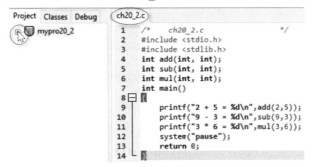

单击 ⊞ 按钮，可以展开 mypro20_2 项目，然后看到此项目下含 ch20_2.c。

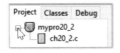

下一步是将 add.c、sub.c 和 mul.c 加入此项目，请执行 Dev C++ 窗口的"Project"→"Add to Project"指令。

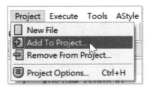

接着会出现"Open File"对话框，笔者选择 add.c 文件，如下所示。

单击"打开"按钮。注：上述也可以一次选择所有项目的文件。

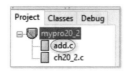

可以看到 Project 字段有 add.c 文件，表示将 add.c 文件加入项目成功。请重复上述步骤，加上 sub.c 和 mul.c 文件，可以得到下列结果。

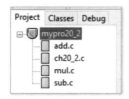

现在可以依照编译与执行一般程序的方式执行此项目，最后可以得到下列结果。

```
C:\Cbook\ch20\ch20_2\mypro20_2.exe
2 + 5 = 7
9 - 3 = 6
3 * 6 = 18
```

20-5　增加功能的项目

mypro20_2 项目的函数太简单了，下列增加一些复杂度，读者可以了解各个函数需要 "#include" 或是声明函数原型皆不可少，下列是 mypro20_3 项目。

ch20_3.c
```
 1  /*   ch20_3.c                  */
 2  #include <stdio.h>
 3  #include <stdlib.h>
 4  double area(double);
 5  void display(double);
 6  int main()
 7  {
 8      area(3.0);
 9      system("pause");
10      return 0;
11  }
```

area.c :
```
 1  #include <math.h>
 2  #define PI 3.14159
 3  double display(double);
 4  double area(double r)
 5  {
 6      double ar;
 7      ar = PI * pow(r,2);
 8      display(ar);
 9      return;
10  }
```

display.c：
```
1   #include <stdio.h>
2   void display(double x)
3   {
4       printf("area = %lf\n",x);
5   }
```

执行结果

```
C:\Cbook\ch20\ch20_3\mypro20_3.exe
area = 28.274310
```

20-6 不同文件的全局变量与 extern

建立项目时，可能会使用到全局变量，其他模块的函数如果要引用此全局变量，在该函数内要用 extern 声明该全局变量，这样就可以让不同的函数共享该全局变量。

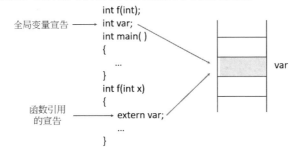

下列是 mypro20_4 项目。

ch20_4.c
```
1   /*   ch20_4.c                    */
2   #include <stdio.h>
3   #include <stdlib.h>
4   int count = 0;
5   void counter();
6   int main()
7   {
8       printf("count = %d\n",count);
9       counter();
10      printf("count = %d\n",count);
11      count++;
12      printf("count = %d\n",count);
13  }
```

counter.c
```
1   /*   counter.c                   */
2   void counter()
3   {
4       extern int count;
5       count++;
6   }
```

执行结果

```
■ C:\Cbook\ch20\ch20_4\mypro20_4.exe
count = 0
count = 1
count = 2
```

20-7 习题

一、是非题

( ) 1. 在模块化的程序设计中，一个模块可能有一个或多个函数。(20-1 节)

( ) 2. 声明一个变量为全局变量后，其他文件可以无须声明随意引用。(20-6 节)

二、选择题

( ) 一个文件要引用其他文件的全局变量需要使用 (A) key (B) extern (C) auto (D) global 关键词。
(20-6 节)

三、填充题

一个文件要引用其他文件的全局变量需要使用 ( ) 关键词。

四、实操题

1. 请扩充设计程序实例 ch20_2.c，增加 rem( ) 函数设计，这个函数可以回传余数。(20-4 节)

```
■ C:\Cbook\ex\ex20_1\pro20_1.exe
2 + 5 = 7
9 - 3 = 6
3 * 6 = 18
9 % 2 = 1
请按任意键继续 . . .
```

2. 更改程序实例 ch20_2.c，main( ) 函数内不要有 printf( ) 函数，但是增加 show( ) 函数可以输出结
   果，最后可以获得一样的结果，下列是 main( ) 函数设计概念和执行结果。

```
1   /*      ex20_2.c                    */
2   #include <stdio.h>
3   #include <stdlib.h>
4   int add(int, int);
5   int sub(int, int);
6   int mul(int, int);
7   int main()
8   {
9       add(2,5);
10      sub(9,3);
11      mul(3,6);
12      system("pause");
13      return 0;
14  }
```

```
■ C:\Cbook\ex\ex20_2\pro20_2.exe
2 + 5 = 7
9 - 3 = 6
3 * 6 = 18
请按任意键继续 . . .
```

21

第 2 1 章

基本链表结构

本章所介绍的数据结构，和前面所谈的指针结构不太一样，这个数据结构要借助某些内存函数进行内存的取得与释放，我们称这类的数据结构为"动态数据结构"。

21-1　动态数据结构的基础

21-1-1　动态数据结构的缘由

前面章节有介绍数组，例如，下列数组声明如下：

```
int data[10];
```

C 语言的编译程序在编译过程 (compile time) 会为上述 data 数组配置 40 个字节的内存空间。程序在执行期间这个内存空间会一直存在，无法更动，也无法收回，直到程序结束。

在程序规划时，由于常常无法预知所需要数组的内存空间，因此常常会造成内存资源的浪费。为了改良此缺点，因此有了动态配置内存空间 (dynamic memory allocation) 的概念。所谓的动态配置内存空间是指，程序在运行时间 (run time) 可以要求取得内存空间，同时当内存空间不需要时，随时可以释放内存空间给系统，这样就可以达到节省内存空间的目的。

21-1-2　动态配置内存空间

本书 11-3-6 节，笔者指出了指针常发生的错误，最大的问题是当设置指针后，指针没有内存空间就直接赋值。学会了这一节的概念后，我们应该可以在设置完指针后，为此指针配置内存空间，然后再赋值，这样就可以完成工作。

动态配置内存空间需使用 malloc( ) 函数，此函数是在 stdlib.h 头文件案，基本语法如下：

```
指针变量 = (指针变量的数据形态 *) malloc(内存空间);
```

实例：设置指针变量 ptr，同时为此指针配置整数的内存空间。

```
int *ptr;
ptr = (int *) malloc(size);
```

上述 malloc( ) 函数的参数 size 是指字节的大小，既可以直接设定数值，也可以使用 sizeof( ) 函数取得特定数据类型的字节数，经过上述设置就可以为指针赋值了。

程序实例 ch21_1.c：使用上述概念重新设计程序实例 ch11_12.c。

```
1   /*    ch21_1.c                  */
2   #include <stdio.h>
3   #include <stdlib.h>
4   int main()
5   {
6       int *ptr;
7
8       ptr = (int *) malloc(sizeof(int));
9       *ptr = 10;
10      printf("*ptr = %d\n",*ptr);
11      system("pause");
12      return 0;
13  }
```

执行结果

```
C:\Cbook\ch21\ch21_1.exe
*ptr = 10
请按任意键继续. . .
```

上述执行完，第 6 行和第 8 行内存空间如下 (内存地址是假设值)。

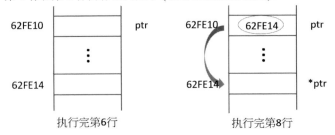

执行完第6行　　　　　执行完第8行

上述第 8 行相当于为指针取得内存空间，执行第 9 行可将数据 10 放在所指地址，得到下列结果。

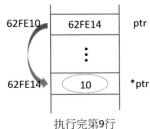

执行完第9行

所以第 10 行输出可以得到 10。

使用上述设置内存空间，也可以一次设置多个数据形态的内存空间，这种方式相当于设置数组的内存空间，例如，下列是设置含 5 个元素的整数数组。

```
int *ptr;
ptr = (int *) malloc(5*sizeof(int));
```

经过上述设置后，就可以使用指针存取多个元素值。

程序实例 ch21_2.c：设置含 2 个整数元素内存空间，然后由指针赋值。

```
1   /*    ch21_2.c              */
2   #include <stdio.h>
3   #include <stdlib.h>
4   int main()
5   {
6       int i;
7       int *ptr;
8
9       ptr = (int *) malloc(2*sizeof(int));
10      *ptr = 10;
11      *(ptr+1) = 20;
12      for (i = 0; i < 2; i++)
13          printf("*(ptr+%d) = %d\n",i,*(ptr+i));
14      system("pause");
15      return 0;
16  }
```

执行结果

```
■ C:\Cbook\ch21\ch21_2.exe
*(ptr+0) = 10
*(ptr+1) = 20
请按任意键继续. . .
```

上述是以整数为例，我们可以将此概念应用在 C 语言的其他数据形态，例如，字符、字符串、浮点数、双倍精度浮点数或结构 struct 等。

程序实例 ch21_3.c：将配置内存空间的概念应用在字符串数据。

```
1   /*      ch21_3.c                    */
2   #include <stdlib.h>
3   #include <stdio.h>
4   int main()
5   {
6       char    *str;
7
8       if (( str = (char *) malloc(80*sizeof(char))) == NULL)
9       {
10          printf("无法取得内存空间 \n");
11          exit(1);
12      }
13      printf("请输入句子 : ");
14      gets(str);
15      printf("你输入的句子是 \n");
16      puts(str);
17      system("pause");
18      return 0;
19  }
```

执行结果

```
■ C:\Cbook\ch21\ch21_3.exe
请输入句子 : Hi! How are you?
你输入的句子是
Hi! How are you?
请按任意键继续. . .
```

上述程序重点是第 8 行～第 12 行，第 8 行可以配置字符串的内存空间，如果配置内存空间过程失败，则会回传 NULL，这时可以执行第 10 行和第 11 行。

程序实例 ch21_4.c：将配置内存空间的概念应用在结构 struct 数据。

```
1   /*      ch21_4.c                    */
2   #include <stdio.h>
3   #include <stdlib.h>
4   int main()
5   {
6       int i;
7       int n;                  /* 定义学生人数 */
8       struct student
9       {
10          char name[12];
11          char phone[10];
12          int math;
13      };
14      struct student *stu;
15      printf("请输入学生人数 : ");
16      scanf("%d",&n);
17      stu = (struct student *) malloc(n*sizeof(struct student));
18      for (i = 0; i < n; i++)
19      {
20          fflush(stdin);
21          printf("请输入姓名 : ");
22          gets((stu+i)->name);
23          printf("请输入手机号码 : ");
24          gets((stu+i)->phone);
25          printf("请输入数学成绩 : ");
26          scanf("%d",&(stu+i)->math);
27      }
28      for (i = 0; i < n; i++)
29      {
30          printf("Hi %s 欢迎你\n", (stu+i)->name);
31          printf("手机号码 : %s \t 数学成绩 : %d\n", \
32                  (stu+i)->phone,(stu+i)->math);
33      }
34      system("pause");
35      return 0;
36  }
```

执行结果

```
■ C:\Cbook\ch21\ch21_4.exe
请输入学生人数 : 2
请输入姓名 : John
请输入手机号码 : 0952111111
请输入数学成绩 : 98
请输入姓名 : Kevin
请输入手机号码 : 0952123456
请输入数学成绩 : 80
Hi John 欢迎你
手机号码 : 0952111111      数学成绩 : 98
Hi Kevin 欢迎你
手机号码 : 0952123456      数学成绩 : 80
请按任意键继续. . .
```

21-2 链表节点的设置与操作

21-2-1 动态数据结构的设置

基本上动态数据结构至少包含两个以上的字段设置，其中一个字段是指向同一形态数据的指针，另外至少要有一个字段存放基本元素。

下面所定义的数据结构包含两个字段，一个是指向同类数据的指针，另一个是数据元素。

```
struct list
{
int data;                           /* 存储一般数据        */
struct list next;                   /* 指向下一个节点的指针 */
};
typedef struct list node;
```

上述 struct list 使用上比较不方便，所以使用 typedef 将 struct list 重新定义为一个节点。

```
typedef struct list node;
```

经过上述数据设置之后，node 就成了一个动态指针结构，它的结构图形如下所示。

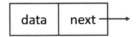

其中，data 内存存储的是整数值，而 next 则是一个指针变量，指向同一类型的数据形态地址。如果没有下一个元素，则 next 箭头所指的值是 NULL，NULL 定义是 0。

通常我们都是用 NULL 代表链表的结尾。

21-2-2 内存的配置

上述的设置，并不会立即占据内存的存储空间，我们必须在调用 malloc( ) 之后，才可取得内存空间，它的调用语法如下：

```
malloc(size);
```

假设我们设置一个动态指针如下：

```
node *ptr;
```

则在程序中，我们可用下面方式来配置实际的内存空间：

```
ptr = (node *) malloc(sizeof(node));
```

经过上述设置后，系统会配置足够容纳节点（node）大小的内存空间，同时有一个指针 ptr 会指向这个内存位置，如下所示。

假设我们想将上图 data 的值设定成 5，将 next 指向 NULL，可用下列指令完成这个工作：

```
ptr->data = 5;
```

```
ptr->next = NULL;
```

执行完后，整个结构图形如下所示。

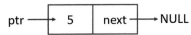

程序实例 ch21_5.c：基础动态链表结构。

```
1   /*    ch21_5.c                  */
2   #include <stdlib.h>
3   #include <stdio.h>
4   struct list                     /* 设置动态数据结构 */
5   {
6       int data;
7       struct list *next;
8   };
9   typedef struct list node;
10  int main()
11  {
12      node *ptr;
13
14      ptr = (node *) malloc(sizeof(node)); /* 取得内存空间 */
15      ptr->data = 5;                      /* 设定第 1 个节点值 */
16      ptr->next = NULL;
17      /* 接下来取得第 2 个节点内存空间 */
18      ptr->next = (node *) malloc(sizeof(node));
19      ptr->next->data = 10;               /* 设定第 2 个节点值 */
20      ptr->next->next = NULL;
21      printf("第 1 个节点值是 = %d\n",ptr->data);
22      printf("第 2 个节点值是 = %d\n",ptr->next->data);
23      system("pause");
24      return 0;
25  }
```

执行结果

```
■ C:\Cbook\ch21\ch21_5.exe
第 1 个节点值是 = 5
第 2 个节点值是 = 10
请按任意键继续. . .
```

上述程序的整个流程如下所示：

（1）执行完第 14 行 ptr = (node *) malloc (sizeof(node));

内存图形如下所示。

（2）执行完第 15 行 ptr → data = 5;

内存图形如下所示。

（3）执行完第 16 行 ptr → next = NULL;

内存图形如下所示。

（4）执行完第 18 行 ptr → next = (link) malloc(sizeof(node));

内存图形如下所示。

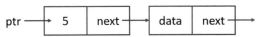

（5）执行完第 19 行 ptr → next → data = 10;

内存形如下所示。

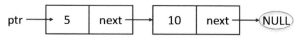

（6）执行完 ptr → next → next = NULL;

内存图形如下所示。

ptr ──→ | 5 | next ├──→ | 10 | next ├──→ ⟨NULL⟩

从上述步骤相信读者可以了解，为什么第一个节点 (node) 的值是 5，第二个节点 (node) 的值是 10 了。

上述程序第 12 行是声明节点指针 *ptr，然后第 14 行为节点配置内存空间，接着再设定节点值。另外，也可以采用声明节点变量的方式建立节点，当声明节点变量时，编译程序会自动为此节点配置内存空间。

程序实例 ch21_6.c : 用声明节点变量的方式，重新设计程序实例 ch21_5.c。

```
1   /*    ch21_6.c                    */
2   #include <stdlib.h>
3   #include <stdio.h>
4   struct list                  /* 声明动态数据结构 */
5   {
6       int data;
7       struct list *next;
8   };
9   typedef struct list node;
10  int main()
11  {
12      node a, b;
13      node *ptr;
14      ptr = &a;
15      ptr->data = 5;            /* 设定第 1 个节点值 */
16      ptr->next = NULL;
17      /* 接下来取得第 2 个节点内存空间 */
18      ptr->next = &b;
19      ptr->next->data = 10;    /* 设定第 2 个节点值 */
20      ptr->next->next = NULL;
21      printf("address=%X\t", &a);
22      printf("data=%d\t", ptr->data);
23      printf("next=%X\n",ptr->next);
24      printf("address=%X\t", &b);
25      printf("data=%d\t",ptr->next->data);
26      printf("next=%X\n",ptr->next->next);
27      system("pause");
28      return 0;
29  }
```

执行结果

```
 C:\Cbook\ch21\ch21_6.exe
address=62FE00  data=5   next=62FDF0
address=62FDF0  data=10 next=0
请按任意键继续. . .
```

上述执行后可以标记节点的地址，整个内存图形如下。

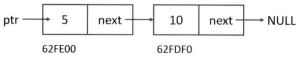

注 NULL 表示 0。

21-3 建立与输出链表

21-3-1 基础实例

杂乱无章的节点对程序设计而言并没有好处，如果将不同的节点 (node) 依线性方式连接起来，这类数据结构称为链表。

程序实例 ch21_7.c：建立链表，然后按顺序输出链表。

```
1   /*   ch21_7.c              */
2   #include <stdlib.h>
3   #include <stdio.h>
4   struct list                /* 声明动态数据结构 */
5   {
6       int data;
7       struct list *next;
8   };
9   typedef struct list node;
10  int main()
11  {
12      node  *ptr, *head;
13      int   num,i;
14
15      head = (node *) malloc(sizeof(node));
16      ptr = head;            /* 将指针指向第一个节点 */
17      printf("请输入 5 笔数据 \n");
18      for ( i = 0; i <= 4; i++ )
19      {
20          scanf("%d",&num);
21          ptr->data = num;        /* 设定节点值 */
22          ptr->next = (node *) malloc(sizeof(node));
23          if ( i == 4 )  /* 如果是第 5 笔数据将指针指向 NULL */
24              ptr->next = NULL;
25          else           /* 否则将指针指向下一个节点         */
26              ptr = ptr->next;
27      }
28      printf("顺序打印链表 \n");
29      ptr = head;            /* 将指针指向第一个节点      */
30      while ( ptr != NULL ) /* 如果不是指向 NULL 则打印 */
31      {
32          printf("链表值 ==> %d\n",ptr->data);
33          ptr = ptr->next;
34      }
35      system("pause");
36      return 0;
37  }
```

执行结果

```
C:\Cbook\ch21\ch21_7.exe
请输入 5 笔数据
5
6
7
4
3
顺序打印链表
链表值 ==> 5
链表值 ==> 6
链表值 ==> 7
链表值 ==> 4
链表值 ==> 3
请按任意键继续. . .
```

上述程序的整个重点过程如下所示。

（1）执行完第 15 行时，内存图形如下所示。

（2）执行完第 16 行时，内存图形如下所示。

（3）执行完第 18 行~第 27 行的循环后，内存图形如下所示。

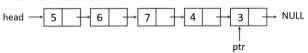

415

（4）执行完第 29 行，可以将 ptr 指针移回链表起始位置，内存图形如下所示。

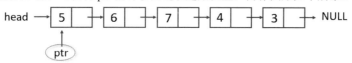

所以从第 30 行～第 34 行的循环，可以按顺序打印这个链表数据。

21-3-2　设计建立链表函数和打印链表函数

前一小节的实例，笔者使用 main( ) 函数就完成工作，虽然可行，但是在讲究程序效率的今天，最好还是设计建立链表函数和打印链表函数，这样未来在处理链表问题时可以随时调用。

程序实例 ch21_8.c：建立链表函数和打印链表函数的设计，然后这个程序会打印第 14 行的数组数据。

```
1   /*   ch21_8.c                        */
2   #include <stdlib.h>
3   #include <stdio.h>
4   struct list
5   {
6       int data;
7       struct list *next;
8   };
9   typedef struct list node;
10  node *create_list(int *, int);
11  void print_list(node *);
12  int main()
13  {
14      int arr[] = { 3, 12, 8, 9, 11 };
15      node  *ptr;
16
17      ptr = create_list(arr,5);
18      print_list(ptr);
19      system("pause");
20      return 0;
21  }
22  /* 打印链表函数 */
23  void print_list(node *pointer)
24  {
25      while ( pointer )
26      {
27          printf("%d\n",pointer->data);
28          pointer = pointer->next;
29      }
30  }
31  /* 将数组转成链表函数 */
32  node *create_list(int array[],int num)
33  {
34      node *first, *cur, *newnode;
35      int  i;
36  /* first 指向链表的第一个节点 */
37      first = (node *) malloc(sizeof(node));
38      first->data = array[0];      /* 第一笔数据   */
39      cur = first;                 /* 移动暂时指标 */
40      for ( i = 1; i < num; i++ )
41      {
42          newnode = (node *) malloc(sizeof(node));
43          newnode->next = NULL;
44          newnode->data = array[i];
45          cur->next = newnode;     /* 旧节点指标指向新节点 */
46          cur = newnode;           /* 移动暂时指标        */
47      }
48      return first;
49  }
```

执行结果

```
C:\Cbook\ch21\ch21_8.exe
3
12
8
9
11
请按任意键继续. . .
```

21-4 搜寻节点

链表操作中很重要的功能是搜寻节点，基本上是从链表起始地址往后搜寻，直到碰上 NLLL。

程序实例 ch21_9.c：搜寻链表节点，如果找到节点值回传该节点地址，否则回传 NULL。

```
1   /*    ch21_9.c                    */
2   #include <stdlib.h>
3   #include <stdio.h>
4   struct list
5   {
6       int data;
7       struct list *next;
8   };
9   typedef struct list node;
10  node *create_list(int *, int);
11  void print_list(node *);
12  node *search(node *, int);
13  int main()
14  {
15      int arr[] = { 3, 12, 8, 9, 11 };
16      node  *ptr, *obj;
17      int data;
18
19      ptr = create_list(arr,5);
20      print_list(ptr);
21      printf("请输入搜寻数字 : ");
22      scanf("%d",&data);
23      obj = search(ptr, data);
24      if (obj != NULL)
25          printf("找到 %d 了\n",data);
26      else
27          printf("找不到指定数字\n");
28      system("pause");
29      return 0;
30  }
31  /* 打印链表函数 */
32  void print_list(node *pointer)
33  {
34      while ( pointer )
35      {
36          printf("%d\n",pointer->data);
37          pointer = pointer->next;
38      }
39  }
40  /* 将数组转成链表函数 */
41  node *create_list(int array[],int num)
42  {
43      node *first, *cur, *newnode;
44      int  i;
45  /* first 指向链表的第一个节点 */
46      first = (node *) malloc(sizeof(node));
47      first->data = array[0];      /* 第一笔 数据    */
48      cur = first;                 /* 移动暂时指标 */
49      for ( i = 1; i < num; i++ )
50      {
51          newnode = (node *) malloc(sizeof(node));
52          newnode->next = NULL;
53          newnode->data = array[i];
54          cur->next = newnode;     /* 旧节点指标指向新节点 */
55          cur = newnode;           /* 移动暂时指标       */
56      }
57      return first;
58  }
59  /* 搜寻节点函数 */
60  node *search(node *ptr, int val)
61  {
62      while(ptr != NULL)
63      {
64          if(ptr->data == val)     /* 是否找到节点值      */
65              return ptr;          /* 回传节点地址        */
66          else
67              ptr = ptr->next;     /* 将指标指向下一个节点 */
68      }
69      return NULL;                 /* 找不到则回传 NULL    */
70  }
```

执行结果

```
C:\Cbook\ch21\ch21_9.exe
3
12
8
9
11
请输入搜寻数字 : 9
找到 9 了
请按任意键继续. . .
```

```
C:\Cbook\ch21\ch21_9.exe
3
12
8
9
11
请输入搜寻数字 : 10
找不到指定数字
请按任意键继续. . .
```

417

上述程序的重点是第 60 行～第 70 行的 *search( ) 函数，ptr 是链表的节点指针，只要此指针不是 NULL，就执行第 64 行持续搜寻，如果找到则执行第 65 行回传节点，如果找不到则将指针移到下一个节点。如果执行到链表末端，仍然找不到则回传 NULL。

21-5 插入节点

在程序设计时，我们常常需要在链表中插入一个节点。假设有一个链表结构如下所示。

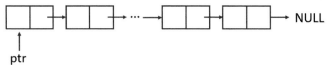

在插入节点时，会有三种情况发生 :

情况 1 : 将节点 newnode 插入到链表第一个节点前面，此时只要将新建立的节点 newnode 指针指向链表的第一个节点就可以了，如下所示。

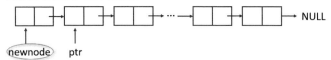

情况 2 : 将节点 newnode 插入到链表的最后一个节点后面，此时请将链表最后一个节点指针指向新建立的节点，然后将新建立节点 newnode 指针指向 NULL，如下所示。

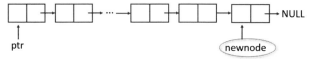

情况 3 : 将节点插入到链表中间任意位置。假设节点是要插入到 p 和 q 节点间，且 p 的指针是指向 q 位置，如下所示。

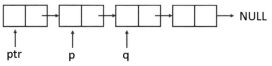

在插入时，应将 p 指针指向新节点 newnode，新节点 newnode 指针指向 q，如下所示。

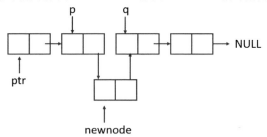

程序实例 ch21_10.c : 建立含 3 个节点的链表，然后在节点 9 的后面插入一个新的节点，新节点的内容是 10。

```
1   /*    ch21_10.c                        */
2   #include <stdlib.h>
3   #include <stdio.h>
4   struct list
5   {
6       int data;
7       struct list *next;
8   };
9   typedef struct list node;
10  node *create_list(int *, int);
11  void print_list(node *);
12  node *search(node *, int);
13  void insert(node *, int);
14
15  int main()
16  {
17      int arr[] = { 3, 9, 11 };
18      node  *ptr, *obj;
19
20      printf("插入前\n");
21      ptr = create_list(arr,3);
22      print_list(ptr);
23      obj = search(ptr, 9);
24      insert(obj, 10);
25      printf("插入后\n");
26      print_list(ptr);
27      system("pause");
28      return 0;
29  }
30  /* 打印链表函数 */
31  void print_list(node *pointer)
32  {
33      while ( pointer )
34      {
35          printf("%d\n",pointer->data);
36          pointer = pointer->next;
37      }
38  }
39  /* 将数组转成链表函数 */
40  node *create_list(int array[],int num)
41  {
42      node *first, *cur, *newnode;
43      int  i;
44  /* first 指向链表的第一个节点 */
45      first = (node *) malloc(sizeof(node));
46      first->data = array[0];          /* 第一笔数据     */
47      cur = first;                     /* 移动暂时指标 */
48      for ( i = 1; i < num; i++ )
49      {
50          newnode = (node *) malloc(sizeof(node));
51          newnode->next = NULL;
52          newnode->data = array[i]
53          cur->next = newnode;         /* 旧节点指标指向新节点 *
54          cur = newnode;               /* 移动暂时指标        *
55      }
56      return first;
57  }
58  /* 搜寻节点函数 */
59  node *search(node *ptr, int val)
60  {
61      while(ptr != NULL)
62      {
63          if(ptr->data == val)         /* 是否找到节点值      *
64              return ptr;              /* 回传节点地址        *
65          else
66              ptr = ptr->next;         /* 将指标指向下一个节点 *
67      }
68      return NULL;                     /* 找不到则回传 NULL    *
69  }
70  /* 在ptr节点后面一个新的节点, 插入数值是 data */
71  void insert(node *ptr,int data)
72  {
73      node *newnode;
74      newnode = (node *) malloc(sizeof(node)); /* 取得新节点 */
75      newnode->data = data;            /* 设定新节点的data    */
76      newnode->next = ptr->next;       /* 新节点指向ptr的next */
77      ptr->next = newnode;             /* ptr的next指向新节点  */
78  }
```

执行结果

```
 C:\Cbook\ch21\ch21_10.exe
插入前
3
9
11
插入后
3
9
10
11
请按任意键继续. . .
```

上述程序执行插入节点前的链表内容如下。

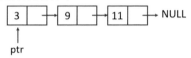

执行插入后内容如下。

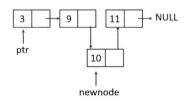

21-6 删除节点

假设有一个链表结构如下。

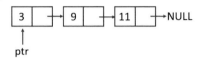

在链表删除节点时，会有三种情况发生：

情况 1：删除的链表是空链表，没有节点可以删除。

情况 2：删除链表的第一个节点，此时只要将链表指针指向下一个节点就可以了，如下图所示。

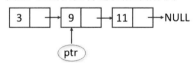

情况 3：删除链表中的节点。此时只要将指向欲删除节点的指针，指向欲删除节点的下一个节点就可以了，如下图所示。

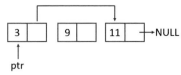

上述情况 3 的概念，同样可以适用在删除链表最后一个节点。

程序实例 ch21_11.c：删除指定链表节点的应用。

```
1   /*    ch21_11.c                    */
2   #include <stdlib.h>
3   #include <stdio.h>
4   struct list
5   {
6       int data;
7       struct list *next;
8   };
9   typedef struct list node;
10  node *create_list(int *, int);
11  void print_list(node *);
```

```
12  node *search(node *, int);
13  node *delete(node *, node *);
14  int main()
15  {
16      int arr[] = { 3, 9, 11 };
17      node  *ptr, *obj;
18      int data;
19
20      printf("插入前\n");
21      ptr = create_list(arr,3);
22      print_list(ptr);
23      printf("请输入搜寻数字 : ");
24      scanf("%d",&data);
25      obj = search(ptr, data);
26      if (obj != NULL)
27      {
28          ptr = delete(ptr, obj);
29          printf("删除后\n");
30          print_list(ptr);
31      }
32      else
33          printf("找不到此节点\n");
34      system("pause");
35      return 0;
36  }
37  /* 打印链表函数 */
38  void print_list(node *pointer)
39  {
40      while ( pointer )
41      {
42          printf("%d\n",pointer->data);
43          pointer = pointer->next;
44      }
45  }
46  /* 将数组转成链表函数 */
47  node *create_list(int array[],int num)
48  {
49      node *first, *cur, *newnode;
50      int  i;
51  /* first 指向链表的第一个节点 */
52      first = (node *) malloc(sizeof(node));
53      first->data = array[0];               /* 第一笔数据     */
54      cur = first;                          /* 移动暂时指标 */
55      for ( i = 1; i < num; i++ )
56      {
57          newnode = (node *) malloc(sizeof(node));
58          newnode->next = NULL;
59          newnode->data = array[i];
60          cur->next = newnode;              /* 旧节点指标指向新节点 */
61          cur = newnode;                    /* 移动暂时指标         */
62      }
63      return first;
64  }
65  /* 搜寻节点函数 */
66  node *search(node *ptr, int val)
67  {
68      while(ptr != NULL)
69      {
70          if(ptr->data == val)              /* 是否找到节点值       */
71              return ptr;                   /* 回传节点地址         */
72          else
73              ptr = ptr->next;              /* 将指标指向下一个节点 */
74      }
75      return NULL;                          /* 找不到则回传 NULL    */
76  }
77  /* 删除指定节点 */
78  node *delete(node *first, node *del_node)
79  {
80      node *ptr;
```

```
81        ptr = first;
82        if(first == NULL)                    /* 如果first是NULL则印出这是空链表 */
83        {
84            printf("这是空链表\n");
85            return NULL;
86        }
87        if(first == del_node)                /* 如果删除的是第一个节点 */
88            first = first->next;             /* 把first指向下一个节点 */
89        else                                 /* 删除其它节点 */
90        {
91            while(ptr->next != del_node)     /* 循环找出要删除的节点 */
92                ptr = ptr->next;
93            ptr->next = del_node->next;      /* 重新设定ptr的next指标 */
94        }
95        return first;
96    }
```

执行结果

```
■ C:\Cbook\ch21\ch21_11.exe
插入前
3
9
11
请输入搜寻数字：3
删除后
9
11
请按任意键继续. . .
```
```
■ C:\Cbook\ch21\ch21_11.exe
插入前
3
9
11
请输入搜寻数字：9
删除后
3
11
请按任意键继续. . .
```
```
■ C:\Cbook\ch21\ch21_11.exe
插入前
3
9
11
请输入搜寻数字：11
删除后
3
9
请按任意键继续. . .
```

21-7 释放内存空间 free( )

节点被删除后通常无法再继续存取，此时我们可以使用 C 语言的 free( ) 函数，将此内存的空间归还系统。假设 pointer 指向被删除的节点，可以使用下列指令，归还这个节点。

```
free(pointer);
```

程序实例 ch21_12.c：请重新设计程序实例 ch21_11.c，增加当删除节点后，将此节点内存空间归还系统，因为这个程序只有 void *delete( ) 函数内有 free( ) 函数，所以只列出此函数。

```
78  node *delete(node *first, node *del_node)
79  {
80      node *ptr;
81      ptr = first;
82      if(first == NULL)                    /* 如果first是NULL则打印出这是空链表 */
83      {
84          printf("这是空链表\n");
85          return NULL;
86      }
87      if(first == del_node)                /* 如果删除的是第一个节点 */
88      {
89          first = first->next;             /* 把first指向下一个节点 */
90          free(del_node);
91      }
92      else                                 /* 删除其他节点 */
93      {
94          while(ptr->next != del_node)     /* 循环找出要删除的节点 */
95              ptr = ptr->next;
96          ptr->next = del_node->next;      /* 重新设定ptr的next指标 */
97          free(del_node);
98      }
99      return first;
100 }
```

执行结果 与程序实例 ch21_11.c 相同。

上述程序实例第 90 行和第 97 行因为 del_node 已经被删除，所以可以使用 free( ) 函数删除此节点。

21-8 双向链表

一个双向链表的基本结构如下所示。

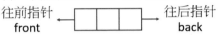

双向链表中每一个链表节点至少包含三个字段，其中一个存放基本元素数据，另外两个存放指针，其中一个指针指向前面，另一个指针指向后面，如下所示。

```
往前指针                          往后指针
front  ←  [ □ | □ ]  →  back
```

这种双向链表节点的数据声明方式如下。

```
struct list
{
    int data;
    struct list *front;
    struct list *back;
};

typedef struct list node;
```

前面几节所谈的链表有一个最大的缺点：在搜寻链表时只能沿着一个方向搜寻，而无法往回搜寻，而双向链表正好可以解决这个问题。

程序实例 ch21_13.c：建立双向链表，先反向输出，然后顺序输出。

```
1   /*  ch21_13.c                      */
2   #include <stdlib.h>
3   #include <stdio.h>
4   struct list              /* 双向链表声明 */
5   {
6       int data;
7       struct list *front;  /* 指向下 1 个节点 */
8       struct list *back;   /* 指向前 1 个节点 */
9   };
10  typedef struct list node;
11  int main()
12  {
13  /* cur是目前节点指标             */
14  /* ptr是固定在第一个节点指标 */
15      node  *cur, *ptr, *newnode;
16      int    num, i;
17
18      printf("请输入 3 笔数据 \n");
19      for ( i = 0; i < 3; i++ )
20      {
21          newnode = (node *) malloc(sizeof(node));
22          scanf("%d",&num);
23          if (i == 0)          /* 建立第一个节点          */
24          {
25              newnode->back = NULL;
26              newnode->front = NULL;
27              newnode->data = num;
```

执行结果

```
■ C:\Cbook\ch21\ch21_13.exe
请输入 3 笔数据
5
9
3
反向打印双向链表
节点值 ==> 3
节点值 ==> 9
节点值 ==> 5
顺序打印双向链表
节点值 ==> 5
节点值 ==> 9
节点值 ==> 3
请按任意键继续. . .
```

```
28                    cur = newnode;     /* 目前指针位置           */
29                    ptr = newnode;     /* 固定不变链表开始位置 */
30              }
31          if ( i > 0 )                  /* 建立其他节点           */
32          {
33                    newnode->front = cur;
34                    newnode->back = NULL;
35                    newnode->data = num;
36                    cur->back = newnode;
37                    cur = newnode;     /* cur 指向所建的节点 */
38          }
39      }
40      printf("反向打印双向链表\n");
41      while ( cur )              /* cur 往前输出        */
42      {
43          printf("节点值 ==> %d\n",cur->data);
44          cur = cur->front;
45      }
46      printf("顺序打印双向链表\n");
47      cur = ptr;                        /* cur 移到最前节点 */
48      while ( cur )
49      {
50          printf("节点值 ==> %d\n",cur->data);
51          cur = cur->back;
52      }
53      system("pause");
54      return 0;
55  }
```

上述程序建立双向链表后，内存图形如下所示。

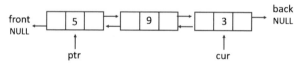

21-9 指针补充解说

网络上常看到一些工程师在建立链表结构时，使用比较简洁的声明方式，可以参考下列声明。

```
struct list
{
    int data;
    struct list *next;
};
typedef struct list node;
typedef node *link;                      /* 重新定义 node */
```

经过上述声明后，可以使用下列方式建立指针。

```
link ptr;
```

然后使用下列方式取得内存空间。

```
ptr = (link) malloc(sizeof(node));
```

然后使用下列方式建立节点内容和将指针指向 NULL。

```
ptr->data = 5;

ptr->next = NULL;
```

程序实例 ch21_14.c：使用上述方式重新设计程序实例 ch21_5.c。

```
1    /*   ch21_14.c                    */
2    #include <stdlib.h>
3    #include <stdio.h>
4    struct list                          /* 声明动态数据结构 */
5    {
6        int data;
7        struct list *next;
8    };
9    typedef struct list node;
10   typedef node *link;
11   int main()
12   {
13       link  ptr;
14
15       ptr = (link) malloc(sizeof(node)); /* 取得内存空间 */
16       ptr->data = 5;                      /* 设定第 1 个节点值 */
17       ptr->next = NULL;
18       /* 接下来取得第 2 个节点内存空间 */
19       ptr->next = ( link ) malloc(sizeof(node));
20       ptr->next->data = 10;               /* 设定第 2 个节点值 */
21       ptr->next->next = NULL;
22       printf("第 1 个节点值是 = %d\n",ptr->data);
23       printf("第 2 个节点值是 = %d\n",ptr->next->data);
24       system("pause");
25       return 0;
26   }
```

执行结果　与程序实例 ch21_5.c 执行结果相同。

21-10　习题

一、是非题

(　　)1. 通常设计程序时，使用 NULL 代表链表的结尾。(21-1 节)

(　　)2. 若想执行链表的连接，只要将某个链表末端连接到另一个链表的起始。(21-5 节)

(　　)3. 将节点插在链表起点或链表终点，方法是一样的。(21-5 节)

(　　)4. 链表节点删除的状况有 2 种。(21-6 节)

(　　)5. free( ) 函数主要是取得内存空间。(21-7 节)

(　　)6. 在双向链表中，必须有 2 个指针字段，其中一个指向前面，另一个指向后面。(21-8 节)

二、选择题

(　　)1. 函数 (A) free( ) (B) malloc( ) (C) printf( ) (D) scanf( ) 可以配置内存空间。(21-1 节)

(　　)2. 函数 (A) free( ) (B) malloc( ) (C) printf( ) (D) scanf( ) 可以释放内存空间。(21-7 节)

(　　)3. 哪一种链表可用于正向打印链表值，也可以反向打印链表值？ (A) 线性链表 (B) 一般链表 (C) 双向链表 (D) 堆栈 (21-8 节)

三、填充题

1. 链表的节点删除有 3 种情形分别是 (　　)、(　　)、(　　)。(21-6 节)

2. 函数 (　　) 可用于配置内存空间, (　　) 可用于释放内存空间。(21-7 节)

3. 双向链表有 2 个指针分别指向 (　　)、(　　)。

四、实操题

1. 利用链表将顺序输入的数据存储在链表数据结构上, 然后将此链表数据以相反顺序打印出来。(21-3 节)

2. 有两个整数数组, 请参考程序实例 ch21_8.c 为这两个数组建立链表, 然后将两个链表连接, 最后输出, 如下是这两个链表的内容。(21-3 节)

```
int arr1[ ] = {3, 12, 8, 9, 11};
int arr2[ ] = {12, 13, 15};
```

如下是执行结果。

3. 设计函数可以将链表内容排序, 原先链表数据建立方式可以参考程序实例 ch21_9.c。(21-3 节)

4. 链表数据的维护请参考程序实例 ch21_10.c, 然后扩充这个程序可以输入插入位置和插入值, 如果找到插入位置则可以输入插入值, 在输入搜寻值时如果输入 0, 则程序可以执行结束。(21-5 节)

5. 本程序在执行时，会先将一个具有 5 个元素的数据链表进行排序，然后分别将 15 和 7 插入此链表中，每插入完一个元素后，随即打印链表元素验证插入结果，原始链表内容如下：

```
int arr1[ ] = {3, 12, 8, 9, 11};
```

如下是执行结果。

第 2 2 章

栈与队列

栈 (stack) 和队列 (queue) 分别是一种特殊抽象的链表数据形态，本章将说明最基本的概念，为读者未来学习算法和数据结构建立基础。

22-1　栈

22-1-1　认识栈

所谓的栈 (stack) 就是一种数据结构，这种数据结构包含两个特性。

（1）只从结构的某一端存取数据。

（2）所有数据元素皆是以后进先出 (last in, first out) 的原则或是先进后出 (first in, last out) 的原则进行处理。

实例 1：假设将数据 5 放入栈中，假设原先的栈是空集合，则执行完后，栈结构如下所示。

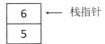

实例 2：假设将数据 6 放入栈中，则执行完后，栈结构如下所示。

实例 3：假设你将数据 8 放入栈中，则执行完后，栈结构如下所示。

值得注意的是，在栈数据的使用中，一定要保存一个指针，这个指针需恒指向栈结构的顶点位置。当将数据存入栈时，必须将数据放在栈顶端，然后将这个栈指针指向新元素。

至于栈数据的声明方式，和第 21 章链表结构的声明的概念是一样的，如下所示。

```
struct stacks
{
    int data;
    struct stacks *next;
};
typedef struct stacks node;
```

如果我们使用上述数据声明，再仔细绘制前述 8、6、5 三笔数据的栈图形，结果如下所示。

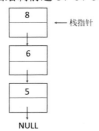

22-1-2 设计 push( ) 函数

一般我们将数据放入栈的动作称为 push，下面是 push( ) 函数的说明：

```
node *push(node *stack, int value)
{
    node  *newnode;

    newnode = (node *) malloc(sizeof(node));
    newnode->data = value; /* 设定新栈点的值 */
    newnode->next = stack; /*新栈指针指向原栈顶端*/
    stack = newnode;          /*设定指向新栈顶端指针   */
    return stack;             /*传回指向栈顶端指针      */
}
```

在上述函数中，push( ) 包含两个自变量，第一个自变量 stack 是栈指针，会恒指向栈顶端位置。第二个自变量是 value，表示欲放入栈的值。当执行完这个函数后，push 会自动将栈顶端指针回传调用函数。

实例 4：假设我们想将另一笔数据 4，利用 push( ) 函数放入栈中，则执行完建立节点内存空间后，栈图形可以参考下方左图。

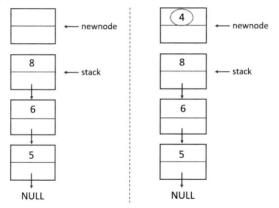

执行完"newnode → data = value;"后，栈图形可以参考上方右图。

执行完"newnode → next = stack;"后，栈图形可以参考下方左图。

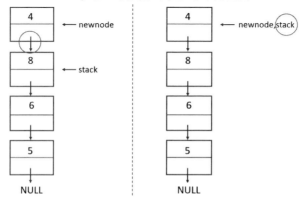

执行完"stack = newnode;"后，栈图形可以参考上方右图。

从上图可知，stack 将和 newnode 指向同一位置，也就是指向堆顶端位置，最后 push( ) 函数会将 stack 指针回传调用程序。

22-1-3　设计 pop( ) 函数

至于读取栈数据的动作称为 pop，可以分成三个步骤。

（1）读取栈顶端的值。

（2）将栈指针往下移一格。

（3）释放原先顶端的节点。

下面是 pop( ) 函数的说明。

```
node *pop(node *stack, int *value)
{
    node *top;

    top = stack;
    stack = stack->next;
    *value = top->data;        /* 取得栈顶端值                */
    free(top);                 /* 释放原最顶端的栈节记忆空间 */
    return stack;              /* 回传指向栈顶端指针          */
}
```

程序实例 ch22_1.c：分别将 5 笔数据使用 push( ) 函数入栈，然后使用 pop( ) 函数将这 5 笔数据输出，因为栈的特性是后进先出，所以数据会反向打印。

```
1   /*   ch22_1.c             */
2   #include <stdlib.h>
3   #include <stdio.h>
4   struct stacks
5   {
6       int data;
7       struct stacks *next;
8   };
9   typedef struct stacks node;
10  node *push(node *, int);
11  node *pop(node *, int *);
12  /* 将数据放入栈 */
13  node *push(node *stack, int value)
14  {
15      node  *newnode;
16
17      newnode = (node *) malloc(sizeof(node));
18      newnode->data = value; /* 设定新栈点的值 */
19      newnode->next = stack; /*新栈指针指向原栈顶端*/
20      stack = newnode;          /*设定指向新栈顶端指针   */
21      return stack;             /*回传指向栈顶端指针      */
22  }
23  /* 由栈取得数据 */
24  node *pop(node *stack, int *value)
25  {
26      node *top;
27
28      top = stack;
29      stack = stack->next;
30      *value = top->data;     /* 取得栈顶端值                */
31      free(top);              /* 释回原最顶端的栈节记忆空间 */
32      return stack;           /* 回传指向栈顶端指针          */
33  }
34  int main()
35  {
36      int   arr[] = { 3, 12, 8, 9, 11 };
37      node *ptr;
38      int   val, i;
39
40      ptr = NULL;
```

```
41        printf("顺序打印整数数组 \n");
42        /* 将数组数据放入栈同时执行打印 */
43        for ( i = 0; i < 5; i++ )
44        {
45            ptr = push(ptr,arr[i]);
46            printf("%d\n",arr[i]);
47        }
48        printf("反向打印原整数数组 \n");
49        /* 取得栈数据同时执行打印 */
50        for ( i = 0; i < 5; i++ )
51        {
52            ptr = pop(ptr,&val);
53            printf("%d\n",val);
54        }
55        system("pause");
56        return 0;
57    }
```

执行结果

```
■ C:\Cbook\ch22\ch22_1.exe
顺序打印整数数组
3
12
8
9
11
反向打印原整数数组
11
9
8
12
3
请按任意键继续. . .
```

22-2 队列

22-2-1 认识队列

队列 (queue) 是另一种抽象的数据结构，这种数据结构包含两个特性。

（1）从链表的某一端读取数据，从链表的另一端存入数据。

（2）所有的数据元素皆是以先进先出 (first in, first out) 的原则进行数据处理。一般而言，队列的数据声明方式和栈及链表的数据声明方式是一样的，如下所示。

```
struct queue
{
    int data;
    struct queue *next;
};
typedef struct queue node;
```

实例 1：假设你想将数据 5 放入队列中，假设原先的队列是空集合，则执行完后，队列结构如下所示。

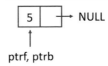

实例 2：假设你想将数据 6 放入队列中，则执行完后队列结构如下所示。

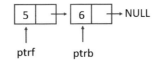

在上述实例中，ptrf 代表队列起始节点，主要是方便取得队列数据时使用。而 ptrb 则代表队列的末端节点，主要是方便存入数据时使用。

注 假设队列是空集合，则 ptrf 和 ptrb 指向 NULL，若是队列只包含一个节点，则 ptrf 和 ptrb 会指向同一个节点。

实例 3：假设你想将数据 8 放入队列中，则执行完后，队列结构如下所示。

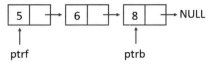

22-2-2　设计 enqueue( ) 函数

在数据结构或算法领域，将数据存入队列的动作称为 enqueue，它的函数设计如下所示。

```
node *enqueue(node *queue, int value)
{
    node *newnode;

    newnode = (node *) malloc(sizeof(node));
    newnode->data = value;   /* 将数据存入新建队列节点    */
    newnode->next = NULL;
    if ( queue != NULL )     /* 移动queue(ptrb)指向新节点 */
    {
        queue->next = newnode;
        queue = queue->next;
    }
    else
        queue = newnode;      /* 建第一个节点的设定        */
    return queue;
}
```

22-2-3　设计 dequeue( ) 函数

队列的另一个重要工作是，读取队列数据，它的基本数据读取动作，可分成三个步骤：

（1）读取 ptrf 所指节点的值。

（2）将 ptrf 移向 ptrf → next。

（3）释放原先 ptrf 节点给系统。

实例：延续 22-2-1 节的实例 3，假设我们想读取前一个实例队列的一笔数据，则读完之后队列结构如下所示。

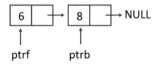

上述读取队列数据的动作称为 dequeue，此函数设计如下所示。

```
node *dequeue(node *queue, int *value)
{
    node *dequeuenode;

    dequeuenode = queue;
    *value = dequeuenode->data;       /* 取得队列数据 */
    queue = queue->next; /* 重新设定queue(ptrf)指针位置 */
    free(dequeuenode);   /* 取得数据后即释放记忆空间    */
    return queue;
}
```

程序实例 ch22_2.c：利用 enqueue 函数建立一个队列，然后利用 dequeue 函数将上述所建队列数据，打印出来。

```
1    /*    ch22_2.c                        */
2    #include <stdlib.h>
3    #include <stdio.h>
4    struct queue
5    {
6        int data;
7        struct queue *next;
8    };
9    typedef struct queue node;
10   node *enqueue(node *, int);
11   node *dequeue(node *, int *);
12   /* 将数据存入队列 */
13   node *enqueue(node *queue, int value)
14   {
15       node *newnode;
16
17       newnode = (node *) malloc(sizeof(node));
18       newnode->data = value;    /* 将数据存入新建队列节点    */
19       newnode->next = NULL;
20       if ( queue != NULL )      /* 移动queue(ptrb)指向新节点 */
21       {
22          queue->next = newnode;
23          queue = queue->next;
24       }
25       else
26          queue = newnode;       /* 建第一个节点的设定        */
27       return queue;
28   }
29   /* 读取队列数据 */
30   node *dequeue(node *queue, int *value)
31   {
32       node *dequeuenode;
33
34       dequeuenode = queue;
35       *value = dequeuenode->data;          /* 取得队列数据 */
36       queue = queue->next; /* 重新设定queue(ptrf)指针位置 */
37       free(dequeuenode);     /* 取得数据后即释放记忆空间      */
38       return queue;
39   }
40   int main()
41   {
42       int   arr[] = { 3, 12, 8, 9, 11 };
43       node *ptrb, *ptrf;
44       int   val, i;
45
46       ptrf = NULL;                /* 最初化队列起始节点指针 */
47       ptrb = ptrf;                /* 最初化队列末端节点指针 */
48       printf("使用 enqueue 建立队列 \n");
49       for ( i = 0; i < 5; i++ )
50       {
51          ptrb = enqueue(ptrb,arr[i]);
52          if ( ptrf == NULL )    /* 成立代表建第一个队列节点 */
53             ptrf = ptrb;             /*建第一个节点时两个指针指向相同位置*/
54          printf("%d\n",arr[i]);
55       }
56       printf("使用 dequeue 打印队列 \n");
57       for ( i = 0; i < 5; i++ )
58       {
59          ptrf = dequeue(ptrf,&val);
60          printf("%d\n",val);
61       }
62       system("pause");
63       return 0;
64   }
```

执行结果

```
C:\Cbook\ch22\ch22_2.exe
使用 enqueue 建立队列
3
12
8
9
11
使用 dequeue 打印队列
3
12
8
9
11
请按任意键继续. . .
```

22-3 习题

一、是非题

(　　) 1. 栈 (stack) 只从某一端存取数据。(22-1 节)

(　　) 2. 栈数据处理原则是先进先出。(22-1 节)

(　　) 3. 使用栈时要保存一个指针，这个指针将一直指向栈底部。(22-1 节)

(　　) 4. 队列数据处理原则是先进先出。(22-2 节)

(　　) 5. 使用队列时需保持两个指针，一个指向队列起始节点，另一个指向队列末端节点。(22-2 节)

二、选择题

(　　) 1. 将数据存入栈的动作称为 (A) pop (B) push (C) dequeue (D) enqueue。(22-1 节)

(　　) 2. 读取栈数据的动作称为 (A) pop (B)push (C) dequeue (D) enqueue。(22-2 节)

(　　) 3. 读取队列数据的动作称为 (A) pop (B) push (C) dequeue (D) enqueue。(22-2 节)

三、填充题

1. 数据处理是以先进后出的原则称为 (　　)。(22-1 节)

2. 将数据放入栈的动作称为 (　　)，读取栈的数据称为 (　　)。(22-1 节)

3. 现在将 9，10，11，12 存入栈，则取出顺序是 (　　)。(22-1 节)

4. 数据处理是以先进先出的原则称为 (　　)。(22-2 节)

5. 将数据放入队列的动作称为 (　　)，读取队列的数据称为 (　　)。(22-2 节)

6. 现在将 9，10，11，12 存入队列，则取出顺序是 (　　)。(22-2 节)

四、实操题

1. 请将程序实例 ch22_1.c 改为从键盘输入整数数组，此数组有 5 个元素，然后反向输出整数数组。
   (22-1 节)

2. 请将程序实例 ch22_2.c 改为从键盘输入整数数组，此数组有 5 个元素，然后顺序输出整数数组。
   (22-1 节)

第 2 3 章

二叉树

树是另一种特殊的数据结构,每一个树都必须有一个根节点。在根节点下可以有 0 ～ n 个子节点。

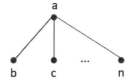

例如,在上图中,a 是根节点,b、c、…、n,则是 a 的子节点,当然子节点也可以拥有自己的子节点。

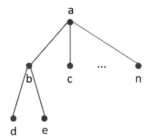

从上图中可知,d 和 e 皆是 b 的子节点。假设 b 是 a 的子节点,一般我们又称 a 是 b 的父节点。

如果树的某一个节点最多可以有 n 个子节点,则我们称这类的树为 n 叉树。假设某个树一个节点最多可以有二个子节点,则我们称这类的树是二叉树,这也是本章的重点。

另外,如果某个节点本身没有子节点,则我们称这个节点是叶节点。没有父节点的节点,我们称为根节点。从上图可知 a 是根节点。e、f、c,…、d 则是叶节点。

注 本章是介绍二叉树的基础,若想要更进一步了解这方面的知识,需要阅读数据结构与算法方面的书籍。《算法零基础一本通 (Python 版)》是笔者撰写的算法书籍,读者也可以参考。

23-1 二叉树的节点结构

从上面的讲解可知,二叉树最多可以拥有两个子节点。另外,每一个节点一定要存储代表这个节点的基本数据。所以可知,每一个二叉树的节点至少应包含三个字段。其中一个字段是存放基本数据,另两个字段则是存放指针,指向适当子节点位置,如下图所示。

二叉树的基本数据声明方式，如下所示：

```
struct tree
{
    int data;
    struct tree *right, *left;
};
typedef struct tree node;
```

在上述声明中，data 字段存放的是二叉树节点的基本数据，righ 和 left 则分别是指向右边子树和左边子树的指针。

23-2 二叉树的建立

一般二叉树的建立有三个原则：

（1）将第一个欲建的元素放在根节点。

（2）将元素值与节点值做比较，如果元素值大于节点值，则将此元素值送往节点的右边子节点，如果此右边子节点不是 NULL 则重复比较，否则建立一个新节点存放这笔数据，然后将新节点的右边子节点和左边子节点设成 NULL。

（3）如果元素值小于节点值，则将此元素值送往节点的左边子节点，如果此左边子节点不是 NULL，则重复比较。否则，建立一个新的节点存放这笔数据，然后将新节点的右边子节点和左边子节点设定成 NULL。

实例：遵照上述规则，用数据 7、6、2、8、9、10、1、5 建立树状数据结构，则可以得到下列结果。

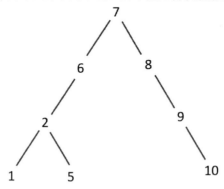

注 在上述实例中，我们没有将指向 NULL 的指针表示出来。

下面是建立树状数据结构的函数设计，要调用这个函数，只要传送节点指针及元素值给此函数就可以了。

```
/* 建立二叉树 */
node *create_btree(node *root, int val)
{
    node *newnode, *current, *back;

    newnode = (node *) malloc(sizeof(node)); /*建立新节点*/
    newnode->data = val;                     /*存入节点值*/
    newnode->left = NULL;  /* 新节点左子树指针指向 NULL */
    newnode->right = NULL; /* 新节点右子树指针指向 NULL */
    if ( root == NULL )             /* 新节点是根节点      */
    {
        root = newnode;
        return root;
    }
    else                            /* 新节点是其他位置 */
    {
        current = root; /*由根节点开始找寻新节点正确位置 */
        while ( current != NULL )
        {
            back = current;
            if ( current->data > val )/*如果节点值大于插入值*/
                current = current->left;   /* 指针往左子树走 */
            else
                current = current->right;  /* 指针往右子树走 */
        }
        if ( back->data > val )  /* 如果叶节点值大于插入值 */
            back->left = newnode; /*新节点放在叶节点的左子树*/
        else                     /* 否则 */
            back->right = newnode;/*新节点放在叶节点的右子树*/
    }
    return root;
}
```

23-3　二叉树的打印

一般的线性串行只有从头到尾或从尾到头两种打印方式，但是二叉树有三种不同的打印方式：

（1）中序 (inorder) 打印方式。

（2）前序 (preorder) 打印方式。

（3）后序 (postorder) 打印方式。

下文会说明上述二叉树的数据打印方式。

23-3-1　中序的打印方式

假设有一树状数据结构如下所示。

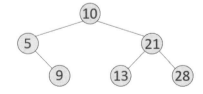

所谓中序打印是从左子树往下走，直到无法前进就处理此节点，接着处理此节点的父节点，然后往右子树走，如果右子树无法前进则回到上一层。也可以用另一种解释，遍历左子树 (缩写是 L)、根节点 (缩写是 D)、遍历右子树 (缩写是 R)，整个遍历过程简称是 LDR。

用这个概念遍历上述二叉树可以得到下列结果：

　　5, 9, 10, 13, 21, 28

　　上述中序打印相当于可以得到由小到大的排序结果，如上所示，设计中序打印的递归函数步骤如下：

　　（1）如果左子树节点存在，则递归调用 inorder(root → left)，往左子树走。

　　（2）处理此节点 (会执行此行，是因为左子树已经不存在)。

　　（3）如果右子树节点存在，则递归调用 inorder(root → right)，往右子树走。

　　中序打印的函数 inorder( ) 如下所示：

```
/* 中序打印二叉树 */
void inorder(node *root)
{
    if ( root != NULL )
    {
        inorder(root->left);    /* 先检查左边子树 */
        printf("%d\n",root->data);
        inorder(root->right);   /* 再检查右边子树 */
    }
}
```

程序实例 ch23_1.c：建立一个二叉树，并以中序方式将它打印出来。

```
1   /*   ch23_1.c                */
2   #include <stdlib.h>
3   #include <stdio.h>
4   struct tree
5   {
6       int data;
7       struct tree *left, *right;
8   };
9   typedef struct tree node;
10  node *create_btree(node *, int);
11  void inorder(node *);
12  int main()
13  {
14      int arr[] = {10, 21, 5, 9, 13, 28};
15      node *ptr;
16      int i;
17
18      ptr = NULL;                /* 最初化根节点指标 */
19      printf("使用数组数据建立二叉树 \n");
20      for ( i = 0; i < 6; i++ )
21      {
22          ptr = create_btree(ptr,arr[i]);
23          printf("%d\n",arr[i]);
24      }
25      printf("使用中序inorder打印二叉树\n");
26      inorder(ptr);
27      system("pause");
28      return 0;
29  }
30  /* 建立二叉树 */
31  node *create_btree(node *root, int val)
32  {
33      node *newnode, *current, *back;
34
35      newnode = (node *) malloc(sizeof(node)); /*建立新节点*/
36      newnode->data = val;                     /*存入节点值*/
37      newnode->left = NULL;   /* 新节点左子树指针指向 NULL */
38      newnode->right = NULL;  /* 新节点右子树指针指向 NULL */
39      if ( root == NULL )              /* 新节点是根节点     */
40      {
```

执行结果

```
C:\Cbook\ch23\ch23_1.exe
使用数组数据建立二叉树
10
21
5
9
13
28
使用中序inorder打印二叉树
5
9
10
13
21
28
请按任意键继续. . .
```

```
41        root = newnode;
42        return root;
43    }
44    else                        /* 新节点是其他位置 */
45    {
46        current = root;  /*由根节点开始找寻新节点正确位置 */
47        while ( current != NULL )
48        {
49            back = current;
50            if ( current->data > val )/*如果节点值大于插入值*/
51                current = current->left;   /* 指标往左子树走 */
52            else
53                current = current->right;  /* 指标往右子树走 */
54        }
55        if ( back->data > val )  /* 如果叶节点值大于插入值 */
56            back->left = newnode; /*新节点放在叶节点的左子树*/
57        else                     /* 否则 */
58            back->right = newnode;/*新节点放在叶节点的右子树*/
59    }
60    return root;
61 }
62 /* 中序打印二叉树 */
63 void inorder(node *root)
64 {
65    if ( root != NULL )
66    {
67        inorder(root->left);   /* 先检查左边子树 */
68        printf("%d\n",root->data);
69        inorder(root->right);  /* 再检查右边子树 */
70    }
71 }
```

下列二叉树节点左边的数字是中序遍历列出节点值的顺序。

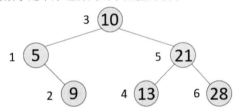

为了方便解说，笔者将节点改为英文字母，然后使用二叉树和栈分析第 63 行～第 71 行递归 inorder( ) 函数遍历二叉树的过程。

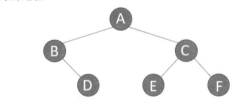

（1）由 A 进入 inorder( )。

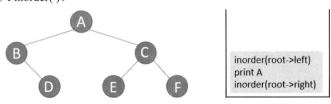

（2）因为 A 的左子树 B 存在，所以进入 B 的递归 inorder( )。

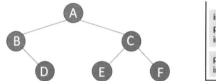

（3）B 没有左子树，所以 inorder(root->left) 执行结束，图形如下所示。

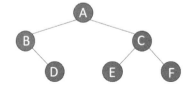

（4）执行 print B。

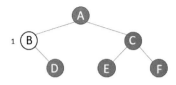

（5）因为 B 的右子树 D 存在，所以进入 D 的递归 inorder( )。

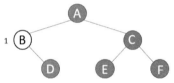

（6）由于 D 没有左子树，所以 inorder(root->left) 执行结束，执行 print D。

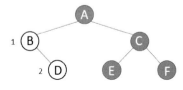
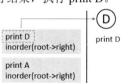

（7）D 没有右子树，所以 inorder(root->right) 执行结束，接下来执行 print A。

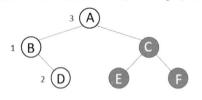

（8）因为 A 的右子树 C 存在，所以进入 C 的递归 inorder( )。

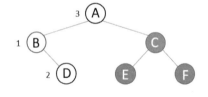

（9）因为 C 的左子树 E 存在，所以进入 E 的递归 inorder( )。

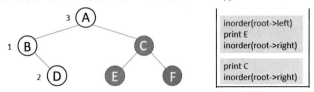

（10）由于 E 没有左子树，所以 inorder(root->left) 执行结束，执行 print E。

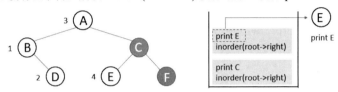

（11）E 没有右子树，所以 inorder(root->right) 执行结束，接下来执行 print C。

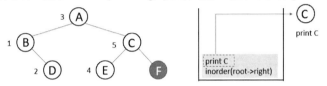

（12）因为 C 的右子树 F 存在，所以进入 F 的递归 inorder( )。

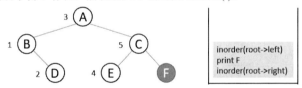

（13）由于 F 没有左子树，所以 inorder(root->left) 执行结束，执行 print F。

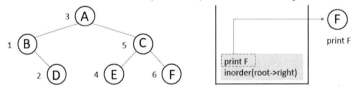

（14）由于 F 没有右子树，所以执行结束。

上述节点旁的数值则是打印的顺序，现在只要将英文字母用原来的数字取代就可以了。

23-3-2　前序的打印方式

如下是与 23-3-1 节相同的二叉树结构。

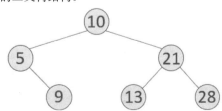

C 语言王者归来

所谓前序 (preorder) 打印是每当走访一个节点就处理此节点，遍历顺序是往左子树走，直到无法前进，接着往右走。也可以用另一种解释，根节点 (缩写是 D)、遍历左子树 (缩写是 L)、遍历右子树 (缩写是 R)，整个遍历过程简称为 DLR。

用这个概念遍历上述二叉树可以得到下列结果：

10, 5, 9, 21, 13, 28

依上述概念设计前序打印的递归函数步骤如下：

（1）处理此节点。

（2）如果左子树节点存在，则递归调用 preorder(root → left)，往左子树走。

（3）如果右子树节点存在，则递归调用 preorder(root → right)，往右子树走。

前序打印的函数 preorder( ) 如下所示：

```
/* 前序打印二叉树 */
void preorder(node *root)
{
    if ( root != NULL )
    {
        printf("%d\n",root->data);
        preorder(root->left);    /* 先检查左边子树 */
        preorder(root->right);   /* 再检查右边子树 */
    }
}
```

程序实例 ch23_2.c：建立一个二叉树，并以前序方式将它打印出来。

```
1   /*    ch23_2.c                 */
2   #include <stdlib.h>
3   #include <stdio.h>
4   struct tree
5   {
6       int data;
7       struct tree *left, *right;
8   };
9   typedef struct tree node;
10  node *create_btree(node *, int);
11  void preorder(node *);
12  int main()
13  {
14      int arr[] = { 10, 21, 5, 9, 13, 28 };
15      node *ptr;
16      int i;
17
18      ptr = NULL;                 /* 最初化根节点指标 */
19      printf("使用数组数据建立二叉树 \n");
20      for ( i = 0; i < 6; i++ )
21      {
22          ptr = create_btree(ptr,arr[i]);
23          printf("%d\n",arr[i]);
24      }
25      printf("使用前序preorder打印二叉树\n");
26      preorder(ptr);
27      system("pause");
28      return 0;
29  }
30  /* 建立二叉树 */
31  node *create_btree(node *root, int val)
32  {
33      node *newnode, *current, *back;
34
35      newnode = (node *) malloc(sizeof(node)); /*建立新节点*/
36      newnode->data = val;                     /*存入节点值*/
37      newnode->left = NULL;         /* 新节点左子树指针指向 NULL */
38      newnode->right = NULL;        /* 新节点右子树指针指向 NULL */
39      if ( root == NULL )           /* 新节点是根节点      */
40      {
```

执行结果

```
C:\Cbook\ch23\ch23_2.exe
使用数组数据建立二叉树
10
21
5
9
13
28
使用前序preorder打印二叉树
10
5
9
21
13
28
请按任意键继续. . .
```

444

```
41          root = newnode;
42          return root;
43      }
44      else                            /* 新节点是其他位置 */
45      {
46          current = root;             /*由根节点开始找寻新节点正确位置 */
47          while ( current != NULL )
48          {
49              back = current;
50              if ( current->data > val )   /*如果节点值大于插入值*/
51                  current = current->left;   /* 指针往左子树走 */
52              else
53                  current = current->right;  /* 指针往右子树走 */
54          }
55          if ( back->data > val )          /* 如果叶节点值大于插入值 */
56              back->left = newnode;        /*新节点放在叶节点的左子树*/
57          else                             /* 否则 */
58              back->right = newnode;       /*新节点放在叶节点的右子树*/
59      }
60      return root;
61  }
62  /* 前序打印二叉树 */
63  void preorder(node *root)
64  {
65      if ( root != NULL )
66      {
67          printf("%d\n",root->data);
68          preorder(root->left);            /* 先检查左边子树 */
69          preorder(root->right);           /* 再检查右边子树 */
70      }
71  }
```

23-3-3　后序的打印方式

如下是与 23-3-2 节相同的二叉树结构。

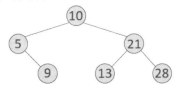

所谓后序 (postorder) 打印和前序打印是相反的，每当走访一个节点需要等到两个子节点走访完成，才处理此节点。也可以用另一种解释，遍历左子树 (缩写是 L)、遍历右子树 (缩写是 R)、根节点 (缩写是 D)，整个遍历过程简称为 LRD。

用这个概念遍历上述二叉树可以得到下列结果：

9, 5, 13, 28, 21, 10

依上述概念设计后序打印的递归函数步骤如下：

（1）如果左子树节点存在，则递归调用 postorder(root → left)，往左子树走。

（2）如果右子树节点存在，则递归调用 postorder(root → right)，往右子树走。

（3）处理此节点。

后序打印的函数 postorder( ) 如下所示：

```
/* 后序打印二叉树 */
void postorder(node *root)
{
    if ( root != NULL )
    {
        postorder(root->left);    /* 先检查左边子树 */
        postorder(root->right);   /* 再检查右边子树 */
        printf("%d\n",root->data);
    }
}
```

程序实例 ch23_3.c：使用 10, 21, 5, 9, 13, 28 建立一个二叉树，然后使用后序方式打印。

```
1   /*    ch23_3.c                    */
2   #include <stdlib.h>
3   #include <stdio.h>
4   struct tree
5   {
6       int data;
7       struct tree *left, *right;
8   };
9   typedef struct tree node;
10  node *create_btree(node *, int);
11  void postorder(node *);
12  int main()
13  {
14      int arr[] = { 10, 21, 5, 9, 13, 28 };
15      node *ptr;
16      int i;
17
18      ptr = NULL;                    /* 最初化根节点指标 */
19      printf("使用数组数据建立二叉树 \n");
20      for ( i = 0; i < 6; i++ )
21      {
22          ptr = create_btree(ptr,arr[i]);
23          printf("%d\n",arr[i]);
24      }
25      printf("使用后序postorder打印二叉树\n");
26      postorder(ptr);
27      system("pause");
28      return 0;
29  }
30  /* 建立二叉树 */
31  node *create_btree(node *root, int val)
32  {
33      node *newnode, *current, *back;
34
35      newnode = (node *) malloc(sizeof(node)); /*建立新节点*/
36      newnode->data = val;                /*存入节点值*/
37      newnode->left = NULL;               /* 新节点左子树指针指向 NULL */
38      newnode->right = NULL;              /* 新节点右子树指针指向 NULL */
39      if ( root == NULL )                 /* 新节点是根节点      */
40      {
41          root = newnode;
42          return root;
43      }
44      else                                /* 新节点是其他位置 */
45      {
46          current = root;                 /*由根节点开始找寻新节点正确位置 */
47          while ( current != NULL )
48          {
49              back = current;
50              if ( current->data > val )   /*如果节点值大于插入值*/
51                  current = current->left; /* 指针往左子树走 */
52              else
53                  current = current->right; /* 指针往右子树走 */
54          }
55          if ( back->data > val )          /* 如果叶节点值大于插入值 */
56              back->left = newnode;        /*新节点放在叶节点的左子树*/
57          else                             /* 否则 */
58              back->right = newnode;       /*新节点放在叶节点的右子树*/
59      }
60      return root;
61  }
62  /* 后序打印二叉树 */
63  void postorder(node *root)
64  {
65      if ( root != NULL )
66      {
67          postorder(root->left);          /* 先检查左边子树 */
68          postorder(root->right);         /* 再检查右边子树 */
69          printf("%d\n",root->data);
70      }
71  }
```

执行结果

```
C:\Cbook\ch23\ch23_3.exe
使用数组数据建立二叉树
10
21
5
9
13
28
使用后序postorder打印二叉树
9
5
13
28
21
10
请按任意键继续. . .
```

23-4 习题

一、是非题

( ) 1. 每一个树 (tree) 皆有两个根节点 (root node)。(23-1 节)

( ) 2. 在根节点下可以有 0 ～ n 个子节点。(23-1 节)

( ) 3. 某个树最多可以有 2 个子节点，则我们称为二叉树。(23-1 节)

( ) 4. 每一个二叉树的节点最多可以有 2 个字段。(23-1 节)

( ) 5. 在建立二叉树时，如果元素值大于节点值，则此元素值将送给节点在右边的子节点。(23-2 节)

( ) 6. 二叉树的打印方式有 2 种，分别是前序 (preorder) 和后序 (postorder) 打印方式。(23-3 节)

( ) 7. 所谓的前序打印方式是每个节点会比它的左边子节点及右边子节点先打印，右边子节点又比左边子节点先打印。(23-3 节)

( ) 8. 所谓的后序打印方式是在打印某个节点时，一定要先打印左节点，然后打印右节点。(23-3 节)

二、选择题

( ) 1. 二叉树最少需有 (A) 1 (B) 2 (C) 3 (D) 4 个字段。(23-1 节)

( ) 2. 二叉树需有 (A) 2 (B) 3 (C) 4 (D) 5 个字段存放指针。(23-1 节)

( ) 3. 二叉树的根节点有 (A) 1 (B) 2 (C) 3 (D) 4 个。(23-3 节)

( ) 4. 哪一项不是二叉树的打印方式？ (A) 中序 (inorder) (B) 前序 (preorder) (C) 后序 (postorder) (D) 线性 (23-3 节)

( ) 5. 在打印二叉树时，可将数据由小到大打印 (A) 中序 (inorder) (B) 前序 (preorder) (C) 后序 (postorder) (D) 线性。(23-3 节)

三、填充题

1. 某个树最多可以有 n 个子节点，则我们称这类的树为 ( )。(23-1 节)

2. 某个节点本身没有子节点，则我们称这个节点是 ( )。(23-1 节)

3. 二叉树的打印方式为 ( )、( )、( )，其中 ( ) 可将数据由小排列到大。(23-3 节)

4. ( ) 打印方式是，每个节点会比它的子节点先打印，而左边子节点又比右边子节点先打印。(23-3 节)

5. 假设有一二叉树如下所示。(23-3 节)

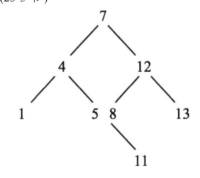

中序打印结果是 ( )。

前序打印结果是 ( )。

后序打印结果是 ( )。

四、实操题

1. 请设计建立二叉树，此二叉树的节点值是从键盘输入，输入 0 代表输入结束，然后分别使用中序、前序和后序方式输出此二叉树。(23-3 节)

2. 写一个 counter( ) 函数，这个函数可以输出二叉树有多少个子节点。(23-3 节)

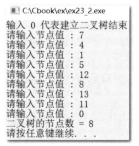

3. 请参考程序实例 ch23_1.c 建立二叉树，然后输入数值，最后列出此数值是否在此二叉树内。(23-3 节)

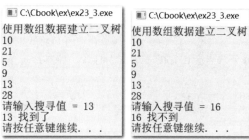

24

第 24 章

C 语言迈向 C++ 之路

24-1 C++ 的基础概念

C++ 语言基本上是由 C 语言扩充而来的，几乎绝大部分的 C 语言语法结构皆可直接适用于 C++ 语言，这一章内容主要是介绍 C++ 语言和 C 语言的差异，以奠定读者学习 C++ 语言的基础。

结构化 Pascal 语言、结构化 C 语言、结构化 Fortran 语言等是几年前最常听到的名词。随着软件的发展，软件变得越来越复杂，同时程序的长度也越来越长，专业计算机程序设计师感觉到结构化的计算机语言在处理高度复杂的程序时，已有渐感困难的情形，为了解决结构化计算机语言的缺点，于是面向对象程序 (Object Oriented Programming) 的概念随即兴起。

面向对象程序设计，除了融合结构化语言原有的特性外，又增加了许多新功能，例如，类别、函数和运算符多功能化、虚拟函数等。它更容易将一大型程序分割成许多小程序，然后可以利用计算机语言，将各个被分割的小程序转换成个别的对象 (Objects)。

在面向对象程序设计中，有三个重要的特性：

❑ 物件 (Objects)。

面向对象程序设计中，最重要的就是对象了，在对象内有两种数据，一种是数据 (data)，另一种则是程序代码 (我们也可以将程序代码想象成函数)，程序代码主要用以处理对象数据。在对象内有些数据和程序代码可供外面其他对象使用，有些则不可以，如此各对象数据便多了一层保护作用。

像这种拥有功能保护对象以防外界存取的功能又称为数据封装 (Encapsulation)。

❑ 多形 (Polymorphism)。

面向对象程序设计，同时也允许多型的功能，所谓多形，就是同样名称的函数，可拥有不同功能。另外，它也允许相同的运算符有不同的功能，例如，"<<" 符号在 C++ 语言中，不仅可供 cout 作为数据输出使用，同时它也可以被用来做位左移使用。

❑ 继承 (Inheritance)。

某个对象可以继承其他对象的特性，如此就允许程序设计师以阶层式的概念来处理各对象内的数据。

至于以上特性，限于篇幅笔者本章将只介绍 C++ 与 C 语言的差异，读者可以自行阅读更多关于 C++ 的书籍。

24-2 C++ 语言的延伸文件名

相信读者已经了解 C 语言的延伸文件名是小写 c，C++ 环境内，C++ 语言的延伸文件名则是 cpp。所以若是有一个程序名称是 ch24_1，则此程序的全名应是 ch24_1.cpp。

24-3 函数的引用

在 C 语言中，部分函数在使用时，可以不必用 #include 指令，将定义该函数的头文件，放在程序前面。例如，printf() 函数，在使用前可以不必将 #include <stdio.h> 放在程序前面，程序编译时，可能会出现警告 Warning 信息，程序仍可以执行。

C++ 语言对此规定比较严格，凡是有使用的函数，一定要在程序前面，将定义该函数的头文件用 #include 指令引用。

24-4　程序的批注

在 C 语言内，凡是在"/*"和"*/"之间的文句皆会被视为是程序的批注。在 C++ 语言内，除了上述规则仍然适用于 C++ 语言外，凡是"//"后面的文句也会被视为程序批注。

其实绝大部分的面向对象程序设计师，皆使用"//"为程序的批注符号。

24-5　C++ 语言新增加的输入与输出

C++ 语言除了可使用传统 C 语言的输入与输出函数外，又增加了新的输入与输出概念，此概念又称为管道的输出与输入 (Stream I/O)，相信各位对传统的 C 语言输入与输出已经很了解了，为了让读者熟悉 C++ 语言新增加的输入与输出概念，本章的程序实例皆采用此种方式执行输入与输出功能。

C++ 语言新增加的输入与输出的关键词如下：

cout：主要用于普通输出。

cin：主要用于普通输入。

24-5-1　cout

cout 的英文发音是"see – out"；读者可将它想象成一个输出运算指令。这个关键词必须配合输出运算符"<<"使用，两个配合使用，可引导数据输出到标准输出装置 (通常是指屏幕)。

cout 的基本使用语法如下：

cout << 输出数据 1 << 输出数据 2 …;

也就是将各输出数据间用"<<"运算符间隔，然后在 cout 运算符的结束位置加上";"号就可以了。我们也可以用不同行重新表示上述使用格式。

```
cout << 输出数据 1
    << 输出数据 2
    …
    << ...;
```

程序实例 ch24_1.cpp：以 cout 方式，执行简单字符串的输出。

```
1   //   ch24_1.cpp        /
2   #include <cstdlib>
3   #include <iostream>
4   using namespace std;
5   int main()
6   {
7       cout << "C++语言简介" << endl;
8       cout << "C++语言简介" << endl;
9       system("pause");
10      return 0;
11  }
```

执行结果

```
C:\Cbook\ch24\ch24_1.exe
C++语言简介
C++语言简介
请按任意键继续. . .
```

在旧版的 C++ 语言教材中，第 2 行和第 3 行常可以看到使用下列方式引用标题文件。

```
#include <stdlib.h>
#include <iostream.h>
```

因为 cin 和 cout 是被定义在标题文件 iostream.h 内，所以必须加上 #include <iostream.h>，而 system("pause") 是被定义在 stdlib.h 标题文件内，所以必须加上 #include <stdlib.h>，这个概念在前面的 C 语言部分已有介绍。

在 1997 年新版的 ANSI C++ 内，标题文件的延伸文件名 .h 已舍弃不用，同时凡是所有从 C 语言移植至 C++ 语言函数标题文件，全部前面加上小写字母 c，所以第 3 行看到用 #include <cstdlib>，多了小写字母 c，用以区隔这是从 C 语言移植过来的。

有了上述概念，如果有一个程序引用数学函数，原先 C++ 语言要使用下列指令，引用数学函数。

```
#include <math.h>
```

在 C++ 语言内，可以使用下列指令。

```
#include <cmath>
```

不过程序设计时，如果沿用过去旧版的 C++ 语言的方式也不会错，有些编译程序顶多出现警告信息，程序仍可正常执行。不过目前已经跨入新的时代，建议以新的概念撰写 C++ 程序。此外在使用旧版的 C 语言语法时，不必加上程序第 4 行，如下：

```
using namepace std;
```

上述是设定名称空间，但是使用新的 C++ 语言语法必须加上上述指令。因为 C++ 标准程序内的函数、类别及对象均是定义在这个名称空间内，所以程序必须加上第 5 行。否则第 8 行的 cout 指令须改成下列指令。

```
std::cout << "c++ 语言简介 " << std::endl;
```

最后程序第 7 行及第 8 行使用了 endl 对象，这使得接下来的输出可以换行输出，它相当于 C 语言的 "\n" 换行字符。

程序实例 ch24_2.cpp：重新设计前一个程序实例，但本程序只有一个 cout 指令。

```
 1    //    ch24_2.cpp          /
 2    #include <cstdlib>
 3    #include <iostream>
 4    using namespace std;
 5    int main()
 6    {
 7        cout << "C++语言简介" << endl
 8             << "C++语言简介" << endl;
 9        system("pause");
10        return 0;
11    }
```

执行结果 与程序实例 ch24_1.cpp 执行结果相同。

cout 也可以用于打印整数、浮点数或字符，在打印这些变量数据时，cout 会将它们的实际值打印出来。

程序实例 ch24_3.cpp：整数、浮点数和字符的打印。

```
1   //    ch24_3.cpp           /
2   #include <cstdlib>
3   #include <iostream>
4   using namespace std;
5   int main()
6   {
7       int i = 6;
8       float j = 5.43;
9       char k = 'r';
10      cout << "i = " << i << endl
11           << "j = " << j << endl
12           << "k = " << k << endl;
13      system("pause");
14      return 0;
15  }
```

执行结果

```
C:\Cbook\ch24\ch24_3.exe
i = 6
j = 5.43
k = r
请按任意键继续. . .
```

cout 也可用于字符串输出，下面程序将说明此概念。

程序实例 ch24_4.cpp：简单 echo 指令的设计，本程序会将输入数据打印出来。

```
1   //    ch24_4.cpp           /
2   #include <cstdlib>
3   #include <iostream>
4   using namespace std;
5   int main(int argc, char *argv[])
6   {
7       int i;
8       for (i = 1; i < argc; i++)
9           cout << argv[i] << endl;
10      system("pause");
11      return 0;
12  }
```

执行结果

```
C:\Cbook\ch24>ch24_4 testing cout string output function
testing
cout
string
output
function
请按任意键继续. . .
```

24-5-2　cin

cin 的英文发音是 "see-in"，读者可将它想象成一个输入运算指令。这个关键词必须配合输入运算符 ">>" 使用，两个配合使用，可从标准输入设备读取数据，它的使用语法如下：

cin >> 数据 1 >> 数据 2 ...;

也可以将上述使用格式分成几行撰写，如下所示：

cin >> 数据 1

　　>> 数据 2

　　...

　　>> 数据 n;

程序实例 ch24_5.cpp：cin 和 cout 的混合应用。

```cpp
1   //    ch24_5.cpp          /
2   #include <cstdlib>
3   #include <iostream>
4   using namespace std;
5   int main()
6   {
7       int i, j, k, sum;
8       char ch1, ch2;
9       float x1, x2, ave;
10
11      cout << "请输入 2 个字符" << endl;
12      cin >> ch1 >> ch2;
13      cout << "这两个字符的相反输出是" << endl << "===> "
14          << ch2 << ch1 << endl;
15      cout << "请输入 3 个整数" << endl << "==> ";
16      cin >> i
17          >> j
18          >> k;
19      sum = i + j + k;
20      cout << "总和是" << endl << "==> "
21          << sum << "\n";
22      cout << "请输入 2 个浮点数" << endl << "==> ";
23      cin >> x1 >> x2;
24      ave = (x1 + x2) / 2.0;
25      cout << "平均是 ==>  " << ave << endl;
26      system("pause");
27      return 0;
28  }
```

执行结果

```
C:\Cbook\ch24\ch24_5.exe
请输入 2 个字符
a b
这两个字符的相反输出是
===> ba
请输入 3 个整数
==> 1 2 3
总和是
==> 6
请输入 2 个浮点数
==> 1.2 2.3
平均是 ==>   1.75
请按任意键继续. . .
```

24-6 变量的声明

在 C 语言中，一定要在程序区段前方声明所有的变量。C++ 语言则无此限制，只要在使用其变量前面声明该变量就可以了。

程序实例 ch24_6.cpp：以 C++ 语言特有的变量声明方式绘制特别图形。注意，本程序并没有在程序区段前方声明变量 i 和 j，而只是在第 8 行和 10 行使用 i 和 j 变量前分别声明它们。

```cpp
1   //    ch24_6.cpp          /
2   #include <cstdlib>
3   #include <iostream>
4   using namespace std;
5   int main()
6   {
7       for (int i=0; i < 8; i++)
8       {
9           for (int j=0; j < 8; j++)
10          if ( (i+j) % 2 == 0 )
11              cout << "AA";
12          else
13              cout << "  ";
14          cout << endl;
15      }
16      system("pause");
17      return 0;
18  }
```

执行结果

```
C:\Cbook\ch24\ch24_6.exe
AA  AA  AA  AA
  AA  AA  AA  AA
AA  AA  AA  AA
  AA  AA  AA  AA
AA  AA  AA  AA
  AA  AA  AA  AA
AA  AA  AA  AA
  AA  AA  AA  AA
请按任意键继续. . .
```

24-7　动态数据声明

在 C 语言中，可在声明数据的同时设定变量的初值。假设想声明一个变量 i，且在声明的同时将 i 值设为 1，则声明应如下所示：

```
int i = 1;
```

上述数据声明方式称为静态的数据声明。在 C++ 语言中，除了上述数据声明外，也可以在声明数据的同时设定其表达式，例如，可以在声明变量 sun 时，设定它等于 i+j+k，如下所示：

```
int sum = i+j+k;
```

上述数据声明方式，又称为动态数据的声明。

程序实例 ch24_7.cpp：本程序会将所输入的 3 个整数相加，请注意程序第 13 行在声明变量 sum 时，同时设定其表达式。

```
1    //    ch24_7.cpp          /
2    #include <cstdlib>
3    #include <iostream>
4    using namespace std;
5    int main()
6    {
7        int i, j, k;
8
9        cout << "请输入 3 个整数" << endl << "==> ";
10       cin >> i
11           >> j
12           >> k;
13       int sum = i + j + k;
14       cout << "总和是" << endl << "==> "
15           << sum << "\n";
16       system("pause");
17       return 0;
18   }
```

执行结果

```
C:\Cbook\ch24\ch24_7.exe
请输入 3 个整数
==> 2 4 8
总和是
==> 14
请按任意键继续. . .
```

24-8　const 运算符

const 是 C++ 语言新增加的运算符，经此声明后，此变量就成一个常数，在后面的程序使用中，不可更改此变量的值。它的使用格式如下：

```
const 数据形态 变量 = 某一数值；
```

程序实例 ch24_8.cpp：const 运算符的基本应用。本程序在第 7 行以 const 声明 loop 为 9 之后，在其他地方不可更改 loop 的值。

```
1   //    ch24_8.cpp         /
2   #include <cstdlib>
3   #include <iostream>
4   using namespace std;
5   int main()
6   {
7       const int loop = 9;
8       int i = 5;
9
10      while ( i <= loop )
11      {
12          int j =1;
13          while (j++ <= (loop-i))
14              cout << " ";
15          j = loop;
16          while ( (j++ - i) < i)
17              cout << "A";
18          i++;
19          cout << endl;
20      }
21      system("pause");
22      return 0;
23  }
```

执行结果

```
C:\Cbook\ch24\ch24_8.exe
    A
   AAA
  AAAAA
 AAAAAAA
AAAAAAAAA
请按任意键继续. . .
```

24-9 范围运算符

在 C 语言中，当外在变量和某区段内的局部变量名称相同时，在该区段内的外在变量会失去效力。C++ 语言虽然仍保持此项特性，但是在 C++ 语言中，我们可以利用范围运算符 "::"，让此外在变量在区段内发挥作用。

下面程序第 11 行将说明此概念。

程序实例 ch24_9.cpp：基本范围运算符的应用。

```
1   //    ch24_9.cpp         /
2   #include <cstdlib>
3   #include <iostream>
4   using namespace std;
5   char ch = 'D';
6   void modify()
7   {
8       char ch;
9       ch = 's';
10      cout << "ch = " << ch << endl;
11      ::ch = 'T';
12      cout << "ch = " << ch << endl;
13  }
14  int main()
15  {
16      cout << "调用 modify 前" << endl;
17      cout << ch << endl;
18      modify();
19      cout << "调用 modify 后" << endl;
20      cout << ch << endl;
21      system("pause");
22      return 0;
23  }
```

执行结果

```
C:\Cbook\ch24\ch24_9.exe
调用 modify 前
D
ch = s
ch = s
调用 modify 后
T
请按任意键继续. . .
```

24-10　型别的转换

在 C 语言中，假设有一个浮点数 x 的值是 5.83，在运算时，若我们想强制操作数据形态将此值转换成整数，且设定其值给 var，则我们的指令格式应如下所示：

```
x = 5.83;
...
var =(int) x;
```

C++ 语言除了可以适用上述方法外，也可以将某个数据形态名称当成函数去完成形别的转换。下面是 C++ 语言执行形态转换的方式。

```
x = 5.83;
...
var =int(x);
```

程序实例 ch24_10.cpp：C++ 语言格式，基本形态转换的应用。

```
1   //   ch24_10.cpp           /
2   #include <cstdlib>
3   #include <iostream>
4   using namespace std;
5   int main()
6   {
7       float x;
8       int y = 9;
9       int z = 4;
10
11      x = y / z;
12      cout << "x = " << x << endl;
13      x = float(y) / float(z);
14      cout << "x = " << x << endl;
15      system("pause");
16      return 0;
17  }
```

执行结果

```
C:\Cbook\ch24\ch24_10.exe
x = 2
x = 2.25
请按任意键继续. . .
```

24-11　C++ 语言函数的规则

C++ 语言函数定义与新式的 ANSI C 语言相同。本节将直接以程序实例解说。

程序实例 ch24_11.cpp：以 C++ 语言特有的格式，设计一个打印较大值的函数。

```
1   //    ch24_11.cpp           /
2   #include <cstdlib>
3   #include <iostream>
4   using namespace std;
5   int larger_value(int, int);
6   int main()
7   {
8       int i, j;
9
10      cout << "请输入两数值" << endl << "==> ";
11      cin >> i >> j;
12      larger_value(i, j);
13      system("pause");
14      return 0;
15  }
16  int larger_value(int a, int b)
17  {
18      if (a < b)
19          cout << "较大值是 = " << b << endl;
20      else if (a > b)
21          cout << "较大值是 = " << a << endl;
22      else
23          cout << "两数值相等" << endl;
24  }
```

执行结果

```
■ C:\Cbook\ch24\ch24_11.exe
请输入两数值
==> 2 7
较大值是 = 7
请按任意键继续. . .
```

24-12　最初化函数参数值

在 C++ 语言中，允许我们为函数的参数设定初值，如此便可允许我们使用较少的参数数值来调用此函数，而未来实际参数行中的参数，则以其初值为计算值。

设定函数参数值的原则，必须将所设定初值的参数放在未设定初值参数的右边。例如，若有 i、j 和 k 三个参数，而 k 的参数初值是 5，则参数写法应如下所示：

函数名称 (int I, int j, int k = 5)

程序实例 ch24_12.cpp：最初化函数参数值的应用。程序实例第 19 行调用 sum 函数，由于只传递两个参数，所以函数在运算时，会将 c 设定为 0。程序实例第 21 行再度调用 sum 函数时，由于传递了三个参数，所以 c 值随 k 值而变化。

```
1   //    ch24_12.cpp           /
2   #include <cstdlib>
3   #include <iostream>
4   using namespace std;
5   int sum(int a, int b, int c=0)
6   {
7       return (a+b+c);
8   }
9   int main()
10  {
11      int i = 3;
12      int j = 4;
13      int k = 5;
14      int result;
15
16      result = sum(i, j);
17      cout << "result 1 = " << result << endl;
18      result = sum(i, j, k);
19      cout << "result 2 = " << result << endl;
20      system("pause");
21      return 0;
22  }
```

执行结果

```
■ C:\Cbook\ch24\ch24_12.exe
result 1 = 7
result 2 = 12
请按任意键继续. . .
```

24-13　函数多功能化

C++ 语言对于函数的使用，有一个重大的改革，它允许相同函数名称在同一个程序内。例如，可以设计一个 display( ) 函数专门处理打印字符串事宜，也可以设计一个函数 display( ) 专门打印整数，至于在程序某些地方调用 display( ) 函数打印数据时，程序本身究竟是打印字符串或打印整数，则视所传递的参数决定。

我们可以将上述概念，以下图方式表示。

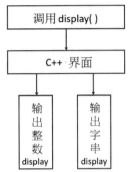

在上图中 C++ 语言接口主要用于侦测所传递的参数，而由参数形态判别应调用哪一个函数。

我们将上述功能称为函数多功能化 (Function Overload)，它主要优点是减轻了用户的记忆负担，用户只要记得 display( ) 函数可打印数据，而不必理会是由哪一个 display( ) 函数执行此打印功能。

在传统的计算机语言中，若是想设计上述 display( ) 函数，我们需分别设计打印整数的函数和打印字符串的函数，且这两个函数名称不可以相同。因此，在调用函数时，我们必须记得函数的个别名称，如此增加了用户记忆的负荷。

程序实例 ch24_13.cpp：函数多功能化的基本应用。

```
1   //   ch24_13.cpp        /
2   #include <cstdlib>
3   #include <iostream>
4   using namespace std;
5   // 显示字符串
6   int display(char str[])
7   {
8       cout << "字符串是 : " << str << endl;
9   }
10  // 显示整数
11  int display(int i)
12  {
13      cout << "整数是 : " << i << endl;
14  }
15  int main()
16  {
17      int i = 3;
18      char str[] = "Deepmind";
19
20      display(str);
21      display(i);
22      system("pause");
23      return 0;
24  }
```

执行结果

```
■ C:\Cbook\ch24\ch24_13.exe
字符串是 : Deepmind
整数是 : 3
请按任意键继续. . .
```

24-14　inline 运算符

inline 运算符主要目的是，强迫 C++ 编译程序在调用函数位置以函数的主体取代。如此可以增加程序的执行速度，但是此类用法将会造成程序占用空间增加。

它的使用方式很简单，只要在函数前面加上 inline 运算符就可以了，如下所示：

```
inline 函数形态 函数名称( )
{
    ...
}
```

其实读者可以将由 inline 声明的函数，想象成程序语言的宏。

程序实例 ch24_14.cpp：inline( ) 函数的基本应用。

```
1   //     ch24_14.cpp        /
2   #include <cstdlib>
3   #include <iostream>
4   using namespace std;
5   // 回传绝对值
6   inline int abs(int i)
7   {
8       return (i < 0 ? -i : i);
9   }
10  // 回传较小值
11  inline int min(int v1, int v2)
12  {
13      return (v1 <= v2 ? v1 : v2);
14  }
15  int main()
16  {
17      int i, j;
18
19      cout << "请输入第 1 个值 : ==> ";
20      cin >> i;
21      cout << "请输入第 2 个值 : ==> ";
22      cin >> j;
23      cout << endl << "最小值 = " << min(i,j) << endl;
24      i = abs(i);
25      j = abs(j);
26      cout << endl << "绝对值 abs(i) = " << i << endl;
27      cout << endl << "绝对值 abs(j) = " << j << endl;
28      system("pause");
29      return 0;
30  }
```

执行结果

```
C:\Cbook\ch24\ch24_14.exe
请输入第 1 个值 : ==> -55
请输入第 2 个值 : ==> 55

最小值 = -55

绝对值 abs(i) = 55

绝对值 abs(j) = 55
请按任意键继续. . .
```

24-15　函数地址的传送

在程序实例 ch12_14.c 中笔者介绍了 swap( ) 函数，使用指针达到传递地址的数据，促成数据对调。

```
int swap (int *x, int *y)
{
    int tmp;
    tmp = *x;
```

```
    *x = *y;
    *y = tmp;
}
```

若是想改成以地址传递方式促使数据对调，可以使用 swap( ) 函数。

```
void swap(int &x, int &y)
{
    int tmp;
    tmp = x;
    x = y;
    y = tmp;
}
```

在 C++ 语言中也允许以下面格式代表上述函数格式。

```
void swap(int& x, int& y)
```

程序实例 ch24_15.cpp：以 C++ 的格式重新设计数据对调函数。

```
1   //   ch24_15.cpp          /
2   #include <cstdlib>
3   #include <iostream>
4   using namespace std;
5   int swap(int& x, int& y)
6   {
7       int tmp;
8
9       tmp = x;
10      x = y;
11      y = tmp;
12  }
13  int main()
14  {
15      int i, j;
16
17      i = 10;
18      j = 20;
19      cout << "调用 swap 前" << endl
20           << "i = " << i << ",   j = " << j << endl;
21      swap(i, j);
22      cout << "调用 swap 前" << endl
23           << "i = " << i << ",   j = " << j << endl;
24      system("pause");
25      return 0;
26  }
```

执行结果

```
C:\Cbook\ch24\ch24_15.exe
调用 swap 前
i = 10,   j = 20
调用 swap 前
i = 20,   j = 10
请按任意键继续. . .
```

24-16　new 和 delete

在 C++ 语言中，除了可以和 C 语言一样使用 malloc( ) 函数配置内存空间外。C++ 语言另外还提供了一个运算符 new，让我们可以很方便配置内存空间，它的使用语法如下：

指针变量 = new 数据形态；

此 new 运算符和 malloc() 函数比较，主要的优点有三个：

（1）它主动计算配置此数据形态所需的内存空间，且配置足够的空间。

（2）它将正确回传指针形态。

（3）我们可在配置内存空间的同时，设定其初值。

在 C++ 语言中，除了可以和 C 语言一样使用 free( ) 函数释放内存空间外，C++ 语言另外还提供了一个运算符 delete，可以很方便地释放内存空间，它的使用语法如下：

```
delete 指针变量 ;
```

程序实例 ch24_16.cpp：简单 new 和 delete 的应用。

```
1   //    ch24_16.cpp        /
2   #include <cstdlib>
3   #include <iostream>
4   using namespace std;
5   int main()
6   {
7       int *i;
8
9       i = new int;           // 配置内存
10      *i = 10;
11      cout << "i = " << *i << endl;
12      delete i;              // 收回内存
13      system("pause");
14      return 0;
15  }
```

执行结果

■ C:\Cbook\ch24\ch24_16.exe

```
i = 10
请按任意键继续. . .
```

在前面已经介绍过，可以用 new 在配置内存空间的同时设定其初值，它的使用语法如下：

```
指针变量 = new 数据形态 ( 初值 );
```

程序实例 ch24_17.cpp：以 new 配置内存时设定其初值的方式，重新撰写前一个程序实例。

```
1   //    ch24_17.cpp        /
2   #include <cstdlib>
3   #include <iostream>
4   using namespace std;
5   int main()
6   {
7       int *i;
8
9       i = new int(10);     // 配置内存
10      cout << "i = " << *i << endl;
11      delete i;            // 收回内存
12      system("pause");
13      return 0;
14  }
```

执行结果

■ C:\Cbook\ch24\ch24_17.exe

```
i = 10
请按任意键继续. . .
```

24-17 习题

一、是非题

(   ) 1. 面向对象程序设计中的对象，基本上有两种数据，一种是数据 (data)，另一种是程序代码（也可想成是函数）。(24-1 节)

(   ) 2. C++ 语言的延伸文件名是 .cpp。(24-2 节)

(   ) 3. cout 需配合 ">>" 运算符使用，主要是读取数据。(24-5 节)

(   ) 4. 在 C++ 语言中，变量数据可以在使用时才声明，同时在声明中设定其表达式。(24-6 节)

(　　) 5. 最初化函数参数值的规则是，将所设定初值的参数放在未设定初值参数的左边。(24-12 节)

(　　) 6. Inline 运算符可促使函数执行速度加快。(24-14 节)

二、选择题

(　　) 1. 哪一项不是面向对象的特性？ (A) 对象 (Object) (B) 多型 (Ploymorphism) (C) 继承 (Inhertance)
(D) 函数 (Function)(24-1 节)

(　　) 2. cin 的英文发音是 "see-in"，读者可将想成　　　(A) 输出字符　 (B) 输入整数　　 (C) 输出运
(D) 输入运算指令。(24-5 节)

(　　) 3. 经 (A) const (B) cout (C) cin (D) namespace 设定的变量将成常数，无法更改其值。(24-8 节)

(　　) 4. (A) const (B) cout (C) new (D) delete 指令可配置内存空间。(24-16 节)

(　　) 5. (A) const (B) cout (C) new (D) delete 指令可释放内存空间。(24-16 节)

三、填充题

1. C++ 语言的延伸文件名是 (　　)。(24-2 节)

2. C++ 语言新增加的程序批注是规定凡是在 (　　) 之后的文字皆是批注。(24-4 节)

3. C++ 语言除了可以使用传统 C 语言的输入与输出外，另又增加新的输入与输出概念，此概念又称为
管道的输入与输出 (Stream I/O)，其中 (　　) 配合 (　　) 运算符可用于输出，(　　) 配合 (　　) 运
算符可用于输入。(24-5 节)

4. stdlib.h 在 C++ 语言中，是被定义在 (　　) 内，当使用新的 C++ 头文件时，需另加 (　　) 语句。(24-5
节)

5. C++ 语言的换行输出，常使用 (　　) 对象。(24-5 节)

6. 范围运算符符号是 (　　)，可促使外在变量在区段内发挥作用。(24-9 节)

四、实操题

1. 请以 C++ 语言规则输出下列文字。(24-5 节)
您的姓名
您的班级名称
您的学校名称

2. 图书馆周一至周日的入场人数分别如下 : (24-5 节)
788, 862, 983, 1023, 1500, 3800, 3920
请使用 cin 读取上述数据，然后用 cout 输出本周入场总人数及每天平均入场人数，输出 / 输入格
式由读者自定义。

3. 请设计一个 sum( ) 函数求总和，此函数拥有 3 个参数 a、b、c，若是只输入一个参数值 a，则 b 设为
1，c 设为 0。若是输入两个参数值，则 c 设为 0，请输入 a、b、c 值数据测试。(24-12 节)

```
■ C:\Cbook\ex\ex24_3.exe
请输入 a, b, c
==> 10 20 30
 sum(a)       = 11
 sum(a, b)    = 30
 sum(a, b, c) = 60
请按任意键继续. . .
```

4. 请设计一个 display( ) 函数，此函数可以执行 3 个功能，一是打印整数，二是打印浮点数，三是打印字符串，本程序基本上是程序实例 ch24_13.cpp 的扩充，请用不同数据测试。(24-13 节)

```
■ C:\Cbook\ex\ex24_4.exe
字符串是 : Deepmind
整数是 : 3
浮点数 : 10.5
请按任意键继续. . .
```